理性土力学与热力学

刘　艳　赵成刚　蔡国庆　著

科学出版社

北　京

内 容 简 介

土力学经过几十年的研究，虽然取得了丰硕的成果，但与其他力学学科相比，还没有建立起一套坚实的理论基础，各种概念和方法之间缺少有机的联系。热力学是从研究热和力等现象的关系中发展起来的宏观唯象学理论，和自然科学的其他学科相比，它具有一个非常显著的特点即普适性。土是一种复杂的多相多组分材料，用热力学方法研究土力学，能够提供更加普遍的、范围更大的用于建立本构方程的定理和方法。以热力学为基础，基于多相孔隙介质理论对非饱和土进行研究是一个具有挑战性的研究方向。本书从新的角度来解读土力学理论，为广大读者展现了最前沿的研究内容，对土力学的研究工作者具有重要的参考价值，同时也为相关专业的研究生深入学习和了解土力学理论提供了桥梁，有助于土力学理论的不断发展和完善。

图书在版编目(CIP)数据

理性土力学与热力学/刘艳，赵成刚，蔡国庆著. —北京：科学出版社，2016.5

ISBN 978-7-03-048282-2

Ⅰ. ①理…　Ⅱ. ①刘…　②赵…　③蔡…　Ⅲ. ①土力学　②热力学　Ⅳ. ①TU4　②O414

中国版本图书馆 CIP 数据核字(2016)第 103573 号

责任编辑：余　丁　闫　悦 / 责任校对：郭瑞芝

责任印制：张　伟 / 封面设计：迷底书装

科学出版社出版

北京东黄城根北街 16 号

邮政编码：100717

http://www.sciencep.com

北京厚诚则铭印刷科技有限公司 印刷

科学出版社发行　各地新华书店经销

*

2016 年 5 月第 一 版　开本：720×1 000 B5

2018 年 5 月第三次印刷　印张：15 3/4

字数：300 000

定价：98.00 元

(如有印装质量问题，我社负责调换)

序

《理性土力学与热力学》一书是在本书第二作者赵成刚2005年为研究生授课讲义的基础上，由刘艳副教授经补充、扩展并执笔完成本书的绝大部分内容，蔡国庆副教授执笔完成第8章。2005年的讲义占本书不到四分之一的篇幅。

通常在一门学科中，工程经验作用和科学理论的作用是成反比关系的；科学所起的作用和占有的比重越大，工程经验和技艺的作用就越小。土木工程的实践表明，土力学诞生之前，岩土工程是完全依靠经验和技艺的。土力学诞生之后，随着学科的不断发展，科学理论所起的作用也越来越大。面对这种状况，一方面，应用时要积累更多的经验，培养和提高处理工程问题的技艺和水平；另一方面，也要促使土力学和岩土工程学科的理论不断向前发展，最后和其他学科一样达到成熟的水平，即仅利用科学理论就能够较为准确地预测土体的行为，这也是土力学研究者所追求的目标。

土力学是岩土工程师根据工程力学的理论，基于直觉和宏观现象学的认识，即通过实验得到的经验公式或者在工程经验的基础上，经归纳、总结而建立的一门半理论半经验性的学科。土力学的理论基础到目前为止并不十分科学和严密。例如，为何把土这样一种松散和黏结力很弱的矿物颗粒的多相堆积物，用连续的力学理论进行描述和分析，而这样做的理由和适用条件是什么？就是这样一个基础性的问题，查遍土力学的著作，几乎找不到对它的论述。另外，土力学中经验公式很多也是该理论不成熟的标志。针对土力学这样一种半理论半经验的状况，把致力于使土力学的理论建立在严密和科学的基础之上，即用严密、统一和完备的科学理论，如热力学理论或多相孔隙介质理论，来研究和描述土的性质的理论称为理性土力学。理性土力学并不是什么全新的概念，它是参照力学学科中理性力学在其中的作用和地位而在土力学中定位的。本书的主要目的就是以作者的观点，简明地介绍理性土力学的一些基本内容。

土力学的研究主要是按由特殊到一般的研究方法进行的，也就是说，由实验或特殊工程得到一些特殊的经验公式和工程经验，经过抽象和提炼，提升为一种具有普遍性的公式或理论，这种研究方式无疑是正确和有效的。

但如果与之相反，即按一种由一般到特殊的研究方式（这是很多物理学领域的研究者所采用的研究方式），反而使很多土力学研究者不习惯，有时甚至持怀疑和反对的态度。例如，一篇基于热力学的理论论证非饱和土这一特殊物质到达稳态条件的论文，在讨论其必要条件时，采用基于一般性理论，经一定的假定和推导，得到最后到达稳定的必要条件。通常这种由一般到特殊的推演，只要热力学理论本身正确，假定和推导过程又无误，由一般逻辑推演过程就可以判明其对错，如在几何和代数的推导过程中就采用这样的方式。当然对于最后结论的适用性还要进行讨论和论证，例如，复数是一种抽象数学推演的结果，它能否用于描述某一种物理现象还是要进行适用性的讨论和论证的。但该篇论文的一位审稿者竟然无视这种由一般到特殊的研究方式和论证方法，他要求给出从特殊到一般性的论证。由此可以看出：他不了解热力学的基本原理不可能通过由特殊到一般的论证过程给予证明，它只能通过特殊反例去证伪，或是通过特例去讨论它能否用于描述某种物理现象的适用性，但不能用由特殊到一般的方式从正面直接给予证明。通过这一个例子，说明这种由一般到特殊的研究方式在土力学的研究中是很陌生的。但这种研究方式在更具一般性的数学和物理领域却发挥着巨大的作用。因此它在土力学中无疑也应该具有重要的意义。本书就试图介绍这种由一般到特殊的方法。

通常在经典理论框架下所进行的研究难以突破该理论所具有的束缚，因此对经典理论的不足和局限性也很难有全面和深入的认识。只有跳出经典理论的框架，摆脱其影响，以更加宽广的视角重新审视经典理论，才会对其不足和局限性有全面和深入的理解和认识。尤其是目前热力学和孔隙介质理论已经融合在一起，形成了一门新的、较为严密和科学的多相多孔介质理论，在该理论的基础上可以自然地建立起岩土介质多个过程（有时也称为多场）耦合理论。以多个过程耦合的观点重新审视现有的土力学理论，会激发出更多的想法和思路，而不仅仅是由特殊到一般这样一种研究思路。

目前土力学理论是基于宏观现象建立起来的，但这种方法具有很大的局限性，例如，它不能考虑其内部的物理-化学作用以及细观尺度中颗粒、孔隙和孔隙水分布的不同对土体强度和变形的影响等。仅从宏观的尺度研究土力学的理论问题是难以深入到更深和本质的层次。要想深入地探讨和研究决定土力学性质的本质和深层原因，就需要进入到细观或微观的尺度中去，并在这一尺度中研究各种因素的影响和关系，最后才能建立综合考虑细观或微观对土体宏观性质影响的理论模型。在这方面我们所做的工作不多，本书也论述不够，但这却是土力学今后发展的一个重要方向。

本书是我们课题组近十多年在理性土力学方面学习和研究的一个总结，在附录中还给出了课题组发表的相关期刊论文。本书与目前土力学的教材或专著相比具有明显的不同，它强调的是土力学理论的基础和这一基础的科学性、严密性和完备性。当然全面理解和掌握这些内容对于普通工程师来说可能不是一件很容易的事。但我们希望本书对于从事土力学基础理论研究的人有一些参考价值，并希望本书的出版能够促进土力学理论本身的健康发展。

本书上篇由赵成刚撰写初稿，刘艳最后完稿；下篇由刘艳撰写，其中的第 8 章由蔡国庆撰写。全书最后由刘艳统稿、审校。

由于是第一次尝试撰写土力学理论方面的书，另外作者自身理论水平也具有局限性，疏漏之处在所难免，恳请读者批评、指正。

赵成刚

2015 年 12 月于北京交通大学

前　言

土力学经过几十年的研究，取得了丰硕的成果，但与其他学科相比，仍有一些不足。其主要原因在于各种概念和方法之间缺少有机的联系和统一的理论基础，经验主义和经验公式还居于重要的地位。热力学是从研究热和力现象两者之间的关系中发展起来的宏观唯象学的理论，它的一个非常显著的特点是它的普适性，在少数几个定律和假设的基础上，热力学的结论就可以用于不同的物质组成的体系，其应用范围远远超出了物理学，而用于化学、生物学、各种工程科学、宇宙学，甚至社会科学领域。因此将热力学方法应用于土力学中，能够获得更加普遍的、范围更大的土力学理论，还可用于建立本构方程和多场耦合理论；同时可以很自然地得到岩土材料在真实应力空间中必然具有不相关流动的性质，消除了传统方法中许多假设。由此可以构建一些具有竞争力的理论模型，并可以较为容易地对它们进行比较、分析，并且建模过程中各部分之间具有更加直接和紧凑的联系，为土力学的理论发展提供依据。

本书将深入探讨热力学方法在土力学理论发展中的重要作用，详细介绍如何在土力学中，通过使用热力学方法来研究和描述土体的基本特性，其内容分为上下两篇，共 10 个章节。

第 1 章为导言。该部分主要介绍国内外研究现状，包括热力学理论发展和土力学理论现状，说明采用热力学建模对土力学的重要性。

上篇为热力学基础，包含 4 章内容。

第 2 章为平衡态热力学基础。该部分主要介绍热力学的基础理论知识，主要是指平衡态热力学的基本理论，包括系统的状态与状态变量，热力学的三大普适定律，热力学状态函数等，给出在平衡状态时的热力学基本方程，为随后的应用提供理论支持。

第 3 章为非平衡态热力学基础。该部分介绍非平衡态热力学的基础知识。非平衡态热力学研究的是非平衡态下系统的热力学行为，它是经典热力学的继承和延伸，提供了对不可逆过程宏观描述的一般纲要。

第 4 章为内变量热力学理论建立本构模型的基本思想。该部分介绍内变量理论基础及其相关的弹塑性理论基础，结合热力学理论来介绍建模的基本原理，包括基本的本构原理与假设，流动势与塑性势，耗散势与 Ziegler 正交假设，屈服函数与流动准则、硬化法则、临界状态等，为下一步建模提供理论依据。

第 5 章为多孔介质理论基础。该部分介绍如何通过平均化方法，把土这样一种松散和黏结力很弱的矿物颗粒的堆积物，用连续的力学理论进行描述和分析，将前文介绍的热力学基础理论应用到土力学中。

下篇为热力学在土力学中的应用，包含 5 章内容。

第 6 章为土的基本方程。该部分介绍利用热力学基本定律，建立土体的基本方程，包括质量、动量和能量守恒方程，通过合理的假设，利用热力学第二定律给出熵增表达式，给出适合描述土体的耗散不等式。

第 7 章为土力学理论的热力学基础。该部分介绍从热力学的角度对土体的基本理论，如有效应力原理、弹塑性理论、临界状态理论以及土水特征曲线进行解释。

第 8 章为非饱和土多场耦合过程的数学模型。该部分利用热力学和多孔介质理论建立土体在变形-渗流-传热耦合多场耦合作用的数学模型。

第 9 章为土体本构模型的框架。该部分介绍基于热力学理论建立土力学本构方程的一般性理论框架。这一方法利用两个势函数即自由能势函数和耗散势函数（或屈服函数）以及固定的过程和框架，用于建立土的本构方程。

第 10 章为非饱和土本构模型。该部分以热力学方法建立土体模型举例，从热力学两个基本定律出发，针对不同问题，给出具体化的非饱和土本构模型，主要介绍水力-力学耦合模型的构建及数值计算方法，以此为基础介绍了建立固液气三相耦合模型、热-水-力耦合本构模型的方法。

本书是我们团队十几年来研究工作中的一部分成果，它的出版离不开团队每一位成员的辛勤工作，在此首先要对他们表示感谢！此外本书的出版还受到国家重点基础研究发展计划（973）项目（编号：2015CB0578000）、北京交通大学土建学院出版基金的资助，在此也表示感谢！

刘　艳

2016 年 1 月于北京交通大学

目　录

下篇　理性土力学

第 1 章　导　　言

1.1　热力学的发展

第二次世界大战以后，连续介质力学的理论以 Rivlin 和 Truesdell 的开创性工作为基础，得到了迅速的发展，并取得了引人瞩目的成果。但 1960 年以后，连续介质热力学才开始得到人们的重视并开展了深入的研究，场论也被引入到了连续介质热力学中。

连续介质力学用于处理变形体的问题，早期它仅限于处理一些简单的特殊理想变形体和一些同温或没有热能交换的变形体。然而基于更加普遍的情况，连续介质力学必须考虑能量交换和耗散以及能量平衡，这就必然要涉及连续介质热力学理论。有些人认为：连续介质热力学只不过是把热和与温度有关的因素在连续介质力学中加以考虑，但如果工程允许忽略温度的影响，则连续介质热力学对变形体的研究意义不大。但他们没有认识到，连续介质热力学不仅要研究热和温度的影响，还要研究变形体的能量交换和耗散以及平衡。而变形体，尤其是混合物、多孔介质等物体，其内部不同组元之间的相互作用是可以通过它们之间的能量交换和平衡来描述的。另外，材料的塑性变形和徐变要涉及系统内的能量耗散，因此，连续介质热力学对各种变形体的力学描述来说，意义重大。

基于上述观点，连续介质力学与连续介质热力学是不可分的，因此需要对它们用场的理论进行统一的分析与处理。这也就是 1960 年以来，连续介质热力学越来越得到研究者重视的重要原因。对连续介质力学和连续介质热力学进行统一处理需要一个共同的语言或分析工具，这就是用场的理论和方法作为共同的分析工具。在连续介质力学中用场的理论进行分析是一件很自然的事，其应力和应变依赖于其空间位置和时间。

热力学的发展按传统分类方法大致可以分为三个阶段（王季陶，2010），第一个阶段是从 19 世纪中叶到 20 世纪初建立起来的经典平衡态热力学。平衡态热力学研究的是系统在平衡态或可逆过程中的宏观性质，即相当于研究热力学力和热力学流均为零的状态。经典热力学（平衡态热力学）中，在热力学两个基本定律的基础上，可以演绎出一系列各种定量的关系，平衡热力学的各种推论或结论也可以通过各种实验与观察来进行检验。在有限的空间内其状态和温度被假定为不变的，但这种假设在通常的意义上与热力学第一定律并不一致。按照热力学第一定律，热流至少是通过物体表面流入的；当这一过程开始时，物体内部的温度不同于其表面的温度，由此物体的状态是不均匀的。这就存在一种两难的情况：一方面经典热力学要求系统处于均匀或平衡状态，另一方面又要求能够描述能量的交换与流动（而不均匀才能产生这种交换与流动）。处理这种两难的情况通常有两种方式。

（1）假设系统的过程变化非常缓慢（这是经典热力学的处理方法），并考虑它为平衡状态的结果，通常这种过程是可逆的。然而工程师在制造热机时，并没有把自己限制在热机必须遵照上述非常缓慢变化的过程原理中，他们并不在意上述原理的限制。实际上塑性变形，即使变形很缓慢，但也是一个不可逆热力学过程。因此，经典热力学对于这些问题的描述遇到了困难。为了克服这些困难，现代连续介质热力学理论得到了发展。

（2）局部状态原理的处理方法（这是现代连续介质热力学的处理方法），即把系统划分为无数个微小的代表性单元，不同单元之间的温度与状态是不同的，但微单元内部可以近似地认为处于平衡状态，可以用状态量和温度来近似地描述（就像在连续介质力学的代表性单元中的应力与应变一样）。

局部状态原理的出现，使得热力学可以用于描述不可逆过程，热力学也因此进入发展的第二个阶段，即线性非平衡热力学阶段。在这一阶段，出现了两个著名科学家 Onsager 和 Prigogine，他们先后提出 Onsager 定理和推论，为线性非平衡热力学的发展奠定了基础。局部状态原理在连续介质热力学中被引入后，就可以利用场论的方法对热力学的状态变量及其函数进行分析和处理。这样就使连续介质力学与连续介质热力学得到了统一。实际上，连续介质力学可以作为连续介质热力学的特殊情况处理。线性非平衡热力学的前提就是局部平衡假设，而局部平衡假设只在各热力学变量的空间变化的梯度不变大，即接近平衡态时才能成立，这种局限性也使得线性平衡态热力学的应用范围也局限在靠近平衡态这样一个小范围内。

从 20 世纪 60 年代开始，热力学在连续介质力学中的重要作用已经逐渐显露出来，并为学界认识。为了使热力学原理可以处理更复杂的非线性问题，在对非平衡态连续介质热力学进行研究的过程中，出现了不同的学派，在 Onsager 和 Prigogine 理论之后，以 Casas-Vazques、Lebon、Jou 等为代表发展了广延非平衡热力学，以 Coleman、Noll、Truesdell 和 Muller 等为代表提出了理性热力学，此外还有介于经典非平衡态热力学与理性热力学之间发展起来的内变量热力学。随着这些理论的不断发展，热力学也在更多的领域内发挥着它的威力。

1.2　热力学在土力学中的应用

以 Terzaghi 为代表的经典土力学经过近百年的发展，取得了巨大的进步，其应用范围也在不断扩大。但土力学的理论基础仍然不够完善，例如，多数假定渗流与变形和强度无直接联系，渗流与变形的理论分别是根据不同的假定而建立的，土力学各章节之间缺少有机的和统一的理论基础；经验公式和方法随处可见；经验、工程判断、艺术和技巧还继续发挥重要的作用。虽然现代土力学的发展，尤其是临界状态土力学和土的本构模型的发展，使土的变形与强度建立了联系，进一步完善了土力学的理论基础。但这种发展与变化仍然没有从根本上改变上述状况，土力学统一和完备的理论基础仍有待于研究和发展。

岩土材料的应力、应变和强度关系是岩土工程中最基本的关系，因此吸引了许多优秀的岩土工程方面的学者和一些力学学者的关注，建立了数以百计的岩土本构模型。传统方法建立岩土本构模型通常是采用经典塑性力学的方法，即根据实验观测结果，建立宏观、唯象的能反映岩土材料特性的弹性方程、屈服面和塑性势面、硬化函数以及塑性流动法则。它们的选择或多或少地都具有一定的独立性和经验性（例如，不同的人根据他们自己的认识，提出了很多各具特色的屈服方程、硬化函数和塑性流动法则等），由此得到相应的本构方程。这样得到的本构方程是半经验性的，对不同的材料其本构方程是各异的；这些不同的本构方程不能通过更加普遍的原理建立起相互之间的联系，有些本构方程还违背热力学的基本定律。

土体在应力、渗流、温度和化学等场的共同作用下，土骨架的变形、孔隙水的渗流、组分物质或污染物的迁移与扩散、化学反应（溶解、沉淀）、相变等多过程或多场的耦合问题，是目前国内外研究中的一个迫切需要解决而又十分困难的问题。该问题的解决将为有效地解决许多工程问题，如土木工程的建设、地质灾害防治、环境保护（如污染物的扩散与运移等）、新能源（如煤层气、天然气水合物等）高效开采等，提供必需的理论基础和前提条件。而传统的理论绝大多数都是基于直觉的、经验的、宏观现象学的认识，缺少严格和科学的理论基础。由此所建立的理论适用范围有限，也未能严格和有效地描述多场作用下土体中多场和多过程耦合的现象。因此，无法满足解决上述实际工程问题的需要。土体在多种环境作用下多场耦合的统一和完备的理论基础有待于研究和发展。

热力学是从研究热现象和力现象两者之间的关系中发展起来的宏观唯象学的理论，和自然科学的其他学科相比，热力学的一个非常显著的特点是它的普适性。在少数几个定律和假设的基础上，热力学的结论可以用于完全不同的物质组成的体系，其应用范畴远远超出了物理学，而用于化学、生物学、各种工程科学、宇宙学，甚至社会科学领域（Nicolis et al.，1992）。由于热力学的普适性，一旦岩土的本构方程违背了热力学的基本定律，它们在使用中就会具有局限性，那么就不会放心和有把握地使用它们。另外，应该看到，满足热力学定律的本构方程也不一定就能够保证它的正确性和实用性。满足热力学定律的要求仅仅是充分性的要求，而非充分、必要条件。本构方程的正确性和实用性还需要经过实践的考验和验证，并且经过实践检验后最终还要被科学家和工程师接受。

按经典塑性力学的方法建立的本构方程通常是满足各种稳定性假设的（如 Drucker 公设和 Iliushin 公设），但通常都没有严格讨论过是否满足热力学定律。Drucker 公设是传统塑性力学的基础，但它并不与热力学第二定律等价。虽然大多数岩土工程问题可认为是等温过程，但岩土材料的变形与失效都涉及能量的平衡与耗散以及熵的改变，也就是说可以用热力学第一与第二定律来描述。基于热力学的塑性理论研究开始主要集中在金属材料方面。近二十年在其他材料方面（特别是岩土材料）也出现了一些基于热力学理论的弹塑性本构关系的研究（Ziegler，1983），并建立了针对这些材料本构方程的一般性理论框架（Houlsby et al.，2007）。这些研究致力于建立一种适用于更广泛材料类型的理论以及更加严密和协调一致的方法，用于构建本构方程。用这种方法建立的本构方程有时也称为超塑性本构方程，它具有以下优点（赵成刚等，2006）。

（1）自动满足热力学定律。

（2）能够提供更加普遍的、范围更大的用于建立本构方程的定理和方法。可以很自然地得到摩擦性材料（如岩土材料、混凝土材料等）在真实应力空间中必然具有不相关流动的性质，消除了传统方法中许多人为的任意假设（如假定岩土材料为相关联流动）。

（3）可以构建一些具有竞争力的本构模型，并可以较为容易地对它们进行比较、分析；并且建模过程中各部分之间具有更加直接和紧凑的数字联系。

土本身和周围赋存的环境所涉及的范围及其变化是非常广泛和巨大的，因此导致经典土力学的范围也在不断地拓展和变化，以满足现代社会发展的需要。另外人类社会的发展和进步已经到了需要考虑多种环境的作用和影响的时代，而经典土力学理论面对这样多种环境作用的问题时，就更加需要拓展其范围，以适应现实环境和工程问题的需要。

上篇　热力学基础理论

第 2 章　平衡态热力学基础

2.1　热力学系统与过程

2.1.1　系统与环境

宇宙是一个整体，其各部分之间存在着相互作用（从热力学的角度，就是各部分之间能量的变换和转化）。研究的对象通常仅是关注的那一部分，把这部分划分出来，并称为热力学体系或系统，而把与这一部分相互联系和相互作用的其余部分称为该系统的环境。

系统与环境之间可以通过边界面进行物质和能量的交换，通常有三种交换形式：质量交换、机械功的交换、热能的交换。当然也可以有其他形式的能量交换，如电磁能、化学能的能量交换。考虑不同的交换条件，热力学系统按与周围环境的相互作用关系可分为三大类。

（1）孤立系统。它与环境没有任何相互作用，既没有质量（或物质）交换也没有能量交换。

（2）封闭系统。它与环境没有物质交换，但可以有能量交换。能量交换既包括热能交换也包括机械能的交换。

（3）开放系统。它与环境既可以有物质交换也可以有能量交换。当系统内部允许物质和能量的自由交换，则称该系统是简单系统。

1. 系统的状态

系统在不同时刻、不同外界环境影响下的宏观表现称为宏观状态或状态，它是指系统的一切性质的总和，有平衡态和非平衡态两类。系统的平衡状态是指系统的各种宏观性质不随时间变化，这种不随时间变化的宏观性质可用系统的状态描述。换句话说，如果没有外界的影响，这一系统将长期维持它的平衡态。实验证明：当没有外界影响时，一系统在足够长的时间内必将趋近于平衡态。

应该指出，当系统处于平衡态时，虽然它的宏观性质不随时间变化，但从微观上看，组成系统的大量分子仍在不停地进行热运动，只是大量分子热运动的平均效果不随时间变化。因此，这种平衡是一种动态平衡，并常称为热动态平衡。

应该注意，处于平衡状态下的系统，其宏观性质必定不随时间变化，但宏观性质不随时间变化的状态却不一定都是平衡状态。例如，系统处于稳流状态时，宏观性质不随时间变化，但它不是热力学平衡状态，原因是它受到外界条件的影响，如果去掉外界影响，系统的性质将发生变化。因而开放系统和封闭系统不仅系统的状态不随时间变化，而且只有与外界相互平衡时，它们才处于热平衡状态。由此可见，对于非孤立系统要处于平衡态，必须满足一定的条件，这些条件称为平衡条件。这些条件包括：①力学平衡条件；②热平衡条件；③相平衡条件；④化学平衡条件。

2. 状态变量

如何描述热力学系统的状态呢？由于系统宏观物理量之间具有一定的关系，并不需要用系统所有的物理量来描述其平衡状态及其性质，只需选择与这种平衡状态和它的某种性质相关的几个独立的宏观物理量即可。这几个独立的宏观物理量称为状态变量。至于选多少个状态变量才能把系统的平衡状态及其性质确定下来，这要根据系统的复杂性、描述系统的方法和所要求的粗细程度等因素确定。系统状态的描述也取决于需要研究热力学的哪种性质以及采用何种方法。例如，研究力学、电磁学和热化学以及采用宏观和微观的方法就会选择不同的状态变量。所以状态变量数目的多少是随着系统的不同以及所使用的理论和方法的不同而变化。状态变量只与系统的目前状态有关，而与系统如何达到这一状态无关。应该指出，系统处于平衡状态时，系统的宏观状态变量不发生变化。

一般按所研究的物理对象的不同进行划分，则有四类描述系统状态的状态变量：①几何状态变量；②力学状态变量；③化学状态变量；④电磁状态变量。通常并不是所有这四类状态变量都要求使用，究竟选用哪些状态变量要由所研究问题和系统本身的性质决定。

在热力学中，通常将描述系统各种性质的状态变量分为强度量和广延量。将一个均相系统或分为若干部分，各部分的某性质仍保持系统原来的数值，则这一性质为强度量，它是不可加的，表示系统“质”的特征。将一个均相系统或分为若干部分，各部分的某性质与其所含物质的量成正比，则这一性质为广延量，它是可加的，表示系统“量”的特征。例如，压力、温度、应力、应变等为强度量，而体积、质量、能量、熵等为广延量。

3. 状态方程

一个热力学系统，如果其独立的状态变量设为 $x_k(k=1,2,\cdots,n)$，而温度 T 与这些状态变量的函数关系式称为状态方程，它可以写成如下形式：

$$f(x_k,T)=0 \tag{2.1}$$

式（2.1）表示 $x_k(k=1,2,\cdots,n)$ 与 T，这 $n+1$ 个状态变量之间存在一定的函数关系，所以可以选择其中任何 n 个变量作为独立变量来描述系统的平衡态，余下的最后一个状态变量作为这 n 个独立变量的函数。在实际问题中，对于不同的研究对象，独立状态变量的选择是不同的，应视分析和解决问题的方便而定。在热力学中，若一个系统的平衡状态由 n 个独立变量单值确定，则称这个热力学系统为 n 个自由度的系统。

应该指出，只有均匀系统才有状态方程，也就是说，对于一个不均匀系统，不可能有一个总的状态方程。一个不均匀系统可以分为若干个近似均匀部分，每一个均匀部分都有一个相应的状态方程。但对于整个不均匀系统来说，并无一个单一的总的状态方程。状态方程在连续介质力学中也称为本构方程。然而各种不同物质的状态方程（或本构方程）的具体形式和相应的参数不可能由热力学理论直接推导得到（虽然可以从微观理论导出一些简单物质的状态方程，但由于引用了一些简化假设，所以理论结果与实际不完全一致，有时还相差很大），它们通常是由实验确定的。本构方程被认为是表示材料基本单元行为的表达式。因此，不同材料行为的差异主要体现在其本构方程中。

4. 状态函数

一个物理量若是描述系统平衡状态的其余独立变量的单值函数，则称这个物理量为状态函数。由状态函数的定义可知，状态方程可以确定某一个物理量的状态函数，即只要把该物理量从状态方程中显示地解出来，并表示为其他独立量的函数。例如，通过求解式（2.1），可以得到显示表达式为

$$T = T(x_k) \tag{2.2}$$

此时，温度就是一种状态函数，它的值可以由状态变量 x_k 来确定。

2.1.2　系统的描述

描述一个系统的方法包括宏观描述和微观描述两种，宏观现象指的是有大量微观粒子组成的系统在总体上所表现出来的现象（如膨胀、相变等），微观现象指的是原子、分子等微观粒子所发生的现象（如分子无规则运动、碰撞等）。

热力学通常是根据由观察和实验所总结出的宏观热现象所遵循的基本定律，用严密的逻辑推理方法研究系统的热学性质，属于宏观描述理论。该方法局限性在于只适用于粒子数很多的宏观系统，把物质作为连续体，不能考虑物质的微观结构。

统计物理学通常从组成物质的分子、原子的运动和他们之间的相互作用出发，依据各个粒子所遵循的力学规律，用统计的方法阐明系统的热力学性质，认为宏观量是微观量的统计平均，属于微观描述理论。

2.1.3　准静态过程

系统的性质通常是由系统的状态决定的。当系统的一种或多种性质改变时，则说明状态发生了变化，也就是说系统与周围环境发生相互作用时，系统的平衡状态便发生变化。系统的状态随时间的变化称为热力学过程，简称过程。下面将讨论热力学系统从一个平衡状态变化到另一个平衡状态这一过程的具体情况。

处于平衡态的系统，当受到外界环境的作用时，系统的平衡将遭到破坏，在经历

一段时间后，又恢复到一个新的平衡状态。一般，这种变化的过程是非常复杂的，并且是不平衡的。若过程进行得非常缓慢，且系统恢复到平衡态所用的时间又很短，系统有足够的时间来恢复平衡，则这一过程便可称为准静态过程（quasi-steady process）。若系统的过程变化得非常快，即过程中的每一步，系统还没达到新的平衡以前，就开始了下一步的变化，这一过程则称为非平衡态过程。从非平衡态发生到再到达新的平衡态所经历的这段时间称为弛豫时间。弛豫时间的长短，与环境条件改变的大小以及哪种性质的条件改变有关，还与系统本身的性质有关。一般外界条件改变得越小，经历的弛豫时间也越短。若一个热力学系统的某一状态参量改变，所经历的时间比其弛豫时间更长，则这系统所经历的过程可以作为准静态过程。

由于准静态过程和它所涉及的问题非常重要，下面将结合图 2.1 和图 2.2 进行较为详细的说明（赵凯华等，1998）。

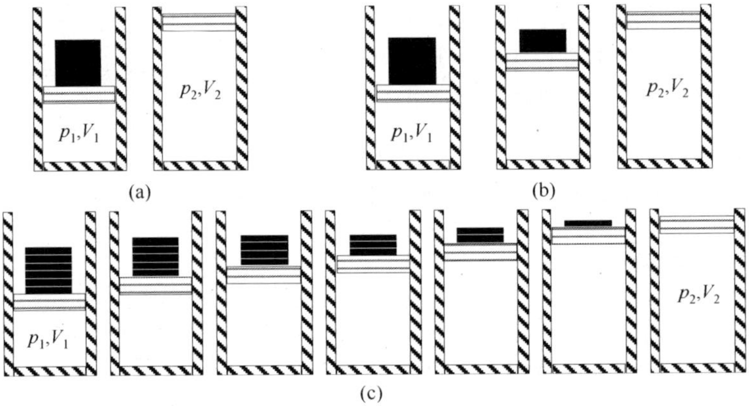

图 2.1　从非准静态过程向准静态过程逼近

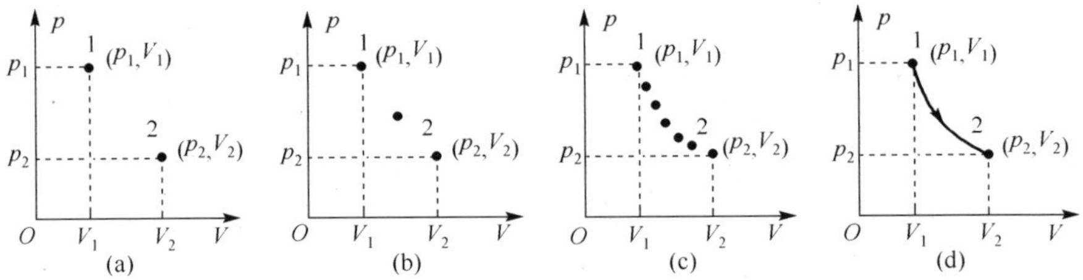

图 2.2　气缸变化相位图

一个系统的热平衡态可用少数宏观参量（如压强 p、体积 V 和温度 T）来描述，它在参量空间（p-V-T 相图）里由一个点来表示。如图 2.1 所示的气缸-活塞系统，当活塞上的压力减小时，气缸内物质的体积膨胀，系统的状态由（p_1, V_1）过渡到（p_2, V_2）。把这一过程初始状态和结束状态标在图 2.2 的 p-V 图上，构成 1、2 两个点。能否在图上把其间的全过程完整地描绘出来，看过程是怎样进行的？如图 2.1(a)所示，将压在活塞上的一个大砝码突然去掉，使系统由状态 1 突变到状态 2，则系统从失去平衡到恢复平衡，中间经历非常复杂的弛豫过程：起初，只有砝码附近的物质“感受到”压力突然减小而开始膨胀；而后减压的影响以声速在物质中向远处传播；最后，在整个系统中激发起的弹性波因内摩擦而耗散掉，系统恢复平静，达到新的平衡态。在中间的非平衡状态下系统中各处没有统一的压强（可能也没有统一的温度），无法在 p-V 图上把它们表示出来（图 2.2(a)）。如图 2.1(b)所示，若把第一个气缸内的大砝码分为两个，先去掉一个，待系统恢复平衡后再去掉一个，则可在 p-V 图上除了初、末态外还可标出一个中间点（图 2.2(b)）。如图 2.1(c)所示，若把砝码分成很多小份，每次去掉一小份，待系统中压强分布的不均匀性可以忽略后再去掉一小份，则在 p-V 图上可以得到一系列中间点（图 2.2(c)）。若把砝码无限地分下去，且足够缓慢地减少它们的个数，则可在 p-V 图上得到一条连续的曲线（图 2.2(d)），将系统经历的中间过程详细地描绘出来。这种进行得足够缓慢，以至于系统连续经过的每个中间态都可以近似地看成平衡态的过程叫做准静态过程。可以看到，只有准静态过程才能在相图上用曲线表示出来。

准静态过程是经历一系列平衡态的过程，凡中间态不平衡，都是非准静态过程。例如，气体自由膨胀过程中压强不均匀，是力学不平衡；从高温到低温的热传导过程中温度不均匀，是热学不平衡；燃烧过程中化学势不均匀，是化学不平衡。这些都属于非准静态过程。

2.1.4　可逆过程与不可逆过程

准静态过程有两个重要性质：①环境在准静态过程中对系统的作用，可以用描述系统平衡状态的参量表示出来；②无摩擦（或无能量耗散）的准静态过程是可逆过程。应该指出，在有摩擦或能量耗散的情况，虽然过程进行得非常缓慢，系统状态的变化可以看做是准静态的，但这一过程是不可逆的，而且环境的作用也不能用描述平衡状态的参量表示。如上述例子中，图 2.1(a)中的压力与内部的压强并不相等。严格说来，无耗散的准静态过程是理想化的过程，它在现实中是不存在的。自然界发生的过程都是不可逆的。

什么叫“不可逆”？一个系统由某一状态出发，经过某一过程到达另一状态，如果存在另一过程，它能使系统和外界完全复原，即系统回到原来状态，同时消除了系统对外界引起的一切影响，则原来的过程称为可逆过程。反之，如果用任何方法都不可能使系统和外界完全复原，则原来的过程称为不可逆过程。一般情况下，原过程都是自发进行的，而逆过程却要外界付出代价，不能自发地进行。外界付出了代价，其状态发生了变化，不能再自发地复原。或者说，系统的可逆过程对外界产生了不能消除的影响。

一个可逆过程，首先是一个准静态过程，应满足热力学的平衡条件，同时在过程中不应有任何耗散效应。实际过程或多或少地存在着各种不可逆因素，因此实际过程都是不可逆的，可逆过程是一切实际过程的理想极限。不可逆过程有以下特点。

（1）系统不可能从一个初始均匀分布的状态自发（没有外界干扰）产生某种不均匀分布变化的状态。例如，一个温度均匀分布的系统不可能经过自发的热传导，达到不均匀的温度分布状态。

（2）能量从可利用的角度来考虑，它们的“品质”或“好坏”是不同的。换言之，在一切实际过程中，能量的总值虽然保持不变，但其可利用的程度却是不同的，它是随着熵的增加而降低。例如，机械能的利用效率比热能高。而伴随着不可逆过程的发生，能量会由利用效率高转变为利用效率低，即能量的耗散或熵增是不可避免的。

（3）从微观的角度，一切不可逆过程都是由一种概率小的状态转变到概率大的状态。

2.2　温度与热力学第零定律

温度是热力学中的一个最基本的概念，它用于描述物体的冷热程度。虽然温度是一种很熟悉的性质，但要给出温度确切的定义却很困难。因为直接定义温度有困难，所以先定义温度相同。

在与外界影响隔绝的条件下，使两个物体相互接触，它们之间发生传热（这种接触称为热接触），则热的物体变冷，冷的物体变热；经过一段时间后，他们的宏观性质不再变化。那么说它们彼此达到了热平衡状态。此后，在不受外界影响的条件下，这种平衡状态将保持下去。由此，可以给温度相同下个定义：两个相互处于热平衡的物体，其温度相同。由此可见，温度的概念是两物体处于热平衡的一种描述，它与平衡密不可分。

描述两物体热接触后达到热平衡的热力学第零定律可简述如下：若两个物体分别与第三个物体处于热平衡之中，则这两个物体也处于热平衡之中。因温度的概念与平衡密不可分，热力学第零定律也可表示为：当两个物体分别与第三个物体温度相同时，此两物体的温度也相同。

前面曾指出，温度 T 与系统独立状态参量 $x_1, x_2, \cdots, x_n$ 的函数关系就是系统的状态方程，即式（2.3）。并且温度是一种状态函数，它可以用系统的独立状态参量表示，即

$$T = T(x_1, x_2, \cdots, x_n) \tag{2.3}$$

由前面的讨论可以知道，温度 T（式（2.3））和状态方程（式（2.1））都是系统平衡状态的描述，若系统失去了平衡，则描述这种平衡状态的温度和状态方程也就失去了其原来的物理含义。

在热力学中，温度使用的是热力学温标。按照气体状态方程，最接近理想气体的氢气在−273.2℃时，体积将为零。这显然是不可能达到的一个温度。通常把这一温度定义为 0K，其具体含义是不可能有比它更低的温度。以 0K 为起点的温标称为热力学温标，用 T 表示。

对温度的描述和定义只有补充了微观解释后，其物理图像才能变得鲜明和生动。从微观的角度，热力学温度的数值反映了分子平均动能的大小。因此，可以定义温度为热的强度，它正比于分子运动的平均动能。

2.3　能量守恒与热力学第一定律

2.3.1　功与热

热力学是研究物质能量及其变化规律的科学，而能量则描述刻画了客观物质的状态和变化能力。能量具有多种形式并且在一定条件下可以互相转化。例如，能量可以有热能、机械能、电磁能、化学能等形式；这些不同形式的能量在一定条件下可以相互转化，例如，热能可以转化为机械能（一定条件下），反之机械能也可以转化为热能；水利势能可以转化为电能，电能也可以转化为其他形式的机械能或热能等。而能量的变换和转化就是物质或某一系统与周围环境的一种相互作用的描述。热力学中研究得最多的是两种能量形式，即功与热。

系统与环境的能量交换通常有两种不同的方式：做功和传热。功通常用符号 W 表示，热通常用符号 Q 表示。其正负号规定如下：

$$W\begin{cases}>0，外界对系统做功\\<0，系统对外界做功\end{cases}，\quad Q\begin{cases}>0，系统吸热\\<0，系统放热\end{cases}$$

功与热都不是状态参量，因为它们均与系统过程进行的路径有关。它们与系统的状态之间不存在特定的函数关系，所以它们不具有一个函数微分的性质，其增量不是全微分。为了加以区分，用“δ”表示一般增量，用“d”表示全微分。

在力学中把力和力方向上的位移的乘积定义为力所做的功。在热力学里，功的概念则要广泛得多，除了上述机械功外，还有很多其他形式的功，可以用广义力和广义位移的乘积来定义。如体积功是压力与体积变化的乘积，表面功是表面张力与表面面积变化的乘积，电功是电势与电荷变化的乘积。

体积功是指伴随着系统体积的变化而产生的功，已知一系统从状态 1（p_1,V_1,T_1），经过一准静态过程，变化为状态 2（p_2,V_2,T_2），则在此过程中外界对系统所做的功可以表示为

$$\delta W=-p\mathrm{d}V,\quad W=-\int_{V_1}^{V_2}p\mathrm{d}V \tag{2.4}$$

由式（2.4）可知系统的功是一个过程量，而不是系统的状态变量。它的大小不仅与过程的初始状态有关，还与过程的路径有关，不同路径积分所得到的功的值是不同的。

热是微观运动和能量的表现形式。通常是指由于系统与环境的温度有差别而引起的从高温物体到低温物体传递的能量。热与功虽然同是传递能量，但却有着本质的差别，功可以任意转化为热，而热不能任意完全转化为功。

2.3.2　内能

要深刻地理解能量守恒定律，必须认识各种形式的能量。在力学里认识了机械能，在电学里认识了电磁能，在热力学中将认识一种新的形式的能量，叫做内能。只有认识了各种形式的能量以后，才能深刻地认识和领会能量守恒定律的具体内容。

当研究的系统用绝热壁包围起来时，系统与外界不能进行热量交换，这样的系统称为绝热系统。在绝热系统内发生的过程称为绝热过程。焦耳精确地测量了从初态 i 到终态 f 经过各种绝热过程中机械力、电力对系统所做的功都相等，并证实各种绝热过程中对系统所做的功（称为绝热功，用 W_a 表示），完全由系统的初态 i 和终态 f 所决定，而与做功的方式（无论是机械力还是电力等）和过程无关。这表明：一个系统从一个状态到另一个状态可以通过各种绝热过程做功而达到。因此可以仿照保守力做功与路径无关而引出保守力场的势能概念，并引出一个重要的态函数物理量——内能 U。系统终态 f 与初态 i 的内能差等于连接这两个状态的绝热过程中外界对系统所做的功，即

$$\Delta U = U_{\mathrm{f}} - U_{\mathrm{i}} = W_a \tag{2.5}$$

式中，U 是内能，它的意义是，外界在绝热过程中对系统所做的功转化成了系统的内能。内能是一个广延量，系统总的内能等于系统各部分内能之和。内能是一个状态函数，由系统的一些状态变量描述和确定。通常也可以使用单位质量的内能 u 来描述系统的状态，称为比内能。

内能是系统内存储的能量。从微观的角度，内能是物质中分子的动能和势能的总和。可以把热力学系统看作一个内能库，它储存的能量（内能）随着做功和传热两种方式的输入和输出而变化。

2.3.3　热力学第一定律

在物理学中有很多守恒定律，如质量守恒定律、动量守恒定律、动量矩守恒定律、能量守恒定律、电荷守恒定律、熵守恒定律等。在研究化学反应时可以认为质量是守恒的，但是如果将质量守恒定律用于核反应那就错了，也就是说各种守恒定律各有其适用的范围，不能乱用。在热力学的范畴，热是不守恒的，但能量是守恒的，并且能量守恒定律是一种普适性的定律。

Helmholtz 于 1947 年写的一篇论文中讲到了能量守恒定律，这可能是关于能量守恒定律最早和最全面的论述。当时在力学中通用的能量的定义为

能量=动能+位能

Helmholtz 认为应该把上式加以推广，以便能够考虑更加普遍的能量形式，他把能量扩展为以下的形式（对于封闭系统）：

能量 = 动能 + 位能 + 热量 + 电能 + 其他形式的能量

上式表明，对系统所做的功应等于系统能量的增加，这种增加的能量既可以是机械能

（位能和动能），也可以是热能、电能、化学能或其他某种至今尚不知道、将来可能发现的能量形式。也就是说，自然界的能量的总数量是永恒不变的。

能量守恒定律与转化定律可表述为：自然界一切物质都具有能量，能量有各种不同的形式，能够从一种形式转化为另一种形式，在转化中能量的数量不变。

显然，这个定律给了我们很大的启发和行动自由。若在任何物理过程中，都坚持认为能量守恒应当成立，则有时为了使上述方程式的两边相等，不得不想出一种新的能量形式（Poincaré 曾指出，与其拒绝能量守恒定律，还不如想出一种新的能量形式为好），在基本物理学中就有过这种情况。为了挽救能量守恒定律，假设存在某种新粒子，如中微子。因为现在每当发现有一部分能量似乎消失时，就开始查找，能量跑到哪里去了，什么粒子把能量带走了或者它转化成了哪种其他形式的能量。只要引入新粒子或者新的能量形式，能量守恒定律总是可以挽救的。这就是研究时所使用的一种很有代表性的方法。如果为了挽救能量守恒定律而在核反应中引入新粒子——中微子，那么完全有理由期待发现这种粒子的其他踪迹。一旦发现了这些踪迹，也就最终“发现”了中微子。这里能量守恒定律再一次显示了自己的威力。

热力学第一定律：一个系统可以经过绝热过程从第一态到达第二态，也可以经过一个非绝热过程从第一态到达第二态。热力学第一定律就描述了这样一个非绝热过程，即在一个普遍的过程中，一方面外界对物体做一定的功，另一方面物体从外界吸收一定的热量，这两者之和等于物体内能的增加，用公式表达如下：

$$U_2 - U_1 = \Delta U = Q + W \tag{2.6}$$

式中，W 为外界对物体所做的功；Q 为物体从外界所吸收的热量，且规定，$\Delta U > 0$ 为系统内能增加，$\Delta U < 0$ 为系统内能减小。应用式（2.6）时应注意，式中初态和终态均为平衡态，但初态到终态经历的过程，不管是准静态过程还是非平衡态过程，式(2.6)都是适用的。另外，当系统经历无限小的过程，则热力学第一定律可表示为

$$\mathrm{d}U = \delta Q + \delta W \tag{2.7}$$

把一个系统分成许多部分，其中每一部分都在平衡态，但各部分之间并未达到平衡，因此总的系统也未达到平衡。但各部分之间的影响必须非常小，使各部分本身的平衡可以维持。很显然总的内能必是各部分内能之和。

2.4　热力学第二定律与熵

2.4.1　热力学第二定律

热力学第一定律是能量守恒定律的一种特殊情况，它是关于热现象中的能量转化和守恒定律。按照热力学第一定律，无论系统的能量形式如何，系统在任一热力学过程中的内能改变总是等于传入系统的能量与输出系统的能量之差，这就是热力学第一

定律关于能量转化的数量准则。该准则说明，只要能量在总的数值上守恒，任何过程都是可以进行的。但在实际中却并非如此，即满足能量守恒的过程并不一定就能够实现。例如，热力学第一定律没有限制热由一物体向另一物体传递的可能性，它只要求这一物体放出的热量等于另一物体得到的热量。但实际中，热量只能自动地由高温物体传向低温物体，而从没有见过相反的过程发生。这说明热现象的实际过程是有方向性的。换句话说，热力学第一定律不能解决过程进行的方向和限度问题。

热力学第二定律就是关于过程进行的方向和限度的预言与判断。

首先定义自发过程。自发过程是在一定条件下，无需人为地施加外力或其他任何影响，体系内就能自发地进行某种过程，并达到一定的限度。所有自发过程都单方向地进行到一定程度，而其逆过程从来不会自动发生。所谓“单方向”，其含义是无论如何也不能使体系完全恢复原状，利用外界的干预当然可以使体系复原，但势必使干预本身又留下后果，这个后果同样不可能自动消除。另外所谓“一定程度”，是指热力学平衡状态。这就是说，任何系统若不受外界影响，总是单方向地趋于热力学平衡状态。所以，凡是自发的过程，皆为不可逆过程，其后果均不可消除。而某一过程的进行是否可逆，与初态和终态的状态或性质无关，而取决于过程进行时所采取的方式。而可逆与不可逆的区别就在于过程完成后，在环境中是否留下不能完全消除的后果。例如，在固体力学中，当固体发生塑性变形或徐变变形或黏性变形等，都会在外界影响完成后，固体中留下不可恢复的变形，这就是一个不可逆过程。对不可逆过程来讲，过去和将来是不等价的。

怎样描述能量转化过程中的方向性以及进行到什么限度为止，怎样把耗散计及到能量守恒和过程发展中去等等，这些都是热力学第二定律研究的问题。热力学第二定律可以有很多表述，如下所示。

克劳修斯（Clausius）表述：不可能把热量从低温物体传给高温物体而不引起其他变化。

开尔文（Kelvin）表述：不可能从单一热源吸取热量使之完全转化为有用功而不产生其他变化。

热力学第二定律的各种表述都是等价的，从一种表述可以推断出其他表述。当然，否定一种表述，亦即否定了其他表述。

2.4.2　熵

热力学第二定律普遍的数学表达式是采用熵的形式。为了节省篇幅，本书不作如何得到熵函数的推导，有兴趣的读者可以参考任何一本热力学的基础教科书及文献。这里仅就熵的性质强调以下几点。

（1）熵是系统的性质，它是对系统中能量转化能力或可利用能力的一种度量，熵小则转化能力高，熵大则转化能力低。它是状态函数，任何平衡系统都有熵；另外，熵值也决定了系统所处的状态。

（2）熵是广延量，具有可加性。

（3）熵可用其他可测物理量直接或间接地表示出来，是可测物理量的单值函数。

（4）熵是状态函数，它的改变完全由系统的初态与终态决定，而与变化过程无关。

1865 年 Clausius 提出了熵的概念，指出在孤立系统中发生的过程，总是使整个系统的熵的数值增大，它是不可逆的。用 S 表示熵，有

$$\Delta S \geqslant 0 \tag{2.8}$$

通常也可以使用单位质量的熵，即比熵 s 来表示，其单位为 J/(kg·K)。

对于一般系统，将系统和环境一起取为一个大的孤立系统，系统的总熵为

$$\mathrm{d}S = \mathrm{d}S_\mathrm{e} + \mathrm{d}S_\mathrm{i} \tag{2.9}$$

式中，$\mathrm{d}S_\mathrm{e}$ 表示可恢复过程产生的熵，称为外熵；$\mathrm{d}S_\mathrm{i}$ 表示不可恢复过程产生的熵，称为内熵。

在经典热力学中，对于封闭系统，可逆过程中仅由于吸热或放热而引起系统熵的变化可表示为

$$\mathrm{d}S_\mathrm{e} - \frac{\delta Q}{T} = 0 \tag{2.10}$$

对于一个热力学系统，当其内部发生不可逆过程时，热力学第二定律可以表述为

$$\mathrm{d}S_\mathrm{i} = \mathrm{d}S - \mathrm{d}S_\mathrm{e} = \mathrm{d}S - \frac{\delta Q}{T} \geqslant 0 \tag{2.11}$$

2.5　热力学的状态函数

前面已经讨论过三个状态函数，即状态方程、内能和熵。因为这三个热力学函数都是在热力学定律的基础上引进的，利用它们原则上可以解决热力学中的几乎所有问题，因而这三个状态函数是热力学中三个最基本的热力学函数。但仅使用这三个基本状态函数，有时并不方便。为此，有必要推导出一些其他便于应用的状态函数。而这些其他函数是通过 Legendre 变换而与内能、温度、熵等状态函数建立起相互联系。为实际应用方便的需要，下面引入几个新的状态变量函数：焓、Helmholtz 自由能和 Gibbs 自由能。

2.5.1　焓

焓 H 的定义可以表示为

$$H = U + pV \tag{2.12}$$

焓的单位是 J，通常也可以用单位质量焓 h 来表示，称为比焓，其单位为 J/kg。焓的变化与其他性质变化之间的关系是

$$dH = dU + Vdp + pdV \tag{2.13}$$

对于封闭系统等压过程来说 $dp = 0$，式（2.13）变为

$$dH = dU + pdV \tag{2.14}$$

将热力学第一定律的表达式（2.7）和功的表达式（2.4），代入式（2.14）有

$$dH = \delta W + \delta Q + pdV = \delta Q \tag{2.15}$$

式（2.15）表明，封闭系统等压过程所吸收的热量等于焓的增量。

2.5.2 Helmholtz 自由能

Helmholtz 自由能 A 的定义如下：

$$A = U - TS \tag{2.16}$$

单位质量的 Helmholtz 自由能用符号 φ 表示，通常称为比 Helmholtz 自由能。

对式（2.16）全微分可得

$$dA = dU - TdS - SdT \tag{2.17}$$

对于等温过程，式（2.17）中 $dT = 0$，从而有

$$dA = dU - TdS \tag{2.18}$$

将热力学第一定律的表达式（2.7）和可逆过程熵的定义，代入式（2.18）有

$$dA = \delta W \tag{2.19}$$

式（2.19）表明，等温过程中系统自由能的减少等于系统对外界做的功。从做功的意义上看，自由能在等温过程中所起的作用与内能在绝热过程中所起的作用相同。但实质上两者是有本质区别的，在绝热过程中，做功等于内能的减少量；而在等温过程中系统对外做功，是消耗系统的自由能，而不等于系统内能的减少。其原因在于等温过程中，系统对外做功不仅依赖于内能，而且还依赖于甚至完全依赖于系统与外界交换的热量。所以，Helmholtz 自由能可以理解为封闭系统在等温过程中系统能对外做功的那一部分能量。这样一来，由式（2.16）可知内能可以表示为 $U = A + TS$，如果将内能看成系统内所具有的总量，Helmholtz 自由能是等温过程中系统能对外做功的那部分能量；那么，TS 便可以理解为不能转化为功而束缚在系统内的能量，因此人们常称 TS 为束缚能。

2.5.3 Gibbs 自由能

Gibbs 自由能可以定义为

$$G = H - TS = A + pV \tag{2.20}$$

单位质量的 Gibbs 自由能用 g 表示，称为比 Gibbs 自由能。

对式（2.20）全微分，并利用式（2.13）可以得到

$$dG = dU + Vdp + pdV - TdS - SdT \tag{2.21}$$

大量的物理和化学变化是在恒温和恒压的条件下进行的。自然界特别是地表的许多过程，当温度与压力变化不大时，可以近似地看成恒温恒压过程，所以这类过程是非常普遍的。这时利用 Gibbs 自由能是较为方便的，因为当 $dp = 0$ 且 $dT = 0$ 时，式（2.21）可以表示为

$$dG = dU + pdV - TdS \tag{2.22}$$

将热力学第一定律的表达式（2.7）和可逆过程熵的定义，代入式（2.22）有

$$dG = \delta Q + \delta W + pdV - TdS = \delta W + pdV = \delta W_1 \tag{2.23}$$

式（2.23）表明在恒温恒压过程中，封闭系统由体积功以外其他广义力所做的功的增量等于 Gibbs 自由能的增量。

2.5.4　Legendre 变换

热力学中有很多状态函数，它们可以通过 Legendre 变换建立起相互联系。下面将简要介绍 Legendre 变换。

设图 2.3 中曲线可以用函数 $X(x)$ 表示，通过曲线上一点 $\left(x, X(x)\right)$ 的切线斜率可以表示为

$$y(x) = \frac{\partial X}{\partial x} \tag{2.24}$$

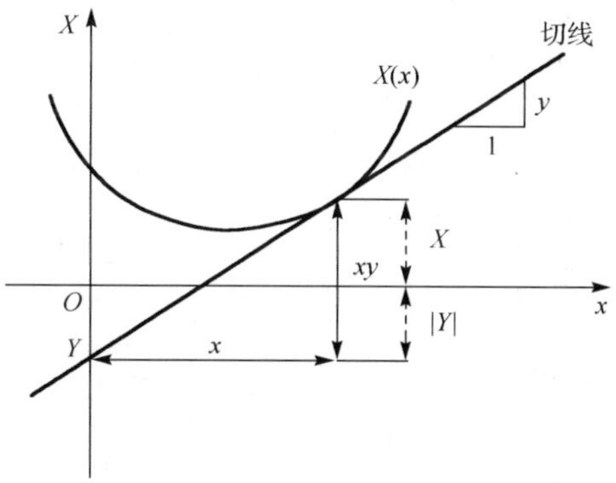

图 2.3　Legendre 变换的几何解释

假设该切线在纵坐标上的截距为 Y，因此切线方程可以表示为

$$z(x) = yx + Y \tag{2.25}$$

如果 $X(x)$ 是凸函数，那么经过点 $\left(x, X(x)\right)$ 切线方程的斜率唯一，此时式（2.24）中斜率 y 是 x 的单值函数，可以得到其反函数 $x(y)$ 。将 $x(y)$ 代入切线方程（2.25）中，可将截距 Y 表示为 y 的函数。

由于切点 (x,X) 位于切线方程上，满足关系式（2.25），即

$$X(x) = yx + Y \tag{2.26}$$

将式（2.26）整理可以得到 $f(x)$，经 Legendre 变换后得到函数 $Y(y)$：

$$Y(y) = X\left(x(y)\right) - yx(y) \tag{2.27}$$

式（2.27）两边同时对 y 求导，可得

$$\frac{\partial Y}{\partial y} = \frac{\partial X}{\partial x}\frac{\partial x}{\partial y} - x - \frac{\partial x}{\partial y}y \tag{2.28}$$

利用式（2.24），式（2.28）可以化简为

$$x = -\frac{\partial Y}{\partial y} \tag{2.29}$$

式（2.24）、式（2.27）和式（2.29）就构成了 Legendre 变换。

如果函数 X 是两个组未知量的函数，即 $X = X(x,\alpha)$，此时仍可以对变量 x 进行 Legendre 变换得到其对偶和函数 $Y(y,\alpha)$。Legendre 变换的基本方程就可以表示为

$$\begin{cases} X(x,\alpha) - Y(y,\alpha) = xy \\ y = \dfrac{\partial X}{\partial x}, x = -\dfrac{\partial Y}{\partial y} \\ \beta = \dfrac{\partial X}{\partial \alpha} = \dfrac{\partial Y}{\partial \alpha} \end{cases} \tag{2.30}$$

以上就是 Legendre 变换的基本原理，利用 Legendre 变换可以建立热力学状态函数之间的相互联系（图 2.4）。前文已经介绍了热力学中比较常用的四个状态函数，即内能 U、焓 H、Helmholtz 自由能 A 和 Gibbs 自由能 G，接下来将介绍它们之间如何转化。

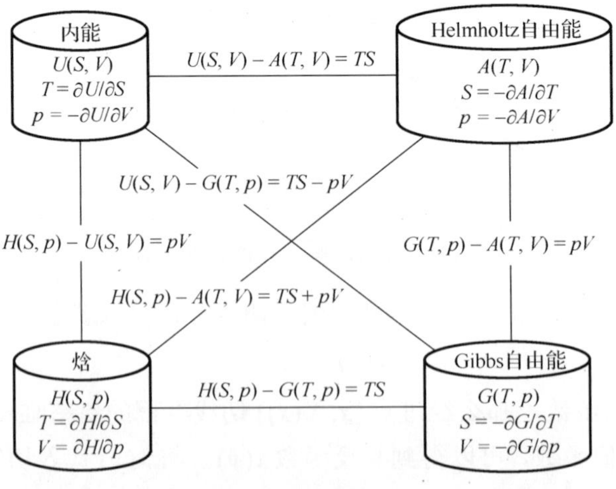

图 2.4　热力学状态函数之间的 Legendre 转化关系

对于一个可逆过程，内能 U 可以表示为熵 S 和体积 V 这两个独立状态变量的热力学势函数：

$$U = U(S,V) \tag{2.31}$$

根据热力学第一定律表达式（2.7），考虑式（2.4）和式（2.10），可知：

$$\mathrm{d}U = \delta Q + \delta W = T\mathrm{d}S - p\mathrm{d}V \tag{2.32}$$

从而得到

$$T = \frac{\partial U}{\partial S}, \quad p = -\frac{\partial U}{\partial V} \tag{2.33}$$

利用 Legendre 变换式（2.30），如果 $x = S, y = T, X = U, Y = A, \alpha = V, \beta = p$，可以将内能表达式（2.32）转化后得到 Helmholtz 自由能：

$$A(T,V) = U(S,V) - TS \tag{2.34}$$

且有

$$S = -\frac{\partial A}{\partial T}, \quad p = -\frac{\partial A}{\partial V} \tag{2.35}$$

利用 Legendre 变换式（2.30），如果 $x = V, y = -p, X = U, Y = H, \alpha = S$，可以将内能表达式（2.32）转化后得到焓的表达式：

$$H(S,p) = U(S,V) + pV \tag{2.36}$$

类似地，如果令 $x = S, y = T, X = H, Y = G, \alpha = p$，利用 Legendre 变换，可以将焓表达式（2.36）转化后得到 Gibbs 自由能表达式：

$$G(T,p) = H(S,p) - TS \tag{2.37}$$

四个函数之间的相互转化关系如图 2.4 所示。

2.6　运动学基础

2.6.1　两种描述方法

描述运动通常都要选择一个参照系，这个参照系就是坐标系，在连续介质力学中，一般采用两种坐标系来描述系统运动，分别如下。

（1）Lagrange 坐标系，也称为物质坐标系。通常选择物质变形前的时刻 t_0 作为参考构形，用该时刻的物质坐标 $\boldsymbol{X}$ 作自变量来描述物体的运动和变形。Lagrange 坐标在整个运动过程中，坐标始终保持为 t_0 时刻的初始坐标值，可看做是一个嵌入在物体中并随物体一起运动的坐标系。

（2）Euler 坐标系，也称为空间坐标系。通常选择物质当前时刻 t 作为即时构形，用该时刻的空间坐标 $\boldsymbol{x}$ 作自变量来描述物体的运动和变形。Euler 坐标对应空间点的位置，反映的是在运动的不同时刻，流经这一空间的物质点。

物体的变形可看作所有物质点从参考构形转换到当前构形，此时物质的 Euler 坐标 $\boldsymbol{x}$ 可以表示为初始构形和时间的函数，即

$$\boldsymbol{x} = \boldsymbol{x}(\boldsymbol{X}, t) \tag{2.38}$$

式（2.38）称为 Lagrange 描述法，它着眼于跟踪物质点运动状况。

如果假定在任意时刻 t，式（2.38）是一个单值的连续可微的函数，则可将初始构形 Lagrange 坐标表示为当前构形和时间的函数，即

$$\boldsymbol{X} = \boldsymbol{X}(\boldsymbol{x}, t) \tag{2.39}$$

式（2.39）称为 Euler 描述法，它关注的是在运动不同时刻经过该空间的物质点。

从参考构形到当前构形的转换可以用变形梯度张量来表示，即

$$\boldsymbol{F} = \frac{\partial \boldsymbol{x}}{\partial \boldsymbol{X}} \tag{2.40}$$

变形梯度将参考构形中的线元 $\mathrm{d}\boldsymbol{X}$ 线性变换到了当前构形 $\mathrm{d}\boldsymbol{x} = \boldsymbol{F} \cdot \mathrm{d}\boldsymbol{X}$ 。式（2.39）是式（2.38）的反函数，它存在的前提就是其 Jacobi 行列式 J 不等于零，即

$$J = \det \boldsymbol{F} \neq 0 \tag{2.41}$$

不同的研究对象，可以选择不同的描述方法。一般而言，流体大多采用 Euler 方法来描述，而固体大多采用 Lagrange 方法来描述。对于多孔介质，其内部既有固体也有流体，采用何种方法合适？此时可以把多孔介质视为一个可变性的开放系统，流体与周围环境之间可发生质量交换。其中，固体骨架由于具有明确的分界和固定的边界，用 Lagrange 方法来描述是比较合适的。可把流体从骨架孔隙中分离出来，仍采用流体的分析方法描述（Coussy, 2010）。

2.6.2 速度

描述运动的函数连续可微，如果一点的运动路径已知，其速度、加速度可以用 Lagrange 坐标表示成

$$\boldsymbol{V}(\boldsymbol{X}, t) = \frac{\partial \boldsymbol{x}(\boldsymbol{X}, t)}{\partial t} \tag{2.42}$$

$$\boldsymbol{A}(\boldsymbol{X}, t) = \frac{\partial^2 \boldsymbol{x}(\boldsymbol{X}, t)}{\partial t^2} \tag{2.43}$$

速度、加速度相应的 Euler 坐标的表示形式，可以表示为

$$\boldsymbol{v} = \boldsymbol{v}(\boldsymbol{x}, t) \tag{2.44}$$

$$\boldsymbol{a} = \boldsymbol{a}(\boldsymbol{x}, t) \tag{2.45}$$

利用链式求导法则，可得

$$\boldsymbol{a} = \frac{\mathrm{d}\boldsymbol{v}(\boldsymbol{x}, t)}{\mathrm{d}t} = \frac{\partial \boldsymbol{v}}{\partial t} + \frac{\partial \boldsymbol{v}}{\partial \boldsymbol{x}} \cdot \frac{\partial \boldsymbol{x}}{\partial t} = \frac{\partial \boldsymbol{v}}{\partial t} + \nabla \boldsymbol{v} \cdot \boldsymbol{v} \tag{2.46}$$

2.6.3　物质导数

Lagrange 坐标中，某个物理量 $f(\boldsymbol{X},t)$ 对时间的偏导数，称为该物理量的物质导数，可以表示为

$$\dot{f}=\frac{\mathrm{d}f}{\mathrm{d}t}=\left.\frac{\partial f(\boldsymbol{X},t)}{\partial t}\right|_{\boldsymbol{X}=\mathrm{const}} \tag{2.47}$$

Lagrange 描述法中其观察点的位置始终保持为初始坐标值，因此求导过程中 $\boldsymbol{X}$ 保持为常数，式（2.47）中的物理量 f 可以是标量、矢量或者张量。

在 Euler 描述方法中，某个物理量 $f(\boldsymbol{x},t)$ 对时间的导数包含两个部分，在空间点固定对时间的偏导数，为该物理量的局部导数 $\partial/\partial t$，可以表示为

$$\dot{f}=\left.\frac{\partial f(\boldsymbol{x},t)}{\partial t}\right|_{\boldsymbol{x}=\mathrm{const}}+\left.\frac{\partial f(\boldsymbol{x},t)}{\partial \boldsymbol{x}}\frac{\partial \boldsymbol{x}(\boldsymbol{X},t)}{\partial t}\right|_{\boldsymbol{X}=\mathrm{const}} \tag{2.48}$$

对比式（2.47）和式（2.48），并将式（2.42）代入，可以得到物质导数的基本定义，即

$$\frac{\mathrm{d}f}{\mathrm{d}t}=\frac{\partial f}{\partial t}+\boldsymbol{V}\cdot\nabla f \tag{2.49}$$

2.7　平 衡 方 程

为了描述系统性质随空间和时间连续变化的情况，通常需要将各种方程和定律用局部形式表示。也就是说在空间上要局域，也要考虑在时间上的变化。下面将列出一些基本方程（它是在时间和空间都局域化），其中许多都是在连续介质力学的基础上推导出来的。

2.7.1　一般方程

考虑连续介质中的一个代表性微元体，其体积为 $\varOmega$，边界为 $\varSigma$。用 $\Im$ 表示该微元的某种材料特性，如密度、内能等。根据连续介质理论，一般导致材料特性 $\Im$ 随时间变化的主要因素包括两个部分：区域内部的源（production），如体内存在热源，或是有化学反应等；通过边界进行的交换（flux），如表面应力、热流等。因此，单位时间内材料特性的守恒方程可以表示为

$$\frac{\mathrm{d}}{\mathrm{d}t}\int_{\varOmega}\Im\mathrm{d}V=\int_{\varOmega}\pi\mathrm{d}V-\int_{\varSigma}(\boldsymbol{J}\cdot\boldsymbol{n})\mathrm{d}A \tag{2.50}$$

式中，π 为体积源项，表示单位时间内单位体积内的产生量；$\boldsymbol{J}$ 表示单位时间通过单位面积的交换量，假定其正方向为外法线方向，说明从交界面流入量为负。

根据 Reynolds 输运定理，式（2.50）左边用 Euler 形式可以表示为

$$\frac{\mathrm{d}}{\mathrm{d}t}\int_{\Omega}\Im\mathrm{d}V=\int_{\Omega}\left(\frac{\mathrm{d}\Im}{\mathrm{d}t}+\Im(\nabla\cdot v)\right)\mathrm{d}V \tag{2.51}$$

由物质导数的定义可知

$$\frac{\mathrm{d}\Im}{\mathrm{d}t}=\frac{\partial\Im}{\partial t}+\boldsymbol{v}\cdot\nabla\Im \tag{2.52}$$

此外根据高斯定理，式（2.50）右边第二项可以表示为

$$\int_{\Sigma}(\boldsymbol{J}\cdot\boldsymbol{n})\mathrm{d}A=\int_{\Omega}(\nabla\cdot\boldsymbol{J})\mathrm{d}V \tag{2.53}$$

将式（2.51）～式（2.53）代入式（2.50）中，整理后可得

$$\int_{\Omega}\left(\frac{\partial\Im}{\partial t}+\nabla\cdot(\Im\boldsymbol{v})-\pi+\nabla\cdot\boldsymbol{J}\right)\mathrm{d}V=0 \tag{2.54}$$

式（2.54）对于任意微元均成立，因此可以得到平衡方程的局部形式为

$$\frac{\partial\Im}{\partial t}+\nabla\cdot(\Im\boldsymbol{v})-\pi+\nabla\cdot\boldsymbol{J}=0 \tag{2.55}$$

类似地，对于一个包含 n 种组元（component）的多组元系统，平衡方程的一般形式可以表示为

$$\frac{\partial\Im^k}{\partial t}+\nabla\cdot(\Im^k\boldsymbol{v}^k)=\pi^k-\nabla\cdot\boldsymbol{J}^k\qquad(k=1,2,\cdots,n) \tag{2.56}$$

2.7.2　质量守恒方程

对于质量守恒，式（2.56）中材料属性 $\Im^k$ 表示的是组元密度即 $\Im^k=\rho_k$，化学反应引起组元内部质量变化 $\pi^k=\sum_{j=1}^{r}\gamma_{kj}j_j$，而 $\boldsymbol{J}^k=0$，因此组分的质量守恒方程为

$$\frac{\partial\rho_k}{\partial t}=-\nabla\cdot(\rho_k\boldsymbol{v}^k)+\sum_{j=1}^{r}\gamma_{kj}j_j\quad(k=1,2,\cdots,n) \tag{2.57}$$

式（2.57）表明，方程左端所表示的局部变化率（针对时间）等于流量（$\rho_k\boldsymbol{v}^k$）的负散度和表示组元 k 产生（或消灭）的源项之和。其中 $\boldsymbol{v}^k$ 表示组元 k 的速度，而 $\gamma_{kj}j_j$ 表示 k 组元与 j 组元之间由于发生物理或是化学反应而产生的质量交换率。由于化学反应必须是质量守恒的，例如，k 组元由于化学反应出现质量增加，而 j 组元在该化学反应中质量会相应地减小，总的质量满足守恒条件，因此有

$$\sum_{k=1}^{n}\sum_{j=1}^{r}\gamma_{kj}j_j=0 \tag{2.58}$$

令总密度ρ为

$$\rho = \sum_{k=1}^{n} \rho_k \tag{2.59}$$

材料的质心速度 $\boldsymbol{v}$ 可以表示为

$$\boldsymbol{v} = \sum_{k=1}^{n} \frac{\rho_k}{\rho} \boldsymbol{v}^k \tag{2.60}$$

组元 k 相对于质心的相对速度表示为

$$\boldsymbol{w}^k = \boldsymbol{v}^k - \boldsymbol{v} \tag{2.61}$$

令系统 k 组元相对于质心运动的扩散流（diffusion flow）为

$$\boldsymbol{J}_{\mathrm{m}k} = \rho_k \boldsymbol{w}^k \tag{2.62}$$

显然有

$$\sum_{k=1}^{n} \boldsymbol{J}_{\mathrm{m}k} = 0 \tag{2.63}$$

式（2.63）表明在 n 个组元的质量扩散流中，只有 n–1 个是相互独立的。

利用式（2.62）可以把式（2.57）的质量守恒方程表示为可以考虑扩散流动形式的质量守恒方程，其方程为

$$\frac{\mathrm{d}\rho_k}{\mathrm{d}t} = -\rho_k \nabla \cdot \boldsymbol{v} - \nabla \cdot \boldsymbol{J}_{\mathrm{m}k} + \sum_{j=1}^{r} \gamma_{kj} j_j \tag{2.64}$$

若令质量分数 c_k 为

$$c_k = \frac{\rho_k}{\rho} \tag{2.65}$$

则式（2.64）可用质量分数表示

$$\rho \frac{\mathrm{d}c_k}{\mathrm{d}t} = -\nabla \cdot \boldsymbol{J}_{\mathrm{m}k} + \sum_{j=1}^{r} \gamma_{kj} j_j \quad (k = 1, 2, \cdots, n) \tag{2.66}$$

虽然式（2.64）或式（2.66）中有 n 个方程，但由于存在约束关系式（2.63），其中只有 n–1 个是相互独立的。若对式(2.57)或式(2.64)各组元求和，并考虑式(2.58)～式（2.60），可以得到该多组元系统整体的质量守恒方程为

$$\frac{\partial \rho}{\partial t} + \nabla \cdot (\rho \boldsymbol{v}) = 0 \quad 或 \quad \frac{\mathrm{d}\rho}{\mathrm{d}t} + \rho \nabla \cdot \boldsymbol{v} = 0 \tag{2.67}$$

2.7.3　动量守恒方程

对于动量方程，对应于式（2.56）中各项可以表示为

$$\mathfrak{I}^k = \rho^k \boldsymbol{v}^k, \quad \pi^k = \rho^k \boldsymbol{b}^k, \quad \boldsymbol{J}^k = -\boldsymbol{P}^k \tag{2.68}$$

式中，$\boldsymbol{b}^k$ 表示作用在组元 k 的单位质量上的体积力（如重力），表示组元内部的动量产生项；$\boldsymbol{P}^k$ 是系统的压强张量，表示通过交界面的动量交换，土力学中一般以压为正，故此处有负号。将式（2.68）代入式（2.56），可以得到下面的组分的动量守恒方程为

$$\frac{\partial(\rho^k \boldsymbol{v}^k)}{\partial t}+\nabla\cdot(\rho^k \boldsymbol{v}^k \boldsymbol{v}^k)=\rho^k \boldsymbol{b}^k+\nabla\cdot\boldsymbol{P}^k \quad (k=1,2,\cdots,n) \tag{2.69}$$

令

$$\begin{aligned}\boldsymbol{b}&=\sum_{k=1}^{n}\frac{\rho^k \boldsymbol{b}^k}{\rho}\\ \boldsymbol{P}&=\sum_{k=1}^{n}\boldsymbol{P}^k-\rho^k \boldsymbol{w}^k \boldsymbol{w}^k\end{aligned} \tag{2.70}$$

利用式（2.60）和式（2.70）对各组元求和，得到总的动量方程可以表示为

$$\frac{\partial(\rho \boldsymbol{v})}{\partial t}+\nabla\cdot(\rho \boldsymbol{v}\boldsymbol{v})=\rho \boldsymbol{b}+\nabla\cdot\boldsymbol{P} \tag{2.71}$$

将质量守恒方程（2.67）代入式（2.71），并考虑物质导数的定义如式（2.52），整理可得

$$\rho\frac{\mathrm{d}\boldsymbol{v}}{\mathrm{d}t}=\rho \boldsymbol{b}+\nabla\cdot\boldsymbol{P} \tag{2.72}$$

2.7.4　能量守恒方程

对于能量方程，总的能量一般指单元内部的内能和动能，对应于式（2.56）中各项可以表示为

$$\mathfrak{I}^k=\rho^k\left(u^k+\frac{1}{2}\boldsymbol{v}^k\cdot\boldsymbol{v}^k\right),\quad \pi^k=\rho^k \boldsymbol{b}^k\cdot\boldsymbol{v}^k+h^k,\quad \boldsymbol{J}^k=-\boldsymbol{P}^k\cdot\boldsymbol{v}^k+\boldsymbol{q}^k \tag{2.73}$$

式中，u^k 表示内能；$\rho \boldsymbol{b}^k\cdot\boldsymbol{v}^k$ 表示由体积力引起的能量变化；h^k 表示单元体内部能量产生；$\boldsymbol{P}^k\cdot\boldsymbol{v}^k$ 表示由压强变化引起的能量流动；$\boldsymbol{q}^k$ 为热流矢量。

将式（2.73）代入式（2.56），可以得到下面的能量守恒方程：

$$\begin{aligned}\frac{\partial}{\partial t}\left[\rho^k\left(u^k+\frac{1}{2}\boldsymbol{v}^k\cdot\boldsymbol{v}^k\right)\right]=&\nabla\cdot\left[\boldsymbol{P}^k\cdot\boldsymbol{v}^k-\boldsymbol{q}^k-\rho^k\left(u^k+\frac{1}{2}\boldsymbol{v}^k\cdot\boldsymbol{v}^k\right)\boldsymbol{v}^k\right]\\&+\rho^k \boldsymbol{b}^k\cdot\boldsymbol{v}^k+h^k \quad (k=1,2,\cdots,n)\end{aligned} \tag{2.74}$$

系统的热流矢量 $\boldsymbol{q}$ 为

$$\boldsymbol{q}=\sum_{k=1}^{n}\left[\boldsymbol{q}^k-\boldsymbol{P}^k\cdot\boldsymbol{w}^k+\rho^k\left(u^k+\frac{1}{2}\boldsymbol{w}^k\cdot\boldsymbol{w}^k\right)\boldsymbol{w}^k\right] \tag{2.75}$$

系统的能量定义为

$$u = \frac{1}{\rho}\sum_{k=1}^{n}\rho^k\left(u^k + \frac{1}{2}\boldsymbol{w}^k\cdot\boldsymbol{w}^k\right) \tag{2.76}$$

并且注意到

$$\sum_{k=1}^{n}h^k = 0$$

对组元方程（2.74）求和，可以得到系统的能量守恒方程：

$$\frac{\partial(\rho u)}{\partial t} = -\nabla\cdot(\boldsymbol{q} + \rho u\boldsymbol{v}) + \boldsymbol{P}:\nabla\boldsymbol{v} \tag{2.77}$$

利用质量守恒方程（2.67），式（2.77）可以表示为

$$\rho\frac{\mathrm{d}u}{\mathrm{d}t} = -\nabla\cdot\boldsymbol{q} + \boldsymbol{P}:\nabla\boldsymbol{v} \tag{2.78}$$

2.7.5　熵的守恒方程

熵和质量、能量等物理量一样，是一个广延量，它也同样满足守恒定律。下面将给出熵的守恒方程，并用熵的等式替换热力学第二定律的不等式，推导热传导过程中内熵的表达式；这样做的目的是便于对不可逆热力学过程进行分析（因为用不等式是难以进行分析的）。

此时材料属性 $\mathfrak{I}^k$ 表示熵，对应于式（2.56）中各项可以表示为

$$\mathfrak{I} = \rho s,\quad \pi = \phi,\quad \boldsymbol{J} = \boldsymbol{J}_s \tag{2.79}$$

式（2.79）中，s 是比熵；ϕ 为熵产；$\boldsymbol{J}_s$ 是熵流密度，即单位时间内流出单位面积的总熵流。

将式（2.79）代入式（2.56）得到熵平衡方程的局部表达式为

$$\frac{\partial(\rho s)}{\partial t} + \nabla\cdot(\rho s\boldsymbol{v}) = -\nabla\cdot\boldsymbol{J}_s + \phi \tag{2.80}$$

式中，右边第一项表示系统与环境交换引起的熵变化率，是由外界供给系统的熵，可正可负；而右边第二项是在系统内部所增长的熵。热力学第二定律表明：当系统发生可逆变化（或平衡）时，熵增等于零；而当系统发生不可逆变化时，熵增非负，因此必有式（2.81）成立：

$$\phi \geqslant 0 \tag{2.81}$$

根据物质导数的定义（2.52），并考虑质量守恒式（2.67），可以将式（2.80）改写成以下的形式：

$$\rho\frac{\mathrm{d}s}{\mathrm{d}t} = -\nabla\cdot\boldsymbol{J}_s + \phi \tag{2.82}$$

2.8 本章小结

平衡态热力学本质上是处理系统处于平衡状态时的性质特征，随后由平衡状态扩展至可逆过程。本章对平衡态热力学的基本概念进行了简单的介绍，其理论基础包含热力学的两个基本定律，即能量守恒原理和熵增原理。以这两个基本定律为基础，可以演绎出一系列各种定量的关系，平衡热力学的各种推论或结论也可以通过各种实验与观察来进行检验。平衡态热力学最大的局限性就在于它只能处理平衡或可逆过程，这只是一个理想状态，实际当中大多热力学系统都处在一个变化的不可逆状态，因此有必要发展相应的非平衡热力学理论来处理这些更加复杂的问题。平衡态热力学为建立非平衡态热力学的基本理论提供了参考，在接下来的章节中，将重点对非平衡态热力学问题进行介绍。

第 3 章　非平衡态热力学基础

平衡态热力学主要研究的是可逆过程中的运动规律，处于平衡态的宏观物质体系的物理性质以及体系的变化。而实际过程中，非平衡态及不可逆过程却具有普遍性，此时使用平衡态的理论就难以精确地描述系统状态及变化情况。因此有必要建立关于不可逆过程的热力学，即非平衡态热力学理论。非平衡态热力学是与非平衡过程中的状态和过程相联系的宏观唯象学的场的理论。它主要对连续介质中输运现象的唯象定律、恒定状态以及不可逆动力学过程作统一的研究和处理，同时还涉及系统的稳定性条件、失稳后的行为、达到稳定的途径以及系统达到平衡状态的过程中发生的弛豫现象等问题。

3.1　热力学发展的三个阶段

根据热力学力和热力学流之间的不同关系，热力学的研究可大体划分为三个领域，即平衡态热力学、线性非平衡态热力学和扩展的非平衡态热力学，这三个领域的研究也相对应于热力学发展过程中的三个阶段。

热力学研究的第一个阶段是研究当热力学力和热力学流皆为零时的情况，这就是平衡态热力学，有时也称为可逆过程热力学或经典热力学。经典热力学是一门早已成熟的理论。这种理论的主要不足之处是它主要限于描述处于平衡态和经受可逆过程的系统，因此它主要适用于研究孤立或封闭系统。

对于开放系统，当边界条件迫使系统在时间与空间上产生梯度与变化时，由此产生了热力学力并使系统离开平衡状态，宏观不可逆过程随即开始；而推动热力学流的热力学力可以用来表征体系偏离热力学平衡的程度，于是热力学力和热力学流都不为零。因为热力学力是产生热力学流的原因，所以可以认为热力学流是热力学力的某种函数。假定这种函数关系存在并且连续，并可以用平衡（力和流皆为零的状态）作为参考状态作 Taylor 展开，对单一过程有

$$J = J(X) = J_0(X_0) + \left(\frac{\partial J}{\partial X}\right)_0 (X - X_0) + \frac{1}{2}\left(\frac{\partial^2 J}{\partial X^2}\right)_0 (X - X_0)^2 + \cdots \tag{3.1}$$

式中，J 代表热力学流；X 代表热力学力。因为在平衡状态力和流皆为零，即

$$X_0 = 0, \quad J_0 = 0$$

于是有

$$J = LX + \frac{1}{2}\left(\frac{\partial^2 J}{\partial X^2}\right)_0 X^2 + \cdots, \quad L = \left(\frac{\partial J}{\partial X}\right)_0 \tag{3.2}$$

当热力学力很小时，即体系偏离平衡态很小时，式（3.2）中包含力 X 的高阶次幂的项比起第一项要小得多。假定可以忽略高阶项时，则有

$$J = LX \tag{3.3}$$

对于一些不可逆现象的直接观测，通常也可以总结出和式（3.3）类似的关系。这类关系叫做热力学力与热力学流间的唯象关系。比例系数 L 称为唯象系数。如果唯象系数和热力学力之间的关系很小，则可以近似地看作无关（这等价于忽略了式（3.2）中的高阶项，而保留一次项），那么式（3.3）的唯象关系代表了力与流之间满足线性关系。满足这种线性关系的非平衡态称为非平衡态的线性区。研究线性区特性的热力学称为线性非平衡态热力学或线性不可逆过程热力学。研究线性不可逆过程热力学是热力学发展的第二个阶段。目前线性非平衡态热力学已经有了比较成熟的理论。事实上现在文献中所说的非平衡态热力学或不可逆过程热力学常常是指这种线性非平衡态热力学。

当热力学力较大时，也就是说当系统远离热力学平衡时，式（3.2）中包含热力学力的高阶项的贡献比起线性项的贡献不再很小，因而必须在展开式中保留这些非线性高阶项，于是热力学流是热力学力的非线性函数。考虑这种非线性关系的非平衡态叫做非平衡态的非线性区。研究这种非线性区特性的非平衡态热力学称为非线性非平衡态热力学或非线性不可逆过程热力学。这种研究是热力学发展的第三个阶段。这个阶段开始的时间还不长，目前还没有成熟的理论。但在远离平衡态系统的热力学稳定理论方面取得了突破性进展，导致了耗散结构和自组织概念的产生。

3.2　线性非平衡态热力学理论

大量不可逆过程的单因素实验的积累为非平衡态热力学的发展提供了实验基础。Onsager 理论则是非平衡态热力学发展为一个真正系统的、一般的、关于不可逆过程的宏观理论的基石。非平衡态热力学把一切不可逆过程归纳为广义力（热力学力）推动的结果，在广义力作用下产生广义位移（热力学流）。广义位移是系统所有的广义力推动的结果。因而非平衡态热力学提供了一些普遍性原理和方法以及解决问题的一般性框架。

固体力学中，塑性、黏性、损伤、断裂等现象都是不可逆过程的一种特殊现象，可用非平衡态热力学理论进行描述。非平衡态热力学提供了对不可逆过程宏观描述的一般纲要。它是宏观物理学的一个分支，因而不可逆热力学一开始就应当建立为连续性的理论，将这一理论的状态参量作为场的变量，即作为空间坐标和时间的连续函数来处理。而且要以这样的方式列出理论的基本方程：使这些方程只含有相应于空间一

点和一定时刻的量，也就是采用局部方程的形式。而在平衡态热力学中，一般并不需要这样的局部形式，因为状态变量通常与空间坐标无关。

3.2.1　局部平衡假设

非平衡态热力学研究的是非平衡态下系统的热力学行为，它是经典热力学的继承和延伸，局域平衡假设（assumption of local equilibrium）（或原理）的作用是为了能保持经典平衡态热力学变量的含义，又绕过定义非平衡态热力学变量的困难而提出的。

局域平衡假设可描述为：设想将所讨论的非平衡态体系划分成许多很小的体积单元（微元体）。微元体在宏观上足够小，以至于可以看成是近似均匀的，它的性质可以用其内部某一点的性质来代表。在微观尺度上微元体又足够大，包含有足够多的“分子”，因而能够满足统计处理的要求。另外假想在某个时刻 t，把每个微元体和周围的环境隔开，那么在 t 时刻处于非平衡状态的微元体，在经过 δt 时间间隔后会达到平衡状态。于是在 $t+\delta t$ 时刻就可以按照平衡态热力学的方法定义微元体内的一切热力学量，如温度、熵等。这里假定和整个系统宏观变化的时间标度 τ_m 相比要小得多，即 $\delta t / \tau_m \ll 1$。那么可以假设任一微元体内在 t 时刻的热力学变量用其在 $t+\delta t$ 时刻达到平衡时的热力学变量来近似。它们可按经典热力学进行分析、处理。这里 δt 和宏观体系的时间标度相比为极小量。在这些条件下定义的热力学变量之间仍然满足经典可逆热力学的关系。

局域平衡假设表明，一个系统的整体是可以变化的（空间上有梯度的变化，时间上也有变化），但在局部却可以近似视为平衡。局域平衡假设认为：微元体的状态是由微元体内相同的热力学性能决定的，就好像微元体在某一瞬时是均匀的一样。也就是说它断言微元体内没有时间与空间的变化。当然这一原理仅是一种近似的假设。

但是仅有这样的近似还不够，为了能把可逆的经典热力学的方法用于非平衡系统，还需要另外的假设，即认为利用局域平衡定义的热力学变量之间仍然满足在平衡系统中所具有的热力学关系，即从可逆的经典热力学中得到的关系。上述两个假设合起来可称为局域平衡假设。

应该强调，因为就整体来说体系处于非平衡态，每个微元体和它邻近的微元体内的热力学量，如温度、熵、各种势函数等，可能并不相同，那些从平衡态热力学导出的热力学关系仅适用于非平衡系统中各局部小范围，而并不适用于整个系统。另外，这种处理办法是热力学以外的假设，它的适用性是有条件的。从宏观上讲，首先要求各热力学变量的空间梯度不变化，并且要求每个微元体内任何涨落的衰减速度比起体系中发生的宏观变化速度要快得多，以保证每个微元体内分子的统计分布函数接近于平衡条件下的分布函数。

3.2.2　基本方程和熵增表达式

为满足局域平衡原理的要求，需要把原来关于系统整体描述的方法和方程用局部的或微分的形式来表示。这正好也和连续介质力学（或理性力学）的微分形式的各种平衡与守恒方程相一致，可以用统一的方法来表示。因此，非平衡态的基本平衡方程仍与式（2.67）、式（2.72）、式（2.78）和式（2.82）形式相同，即

$$\frac{\mathrm{d}\rho}{\mathrm{d}t}+\rho\nabla\cdot\boldsymbol{v}=0 \tag{3.4}$$

$$\rho\frac{\mathrm{d}\boldsymbol{v}}{\mathrm{d}t}=\rho\boldsymbol{b}+\nabla\cdot\boldsymbol{P} \tag{3.5}$$

$$\rho\frac{\mathrm{d}u}{\mathrm{d}t}=-\nabla\cdot\boldsymbol{q}+\boldsymbol{P}:\nabla\boldsymbol{v} \tag{3.6}$$

$$\rho\frac{\mathrm{d}s}{\mathrm{d}t}=-\nabla\cdot\boldsymbol{J}_s+\phi \tag{3.7}$$

利用平衡方程可以推导出熵增表达式。假设比熵可以表示为内能和质量分数的函数，即

$$s=s(u,c_k) \tag{3.8}$$

因此有

$$\mathrm{d}s=\frac{\partial s}{\partial u}\mathrm{d}u+\sum_{k=1}^{n}\frac{\partial s}{\partial c_k}\mathrm{d}c_k \tag{3.9}$$

局域平衡假设认为利用局域平衡定义的热力学变量之间仍然满足在平衡系统中所具有的热力学关系。因此在偏离平衡态时，熵与各状态变量之间的关系仍与平衡态热力学相同，因此式（2.33）仍然成立，从而有

$$\frac{\partial s}{\partial u}=\frac{1}{T},\quad \frac{\partial s}{\partial c_k}=-\frac{\mu_k}{T} \tag{3.10}$$

式中，μ_k 是 k 组分的热力学势。

将式（3.10）代入式（3.9），得到 Gibbs 方程的局部表达式为

$$T\dot{s}=\dot{u}-\sum_{k=1}^{n}\mu_k\dot{c}_k \tag{3.11}$$

将能量守恒方程（2.74）和质量守恒方程（2.66）代入式（3.11）中，得到如下关系式：

$$\rho\dot{s}=-\nabla\cdot\left(\frac{\boldsymbol{q}}{T}\right)+\nabla\cdot\left(\frac{1}{T}\sum_{k=1}^{n}\mu_k\boldsymbol{J}_{\mathrm{m}k}\right)-\frac{1}{T^2}\boldsymbol{q}\cdot\nabla T+\frac{1}{T}\boldsymbol{P}:\nabla\boldsymbol{v}$$
$$-\sum_{k=1}^{n}\boldsymbol{J}_{\mathrm{m}k}\cdot\nabla\left(\frac{1}{T}\mu_k\right)-\frac{1}{T}\sum_{k=1}^{n}\mu_k\sum_{j=1}^{r}\gamma_{kj}j_j \tag{3.12}$$

对比式（3.7）和式（3.12）得

$$\boldsymbol{J}_s=\frac{1}{T}\left(\boldsymbol{q}-\sum_{k=1}^{n}\mu_k\boldsymbol{J}_{\mathrm{m}k}\right) \tag{3.13}$$

$$\phi=-\frac{1}{T^2}\boldsymbol{q}\cdot\nabla T-\frac{1}{T}\sum_{k=1}^{n}\left\{\boldsymbol{J}_{\mathrm{m}k}\cdot T\nabla\left(\frac{\mu_k}{T}\right)\right\}+\frac{1}{T}\boldsymbol{P}:\nabla\boldsymbol{v}-\frac{1}{T}\sum_{k=1}^{n}\sum_{j=1}^{r}\mu_k\gamma_{kj}j_j \tag{3.14}$$

式（3.13）和式（3.14）中的每一项都有明确的物理意义。式（3.13）中右端第一项代表由热流引起的熵流；第二项代表由扩散过程引起的熵流。

下面讨论式（3.14）中右端各项的物理意义。第一项与热传导有关；第二项与扩散过程有关；第三项与黏滞性流动有关；第四项和化学反应有关。上述诸项中每一项都可以看成是由两个因子的乘积组成；其中一个因子和不可逆过程的速率有关，例如，热流 $\boldsymbol{q}$，扩散流 $\boldsymbol{J}_{\mathrm{m}k}$，流动的速率 $\boldsymbol{v}$ 和化学反应速率 j_j 等，这些速率因子可以广义地称为不可逆过程的热力学流，简称“流”。而另一个因子，它与引起相应（或对偶）的“流”的推动力有关，如温度梯度 $\nabla\left(\frac{1}{T}\right)$ 引起的热流，化学势梯度 $-\nabla\left(\frac{\mu_k}{T}\right)$ 引起的扩散流，流体压力 $\boldsymbol{P}$ 引起的黏性流，化学亲和势力 $\frac{1}{T}\sum_{k=1}^{n}\sum_{j=1}^{r}\mu_k\gamma_{kj}$ 引起的流动等，这些和推动力有关的因子可以广义地称为不可逆过程的热力学力，简称“力”。如果用 X_i 代表第 i 种不可逆过程的力，J_i 代表第 i 种不可逆过程的流，则式（3.14）可以表示为

$$\phi=\sum_i X_iJ_i \tag{3.15}$$

式（3.15）表明，熵产（熵增）可以表示为不可逆过程的广义力和与其对偶的广义流的乘积之和。对于热传导过程、扩散过程、黏滞性流动以及化学反应过程的广义力和广义流的具体形式见表 3.1。

表 3.1 不可逆过程的广义流 J_i 和广义力 X_i

不可逆过程形式	流 J_i	力 X_i
热传导	热流 $\boldsymbol{q}$	$\nabla\left(\frac{1}{T}\right)$
扩散流	物质流 $\boldsymbol{J}_{\mathrm{m}k}$	$-\nabla\left(\frac{\mu_k}{T}\right)$
黏滞性流动	黏滞性流动 $\nabla\cdot\boldsymbol{v}$	$\frac{1}{T}\boldsymbol{P}$
化学反应	反应速率 j_j	$-\frac{1}{T}\sum_{k=1}^{n}\sum_{j=1}^{r}\mu_k\gamma_{kj}$

应当指出，表 3.1 所定义的广义力和广义流的形式并不是唯一的，它们的选择具有某种任意性。然而一旦一组量（如广义力）的形式被选定后，另一组对偶的量（如

广义流）的形式便完全确定了。其确定的依据是：①广义力和广义流的乘积必须具有熵产的量纲；②对某一确定的系统和一组确定的不可逆过程，乘积之和必须遵守其变换的不变性；也就是说如果重新定义一组新的力 X_i'，它们是旧的力 X_i 的线性组合，那么在选择一组新的流 J_i'时，应该使得熵产为不变量。即满足：

$$\phi = \sum_i X_i J_i = \sum_i X_i' J_i' \tag{3.16}$$

选择适当的力和流的具体形式是很重要的。当选择的力和流为实验中可测量时，从非平衡热力学分析可以得出许多可观测现象之间的有用关系，并且这种力和流的形式比其余的形式使用起来更方便。

有的文献喜欢另一种函数形式，即

$$D = T\phi \tag{3.17}$$

用式（3.17）代替熵产 ϕ。D 通常称为耗散函数，它可以用来度量由不可逆过程引起的自由能的耗散速度。在平衡状态时，热力学的力或流相应消失了，平衡态时系统的宏观性质不随时间变化 $X_i = 0$ 或 $J_i = 0$，从而有 $\phi = 0$。

3.2.3　唯象定律

1. 线性关系

不可逆过程总伴随有热量、质量、动量以及电荷等的输运现象，也就是说在每个不可逆过程中存在着热量、质量、电荷、动量等的流动（或 3.2.2 节所说的流）。引起这种流动的是某些驱动力，而这种力（或力的大小）是由某个物理参数的梯度描述的。例如，温度梯度是热流的驱动力，浓度梯度是质量传递的驱动力，电位差是电流的驱动力，水力梯度是地下水渗流的驱动力。式（3.14）给出了流与力的线性唯象关系，它不是热力学的基本假设，而是许多实验（特别是有关物质和能量的输运过程的实验）结果的一个近似关系。这些实验结果表明，在某些条件下力和流之间满足这种线性关系。下面给出几种常见的关系（它们已经受过无数次的验证，成为定律）。

傅里叶热传导定律：

$$Y_{\mathrm{t}} = -K_{\mathrm{t}} \frac{\partial T}{\partial X}$$

达西定律：

$$Y_{\mathrm{q}} = -K_{\mathrm{q}} \frac{\partial H}{\partial X}$$

菲克定律：

$$Y_{\mathrm{m}} = -K_{\mathrm{m}} \frac{\partial C}{\partial X}$$

欧姆定律：

$$Y_e = -K_e \frac{\partial E}{\partial X}$$

以上各式中 Y 表示通量，实验获得的比例常数 K_t、K_q、K_m 和 K_e 分别为导热率、渗流系数、质量扩散系数和导电率。这些比例常数通常是与材料的性质直接相关，不同的材料会有不同的常数值，它们可由实验确定。

若在一个系统中只有一种驱动力（参数梯度）出现，则称存在着一种与该参数梯度有关的简单流动，这种流动可用某种唯象关系式来描述。如果系统中的驱动力不止一个，流也不止一个，在这种情况下每一种流不一定是单一驱动力的函数，当系统中出现两个或多个通量时，则称为耦合流。热扩散就是耦合流系统的一个例子（即质量浓度和温度梯度都可引起质量浓度的扩散现象）。在多成分体系中，温度梯度可以引起浓度梯度，从而产生质量通量。在这样的系统中，总的质量通量是总浓度梯度和总温度梯度的函数。这种情况下，质量通量是两个驱动力的函数。同样热通量也应该是这两个驱动力的函数。

决定上述讨论的一般原理是：某个通量（流）J_i 假设与每个梯度即驱动力 X_j 有关，且有下面线性关系：

$$J_i = \sum_{j=1}^{n} L_{ij} X_j \quad (i = 1, 2, \cdots, n) \tag{3.18}$$

式（3.18）必须对每一个通量写出，共有 n 个方程。这样得出的方程称为线性唯象方程。系数 L_{ij} 称为 Onsager 唯象系数。其中 J_i 指通量，X_j 指驱动力。对于 i 通量 J_i 来说，主要驱动力是 X_i，并把它与主要唯象系数 L_{ii} 相联系；所有其他系数 $L_{ij}\,(i{\neq}j)$是耦合系数，它反映了各种不同的不可逆过程的交叉耦合效应的影响。唯象系数 L_{ij} 可能与系统的内在特性如温度、压力或组分浓度有关，但与这些参数的变化速率无关。

式（3.18）的线性唯象关系实际已经假定了系统中所有的不可逆过程之间存在着线性耦合。一般地，系数 L_{ij} 必须要由实验来确定。系数 L_{ii} 的测定通常不是很难。但耦合系数 L_{ij}（$i{\neq}j$）的实验测定却非常麻烦，因为必须严格控制的参数更多，所以需要更多的测试。为了有助于减少这种测试的数目，下面将介绍热力学第二定律、Curie 原理和 Onsager 互易关系对唯象系数的约束。

2. 热力学第二定律的约束

根据热力学第二定律，熵产率非负。因此，将式（3.18）代入式（3.15）中，可以得到

$$\phi = \sum_{k} L_{ij} X_i X_j \geqslant 0 \tag{3.19}$$

为了保证式（3.19）为正定，唯象系数 L_{ij} 不能是任意的，因此不可逆过程之间的耦合也不能是任意的。

对于一个实对称的二次矩阵，其正定的充要条件是其系数矩阵正定，也就是要求系数矩阵的各阶顺序主子式都大于零。

$$
\begin{aligned}
&L_{ii} \geqslant 0 \\
&L_{ii}L_{jj} \geqslant \frac{1}{4}(L_{ij}+L_{ji})^2
\end{aligned}
\tag{3.20}
$$

3. 空间对称性的限制——Curie 原理

已知不同的力和不同的流的空间特性可能是完全不同的，例如，化学反应的流（反应速度）和它对偶的力（亲和势）都是标量；而热流和扩散流以及它们所对偶的力都是矢量。因而提出一个问题：一种张量特性的流和另外一种张量特性的力之间是否存在耦合？若不存在耦合，则可以减少上述耦合系数 L_{ij}（$i \neq j$）的测试工作。这一问题 Curie 原理给出了答案。

Curie 原理：在一个各向同性介质中，宏观原因总比它产生的效应具有较少的对称元素。

Prigogine 首先把 Curie 原理应用于包含不可逆过程系统中。热力学体系中的热力学力是过程的宏观原因，热力学流是由宏观原因所产生的效应。按照 Curie 原理，热力学力不可能比与之耦合的流有更多的对称元素（或有更强的对称特性）。例如，在一个各向同性介质中，一个标量的热力学力绝不可能产生一个矢量的热力学流，因为标量比矢量具有更强的对称性。所以，一种不可逆过程的流不一定和所有不可逆过程的力有关，换句话说，并不是所有不可逆过程之间都能发生耦合。Prigogine 由此作出结论：在各向同性介质中，不同对称特性的流和力之间不存在耦合。例如，在各向同性介质中，化学反应和扩散之间不存在耦合，这是因为化学反应的力是标量，它不能产生像热流和扩散流这样具有较少对称元素的矢量流，它们之间的耦合系数必为零。

4. 时间对称性的限制——Onsager 互易关系

唯象系数除了要满足空间对称性的限制外，还需要满足时间对称性的限制，Onsager 于 1931 年提出了如下关系式：

$$
L_{ij} = L_{ji} \tag{3.21}
$$

其物理意义是：相互影响的驱动力以互易的方式产生耦合流动；即第 i 个不可逆过程的流 J_i 受到第 j 个力 X_j 的影响时，第 j 个不可逆过程的流 J_j 也必定同样受到第 i 个力 X_i 的影响，并且表征这两种相互影响的耦合系数相等。这一结论在不可逆热力学理论发展过程中起着最关键的作用，可以说是线性不可逆过程热力学的奠基石。

应该注意，只有在定义的力和流满足式（3.15）的情况下，互易关系式（3.21）才能成立，也就是说力和流的乘积必须具有熵产的量纲。

Onsager互易关系可以从统计力学原理出发从理论上推导出来。限于篇幅，在此不详细论述，有兴趣的读者可参考文献（李如生, 1986）。Onsager 互易关系的重要性在于它的普适性，它已得到许多实验结果的支持。它的这种普适性表明了非平衡态热力学和平衡态热力学一样可以产生与特定的微观模型无关的一般性结果。

3.2.4　线性非平衡态热力学的应用

采用线性非平衡态热力学解决问题的一般步骤如下。

（1）确定研究对象，选择合适的状态变量，如描述刚性体的热传导问题可选择内能 u 和温度 T。

（2）建立基本控制方程。

给出平衡方程，即

$$\frac{\partial \mathfrak{I}^k}{\partial t}+\nabla\cdot(\mathfrak{I}^k \boldsymbol{v}^k)=\pi^k-\nabla\cdot\boldsymbol{J}^k \quad (k=1,2,\cdots,n) \tag{3.22}$$

式（3.22）包含质量、动量和能量等守恒方程。这些方程描述了系统的演化情况，即空间中每个点的状态变量随时间的变化情况。

（3）利用线性定律建立本构方程。

控制方程中未知量的个数远远大于方程个数，因此需要增补方程来使问题闭合，这个方程就是本构方程。

① 利用熵增不等式找到所要描述的热力学力与热力学流，即

$$\phi=\sum_i X_i J_i \tag{3.23}$$

② 利用 Onsager 线性关系，建立力与流的关系，得到本构方程：

$$J_i=\sum_{j=1}^{n} L_{ij} X_j \quad (i=1,2,\cdots,n) \tag{3.24}$$

③ 根据所研究问题，对本构方程进行约束：首先必须满足热力学第二定律，即所得到的本构关系必须使得熵增不等式（3.19）大于零。对于某些问题，可能还满足对称性的要求，可利用 Curie 原理和 Onsager 互易关系给出约束关系。

（4）利用边界条件求解方程。

按照上述步骤，可以推导得到最简单的热传导问题的基本方程。对刚性体的热传导问题，主要关注的是系统内部的温度变化情况。其基本方程可以表示为

$$\rho\frac{\mathrm{d}u}{\mathrm{d}t}=-\nabla\cdot\boldsymbol{q} \tag{3.25}$$

方程中内能和热流均为未知量，未知量个数大于方程个数，因此需要增加本构方程使问题闭合。根据热力学第二定律式（2.82），熵增不等式可以表示为

$$\phi = \rho \frac{\mathrm{d}s}{\mathrm{d}t} + \nabla \cdot \boldsymbol{J}_s \geqslant 0 \tag{3.26}$$

根据 Gibbs 方程，可得

$$\frac{\mathrm{d}s}{\mathrm{d}t} = T^{-1} \frac{\mathrm{d}u}{\mathrm{d}t} \tag{3.27}$$

将式（3.27）代入熵增不等式（3.26）中可以得到

$$\phi = \boldsymbol{q} \cdot \nabla(T^{-1}) + \nabla \cdot (\boldsymbol{J}_s - T^{-1}\boldsymbol{q}) \tag{3.28}$$

熵增表示的是系统内源项，即系统内部的熵产，所以交换项应当为零。

$$\boldsymbol{J}_s = T^{-1}\boldsymbol{q} \tag{3.29}$$

因此有

$$\phi = \boldsymbol{q} \cdot \nabla(T^{-1}) \tag{3.30}$$

根据所得到熵产方程（3.30），流项为 $\boldsymbol{q}$ ，力则为 $\nabla(T^{-1})$ ，利用式（3.18）可以给出如下线性本构关系：

$$\boldsymbol{q} = L_{qq} \nabla(T^{-1}) \tag{3.31}$$

式中， L_{qq} 是一个标量唯象系数，它是温度 T 的函数。如果定义如下热传导系数：

$$\lambda(T) = L_{qq} / T^2 \tag{3.32}$$

式（3.31）可以重新表示为

$$\boldsymbol{q} = -\lambda \nabla T \tag{3.33}$$

式（3.33）就是常见的傅里叶定律，它表明热流与温度梯度呈比例关系。将傅里叶定律代回熵增不等式（3.30）中，可以得到

$$\phi = \frac{1}{\lambda T^2} \boldsymbol{q} \cdot \boldsymbol{q} \geqslant 0 \tag{3.34}$$

要使上述不等式恒成立，则要求 $\lambda \geqslant 0$ 。因此，根据式（3.33），热流矢量的方向与温度梯度的方向相反，换句话说就是温度高的地方其热量会降低，表明热量会从高温流向低温位置，与实际情况相符。

将所得到的本构关系式（3.33），代入基本方程（3.25）中，可以得到

$$\rho \frac{\partial u}{\partial T} \frac{\partial T}{\partial t} = \nabla \cdot (\lambda \nabla T) \tag{3.35}$$

定义热容 $C_v = \dfrac{\partial u}{\partial T}$ ，如果热传导系数为常数，则式（3.35）可以表示为

$$\frac{\partial T}{\partial t} = \frac{\lambda}{\rho C_v} \frac{\partial^2 T}{\partial x^2} \tag{3.36}$$

式（3.36）为典型的热传导微分方程，只要给定初始和边界条件，就可以求解得到系统内部温度的分布情况。

3.3　经典非平衡态热力学的发展

经典非平衡态热力学处理的是线性问题，其基本假设是局域平衡，该假设使得原本只在平衡态中定义的变量如熵、温度、化学势等，在经典非平衡态热力学中有明确的物理意义，相应的平衡态方程也可应用于非平衡态。该理论只能处理的是偏离平衡态不远的非平衡区，无法描述非线性问题。为解决这一问题，以经典非平衡态热力学为基础，发展出了如广延非平衡态热力学、理性热力学和内变量热力学等不同的学派（Lebon et al., 2007; 艾树涛，2009）。不同学派在某些基本问题上存在着完全不同的观点，主要分歧和争论集中在以下两个问题上（Maugin, 1999; 黄筑平, 2003）。

（1）处于非平衡态的热力学系统，是否有可能引进和定义熵（和温度）的概念？如果有可能的话，所定义的熵是否唯一？

（2）在非平衡态热力学中，第二定律的不等式应具有何种形式？

接下来就将对这三种不同学派是如何处理以上问题进行简要的介绍。

3.3.1　广延非平衡态热力学

通常经典非平衡态热力学只能处理近平衡线性问题，经典非平衡态热力学的一个重要的前提就是局域平衡态假设，而局域平衡假设只有在系统内部变量的耗散时间 τ_{m} 和整个系统宏观变化的时间标度相比要小得多，即 $\delta t/\tau_{\mathrm{m}} \ll 1$ 时才成立。当时间尺度 $\delta t/\tau_{\mathrm{m}} > 1$ 时，局域平衡假设不再满足，经典非平衡态热力学的理论也无法应用，因此为了处理更多更复杂的问题，人们发展了广延非平衡态热力学。它是在经典非平衡热力学的基础上，引入非平衡状态变量来描述非平衡问题。这个非平衡状态变量通常选用耗散流，比如表 3.1 中的热流 $\boldsymbol{q}$ 等。因此，在广延非平衡态热力学中，其状态变量有两类：一类是在经典非平衡态热力学中就已使用的状态变量，如密度、内能等；另一类是耗散流变量。引入耗散流作为附加变量后，就可以给出非平衡态的熵的定义，此时式（3.8）应当重新表述为

$$\tilde{s} = \tilde{s}(u, v, c_k, \boldsymbol{q}) \tag{3.37}$$

式中，广义熵 $\tilde{s}$ 是两类状态变量的函数，类似于经典非平衡态热力学的做法，可以给出非平衡态温度的定义：

$$\tilde{T}^{-1} = \frac{\partial \tilde{s}}{\partial u} \tag{3.38}$$

此时温度 $\tilde{T}$ 不仅仅与内能相关，同样也是耗散流 $\boldsymbol{q}$ 的函数。当耗散流消失（$\boldsymbol{q} = 0$）时，

温度 $\tilde{T}$ 将退化为经典非平衡态热力学的温度 T。类似地，可以给出其他变量在非平衡态的定义，就可以将经典非平衡态的状态方程进行扩展，用于解决非平衡态问题。

广延非平衡态热力学扩大了经典非平衡态热力学的应用范围，明确地给出了熵和温度等变量在非平衡态的定义，可以处理比经典非平衡态热力学更加复杂的问题，如非线性、非局域和带有记忆的材料。广延非平衡态热力学采用耗散流作为额外的变量来描述非平衡态问题，因为系统与外界的唯一联系就是通过边界交换的耗散流，且它容易测量。但是它也有一个很大的缺点，就是耗散流所能描述的问题有限，它没有办法处理系统内部隐藏的复杂问题，例如，微观结构变化导致体系变化。

3.3.2　理性热力学

理性热力学诞生于 20 世纪 60 年代，Coleman 最早发表了一些关于理性热力学的重要论文，随后 Truesdell 出版了第一本理性热力学的专著。理性热力学的提出主要用于描述与时间历史相关的材料，即带有“记忆性”的材料。理性热力学运用更加完善的关于构造物质运动本构方程的公理体系，建立了不同材料本构方程的严密的数学模型。这些公理体系主要有 Noll 的三公理体系和 Eringen 的八公理体系，Noll 于 1958 年提出“确定性公理、局部作用公理和客观性公理”，确定了关于力学公理化结构的雏形。

1）确定性公理

在 t 时刻材料内部某物质点 X 处的本构关系，完全由该材料内部所有物质点的当前状态以及与到达当前 t 时刻之前的历史过程决定。确定性公理表明，X 处的热力学状态与材料外部的任何点以及任何未来事件无关，只要物体所有过去的运动是已知的，那么材料的特性就是可预知的。若 t 时刻的热力学状态参数只与该瞬时的运动有关，而与 t 时刻之前的历史无关，则称这种材料是无记忆材料；相反若 t 时刻的状态参数与当前和运动历史都有关，则称这种材料是有记忆材料。在弹塑性力学中，普通的弹性材料是无记忆的，而塑性材料或黏弹性材料则都是有记忆的。

2）局部作用公理

材料内部某物质点 X 处的本构关系仅与 X 附近无限小领域范围内的质点的运动历史有关，与 X 距离较远的物质点的运动及其历史无关。

3）客观性公理

材料的本构关系不会随着观察者的改变而改变，本构方程对于空间参考标架的任意刚体运动必须是形式不变量。

Eringen 于 1975 年进一步扩充了 Noll 的公理结构，提出因果公理、确定性公理、等存在公理、客观性公理、物质不变性公理、邻域公理、记忆公理和相容性公理共八条公理，成为构造简单材料本构理论的基础，这些公理在连续介质力学中都有详细的说明。

根据以上公理，热力学状态函数不仅与平衡态条件下的热力学状态变量有关，而且还与这些状态变量的历史有关。例如，以温度 T 和应变ε作为平衡态下的状态变量，状态函数将被表示为 T、ε和它们的历史的泛函；特别对于具有充分光滑的历史时，状态函数将被表示为 T 和ε以及它们对时间各阶导数的函数，例如，

$$f = \int_{\tau=0}^{\infty} [\varepsilon(t-\tau), T(t-\tau)] \tag{3.39}$$

以 Coleman、Noll 和 Truesdell 为代表的理性热力学学派把熵和热力学温度等平衡态状态变量看作先验的基本概念引入到非平衡态热力学中。他们认为，如同在力学中的质量和力的概念，在几何中的质点、线和面的概念那样，熵和热力学温度的存在是不需要加以证明的。此外，他们还不加论证地采用 Clausius-Duhem 不等式作为热力学第二定律的表达式，并在此基础上给出相应的“热力学限制性条件”。以 Müller 为代表的“扩展理性热力学”学派，仍然把熵看做基本、先验的概念，但对熵流的概念进行了修正，把 $\boldsymbol{q}/T$ 改为φ_M，将φ_M看作一个独立的状态（本构）函数，并推导出非平衡态中温度的度量。

以上“理性热力学”的发展和讨论曾遭到许多物理学家的质疑，他们批评“理性热力学”学派随意地把平衡态热力学中的概念（如熵）应用于非平衡态热力学是缺乏物理根据的。事实上，理性热力学学派并没有回答上述两个基本问题，尤其在熵的存在性和唯一性的问题上，不少学者（如Meixner）认为，非平衡态热力学中熵的定义是不唯一的。

3.3.3　内变量热力学

类似于广延热力学中的热力学流，内变量热力学中引入了内变量来描述非平衡态系统，它是经典非平衡态热力学的最简单的一种扩展。该理论最早可以源自对物理化学演化过程的动力描述，其壮大发展与流变模型和黏弹塑性理论有关。

内变量热力学的最大特点就是在状态方程中引入了内变量作为附加变量，内变量可以反映材料的力学历史，同时也可以预测材料的力学行为，如强度和破坏特性，该理论可以用来描述材料的一些非弹性特性，如塑性、黏弹性、黏塑性等。若以温度 T 和应变ε作为平衡态下的状态变量，状态函数将被表示为 T、ε和内变量ξ的函数：

$$f = f(\varepsilon, T, \xi) \tag{3.40}$$

式中，内变量ξ可以是标量、矢量或者张量，其数量也可以有多个。

在理性热力学中，材料的当前状态可以通过状态变量的当前值及其历史来表征，而在内变量热力学中，材料的当前状态表示为状态变量的当前值和一系列内变量的函数。内变量ξ可以描述材料的内部状态，但无法进行测量，它们不能直接在守恒方程和熵不等式中发挥作用。内变量的选取可以根据不同的问题来确定，没有固定的方法可以套用，主要依靠经验。内变量的数量和类型则由所描述问题的复杂程度来决定，因此采用内变量热力学来建立材料基本方程的方法适用性更加广泛。

3.3.4　非线性非平衡态热力学与耗散结构

人们曾试图把最小熵产原理推广到非平衡态的非线性区，但研究表明这种推广是不可能的（李如生，1986）。当系统远离平衡时，虽然仍可以发展到某个不随时间变化的定态，但这个远离平衡态的定态的熵产不一定取极小值。由于在远离平衡时没有与之相应的热力学势函数，便不再有确定的普适的过程发展规律（平衡态热力学定律已经不再适用）。一个远离平衡的系统随时间将发展到哪个极限状态取决于动力学过程的详细行为，这和系统在近平衡时的发展规律形成鲜明的对照。在近平衡情况下，不管系统中的动力学机制如何，发展过程总是单方向地趋于平衡态或与平衡态有类似行为的非平衡定态。因此在远离平衡的条件下，过程的发展方向不能依靠纯粹的热力学方法来确定，还必须同时研究动力学的详细行为。但动力学描述通常只是限于具体问题，因而难以得到一般性结论。

非平衡态热力学并不抛弃经典热力学的基本结论，如热力学第二定律，而是给予新的解释和重要的补充，从而使人们对自然界的发展过程有一个比较完整的认识：在平衡态附近，发展过程主要表现为趋向平衡态或与平衡态有类似行为的非平衡定态，并总是伴随着无序的增加和宏观结构的破坏，因此，不可能自发产生任何时空有序结构。另外，在远离平衡的条件下，非平衡定态可以变得不稳定，发展过程可以经受突变，并导致宏观结构的形成和宏观有序的增加。它是在不稳定性之后某种涨落被放大的结果。非平衡态热力学所研究的特点在于系统中存在着非平衡的不可逆过程，因此热力学和动力学两者必然是紧密相关的。系统远离热力学平衡时，即在非平衡态的非线性区，当系统偏离平衡态超过某个临界距离时，非平衡参考定态有可能失去稳定性。对该参考定态的一个很小的扰动可使系统越来越偏离这个空间均匀的缺乏任何时空特性的状态而发展到一个新的状态。这个新的状态可能保持那个不稳定的扰动的时空定性行为（当然是放大了的行为），于是这个由参考定态失稳而导致的新状态，它可以对应于某种时空有序结构，这就是耗散结构。

20 世纪 60 年代 Prigogine 将耗散结构的特征归纳为四点。

（1）耗散结构发生在开放系统中，它要靠外界不断供应能量和物质才能维持。

（2）只有当控制参量达到一定临界值时，耗散结构才会出现，即耗散结构只在远离平衡态的情况下发生。所谓远离，必须超过不可逆过程的线性统辖的范围，即超过临界距离，进入非线性领地。

（3）它具有时空结构，对称性低于耗散结构发生前的时空均匀状态，即耗散结构产生于对称性自发破缺。

（4）耗散结构是稳定的，它不受任何小扰动的破坏。系统的稳定态（指定态）有不同的分支，热平衡态是稳定态（定态）的热力学分支，耗散结构是稳定态的非热力学分支。耗散结构在系统的热力学分支失稳后产生，达到非热力学分支的新稳定态（新的定态）。

耗散结构理论的关键在于系统必须是开放的，但这还不够，还必须要求系统存在负熵流，即熵有净输出。表面看似乎与热力学第二定律相矛盾，但生命的发生和物种的进化是从低级到高级、无序到有序的变化，都说明了这一点。非平衡态热力学的结论是一般性的，但要处理实际问题，还必须补充动力学分析手段。经验告诉我们，远离平衡仅仅是产生不稳定性的一个必要条件，但不是充分条件。从动力学的观点，产生不稳定的另一个必要条件是动力学过程中必须包括适当的非线性反馈。这些非线性反馈使得系统中各个单元有可能合作起来行动而形成有序的耗散结构，可称作合作现象或自组织现象。不管叫什么，它们都是不稳定性的结果。在这种现象中，涨落行为起着决定性作用。复杂性、非线性、非平衡性是这种现象的基本特征。

3.4　最大耗散率原理

非平衡态热力学与平衡态热力学最大的不同就是其系统内部会产生耗散，耗散会使得系统的熵产大于零。塑性、黏性、损伤与断裂都是非平衡态不可逆热力学过程的一种特殊现象。这些现象（也是不可逆热力学）的一个共同的特征，就是在发展变化的过程中系统内部会产生能量耗散，这种能量耗散会导致系统内产生本征的熵增 $\phi_{intr}>0$。对于一个可逆过程，利用自由能方程就可以确定其基本的热力学关系，自由能方程可以表示为独立状态变量的函数，其具体表达式与所研究的材料有关。对于不可逆过程，情况更加复杂。除了自由能方程外，耗散方程也起了非常重要的作用。

3.4.1　耗散函数和耗散势

前文已经给出了熵产的表达式（式（3.15）），该表达式通常由耗散函数表示，或者也可以用式（3.17）表示，即

$$D(J_i)=T\phi=T\sum_i X_iJ_i\geqslant 0 \tag{3.41}$$

耗散反映了结构内部的耗散机制，是热力学流的函数，当然它也可以是其他一些状态变量的函数，如内变量，这将在第 4 章进行详细介绍。

除了耗散函数，也可以用耗散势来表征结构的不可逆行为。Onsager（1931）引入了耗散势 $\boldsymbol{\Phi}$ 来对广义热力学力进行定义：

$$X_i=\frac{\partial\Phi}{\partial J_i} \tag{3.42}$$

根据 Onsager 定理，可以将热力学流表示为热力学力的函数，即

$$J_i=\sum_j L_{ij}X_j \tag{3.43}$$

类似地，可以将热力学力表示为热力学流的函数，即

$$X_i = \sum_j R_{ij} J_j \tag{3.44}$$

L_{ij} 和 R_{ij} 均为与 J_i 和 X_j 无关的系数，它们存在如下关系：

$$\sum_k R_{ik} L_{kj} = \delta_{ij} \tag{3.45}$$

δ_{ij} 为 Kronecker 符号。并且根据 Onsager 互易关系有

$$L_{ij} = L_{ji}, \quad R_{ij} = R_{ji} \tag{3.46}$$

式（3.44）表明，耗散势 Φ 对于广义流 J_k 二阶可微，同时必须满足 Onsager 互易定理（3.46），有

$$\frac{\partial X_i}{\partial J_j} = R_{ij} = R_{ji} = \frac{\partial X_j}{\partial J_i} \tag{3.47}$$

因此可以定义耗散势的表达式为

$$\Phi(J_i, J_j) = \frac{1}{2} \sum_{i,j} R_{ij} J_i J_j \tag{3.48}$$

很明显，利用式（3.48）求一次导后可以得到式（3.44），求两次导数即可得式（3.47）。

类似地，还可以将耗散势定义为热力学力的函数，即

$$\Phi'(X_i, X_j) = \frac{1}{2} \sum_{i,j} L_{ij} X_i X_j \tag{3.49}$$

将耗散势式（3.49）对耗散力 X_i 求一次导数可以得

$$J_i = \frac{\partial \tilde{\Phi}'}{\partial X_i} \tag{3.50}$$

将耗散势式（3.49）对耗散力 X_i 求两次导数可以求出 L_{ij}。

比较式（3.48）、式（3.49）和式（3.15）可得出结论：

$$\phi = 2\Phi = 2\Phi' \geqslant 0 \tag{3.51}$$

类似于熵产 ϕ，耗散势函数 Φ、Φ' 也可用于表征不可逆过程，但它们描述的非平衡状态并不相同（Gyarmati, 1970），Φ' 只与热力学力有关，决定当前的非平衡状态；而 Φ 只与热力学流有关，反映的是状态的变化情况。式（3.51）不等式要恒成立，则必有 Onsager 系数 L_{ij} 和 R_{ij} 均为正定的矩阵。需要注意的是，此处耗散势函数推导过程中采用了线性 Onsager 关系，所以只适用于线性的本构关系。

3.4.2　热力学极值定理

对于处于非平衡态的系统，其内部的耗散过程可以用内变量来进行描述，利用内变量的演化方程来建立本构方程。但是这些方程通常都是未知的，必须根据具体情况来构建。为了给出合理的本构方程，常常需要借助于一些物理数学的基础理论知识，极值定理就是一种非常有效的方法（Fischer et al., 2014）。热力学极值定理（thermodynamic extreme principle）最早由 Onsager（1931）引入用于热传导问题的推导。随后该方法被广泛应用于材料学科中，用于处理非线性系统或原理平衡态系统的稳态或瞬态问题。

1. Onsager 极值定理

Onsager 用耗散势函数给出了线性非平衡系统的变分方程：

$$L_O = \phi(X_i, J_k) - \Phi(J_i, J_k) \tag{3.52}$$

极值定律可以表述为：在给定广义力 X_i 条件下，流 J_i 要使式（3.52）取最大值，则有 L_O 对 J_i 一阶导数等于零，即

$$\frac{\partial L_O}{\partial J_j} = \frac{\partial}{\partial J_j}\left[\sum_i X_i J_i - \Phi(J_i, J_k)\right] = X_j - \frac{\partial \Phi}{\partial J_j} = 0 \tag{3.53}$$

从而可以得到

$$X_j = \frac{\partial \Phi}{\partial J_j} = \frac{1}{2}\sum_k (R_{jk} + R_{kj}) J_k = \sum_k R_{jk} J_k \tag{3.54}$$

以上推导表明利用极值定理推导得到的耗散力表达式（3.54）与式（3.42）是一致的。

Onsager 的变分方程是建立在热力学流空间中的，类似地，Gyarmati（1970）给出了在耗散力空间中的变分方程：

$$L_{O'} = \phi(X_i, J_k) - \Phi'(X_i, X_k) \tag{3.55}$$

此时极值定理可以表述为：在给定热力学流 J_i 的条件下，广义力 X_i 要使得式（3.55）取最大值，则有 $L_{O'}$ 对 X_i 一阶导数等于零，即

$$\frac{\partial L_{O'}}{\partial X_j} = \frac{\partial}{\partial X_j}\left[\sum_i X_i J_i - \Phi'(X_i, X_k)\right] = J_j - \frac{\partial \Phi'}{\partial X_j} = 0 \tag{3.56}$$

从而可以得到

$$J_j = \frac{\partial \Phi'}{\partial X_j} = \frac{1}{2}\sum_k (L_{jk} + L_{kj}) X_k = \sum_k L_{jk} X_k \tag{3.57}$$

由此推导得到的热力学流的表达式（3.57）与 Onsager 给出的线性关系（3.18）完全一致。

2. Prigogine 极值定理

在 Onsager 线性框架下，Prigogine 提出了针对定态系统的“最小熵产原理”。该原理可以表述为：在定常的耗散过程中熵产恒正，在线性区定常输运过程中（非平衡定态）的熵产最小。

首先讨论定态的概念以及它和平衡态的区别。一般来说，系统在某个时刻的状态取决于系统的初始条件和系统所处的外部条件。如果一个体系在一个恒定的（但可以有梯度存在）外部条件下，经过一定时间以后，系统将可能达到一个宏观上不随时间变化的恒定状态，这种恒定状态可简称为定态。也就是说外界强加的限制或不均匀的边界条件会使系统产生定态。但定态不等价于平衡态，平衡态是系统与环境之间不再有任何宏观的物质和能量交换，并且系统内部之间也均匀不变，不再有任何宏观过程（所谓宏观过程是指具有宏观的物质和能量交换的过程）。虽然定态系统的宏观状态已不再随时间变化，但系统内部仍可发生各种宏观过程，只不过这些内部过程和外部交换过程的总效果使得系统的宏观状态不变而已。例如，一个物体两端保持恒定但却是不同的温度，尽管在一定的时间之后，物体中的温度分布不再随时间变化，但这种恒定的温度分布状态是定态而不是平衡态，说得更确切些，是非平衡定态。因为物体中仍有恒定的宏观热流通过。平衡态只是定态的一种特例，是内部没有宏观不可逆过程并达到平衡的一种定态。

最小熵产原理反映了非平衡定态的一种“惰性”行为：当边界条件阻止系统到达平衡态时，系统将选择一个最小耗散的状态，而平衡态仅是它的一个特例，即零耗散（零熵产）的状态。

利用变分原理可以证明与一定限制相适应的定态的熵产具有极小值，详见文献（Groot et al., 1981）。定态条件下熵产具有极值，因此

$$\frac{\partial \phi}{\partial X_i} = 2\sum_j L_{ij} X_j = 2J_i = 0 \tag{3.58}$$

式（3.58）表明，当定态系统所有的热力学流都等于零，不再随时间变化时，熵产具有极值。由于 Onsager 系数 L_{ij} 是正定矩阵，因此该极值为最小值。从以上分析可以发现当 Prigogine 极值定理成立的条件是定态时，所有的热力学流量均等于零，但实际定态过程中热力学流可能并不等于零。此外，在证明最小熵产原理时，假定 Onsager 系数为常数，这比一般线性唯象关系条件要严格。所以 Prigogine 最小熵产原理在某些特殊的稳态系统中才成立，它不是普适的，即使在非平衡态的线性区，并不能确定定态总是稳定的，其适用性要比接下来介绍的 Ziegler 极值定理小得多。

3. Ziegler 极值定理

在 Onsager 之后，Ziegler 也提出了极值定理，就是著名的“最大熵产原理”。该原理可以表述为（Ziegler, 1983）：在不可逆过程中，所有可允许的热力学流中，满足方

程 $D(J_i)=T\sum_i X_i(J_i)J_i$ 的热力学流 J_i 使得耗散函数 $D(J_i)$ 取最大值：

$$\max\left\{D(J_i)\,|\,J_i;D=\sum_k X_k(J_i)J_k\right\} \tag{3.59}$$

Ziegler 给出的等温过程中的 Lagrange 方程如下：

$$L_Z=D(J_i)-\mu[D(J_i)-T\phi] \tag{3.60}$$

式中，μ 为 Lagrange 算子，最大熵产原理表明 L_Z 对 J_i 一阶导数等于零，即

$$\frac{\partial L_Z}{\partial J_j}=\frac{\partial}{\partial J_j}\{D(J_i)-\mu[D(J_i)-T\phi]\}=0 \tag{3.61}$$

由式（3.61）可以得到

$$(1-\mu)\frac{\partial D}{\partial J_i}+\mu T X_i=0 \tag{3.62}$$

式（3.62）两边同时乘以 J_i，并考虑耗散函数表达式（3.41），可得

$$\frac{1-\mu}{\mu}=-\frac{D}{\sum_j(\partial D/\partial J_j)J_j} \tag{3.63}$$

利用式（3.62）和式（3.63）可得

$$X_i=-\frac{1}{T}\frac{1-\mu}{\mu}\frac{\partial D}{\partial J_i}=\frac{1}{T}\frac{D}{\sum_j(\partial D/\partial J_j)J_j}\frac{\partial D}{\partial J_i} \tag{3.64}$$

如果耗散函数 $D(J_i)$ 是一个 k 阶齐次函数（k>1），根据齐次函数的定义有

$$D=\frac{1}{k}\sum_i\frac{\partial D}{\partial J_i}J_i \tag{3.65}$$

如果 k=2，将式（3.65）代入式（3.64）中则有

$$X_i=\frac{1}{2T}\frac{\partial D}{\partial J_i} \tag{3.66}$$

由耗散函数和耗散势之间关系可知，式（3.66）与式（3.54）是一致的。由此可见，当耗散函数 $D(J_i)$是二阶齐次函数时，可以由 Ziegler 的极值定理直接导出 Onsager 极值定理。说明 Ziegler 极值定理比 Onsager 极值定理更具有一般性。此外 Onsager 极值定理是针对线性非平衡问题，而 Ziegler 极值定理则可用于线性和非线性问题。

4. 极值定理的讨论

Prigogine 的最小熵产原理与 Ziegler 的最大熵产原理看上去似乎是相互对立的，

在实际过程中，熵产究竟是最大还是最小，这也是学术界一直在争论的问题。郭振仁(1983)指出两个理论都可以用变分方法推出来，二者的出发点可以是一致的一个“小”，一个“大”，的确是一对不易调和的矛盾。但不管是最小还是最大，从变分的角度看，它们都得出了过程的一个极值点，在此处变分为零，在这一点上的同一性可能导致某些应用上的同一性。从数学推导过程来看，最小能量耗散率理论仅是在固定边界的、恒定的、忽略了惯性项的准线性条件下推导出来的，这就大大限制了 Prigogine 极值定理的实际应用范围。Svoboda 等（2005）则指出，最小耗散率原理成立的前提，即恒定边界条件这个假设本身就存在问题，由此得到的结论令人质疑。Fisher 等（2014）指出 Prigogine 极值定理只有在耗散函数仅与热力学流有关，而与其他状态变量无关的条件下才能成立，而 Ziegler 极值定理并没有这样的限制。

Martyushev 和 Seleznev（2006）指出 Ziegler 极值定理与 Prigogine 极值定理并不是对立的，而是在不同约束条件下得到的两种结论。实际上一个系统可能同时满足 Prigogine 极值定理与 Ziegler 极值定理，出现这两种不同结果的原因在于两个定理的约束条件不同。图 3.1 给出了两定理的几何解释，图中抛物面代表了熵产，用热力学流表示的数学表达式参考式（3.48）表示为 $\Phi = R_{11}J_1^2 + 2R_{12}J_1J_2 + R_{22}J_2^2$。图 3.1(a)中，Ziegler 极值定理采用的约束平面垂直于热力学力 X_1=const 和 X_2=const，即向量 AC，该平面与抛物面相切于点 B，是抛物面的最大值。而图 3.1(b)中，Prigogine 极值定理采用的约束平面是一个垂直于 J_1=const 的平面 $DEFG$，该平面与抛物面相交使得到的熵产在 H 点处取最小值。Martyushev（2013）指出同一个系统，随着时间的不同，可能会既满足 Ziegler 极值定理，又满足 Prigogine 极值定理。在比较短的时间间隔内，且给定热力学力的前提下，系统将满足最大熵增原理。但随着时间的推移，在更大尺度的时间范围内，由于热力学力在耗散过程中会发生变化，无法控制，此时系统热力学力可能会下降，热力学流也随之下降，最终使得熵产达到最小值。

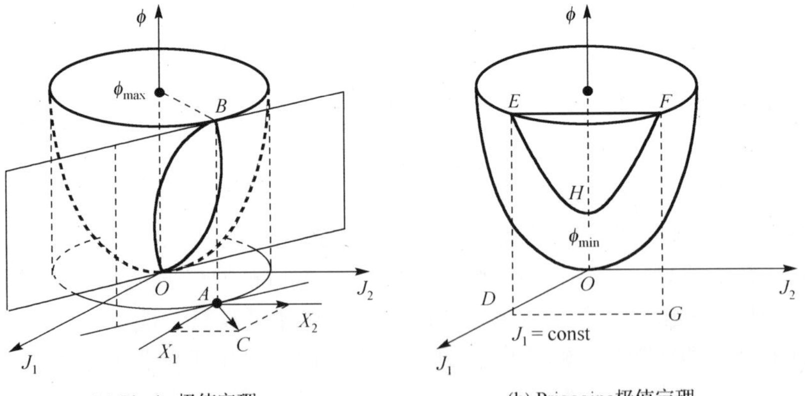

图 3.1　极值定理的几何解释

图 3.1 基于文献（Martyushev, 2013）修改

总体上说，Prigogine 极值定理是在线性非平衡态框架下推导得到的，只适用于线性非平衡系统，与 Onsager 定理相比并没有实质性的突破。此外在线性非平衡态，热力学力一般要比较小，但是这个条件却并不能被满足。Prigogine 自己也承认存在不满足最小熵增原理的现象，不过他认为这些现象都出现在远离平衡区的情况。线性非平衡理论无法解释当前遇到的很多问题，有必要扩展至非线性问题，因此 Ziegler 极值定理适用范围要更大。

3.4.3　正交条件

Ziegler（1983）将耗散函数表示为如下形式：

$$D(\boldsymbol{J}) = \boldsymbol{X}\boldsymbol{J} \tag{3.67}$$

式（3.67）是式（3.41）的另一种形式，其中 $\boldsymbol{J}$ 表示速度项，代表某种热力学流；$\boldsymbol{X}$ 代表热力学力。

前文已经介绍了 Ziegler 提出的最大熵产原理，在塑性理论中使用更广泛的 Ziegler 的极值定理的另外一种形式，即“最大耗散率原理”，该原理可以表述为：在给定耗散力 $\boldsymbol{X}$ 条件下，满足边界条件的实际速度 $\boldsymbol{J}$ 将使得耗散率取最大值。类似于式（3.61），最大耗散率原理可以表示为

$$\frac{\partial}{\partial \boldsymbol{J}}\{D(\boldsymbol{J}) - \mu[D(\boldsymbol{J}) - \boldsymbol{X}\boldsymbol{J}]\} = 0 \tag{3.68}$$

因此可以得到

$$\boldsymbol{X} = \lambda \frac{\partial D}{\partial \boldsymbol{J}} \tag{3.69}$$

式中，$\lambda = (\mu - 1)/\mu$，将式（3.69）代入式（3.67）后得到

$$\lambda = D\left(\frac{\partial D}{\partial \boldsymbol{J}}\boldsymbol{J}\right)^{-1} \tag{3.70}$$

式（3.69）和式（3.70）称为 Ziegler 正交条件，其几何意义可以通过图 3.2 来进行说明。在速度空间中，耗散函数 $D(\boldsymbol{J})$可以用一个耗散平面来描述，式（3.69）的几何意义是耗散应力与耗散平面的外法线方向平行。这实际上就是 Ziegler 正交条件，可以表述为：耗散应力 $\boldsymbol{X}$ 正交耗散平面 $D(\boldsymbol{J})=D_0$ 于速度矢量 $\boldsymbol{J}$ 的终点。图 3.2 中 D_0 代表耗散面，在给定耗散力条件下，可以首先确定 $\boldsymbol{X}$ 的方向，两条斜线代表与耗散应力 $\boldsymbol{X}$ 垂直的平面。斜线 1 与耗散面相交，而斜线 2 与耗散面相切，显然只有在相切时即斜线 2 处的耗散增量最大，说明满足最大耗散率原理的耗散力与耗散面垂直，证明 Ziegler 正交条件的合理性。必须说明的是 Ziegler 正交条件要求耗散面是凸面，因为只有凸面，才能保证面上所有点位于切线的同一侧，切点处的取值才能是最大值。

注意以上给出正交条件时，假设了耗散函数仅仅是热力学流 $\boldsymbol{J}$ 的函数，而与其他

变量（如温度和内变量）无关。如果耗散方程不仅是 $\boldsymbol{J}$ 的函数，同时也是温度和内变量的函数，说明耗散平面在速度空间中不是固定的而会发生移动。此时正交条件在给定时刻 t 仍然成立，正交条件应表述为：给定时刻 t，在速度空间中对应于热力学流 $\boldsymbol{J}$ 的耗散应力 $\boldsymbol{X}$ 正交耗散平面于热力学流 $\boldsymbol{J}$ 的终点。

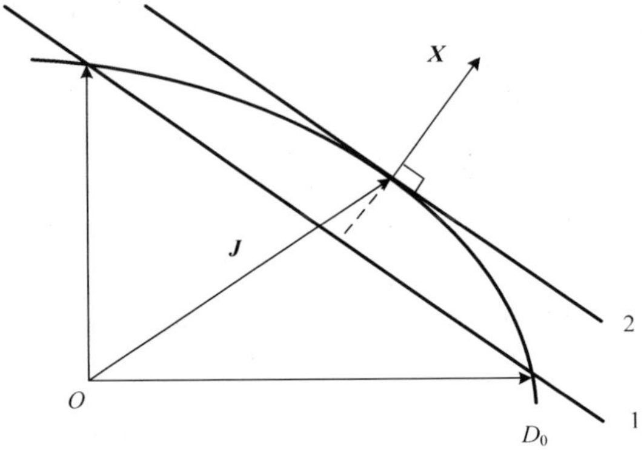

图 3.2　正交条件示意图

3.5　本 章 小 结

本章对非平衡态热力学的基本理论进行了简单介绍，经典非平衡态热力学通过引入局域平衡假定，将平衡态热力学的变量和方程用于处理线性非平衡问题，使得热力学可用于描述简单的非平衡现象，如描述渗流的达西定律、描述热传导的傅里叶定律等。由于局域平衡假设的限定，经典非平衡态热力学只能处理偏离平衡态不远的线性非平衡问题，为了处理更复杂的非平衡问题，在经典非平衡态热力学的基础上，发展了不同学派的非平衡态热力学。广延非平衡态热力学通过引入非平衡状态变量，即耗散流来描述非平衡问题，对非平衡态的熵、温度等变量进行重新定义。选择耗散流作为附加变量最大的好处在于其可测量性，但也限制了此类理论适用范围，如它无法反映内结构的影响。理性热力学的提出主要用于描述与时间历史相关的材料，它运用更加完善的关于构造物质运动本构方程的公理体系，建立了不同材料本构方程的严密的数学模型。但它把平衡态热力学中的概念（如熵）直接应用于非平衡态热力学是缺乏物理根据的。内变量热力学采用内变量作为附加变量，比广延非平衡态热力学更加灵活，同时内变量可以与体系的微结构建立联系，因此更适合用于描述土这样一种内部结构极其复杂的多孔介质。本章最后简单介绍了热力学的极值定理和正交条件，它对于给出非平衡态系统的合理的本构方程提供了物理数学的基础理论知识。

第 4 章　内变量热力学理论建立本构方程的基本思想

内变量热力学是经典非平衡态热力学最简单的一种扩展，其最大特点就是在状态方程中引入了内变量作为附加变量。内变量可以反映材料的力学历史，同时也可以预测材料的力学行为，如强度和破坏特性，该理论可以用来描述材料的一些非弹性特性，如塑性、黏弹性、黏塑性等。利用非平衡态热力学，对于不同材料，可以根据热力学原理给出其质量守恒方程、动量守恒方程、能量守恒方程和熵守恒方程，但是仅凭这些方程并不足以确定材料的特性，因为这些平衡方程的个数远小于它们所包含的未知量的个数。所以需要补充本构方程，才能使方程组闭合，材料的特性就是通过本构方程来反映的。内变量热力学构建本构方程的关键就在于如何根据具体的问题，来选择合适的内变量，用于描述材料的耗散特性。本章将在第 3 章的基础上，介绍内变量热力学在建立本构方程中的基本思想。

4.1　内变量热力学理论简介

4.1.1　内变量

处于非平衡态的热力学系统其内部会出现耗散过程，此时仅由平衡态下的状态变量（如内能 u、应变$\boldsymbol{\varepsilon}$和温度 T）还不足以描述非平衡的热力学状态。为此还需要引入一组（也可能有无穷多个）用来刻画物质内部非平衡耗散过程的附加状态变量 $\xi_i(i=1,2,3,\cdots)$，称为内变量，它们与作用在该微元上的内部非平衡广义力相对应，并由此来表示材料内部的耗散机制。内变量的变化通常是不可逆的；即使外部环境没有发生变化，内变量也是有可能变化的。因此内变量的值一般是无法用宏观手段加以控制的，但它们可以作为状态变量和可观测量处理。

Mandel（1973）采用一个流变模型即 Maxwell 模型来对内变量进行说明，见图 4.1。在外力$\boldsymbol{\sigma}$作用下，弹簧和阻尼器都会发生变形，很明显外部可直接观测到的变形量是β。但是只有这一个变量并不足以确定弹簧和阻尼器的受力情况，因为即使β保持不变，弹簧受力也可能在阻尼器的牵引下恢复为零。因此，有必要增加内变量来描述模型的状态，由于阻尼的位移α和弹簧伸长量$\beta-\alpha$之间并不独立，故只需要采用一个内变量。究竟是采用阻尼器的变形α，还是弹簧的伸长量$\beta-\alpha$？考虑这样一种情形，外力$\boldsymbol{\sigma}$迅速发生改变，那么必然会引起弹簧伸长量和总变形量β发生改变，由于变化速度过快，阻尼器的位移来不及发生变化，也就是说在这一过程中α将保持不变，这种情况下就必须选择α而不是$\beta-\alpha$作为内变量。

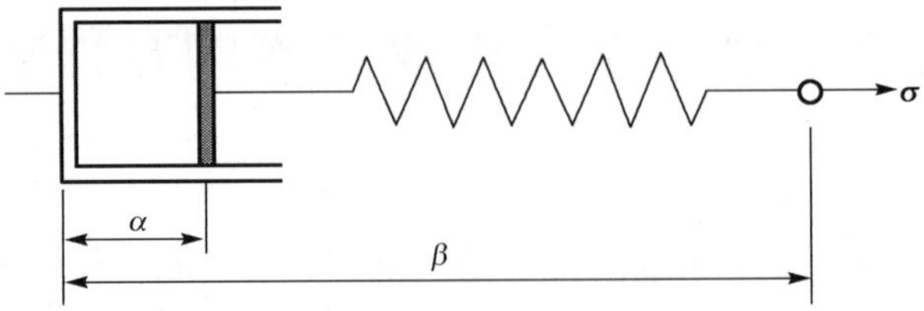

图 4.1 Maxwell 模型和内变量示意图

内变量的具体物理含义是非常广泛的，它取决于具体材料在特定条件下的内部组织和结构状况。总的来说，它可以代表材料内部的某种运动或内部结构的重新排列。例如，对金属来说，它可以代表晶格的损伤位错、扭歪和再结晶塑性变形等表征多晶体内部组织和结构的种种演化和发展。从概念上说，既然内变量的变化表征着材料内部的变化，那么可以预测它的完整集合，再和平衡态过程的基本状态变量一起就可以描述非平衡态过程材料微单元的内部组织和结构状态以及性状。文献（Valanis, 1971）给出下述公理。

一个基本状态变量（平衡态时）和内变量的完整集合总是存在的，它们的现时值将相应地决定系统当前不可逆热力学状态。

注意上述公理中，“相应”的含义与内变量不同的选择相对应。文献（Lubliner, 1990）给出了两种类型的内变量。

（1）描述局部物理化学结构的物理内变量。例如，当材料系统在经历化学反应时，描述局部作用的范围和程度的内变量，或描述物质不同相在相变时的相对密度的内变量。再例如，描述材料中结构性缺陷密度的内变量。

（2）现象形内变量。它们通常是从数学的观点构筑的内变量。如非弹性应变、塑性功等平均宏观内变量。

从已有的成果可以看到，第二种类型的内变量在塑性力学和黏性力学中可以满意地描述宏观的塑性和黏性现象。但是尝试在一般的本构方程中采用第一种类型的内变量到目前还并不很成功（Lubliner, 1990）。

从 Maxwell 模型可以发现，上述内变量完整集合的选择并不是唯一的（由此导致熵的不唯一），一旦每一内变量的具体形式以及内变量的数目被确定后，非平衡态的耗散机制就可以被说明和确定，相对的时间尺度、应力水平（以及其他物理量）也就可以建立，这时熵和温度也就随之被确定（熵与温度此时没有歧义或不唯一）。因此，非平衡态系统的定义依赖于内变量的选择，而该系统的熵和温度也和这种内变量的选择相关。这时的熵和温度以及系统描述本身具有相对的意义，它们都依赖于内变量选择的精细程度和数目，这也是内变量理论的一个本质上的缺点。

内变量的选择取决于力学模型的层次、实际系统的复杂程度以及需要在何种精度和变形范围内去描述该系统的热力学状态等。对建筑在现象学上的模型来说，重要的是如何用尽量少的内变量去宏观平均地表征内部结构变化对应力、应变、内能等基本状态变量（除去内变量）的影响，并由实验去决定在建立本构方程时所引入的宏观参数。当然若能够与微观的分析（如土的结构分析）结合起来搞清其机制，则对内变量及其演化规律的研究无疑是非常重要的。但这并不意味着它是进行内变量分析的先决条件。这是因为所选用的模型有可能通过宏观的实验来加以检验和修正，而这时微观因素的影响通过宏观的实验都已经因平均化而消失了。

另外内变量选取不仅与所要研究的材料有关，而且还与作用于该材料单元的外部环境（如温度）和过程（如加载速率）有关。例如，可以用 $\tau = |\boldsymbol{\varepsilon}|/|\dot{\boldsymbol{\varepsilon}}|$ 来表示所研究材料单元的宏观变形过程的特征时间，其中 $\boldsymbol{\varepsilon}$ 为应变张量。而用 $\tau_m = |\xi_m|/|\dot{\xi}_m|(m=1,2,\cdots)$ 来表征对应的内变量 ξ_m 的松弛时间。当 $\tau_m \ll \tau$ 时，第 m 个内变量 ξ_m 往往就可以不予考虑。图 4.1 给出的例子中，阻尼器位移 α 的弛豫时间比外力 $\boldsymbol{\sigma}$ 的变化时间要慢得多，所以必须考虑该内变量的影响。由此可见，选取内变量时要考虑材料以及作用于该材料的外部过程才是有意义的。

固体力学中的塑性变形、徐变、损伤、断裂等因存在着系统内部的耗散过程，所以需要由平衡状态下的状态变量和描述非平衡态（即耗散过程）的内变量共同描述，例如，应力由可控变量和不可控变量（内变量）共同表示；另外，还需要补充发展方程用于描述内变量随时间而变化的特性。所以有下面两个式子：

$$\boldsymbol{\sigma} = \hat{\sigma}(\chi, \xi) \tag{4.1}$$

$$\dot{\xi} = f(\chi, \xi) + g(\chi, \xi)\dot{\chi} \tag{4.2}$$

式（4.1）是由与状态有关的定律控制的，式（4.2）是内变量的发展方程。其中，χ 表示平衡态时的状态变量；ξ 表示内变量，它可以是标量，也可以是张量。把式（4.2）积分后并利用初始条件可以得到用时间 t 表示 ξ 的发展方程，再代入式（4.1）后，可以得到

$$\hat{\sigma}(\chi, t) = \hat{\sigma}[\boldsymbol{\varepsilon}(t-\tau), T(t-\tau)] \tag{4.3}$$

式（4.3）正是理性热力学所定义的本构方程，这种本构方程的一个重要的特点是它具有记忆性，依赖于过去的应力历史。

从式（4.1）～式（4.3）可以看到以内变量理论和理性热力学理论描述非平衡状态时的本构方程的联系与区别。值得注意的是，若像一般热力学那样限于从平衡态状态变量（外变量或可控变量）角度来考虑问题，则由于荷载历史不同，即使对于同样的温度和应变也会有不同的热力学状态。但当采用内变量理论时，这种荷载历史的效应可等价地用对应的热力学路径造成的后果——内部结构（内变量）的特定变化加以描述。因而内变量理论可以避免历史过程的记忆和描述。

利用内变量建立的本构方程有两个优点。

（1）它仅要求有限数量的状态变量（包括内变量），并可以认为过去的历史已经凝缩在内变量的现时值中。

（2）它可以使用所有在不可逆热力学理论中得到的公式和结论，同时还如前所述可以与理性热力学建立起联系。

4.1.2 局部伴随状态

为了把热力学理论用于含有内变量的热力学中，必须借助于一个类似于线性非平衡态热力学中局域平衡原理的假设，以便于把已有的平衡态热力学的理论用于非平衡态热力学中。此时可以引入一种称为“局部伴随状态”（local accompanying state）的方法，借助于这种“局部伴随状态”，就可以把以前的热力学理论用于分析和研究具有内变量的非平衡态热力学过程。

局部伴随状态的表述如下（Maugin, 1999）：一个处于非平衡态的宏观物质微元可以通过内变量的适当引入而相应地决定系统微元当前不可逆热力学的状态。与此相对应地存在一个虚设的处于约束状态的热力学平衡态（constrained equilibrium state），其状态变量除了平衡状态下的状态变量以外，还有（Language 型的）内变量 $\xi_i(i=1,2,3,\cdots)$，即可以取为 $(u,\boldsymbol{\varepsilon},\xi_i)$。该约束的平衡态可以通过对具有内变量的非平衡态微元假想为经过不可逆绝热过程（没有质量和热量交换，并保持应变$\boldsymbol{\varepsilon}$不变）而得到，即保持 u，$\boldsymbol{\varepsilon}$ 和ξ_i 值不变的过程。通过这种方式而得到的约束平衡态称为局部伴随状态，其系统称为局部伴随系统，其对应关系见图 4.2。

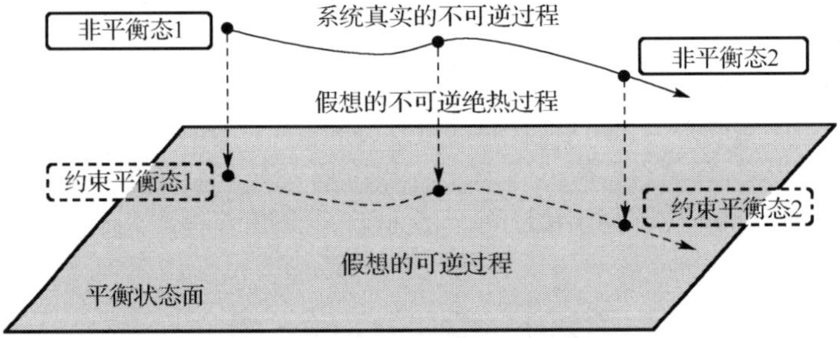

图 4.2 局部伴随系统示意图

把上述具有内变量的非平衡态微元变换成（保持 u，$\boldsymbol{\varepsilon}$ 和ξ_i 值不变）具有平衡态的局部伴随状态的目的是：利用约束平衡态（局部伴随状态）下微元的温度 T（它是平均值）作为非平衡态微元的热力学温度（非平衡态微元内的温度是不平衡的，但其平均值等于局部伴随状态下的温度）；同样利用约束平衡态微元的熵近似表示非平衡态微元的熵（实际上约束平衡态微元的熵大于非平衡态微元的熵，因为从非平衡态到约束平衡态变换过程中按第二定律会产生熵增），并利用局部伴随状态（平衡态）的热力学关系和运算结果，近似地表示非平衡态微元的状态和结果。局部伴随状态推导的一些公式和关系近似地描述非平衡态微元的状态和性质。

利用约束平衡态以及相应的状态量和运算关系来近似地描述具有内变量的非平衡过程和状态并不是无条件的。这种近似描述仅适用于线性非平衡态热力学过程，对于非线性非平衡态热力学过程，这种描述则会产生较大的误差。

内变量非平衡态热力学理论的一种实用主义的方法就是把非平衡态过程用伴随的约束平衡态去替代，经运算后（一切都按平衡态去运算和处理）的结果可以近似地描述原非平衡态过程。

4.1.3　热力学第二定律对本构方程的限制

本构方程的建立首先要选择合理的独立变量，通常把物质点的运动 $\boldsymbol{x}$ 和温度 T 作为本构独立变量，而把平衡方程中的其他变量，如应力 $\boldsymbol{\sigma}$、热流矢量 $\boldsymbol{q}$ 和内能 u 作为相关变量，或者叫依赖变量。这实际上就是 Eringen 提出的因果性公理，一旦“果”（即独立变量）被选定，“因”（即相关变量）就可以从熵生成表达式和平衡定律中得到。材料的本构方程就是要建立相关变量与独立变量的关系，以 Helmholtz 自由能为例，引入内变量后，其一般可以表述为

$$\varphi = \varphi(\boldsymbol{\varepsilon}, T, \xi) \tag{4.4}$$

从 3.2 节线性非平衡态热力学介绍，可以发现熵增表达式是获取材料本构方程的一个重要前提。引入内变量以后，材料的熵增表达式必然也与内变量有关。首先根据式（2.81）、式（2.82）和式（3.13）可将热力学第二定律表示为

$$\rho \dot{s} \geqslant -\nabla \cdot \boldsymbol{J}_s = -\nabla \cdot \left(\frac{\boldsymbol{q}}{T} \right) \tag{4.5}$$

式（4.5）中忽略了式（3.13）中包含的化学反应的影响。根据式（2.17）有

$$\dot{\varphi} = \dot{u} - T\dot{s} - s\dot{T} \tag{4.6}$$

将式（3.6）和式（4.6）代入式（4.5）中，可以得到自由能表述的不等式：

$$D = \boldsymbol{\sigma} : \dot{\boldsymbol{\varepsilon}} - \rho(\dot{\varphi} + s\dot{T}) - \frac{1}{T} \boldsymbol{q} \cdot \nabla T \geqslant 0 \tag{4.7}$$

根据 Helmholtz 自由能表达式（4.4），其增量可以表示为

$$\dot{\varphi} = \frac{\partial \varphi}{\partial \boldsymbol{\varepsilon}} : \dot{\boldsymbol{\varepsilon}} + \frac{\partial \varphi}{\partial T} \dot{T} + \frac{\partial \varphi}{\partial \xi} \dot{\xi} \tag{4.8}$$

根据式（2.35）得到

$$s = -\frac{\partial \varphi}{\partial T} \tag{4.9}$$

将式（4.8）和式（4.9）代入式（4.7），整理后可得

$$D = \left(\boldsymbol{\sigma} - \rho \frac{\partial \varphi}{\partial \boldsymbol{\varepsilon}} \right) : \dot{\boldsymbol{\varepsilon}} - \rho \frac{\partial \varphi}{\partial \xi} \dot{\xi} - \frac{1}{T} \boldsymbol{q} \cdot \nabla T \geqslant 0 \tag{4.10}$$

耗散不等式（4.10）可分为两部分

$$D = D_{\mathrm{i}} + D_{\mathrm{q}} \geqslant 0 \tag{4.11}$$

式中，D_{q}是由于热传导引起的耗散：

$$D_{\mathrm{q}} = -\frac{1}{T}\boldsymbol{q}\cdot\nabla T \geqslant 0 \tag{4.12}$$

而D_{i}通常称为固有耗散（intrinsic dissipation），是由于塑性变形和内变量变化而引起的，可以表示为

$$D_{\mathrm{i}} = \left(\boldsymbol{\sigma} - \rho\frac{\partial\varphi}{\partial\boldsymbol{\varepsilon}}\right):\dot{\boldsymbol{\varepsilon}} - \rho\frac{\partial\varphi}{\partial\xi}\dot{\xi} \geqslant 0 \tag{4.13}$$

式（4.13）中，由于应变增量$\dot{\boldsymbol{\varepsilon}}$可以任意变化，为了保证$\varPhi_{\mathrm{i}} \geqslant 0$，有如下本构关系：

$$\boldsymbol{\sigma} = \rho\frac{\partial\varphi}{\partial\boldsymbol{\varepsilon}} \tag{4.14}$$

如果材料没有耗散（即式（4.13）等于零），式（4.14）就表示一种弹性本构关系。

如果令

$$\bar{\zeta} = -\rho\frac{\partial\varphi}{\partial\xi} \tag{4.15}$$

$\bar{\zeta}$是与内变量共轭的广义力，将式（4.14）和式（4.15）代入式（4.13），可以得到耗散函数的表达式：

$$D_{\mathrm{i}} = \bar{\zeta}\dot{\xi} \tag{4.16}$$

4.2 弹性本构理论

通常认为材料在外力作用下产生变形，当外力取消后，材料变形即可消失并能完全恢复原来形状的性质称为弹性。弹性变形的重要特征是其可逆性，即材料受力后产生变形，而卸除载荷后变形则消失，因此弹性变形的本构关系可以用平衡态热力学的理论建立。此时材料的 Hemholtz 自由能可以表示为应变$\boldsymbol{\varepsilon}$和温度T的函数，而与内变量变化无关：

$$\varphi = \varphi(\boldsymbol{\varepsilon}, T) \tag{4.17}$$

此时材料本构方程由式（4.14）和式（4.9）表示。Housbly 指出，在小应变情况下，式（4.14）中的密度ρ可以简单视为一个乘子，如果所有广延量都可转换为单位体积量，此乘子则可去掉，即

$$\boldsymbol{\sigma} = \frac{\partial\varphi}{\partial\boldsymbol{\varepsilon}},\quad s = -\frac{\partial\varphi}{\partial T} \tag{4.18}$$

由于内能 u、Gibbs 自由能 g、Helmholtz 自由能 φ 和焓 h 四种能量方程之间可以通过 Legendre 关系相互转换（图 2.4），显然此时如果能给出材料的任何一种能量方程，即可确定所需的本构方程，所得关系见表 4.1。

表 4.1　利用能量方程建立的弹性本构关系

能量方程	独立变量	相关变量	本构关系
内能 $u(\boldsymbol{\varepsilon},s)$	应变 $\boldsymbol{\varepsilon}$ 和熵 s	应力 $\boldsymbol{\sigma}$ 和温度 T	$\boldsymbol{\sigma}=\dfrac{\partial u}{\partial \boldsymbol{\varepsilon}}$，$T=\dfrac{\partial u}{\partial s}$
Helmholtz 自由能 $\varphi(\boldsymbol{\varepsilon},T)$	应变 $\boldsymbol{\varepsilon}$ 和温度 T	应力 $\boldsymbol{\sigma}$ 和熵 s	$\boldsymbol{\sigma}=\dfrac{\partial \varphi}{\partial \boldsymbol{\varepsilon}}$，$s=-\dfrac{\partial \varphi}{\partial T}$
Gibbs 自由能 $g(\boldsymbol{\sigma},T)$	应力 $\boldsymbol{\sigma}$ 和温度 T	应变 $\boldsymbol{\varepsilon}$ 和熵 s	$\boldsymbol{\varepsilon}=-\dfrac{\partial g}{\partial \boldsymbol{\sigma}}$，$s=-\dfrac{\partial g}{\partial T}$
焓 $h(\boldsymbol{\sigma},s)$	应力 $\boldsymbol{\sigma}$ 和熵 s	应变 $\boldsymbol{\varepsilon}$ 和温度 T	$\boldsymbol{\varepsilon}=-\dfrac{\partial h}{\partial \boldsymbol{\sigma}}$，$T=\dfrac{\partial g}{\partial s}$

只要给出表 4.1 中能量方程的具体表达式，就可以得到具体的弹性本构方程。以各向同性的热弹性材料为例，给出其能量方程为

$$\varphi=\left(\frac{K}{2}+\frac{2G}{3}\right)\mathrm{I}_{\varepsilon}^{2}+2G\mathrm{II}_{\varepsilon}-3K\alpha(T-T_0)\mathrm{I}_{\varepsilon}-\frac{c(T-T_0)^2}{2T_0} \tag{4.19}$$

式中，$\mathrm{I}_{\varepsilon},\mathrm{II}_{\varepsilon}$ 分别为应变张量的第一和第二不变量，K 是体积模量，G 是剪切模量。将式（4.19）代入式（4.18）中得到

$$\left.\begin{aligned}\boldsymbol{\sigma}&=\left(K-\frac{2G}{3}\right)\mathrm{I}_{\varepsilon}\boldsymbol{\delta}+2G\boldsymbol{\varepsilon}-3K\alpha(T-T_0)\boldsymbol{\delta}\\ s&=3K\alpha\mathrm{I}_{\varepsilon}+\frac{c}{T_0}T-c\end{aligned}\right\} \tag{4.20}$$

式（4.20）就是热弹性材料的本构方程。

如果是等温过程，可以忽略温度变化的影响，此时自由能仅和应变有关，式(4.17)简化为 $\varphi=\varphi(\boldsymbol{\varepsilon})$。此时 φ 就相当于材料的应变能，只要给出自由能表达式，就可以利用式(4.18)的第一式得到材料的弹性本构关系，这类弹性关系通常称为超弹性或 Green 弹性。以各向同性材料为例，此时自由能可以表示为应变不变量的函数，即有

$$\varphi=\frac{1}{2}\left(K+\frac{4}{3}G\right)\mathrm{I}_{\varepsilon}^{2}+2G\mathrm{II}_{\varepsilon} \tag{4.21}$$

利用式（4.18）的第一式可以得到

$$\boldsymbol{\sigma}=\left(K-\frac{2G}{3}\right)\mathrm{I}_{\varepsilon}\boldsymbol{\delta}+2G\boldsymbol{\varepsilon} \tag{4.22}$$

式（4.22）就是广义 Hooke 定律的表达式。

在土力学中，材料有明显的非线性特征，因此其使用更多的是增量形式的本构关系。为了得到增量形式的弹性关系，可将式（4.18）的第一式对时间求导，即

$$\dot{\boldsymbol{\sigma}} = \boldsymbol{\Lambda} : \dot{\boldsymbol{\varepsilon}}, \quad \boldsymbol{\Lambda} = \rho \frac{\partial^2 \varphi}{\partial \boldsymbol{\varepsilon} \otimes \partial \boldsymbol{\varepsilon}} \tag{4.23}$$

式中，$\boldsymbol{\Lambda}$ 是弹性模量，它是一个对称的四阶张量。

土力学中常常采用球应力和偏应力两个分量来建立土的基本模型，此时若假设材料自由能为如下形式：

$$\varphi = \frac{1}{2} K \varepsilon_{\mathrm{v}}^2 + \frac{3}{2} G \varepsilon_{\mathrm{s}}^2 \tag{4.24}$$

利用式（4.23）可以得到增量关系一般可以表示为

$$\begin{aligned} \mathrm{d}p &= \frac{\partial^2 \varphi}{\partial \varepsilon_{\mathrm{v}}^2} \mathrm{d}\varepsilon_{\mathrm{v}} = K \mathrm{d}\varepsilon_{\mathrm{v}} \\ \mathrm{d}q &= \frac{\partial^2 \varphi}{\partial \varepsilon_{\mathrm{s}}^2} \mathrm{d}\varepsilon_{\mathrm{s}} = 3G \mathrm{d}\varepsilon_{\mathrm{s}} \end{aligned} \tag{4.25}$$

式（4.25）表示的弹性关系就是土力学中常用的 K-G 模型，可通过三轴试验进行确定。如果球应力只与体应变相关，偏应力只与剪应变相关，此时模型关系为非耦合关系。如果体应变和剪应变都同时受到球应力和偏应力的影响，此类模型就是耦合关系，可用于描述土体复杂特性，如剪胀性和压硬性。

4.3 屈服面的确定

4.3.1 广义耗散应力

根据热力学第二定律，得到了耗散函数的表达式（4.16），考虑率无关材料，此时耗散函数可以表示为内变量增量的一阶齐次函数。如果定义与内变量增量共轭的变量的耗散应力 ζ 如下：

$$\zeta = \frac{\partial D}{\partial \dot{\xi}} \tag{4.26}$$

根据欧拉定理，一阶齐次函数可以表示为

$$D(\dot{\xi}) = \frac{\partial D}{\partial \dot{\xi}} \dot{\xi} = \zeta \dot{\xi} \tag{4.27}$$

根据式（4.16）和式（4.27），可得

$$(\zeta - \bar{\zeta}) \dot{\xi} = 0 \tag{4.28}$$

式（4.28）表明 $(\zeta - \bar{\zeta})$ 与内变量增量 $\dot{\xi}$ 正交。Ziegler（1983）根据式（4.28）给出表述 $\zeta - \bar{\zeta} = 0$，从而有

$$\zeta = \bar{\zeta} \tag{4.29}$$

4.3.2　耗散空间中的屈服面

屈服面是弹性极限的应力组成的一个空间界面，是弹性区和塑性区的分界面。在一般的弹塑性理论中，屈服面的存在是整个本构关系推导的一个前提。而在热力学理论中，屈服面的存在其实是材料耗散的一个自然结果，可以通过对耗散方程进行 Legendre 转换得出，是耗散应力的函数。

对式（4.27）进行 Legendre 转换可以得到耗散应力的函数 Y：

$$Y(\zeta) = D(\dot{\xi}) - \zeta\dot{\xi} = 0 \tag{4.30}$$

由于函数 Y 等于 0，可以将其除以任意一个非 0 的系数，假设可以将函数 Y 分解为

$$Y(\zeta) = \lambda y^*(\zeta) \tag{4.31}$$

式中，λ 是任意的非负系数，要满足式（4.30），则有

$$y^*(\zeta) = 0 \tag{4.32}$$

实际上 y^* 就类似于通常定义的屈服面，只不过此处的屈服面 y^* 是耗散应力的函数，而一般弹塑性力学当中的屈服面都表示为真实应力的函数。

根据 Legendre 转换关系式（2.30），可得

$$\dot{\xi} = \frac{\partial Y}{\partial \zeta} = \lambda \frac{\partial y^*}{\partial \zeta} \tag{4.33}$$

式（4.33）就是耗散应力空间中的流动法则，该式把塑性应变率同屈服面对广义应力的微分建立了联系，并表明在广义应力空间中，正交流动法则仍然适用。但同经典塑性理论不同的是：在真实的应力空间中不满足相关联流动法则；另外屈服面是对广义应力的微分，而不是对真实应力的微分。Collins 和 Houlsby（1997）以热力学为基础证明了摩擦材料在真实应力空间中不满足正交流动法则，但在广义应力空间中，正交流动法则仍然适用；并且还在真实应力空间给出了非正交流动法则的数学表达式。这就奠定了广义塑性力学的理论基础，而不仅是经验性地定性论述；或仅给出一种特定的不正交流动的本构方程就称为广义塑性力学的一般性理论。

4.3.3　真实应力空间中的屈服面

引入内变量后，耗散函数更一般的可以表示为如下函数：

$$D = \hat{D}(\boldsymbol{\varepsilon}, \xi, \eta, \dot{\xi}) \tag{4.34}$$

式中，$\boldsymbol{\varepsilon}$ 表示应变变量；ξ 表示内变量；η 表示其他变量，如温度、熵等；$\dot{\xi}$ 是内变量的改变量，表示内变量的演化。相应的耗散空间的屈服面方程可以表示为如下函数：

$$y^* = y^*(\boldsymbol{\sigma}, \xi, \eta, \zeta) \tag{4.35}$$

根据式（4.26），耗散应力应当可以表示为应力和内变量的函数 $\zeta=\zeta(\boldsymbol{\sigma},\xi)$，将其代入式（4.35）中，就可以得到真实应力空间中的屈服面方程：

$$y^*[\boldsymbol{\sigma},\xi,\eta,\zeta(\boldsymbol{\sigma},\xi)]=y(\boldsymbol{\sigma},\xi,\eta)=0 \tag{4.36}$$

函数 y 就是真实应力空间中的屈服面方程。

4.4 本构方程

热力学方法确定材料的本构行为（或本构方程）需要借助两个热力学势函数：第一个是能量势函数，第二个是耗散势函数或屈服面函数。这两个势函数有 16 种不同的组合情况可供选用（Houlsby et al., 2000）。通过选择合适的能量函数及耗散函数，对其相应合适变量进行运算共可确定相应 16 个完整率独立耗散岩土材料多变形机制的热力学本构关系，这种热力学建模方法主要步骤如下。

（1）从四种经典能量函数中选择一种 e，e 可以是内能 u、Gibbs 自由能 g、Helmholtz 自由能 φ 或焓 h，利用自由能函数导出弹性关系（表 4.1）。

（2）选择耗散函数 D 或屈服面函数 y^*。由于选择状态变量的性质和个数的不同，对物理现象的描述有的比较细致、精确，有的则较为粗糙，另外还需满足 $D\geqslant 0$。此步是整个过程的关键。

（3）利用能量函数，得到内变量 ξ 与其广义应力 ζ 之间的变换关系。

应当注意的是，材料的本构方程是在不违背物理基本定律的前提下，通过实验进行观察而确定的。选择哪种组合以及能量势函数和耗散势函数的具体形式依赖于问题的具体情况。Houlsby 等曾给出一些框架理论选择能量具体形式的原则供参考：内能 u 和 Helmholtz 自由能 φ 对解决熵增为固定值的绝热问题较为方便；Helmholtz 自由能 φ 和 Gibbs 自由能 g 应用于描述等温过程较方便；内能 u 和 Helmholtz 自由能 φ 较适合用于应变空间特别是对应变给定的塑性模型描述；焓 h 和 Gibbs 自由能 g 通常多用于基于应力空间的给定应力条件下的塑性模型途径描述。但任意一种能量形式均可等同应用于对具体问题进行的数值运算，一旦选定了能量函数和耗散势函数，就可按表 4.1 和表 4.2 给出的表达式求出相应的本构方程。

表 4.2　利用耗散方程确定耗散应力与内变量的本构关系

耗散方程	独立变量	相关变量	本构关系
耗散方程 $D(\dot{\xi})\geqslant 0$	内变量增量 $\dot{\xi}$	耗散应力 ζ	$\zeta=\dfrac{\partial D}{\partial \dot{\xi}},\bar{\zeta}=\dfrac{\partial e}{\partial \xi}$
屈服面方程 $y^*(\zeta)=0$	耗散应力 ζ	内变量增量 $\dot{\xi}$	$\dot{\xi}=\lambda\dfrac{\partial y^*}{\partial \zeta},\bar{\zeta}=\dfrac{\partial e}{\partial \xi}$

用有限元或其他一些数值方法处理非线性问题时，通常要求本构方程采用增量形式。为此把表 4.1 和表 4.2 中的各式对时间进行微分后，再利用弹塑性力学的一般方法，

考虑流动法则并利用一致性条件，就可以得到用时间导数表示的增量方程。具体的增量形式的本构方程表达式见表 4.3。

表 4.3　增量本构关系

独立变量	$\boldsymbol{\varepsilon}$	$\boldsymbol{\sigma}$
s	$\begin{Bmatrix}\dot{\sigma}_{ij}\\ \dot{T}\\ -\dot{\zeta}_{ij}\\ \dot{\xi}_{ij}\end{Bmatrix}=\begin{bmatrix}D_{ijkl}^{u\varepsilon\varepsilon} & D_{ij}^{u\varepsilon s}\\ D_{kl}^{us\varepsilon} & D^{us}\\ D_{ijkl}^{u\xi\varepsilon} & D_{ij}^{u\xi s}\\ C_{ijkl}^{u\varepsilon} & C_{ij}^{us}\end{bmatrix}\begin{Bmatrix}\dot{\varepsilon}_{kl}\\ \dot{s}\end{Bmatrix}$	$\begin{Bmatrix}\dot{\varepsilon}_{ij}\\ \dot{T}\\ -\dot{\zeta}_{ij}\\ \dot{\xi}_{ij}\end{Bmatrix}=\begin{bmatrix}D_{ijkl}^{h\sigma\sigma} & D_{ij}^{h\sigma s}\\ D_{kl}^{hs\sigma} & D^{hs}\\ D_{ijkl}^{h\xi\sigma} & D_{ij}^{h\xi s}\\ C_{ijkl}^{h\sigma} & C_{ij}^{hs}\end{bmatrix}\begin{Bmatrix}\dot{\sigma}_{kl}\\ \dot{s}\end{Bmatrix}$
T	$\begin{Bmatrix}\dot{\sigma}_{ij}\\ -\dot{s}\\ -\dot{\zeta}_{ij}\\ \dot{\xi}_{ij}\end{Bmatrix}=\begin{bmatrix}D_{ijkl}^{\varphi\varepsilon\varepsilon} & D_{ij}^{\varphi\varepsilon T}\\ D_{kl}^{\varphi T\varepsilon} & D^{\varphi T}\\ D_{ijkl}^{\varphi\xi\varepsilon} & D_{ij}^{\varphi\xi T}\\ C_{ijkl}^{\varphi\varepsilon} & C_{ij}^{\varphi T}\end{bmatrix}\begin{Bmatrix}\dot{\varepsilon}_{kl}\\ \dot{T}\end{Bmatrix}$	$\begin{Bmatrix}\dot{\varepsilon}_{ij}\\ \dot{s}\\ -\dot{\zeta}_{ij}\\ \dot{\xi}_{ij}\end{Bmatrix}=\begin{bmatrix}D_{ijkl}^{g\sigma\sigma} & D_{ij}^{g\sigma T}\\ D_{kl}^{gT\sigma} & D^{gT}\\ D_{ijkl}^{g\xi\sigma} & D_{ij}^{g\xi T}\\ C_{ijkl}^{g\sigma} & C_{ij}^{gT}\end{bmatrix}\begin{Bmatrix}\dot{\sigma}_{kl}\\ \dot{T}\end{Bmatrix}$

表 4.3 中各具体代数项的表达式为

$$D_{ijkl}^{e\beta b}=\frac{\partial^2 e}{\partial\beta_{ij}\partial b_{kl}}+\frac{\partial^2 e}{\partial\beta_{ij}\partial\xi_{mn}}C_{mnkl}^{eb} \tag{4.37}$$

$$D_{kl}^{ezb}=\frac{\partial^2 e}{\partial z\partial b_{kl}}+\frac{\partial^2 e}{\partial z\partial\xi_{mn}}C_{mnkl}^{eb} \tag{4.38}$$

$$D_{ij}^{e\beta z}=\frac{\partial^2 e}{\partial\beta_{ij}\partial z}+\frac{\partial^2 e}{\partial\beta_{ij}\partial\xi_{mn}}C_{mn}^{eb} \tag{4.39}$$

$$D^{ez}=\frac{\partial^2 e}{\partial z^2}+\frac{\partial^2 e}{\partial z\partial\xi_{mn}}C_{mn}^{ez} \tag{4.40}$$

$$C_{mnkl}^{eb}=-\frac{A_{kl}^{eb}}{B^e}\frac{\partial y^e}{\partial\zeta_{mn}},\quad C_{mn}^{ez}=-\frac{A^{ez}}{B^e}\frac{\partial y^e}{\partial\zeta_{mn}} \tag{4.41}$$

$$A_{kl}^{eb}=\frac{\partial y^e}{\partial b_{kl}}-\frac{\partial y^e}{\partial\zeta_{ij}}\frac{\partial^2 e}{\partial\xi_{ij}\partial b_{kl}},A^{ez}=\frac{\partial y^e}{\partial z}-\frac{\partial y^e}{\partial\zeta_{kl}}\frac{\partial^2 e}{\partial\xi_{kl}\partial z} \tag{4.42}$$

$$B^e=\left(\frac{\partial y^e}{\partial\xi_{ij}}-\frac{\partial y^e}{\partial\zeta_{kl}}\frac{\partial^2 e}{\partial\xi_{kl}\partial\xi_{ij}}\right)\frac{\partial y^e}{\partial\zeta_{ij}} \tag{4.43}$$

式（4.37）～式（4.43）中，上标 e 表示能量势函数，它可代表 u、φ、h、g，上标 β 和 b 分别表示两个不同的二阶张量，（如应变 $\boldsymbol{\varepsilon}$ 、应力 $\boldsymbol{\sigma}$ 或内变量 ξ 等）。上标 z 表示标量熵 s 或温度 T。

塑性理论和热力学这两个学科在早期是独立发展的，后来热力学概念被引入塑性理论，产生深刻的影响，并成功地用于建立金属本构模型。岩土本构理论在很大程度上借鉴了连续介质力学和金属塑性力学，但其特性比金属复杂得多。发展严格热力学框架下的岩土材料本构模型，这种做法既具有理论上的严格性，又提供了构建模型的通用方法。用热力学方法构建岩土弹塑性本构模型的理论基础是热力学第一定律和第二定律，借鉴经典连续介质本构关系理论，采用耗散势代替 Drucker 塑性公设描述材料的塑性特性。通过构造耗散函数表达形式，研究屈服准则和塑性流动。其中还需要对一些基本问题进行探讨，如 Ziegler 正交条件的有效性。此外，内变量的选取也是值得探讨的问题，塑性力学中用硬化参数来反映应力变化的影响，在非平衡态热力学中可以用一组内变量来反映结构内部不可逆过程中的耗散机制。

4.5　内变量理论建立材料方程举例

4.5.1　算例 1

若给定 Gibbs 自由能函数 g 的能量形式如下所示：

$$g=-\frac{1}{3K}\frac{\sigma_{ii}\sigma_{jj}}{6}-\frac{1}{2G}\frac{\sigma'_{ij}\sigma'_{ij}}{2}-\alpha(T-T_0)\sigma_{kk}-\frac{c}{\theta_0}\frac{(T-T_0)^2}{2} \tag{4.44}$$

式中，K 是等温体积模量；G 是剪切模量；α 是热膨胀系数；c 是在常应力下的比热容；θ_0 是初始温度；弹性材料的耗散势函数 $d=0$。

根据表 4.1 所给出的关系，可得

$$\dot{\varepsilon}_{ij}=-\frac{\partial^2 g}{\partial\sigma_{ij}\partial\sigma_{kl}}\dot{\sigma}_{kl}-\frac{\partial^2 g}{\partial\sigma_{ij}\partial T}\dot{T} \tag{4.45}$$

$$\dot{s}=-\frac{\partial^2 g}{\partial T\partial\sigma_{ij}}\dot{\sigma}_{ij}-\frac{\partial^2 g}{\partial T^2}\dot{T} \tag{4.46}$$

将能量函数具体形式（4.44）代入式（4.45）和式（4.46）可得

$$\dot{\varepsilon}'_{ij}=0\cdot\dot{\sigma}_{kk}-\frac{1}{2G}\dot{\sigma}'_{ij}+0\cdot\dot{T} \tag{4.47}$$

$$\dot{\varepsilon}_{kk}=\frac{1}{3K}\dot{\sigma}_{kk}+0\cdot\dot{\sigma}'_{ij}+3\alpha\dot{T} \tag{4.48}$$

$$\dot{s}=3\alpha\dot{\sigma}_{kk}+0\cdot\dot{\sigma}'_{ij}+\frac{c}{T_0}\dot{T} \tag{4.49}$$

由此通过给出的 Gibbs 自由能函数具体形式，就推出了线弹性各向同性小变形情况下岩土材料本构关系的增量反应关系式：

$$\begin{bmatrix} \dot{\varepsilon}_{kk} \\ \dot{\varepsilon}'_{ij} \\ \dot{s} \end{bmatrix} = \begin{bmatrix} \dfrac{1}{3K} & 0 & 3\alpha \\ 0 & -\dfrac{1}{2G} & 0 \\ 3\alpha & 0 & \dfrac{c}{\theta_0} \end{bmatrix} \begin{bmatrix} \dot{\sigma}_{kk} \\ \dot{\sigma}'_{ij} \\ \dot{\theta} \end{bmatrix} \tag{4.50}$$

4.5.2 算例 2

若给定内能函数 u 的能量形式：

$$u = \frac{3K}{X}\frac{\varepsilon_{ii}\varepsilon_{ii}}{6} + 2G\frac{\varepsilon'_{ij}\varepsilon'_{ij}}{2} - \frac{\alpha 3KT_0}{cX}s\varepsilon_{kk} + \frac{T_0}{cX}\frac{s^2}{2} + sT_0 \tag{4.51}$$

式中，定义 $X = 1 - \dfrac{9K\alpha^2 T_0}{c}$，$X$ 值趋近于 1，它代表了绝热过程与等温行为之间的差异；$d = 0$（对于弹性材料）。

同样利用表 4.1 所给出的关系，可得

$$\dot{\sigma}_{ij} = \frac{\partial u}{\partial\varepsilon_{ij}\partial\varepsilon_{kl}}\dot{\varepsilon}_{kl} + \frac{\partial u}{\partial\varepsilon_{ij}\partial s}\dot{s} \tag{4.52}$$

$$\dot{\theta} = \frac{\partial^2 u}{\partial s\partial\sigma_{ij}}\dot{\sigma}_{ij} + \frac{\partial^2 u}{\partial s^2}\dot{s} \tag{4.53}$$

将能量函数的具体形式（4.51）代入可推出：

$$\dot{\sigma}'_{ij} = 0\cdot\dot{\varepsilon}_{kk} + 2G\cdot\dot{\varepsilon}'_{ij} + 0\cdot\dot{s} \tag{4.54}$$

$$\dot{\sigma}_{kk} = \frac{3K}{X}\dot{\varepsilon}_{kk} + 0\cdot\dot{\varepsilon}'_{ij} - \frac{9\alpha K\theta_0}{cX}\dot{s} \tag{4.55}$$

$$\dot{T} = -\frac{9\alpha KT_0}{cX}\dot{\varepsilon}_{kk} + 0\cdot\dot{\varepsilon}'_{ij} + \frac{T_0}{cX}\dot{s} \tag{4.56}$$

进而可以得到岩土材料在给定内能情况下线弹性本构关系的增量反应形式如下所示：

$$\begin{bmatrix} \dot{\sigma}_{kk} \\ \dot{\sigma}'_{ij} \\ \dot{T} \end{bmatrix} = \begin{bmatrix} \dfrac{3K}{X} & 0 & -\dfrac{9\alpha KT_0}{cX} \\ 0 & 2G & 0 \\ -\dfrac{9\alpha KT_0}{cX} & 0 & \dfrac{T_0}{cX} \end{bmatrix} \begin{bmatrix} \dot{\varepsilon}_{kk} \\ \dot{\varepsilon}'_{ij} \\ \dot{s} \end{bmatrix} \tag{4.57}$$

4.6 本 章 小 结

本章重点介绍了内变量热力学理论，它是经典非平衡热力学的一个简单扩展，引入了内变量作为附加变量来反映材料的耗散机制。内变量可以代表材料内部的某种运动或内部结构的重新排列，其变化通常是不可逆的；且内变量的值一般是无法用宏观手段加以控制的，但它们可以作为状态变量和可观测量处理。利用内变量热力学可以建立弹塑性本构模型，该方法需要借助两个热力学势函数：能量势函数和耗散势函数。这两种势函数有 16 种不同的组合情况可供选用，选择哪种组合以及能量势函数和耗散势函数的具体形式依赖于问题的具体情况。一旦选定了能量函数和耗散势函数，就可利用能量方程确定弹性关系（表 4.1），利用耗散方程来确定耗散应力与内变量的本构关系（表 4.2），最终得到的增量本构方程表达式见表 4.3。

第 5 章　多孔介质理论

前文介绍了非平衡态热力学的基本原理，这些原理主要适用于连续介质，即在空间上连续且无空隙地分布。连续介质的性质可以用一组状态变量来描述，这些状态变量是空间和时间连续可微的函数，显然土并不满足这个条件。或者根据局域平衡假设，这些热力学原理也适用于微观尺度，但是如何将微观尺度的变量与方程应用到宏观尺度中去仍然需要解决。因此不能将前文介绍的方法直接应用于土这种材料。

多孔介质，即多相孔隙介质的简称，是指由固相组成固体骨架，遍布整个多孔介质空间，骨架间存在各种连通或封闭的孔隙，这些孔隙中可能包含液相或气相等其他物质的多相系。显然多孔介质是典型的混合物，组成混合物的单一物质称为混合物（mixture）的“相”，而“相”则由不同“组分”构成。“相”是具有相同的物理化学性质且与被明确界限包围的一个系统或系统内部的一个部分。一般系统中所有气体都视为一个相，称为气相，因为气体几乎都可以互相混合，不同气体之间没有明确的物理界限，如空气；而液体则可能有多个相，因为液体之间可以互不相溶，使得不同液体之间有明确的分界面。除了相的概念外，还需要明确的另一个概念是“组分”，它是指在相中具有单一化学物质的各个成分。例如，作为气相的空气，其内部包含氧气、氮气等很多不同的组分。

土是一种典型的三相多孔介质，它是一种疏松和联结力很弱的矿物颗粒的堆积物，地壳表面的整体岩石在大气中经受长期的风化作用而破碎后，形成形状不同、大小不一的颗粒。土作为这些碎散颗粒的集合体，由固体土颗粒组成固相土骨架，固相骨架之间是孔隙，孔隙由液体和气体这两种流体填充。土骨架、孔隙液体和孔隙气体其各自的运动通常是不同的，并且它们之间存在相互作用。另外土有着极不规则的内部结构，孔隙结构的几何尺寸非常复杂，且这种尺寸会随空间的位置而变化，使得对多孔介质的描述变得非常困难。为克服这些困难，应当转向更为粗略的平均水平，即转向宏观的水平。宏观的方法是一种连续介质方法，实质上是用一种宏观上均匀的连续介质替代微观上不均匀的孔隙介质，但这种替代应具有宏观的等价性，即两种介质应具有同样的宏观表现和行为。这种宏观上均匀的连续介质就可以用连续介质力学或连续介质热力学方法进行分析和研究。也就是说对于土这种三相的孔隙介质，前文所介绍的连续介质的经典方程不能直接使用，而是需要利用多孔介质理论才能建立方程。

5.1 混合物理论

多孔介质作为一种混合物（mixture）是由几种不同性质（物理性质或化学性质）的单一物质（单组分或多组分）混合形成的复杂介质。这些物质的混合可以是局部和整体都均匀的混合，如混合气体和溶液等，也可以是局部不均匀但整体均匀的混合。混合物的各相之间不仅存在相对运动，而且存在相互作用，甚至可能存在物质转化（相变或化学反应等）。混合物理论（mixture theory）就是研究混合物各相运动规律、相互作用规律和相互转化规律，以及混合物整体运动变化与外界对混合物作用之间关系的理论体系。该理论以热力学为基础，是对单一物质连续系统理论的拓展，也称为相互作用连续介质理论，具有很好的自洽性和系统性。它从基本的物理规律出发，针对问题的具体情况进行数学演绎，所以在该理论框架下所建立的本构方程都可以按一定的规则提出，所考虑的多相介质的物理性质，物理规律的限制，分析、演绎中的具体假定和简化都有清楚的表述。所以这种本构方程具有科学严密性和系统性，对各种因素的考虑也具有一致性，可以避免得出不协调的结论。

5.1.1 混合物理论的发展

Voyiadjis 和 Song 回顾了混合物理论的发展史，他们指出 Woltman 是第一个提出混合物概念的学者。早在 1794 年，Woltman 在讨论泥浆土的力学行为时，就提及了混合物，并且引入了体积分数的概念，但此后一段时间混合物理论并没有得到实质性的发展。进入 20 世纪后，Fillunger 的研究为混合物理论发展起了先驱作用，他认为可以把混合物看作由代表各组成物质的连续介质叠加而成，混合物中的任意一点同时被每个组成物质中的一个质点占据，这些相互叠加的连续介质之间存在相互作用。然而，由于混合物理论的分析方法比较抽象，不易为工程人员接受，且 Fillunger 当时的研究还存在很多不完善的地方，再加上当时 Terzaghi 理论在学术界和工程界所处的统治地位，使得混合物理论的发展一直处于低潮。

直到 1957 年，德国著名理性力学家 Truesdell 教授建立起了混合物的数学理论（Truesdell，1984），该理论包括三个基本假设：①混合物的所有性质，完全由其各组成物质的性质决定；②要描述混合物中某一组分的运动，只需将该组分从混合物中分离出来，而把其他组分对该组分的影响以适当的作用形式施加在所研究的组分上；③混合物的运动和单一物质的运动满足相同的方程。由此建立了混合物理论的公理化体系，并以此为基础给出了混合物的运动描述方法和守恒定律，为了考虑混合物中其他相对某一相的作用，在给出该相守恒方程时增加了对应量的供给项。然而，Truesdell 所建立的混合物理论多考虑的是多组分的气体混合物。

以 Truesdell 为开端，混合物理论在 20 世纪 60～70 年代进入发展高潮期。这一时期，国际上一大批理性力学家致力于混合物理论的研究，并将处理对象由气体推广到多孔介质，其优越性也由理性力学领域扩展到工程领域。其中主要的研究成果包括：Kelly（1964）拓展了 Trusedell 的理论，先建立积分形式的守恒方程，再进行局部化得出局部形式的守恒方程和间断面上的跃迁条件；Adkins（1963a; 1963b; 1964）发展了流体混合物和流体与弹性固体混合物的纯力学理论，这些工作的意义在于给出了满足物质标架无差异公理要求的混合物本构变量组合形式；Coleman 等（1963）指出了 Clausius-Duhem 不等式对单一物质本构方程的限制和简化作用；Eringen 等第一个把 Clausius-Duhem 不等式引入混合物理论（Eringen et al., 1965; Ingram et al., 1967），但他们对混合物各个组成物质分别应用熵不等式的做法被 Bowen 认为不具有普遍性；Green 和 Naghdi（1965）的研究只对混合物整体应用了 Clausius-Duhem 不等式便推导出了单一温度的混合物理论；Gurtin 等（Gurtin et al., 1970）一批研究者试图通过最基本的方法建立混合物理论的公理化体系，他们考察了可能发生在混合物各相之间体积和面积的相互作用，得到了与 Trusedell 和 Kelly 不同的混合物能量守恒定律和动量守恒定律，除了各相偏应力外，还得出了服从其他平衡方程的内嵌应力（embeding stresses）；Cross（1973）分析了相的物质对称性对独立本构变量的要求；文献（Bedford et al., 1983; Bowen, 1983）是这一时期研究的综合性权威文献，这一时期研究的里程碑是给出了考虑全耦合的弹性固相介质和可压缩不可混溶黏性流体组成的混合物的本构描述。

20 世纪 80 年代初，经典混合物理论的基本框架已经形成（Bedford et al., 1983; Bowen, 1983）。在随后的 20 世纪 80～90 年代，国际上理性力学家对混合物理论的研究日趋沉寂，但应用力学家及诸多工程问题研究者对混合物理论表现出极大的兴趣，并进一步将混合物理论应用到工程上常见的多相孔隙介质的研究中，逐渐形成了一门新兴学科——孔隙介质力学，推动了混合物理论发展的又一个高潮。其中，最具影响力的研究包括英国皇家工程科学院院士、国际著名工程力学和计算力学家 Zienkiewicz 教授（其研究团队主要成员包括现意大利国家科学院院士、帕多瓦大学 Schrefler 教授），美国国家科学基金委评审委员、德州农工大学前校长、工程力学专家 Bowen 教授，德国埃森大学孔隙介质力学专家 Boer 教授。

作为有限元数值方法研究的先驱者之一，Zienkiewicz 教授领导的研究团队将岩土类材料考虑为固、液、气三相介质，利用 Bishop 有效应力原理，系统研究了饱和、非饱和介质变形过程的数值模拟，并开发出了相应的程序 FEM 应用于工程实际（Gawin et al., 1995; Schrefler et al., 1994; 1996; Simon et al., 1984; Zienkiewicz et al., 1988），但需要指出的是，这些研究虽然可以考虑多孔介质中的某些耦合现象（如变形和渗流的耦合），但所采用的本构关系依旧是 Terzaghi 型的经验方程，对流体仍采用经验的达西定律，这就导致其理论基础不够坚实，也不能完全考虑各个层次的耦合现象。

Bowen（1980; 1982）利用混合物理论研究了可压缩和不可压缩的恒温多相孔隙介质，将体积分数作为内变量，以考虑微观结构对多孔介质性质的影响，在此基础上，建立了质量、动量、能量和熵的宏观守恒方程，并由熵不等式结合适当的本构假设建立了相应的弹性本构关系，但值得关注的是，Bowen 虽然给出了基于体积分数演化的热力学限制，但是却没有能够给出具体的演化方程。

Boer（1996）及其研究团队建立了考虑体积分数变化的饱和弹塑性多孔介质的混合物理论（后被称为孔隙介质理论），并发展了相应的数值模拟方法。他们将变形梯度分为两部分加以考虑，分别用来解释材料外部的真实变形和材料内部孔隙的改变，并且指出关于上述两个变形变量的方程是相互依存的，即只需确定其中一个，另外一个即可随之确定，在此基础上得到额外的本构方程，形成闭合问题。但 Boer 的研究局限在饱和多孔介质，对涉及非饱和的多相流多孔介质不适用。除此之外，Eringen（1994）从工程需要出发，分析了弹性固体和黏性流体组成的混合物，但并未将体积分数作为独立状态变量。Atkinson 和 Appleby（1994）发展了弹性多孔介质的 Laplace 变换域中的变分原理。Coussy（1995）引入"塑性孔隙率"的概念以考虑固相不可恢复的压缩变形，相应地流相质量不可恢复变化将受到固体骨架不可恢复变形和塑性孔隙率两者的影响。Hansen 等（1991）考察了经典混合物理论中对混合物变量的定义，指出以质量密度为权叠加来定义混合物有关量的方法会引起矛盾，他提出以各相体积分数作为叠加权重的混合变量定义方法，由此形成了所谓的体积分数混合物理论（volume fraction mixture theory）。Reid 和 Jafari（1995）把混合物每一相与 Borel 集合相联系，混合物与这些集合的并集相联系，给出了混合物运动新的描述方法和普遍形式的守恒方程。Costa Mattos（1998）应用不可逆热力学推导出了满足物质客观性公理的流体混合物本构关系。Samohýl（1997a; 1997b）建立了具有任意对称性的黏弹性相组成的非简单混合物热力学，所研究的混合物具有单一温度和非线性输运特性。

进入 20 世纪 90 年代以来，混合物理论出现了新的发展，主要包括：以 Hutter 为代表的基于理性热力学的混合物理论研究（Hutter et al., 2004），Gray 及其研究团队开创的考虑非饱和多孔介质中界面效应的研究（Gray, 1983; Gray et al., 2005; 2006; 2009a; 2009b; 2010; Jackson et al., 2009; Miller et al., 2005; 2008），以及 Achanta 和 Cushman 研究团队为代表的复合混合物理论研究。

Svendsen 和 Hutter（1995）基于理性热力学，采用拉格朗日乘子方法，推导了各向同性黏弹性多孔介质材料的本构关系，并将其推广到研究饱和/非饱和土的本构模型研究中（Hutter et al., 1999）。但他们的研究偏于理论，没有很好地考虑土介质自身的特性，不能与土力学很好地结合。

Hassanizadeh 和 Gray（1979a; 1979b; 1980）提出了一个将水气界面作为单独一相考虑的多孔介质模型，对多相孔隙介质的本构建模提出了新的思路和方法。他们首次在热力学第二定律所限定的范围内推导了毛细压力的演化方程，从而建立毛细压力和状态变量之间的关系，为研究非饱和多孔介质内水力-力学之间的相互影响机制提供了理论基础。但上述研究在肯定毛细松弛效应重要性的同时，却忽略了时间效应。随后 Hassanizadeh（1986a; 1986b）、Hassanizadeh 和 Gray（1990）基于具有普适性的热力学理论，研究了固相颗粒不可压缩的可变形饱和多孔介质中多组分物质的输运现象，通过平均化方法建立了固相和各流体组分的质量、动量、能量和熵平衡方程，由合理的本构假定和熵不等式推导本构方程，得到一般性的达西定律和菲克定律。他的研究表明：Bowen 的宏观平衡方程和被平均化后的微观方程完全等价。Wei 和 Muraleetharan（2002a; 2002b）引入体积分数作为状态变量，在给出毛细压力演化的热力学限制基础上，建立了能够描述界面上各相相互作用的动力协调条件，并以此发展了能够描述非饱和土变形特性的本构模型。Schrefler（2002）也基于平均化方法给出了饱和/非饱和土中的守恒方程，并通过热力学方法得到了使系统闭合的本构方程。

国内学者中，陈正汉等（1993a; 1993b）最早利用混合物理论来研究土力学问题，针对非饱和土的固结问题，构建了数学模型，并给出非饱和土的非线性弹性模型和土水特征曲线的理论框架。杨松岩和俞茂宏（1998; 2000）在混合物理论的框架内，提出了一个处理饱和和非饱和的多相孔隙介质材料变形和强度本构建模的方法，给出了一个具体的弹塑性损伤本构方程，可描述材料性质的损伤和软化过程以及非饱和程度对材料变形强度特性的影响。苗天德和牛永红等用混合物理论对冻土进行了研究（苗天德等, 1999; 牛永红等, 2002）。黄义和张引科（2003a; 2003b）应用经典混合物理论得到了非饱和土非线性本构方程和场方程，并通过对非线性方程的线性化，推导出了线性本构方程和线性场方程，Biot 的饱和多孔介质本构方程和场方程是其中的特例，说明了用混合物理论处理非饱和土本构问题的正确性。韦昌富（2011）基于多孔介质理论，利用熵增不等式得到的本构关系对多相多组分孔隙介质的平衡特性进行探讨。李相菘（2013）利用多孔介质理论探讨了饱和土弹塑性理论的数理基础。

5.1.2　复合混合物理论

Hassanizadeh 和 Gray（1979a; 1979b）指出描述多相孔隙介质运动的方法主要有以下三种。

（1）经验方法。由于多孔介质的复杂性，早期在描述多相体系物质运动的时候，只能通过经验的方法对物质运动的物理过程进行直观的描述，并提出相应的刻画模型，由于是经验和直观的模型，这种方法一般只限于描述某些特殊的多相系统，其适用范围有限。

（2）混合物方法。这种方法把混合物中各相看成是相互叠加的连续介质，他们同时存在并占据着整个空间，混合物的平衡可以通过把单相的平衡方程进行叠加而得到。由于它简单、实用，混合物理论得到了迅速的发展。目前影响较大的多相孔隙介质理论，就是在混合物理论的基础上，引入了体积分数的概念而建立的。

（3）平均化方法。这种方法把多相体系看成是各相相互穿插的连续介质，各相分别占据空间的一部分，并且由极不规则的边界面分割。经典的热力学量在每一相所在的空间中是连续的，但在整个多相体系空间中是不连续的。可以用经典连续介质的平衡方程和初始边界条件来描述该体系的状态。对某些局部表征体元上采用平均化的方法来进行描述，平均化后得到的方程就可以写成用相对应的宏观热力学量来表述的宏观形式。

Schrefler（2002）指出对包括非饱和土在内的多相孔隙介质，其研究方法一般有两种：一种是基于细观力学的微观方法，另一种是基于连续介质力学的宏观方法。混合物方法属于宏观力学方法，而平均化理论属于微观力学的方法。而实际上对于非饱和土，通常需要把混合物理论和体积平均化理论相结合，Achanta 和 Cushman（1994）把这种相结合的理论称为复合混合物理论。复合混合物理论假设存在多尺度的重叠连续介质，它不仅具有经典混合物理论的优点，而且可将场中变量的微观信息通过平均化包含到所建立的宏观模型中。

按照复合混合物理论的思想，通常假定多相孔隙介质存在三种尺度：微观尺度、宏观连续介质尺度（简称宏观尺度）和介观连续介质尺度（简称介观尺度），如图 5.1 所示。不同尺度的特征尺寸范围不同，显然微观尺度的特征尺寸最小，宏观尺度特征尺寸最大，而介观尺度居中，它们都要比分子尺度即分子平均自由程大得多。

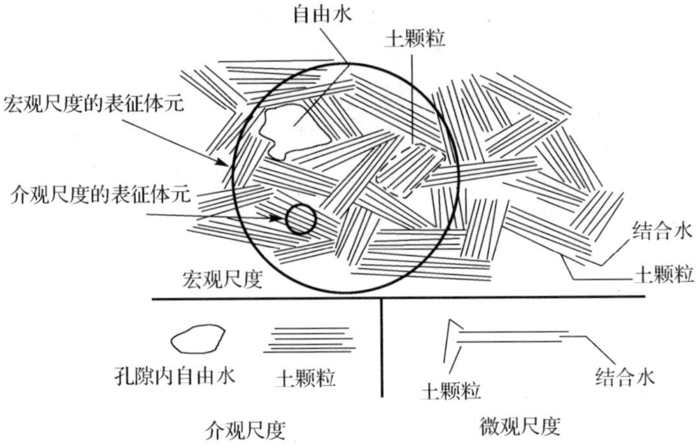

图 5.1　非饱和土的三尺度模型

微观尺度（microscale）通常指的是孔隙尺度，在这个尺度上，多孔介质的每一相都有明显分界，可以单独进行分析，因此能分别用连续介质力学的基本定律来描述。微观尺度的特征尺寸是连续介质所需的最小长度尺寸，它必须比分子尺度大得多，因而其特征值才不会受到分子运动的影响而出现波动。

宏观尺度（macroscale）通常指的是多孔介质，在这个尺度上，无法区分不同相之间的微观分界面，其特征尺寸远大于微观尺度。此时要对宏观系统进行描述必须借助于平均化方法，即在足够大的微观尺度范围内对其变量和方程平均化。此外在宏观尺度，也可以定义一些微观尺度不存在的变量，如后文将要介绍的体积分数。

介观尺度（mesoscopic）是介于微观尺度与宏观尺度中间的一种尺度，在这一尺度上，物体的尺寸具有宏观大小，但却具有原来认为只能在微观世界中才能观察到的许多物理现象。一般来说，可以把宏观物体看成是由许多的小单元所组成，整个宏观物体所表现出来的性质是各个单元的平均值。如果减小宏观物体的尺寸，只要还是足够大，测量的物理量和系统的平均值的差别就很小。当体系的尺寸小到一定程度，由于量子力学的规律，宏观的平均性将消失。早期研究认为这样的尺寸一般是原子的尺寸大小，但随后研究发现这个尺寸在某些材料中可以达到微米的数量级，并且随着温度的下降还会增加，属于宏观的尺度大小。

目前认为只有介观尺度和宏观尺度才会对多相孔隙介质的宏观性质有直接影响。在微观尺度，每一相的控制方程都可以由经典的连续介质的平衡方程来得到。利用 Hassanizadeh 和 Gray（1979a; 1979b; 1980）的平均化理论，可以得到介观尺度的变量和每一相的平衡方程。对于单相（土中的某一相）介质的情况，在介观尺度下，其局部平衡方程和经典的连续介质的平衡方程相同，再由介观尺度进一步体积平均化，得到宏观的变量以及每一相和总的平衡方程，这时需要考虑各相之间的相互作用。

利用复合混合物理论，Achanta 和 Cushman（1994）、Murad（1999）、Murad 和 Cushman（1996）以及 Bennethum 和 Cushman（1996a; 1996b）研究了多组分可膨胀性土的多场耦合问题，总结了针对膨胀性土的达西定律、菲克定律及 Terzaghi 有效应力原理，得到了多组分无黏性流体饱和的膨胀性多孔介质的两尺度（微观尺度和介观尺度）和三尺度（微观尺度、介观尺度和宏观尺度）的分析方法。Singh 等（2003）在上述工作的基础上考虑了流体的黏性，提出了描述多组分黏性流体饱和的黏弹性可膨胀性多孔材料的方法。赵成刚和刘艳（2009b）给出了连续孔隙介质土力学的理论基础，为建立描述土的行为的统一理论迈出了坚实的一步。

5.2　平均化方法

为了将连续介质力学方法应用到多孔介质当中，需要用一种宏观上均匀的连续介质替代微观上不均匀的孔隙介质，利用平均化方法得到宏观变量。平均化方法是微观尺度与宏观尺度建立联系的重要桥梁，很多学者对平均化方法的基本原理及其在多孔介质理论中的应用方面做了大量工作，代表性人物主要有 Hassanizadeh、Gray 和 Boer 等。

在宏观尺度上，由平均化得到的多相孔隙介质可以被定义为：它是由α相组成，同时为了数学处理方便，假定每一相都包含有 j 个组分（若某一组分在某一相中不存在，则可令这一组分在该相中的浓度为零），并且认为它是$\alpha \times j$ 个组分相互重叠，同时存在于所考虑空间的每一点上的连续介质。在这一连续空间的每一点上都具有用表征体元经平均化后得到热和力学的性质参数，这种宏观参数是和介观连续介质的参数直接相关并表示的。

5.2.1 表征体元

在多孔介质的多场耦合理论中，为了定量地描述这种多相孔隙介质的土，需要在这一介质中选择一个体积单元，利用该单元的微观平均值作为宏观值来对系统进行描述。显然不同的选择就会得到不同的平均值，这取决于所要描述的问题，而且用于衡量其平均值的尺度也与所选择的体积单元相关。为了避免选择的任意性，需要有一个统一的标准，使得所选择的体积单元可以代表任意多孔介质的重要特征，且这些特征值的平均值在一定范围内可以保持为常数。满足这个条件的体积单元，就是表征体元（representative element volume，REV）。

选择表征体元是将微观尺度转换到宏观尺度进行描述的首要步骤，图 5.2 是一个三相多孔介质的表征体元示意图，通常表征体元需要满足以下条件。

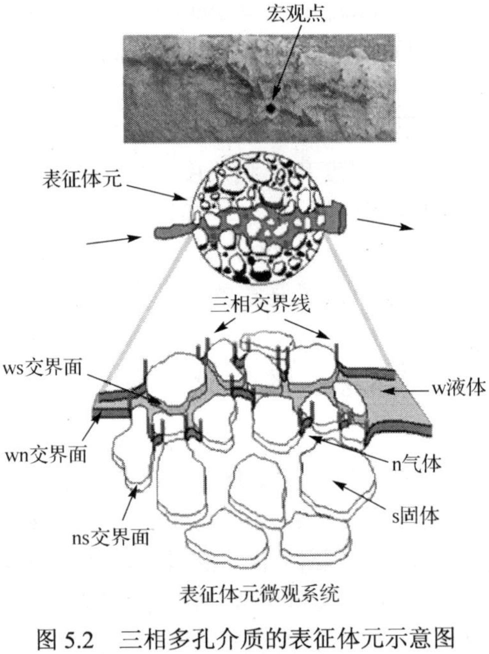

图 5.2 三相多孔介质的表征体元示意图
图片来源于文献（Miller and Gray, 2005）

（1）表征体元在宏观尺度上应足够小，也就是说在整个宏观场地中它应该作为一空间点处理，如图 5.2 所示，这样做的目的是使表征体元受力状态以及材料性质和参数简单、明确、易于处理，否则表征体元就会成为复杂的结构体。

（2）表征体元在微观尺度上应足够大，以便于包含足够多的固体颗粒和孔隙进行统计平均，如图 5.2 所示的表征体元在微观尺度上包含了三相系统的所有信息，由此才能得到有意义的热动力学的性质和参数。

（3）表征体元的特征尺度不应随时间和空间而变化，即使其特征尺度有微小的变化，但其平均化后的材料性质和参数也应为常量，而不应随其特征尺度的变化而变化。表征体元的特征尺寸 ℓ 必须满足以下条件：

$$\ell_{\min} < \ell < \ell_{\max} \tag{5.1}$$

满足式（5.1）区间内，微观特征量（如密度、孔隙率等）的平均值可近似认为保持不变。如图 5.3 所示，当特征尺寸 $\ell < \ell_{\min}$ 时，材料受到微观结构起伏影响，特征值 $\Im$ 会出现明显振荡；而当特征尺寸 $\ell > \ell_{\max}$ 时，由于受到材料的宏观非均匀性的影响，特征值 $\Im$ 明显受到特征尺寸的影响。只有当特征尺寸满足式（5.1）的要求时，材料的特征值 $\Im$ 才会近似保持不变，其宏观行为可以用连续介质的方法来进行描述。

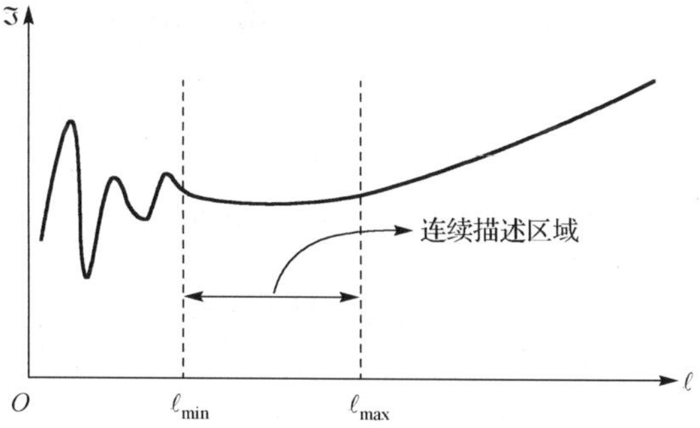

图 5.3　表征体元的描述尺度

在多孔介质宏观系统中的表征体元，就犹如连续介质中的一个质点。从微观角度来看，连续介质中每一个点其实也是一个非常小的时空系统，它包含了大量的分子。质点的宏观性质并不会受到微观分子变化而出现波动，同样满足式（5.1）表征体元的宏观特征值也认为不会受到表征体元尺寸的影响而出现波动。

表征体元的应用，使微观量与宏观量之间建立起了联系，各物理量的意义更加明确，但也有人对表征体元是否适合所有多孔介质材料提出了质疑。例如，对于存在断层或有较大不均匀性的多孔介质，要给出合适的表征体元就比较困难，特征尺寸的范围难以确定。然而，即使表征体元不存在，也可以利用平均化方法，可能要在更大尺度范围上定义变量，建立宏观量与微观量之间的关系。

5.2.2　平均体积和平均面积

表征体元内微观任一点的位置矢量用 $\boldsymbol{r}$ 表示，如图 5.4 所示。假设在表征体元内，孔隙按统计平均分布，其分布特征可以用相分布函数表示，α 相的分布函数定义为

$$\gamma_\alpha = \gamma_\alpha(\boldsymbol{r},t) = \begin{cases} 1, & \boldsymbol{r} \in \mathrm{d}V_\alpha \\ 0, & \boldsymbol{r} \in \mathrm{d}V_\beta \end{cases}, \quad \alpha \neq \beta \tag{5.2}$$

式中，$\boldsymbol{r}$ 表示宏观坐标系中表征体元内任意点的位置矢量，在给定坐标系中，可以表示为 $\boldsymbol{r}=\boldsymbol{x}+\boldsymbol{l}$；其中，$\boldsymbol{x}$ 代表表征体元质心位置，表示在宏观整体坐标系中的坐标；$\boldsymbol{l}$ 是体元内任意点相对于质心的位置矢量，代表表征体元内的微观坐标。

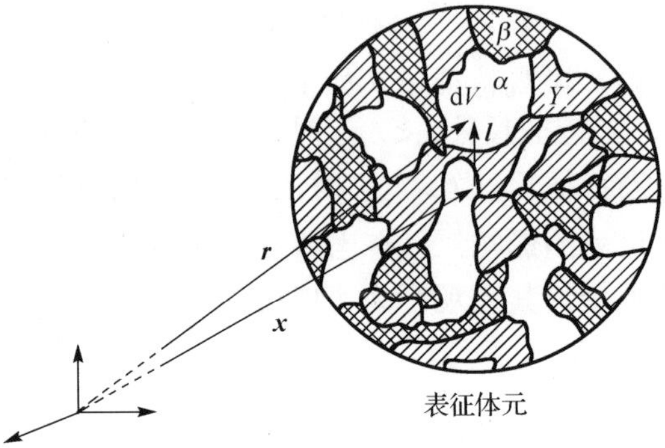

图 5.4　表征体元

根据分布函数，在表征体元中 α 相的体积 V_α 就可以表示为

$$V_\alpha(\boldsymbol{r},t)=\int_V \gamma_\alpha(\boldsymbol{r},t)\mathrm{d}\Omega \tag{5.3}$$

表征体元内 α 相的面积 A_α 则可以表示为

$$A_\alpha(\boldsymbol{r},t)=\int_A \gamma_\alpha(\boldsymbol{r},t)\mathrm{d}\Gamma \tag{5.4}$$

式（5.3）和式（5.4）中 V 是表征体元的体积，A 是表征体元的边界面面积，$\mathrm{d}\Omega$ 表示无穷小体积单元，$\mathrm{d}\Gamma$ 表示无穷小面积单元。

表征体元内 α 相的体积与表征体元体积之比，代表 α 相的体积分数，可以表示为

$$n^\alpha(\boldsymbol{x},t)=\frac{V_\alpha}{V}=\frac{1}{V}\int_V \gamma_\alpha(\boldsymbol{r},t)\mathrm{d}\Omega \tag{5.5}$$

显然 $0\leqslant n^\alpha\leqslant 1$，对于饱和多孔介质，体积分数满足关系：$\sum_\alpha n^\alpha=1$。

类似地，可以定义表征体元内 α 相的面积分数，即 α 相的面积与表征体元面积的比值：

$$\tilde{n}^\alpha(\boldsymbol{x},t)=\frac{A_\alpha}{A}=\frac{1}{A}\int_A \gamma_\alpha(\boldsymbol{r},t)\mathrm{d}\Gamma \tag{5.6}$$

显然 $0\leqslant \tilde{n}^\alpha\leqslant 1$，对于饱和多孔介质，面积分数满足关系：$\sum_\alpha \tilde{n}^\alpha=1$。

表征体元内的任何微观量 f 都与表征体元的坐标系和位置有关，即 $f=f(\boldsymbol{x},\boldsymbol{r},t)$，该函数的积分有如下关系：

$$\int_{V_a} f \mathrm{d}\Omega = \int_V f \gamma_a \mathrm{d}\Omega \tag{5.7}$$

5.2.3　平均化算子

宏观量与微观量之间的关系可以通过对微观坐标 $\boldsymbol{r}$ 平均来得到，一般平均化方法中，主要有三种不同的平均化算子：体积平均、质量平均和面积平均。不论是哪种平均，在平均化的时候，这些热力学量通常都必须满足以下准则。

（1）当平均化与积分有关时，被积函数和积分微元的乘积必须具有可加性；

（2）平均化后得到的宏观量必须和微观量的总和相等；

（3）所定义的宏观量的物理意义和经典连续介质力学中的物理量必须保持一致；

（4）对微观量所采用的平均算子必须与现场实际所观测的结果一致，例如，速度在实际测定时通常都是质量平均值，因此对微观量进行平均化时也应采用质量平均化，才能得到合理的宏观速度项。

对于体积平均通常可以定义以下两种平均量。

体积平均算子（volume average）：

$$\overset{V}{\overline{f}}{}^{\alpha}(\boldsymbol{x},t) = \frac{1}{V}\int_V f(\boldsymbol{r},t)\gamma_{\alpha}(\boldsymbol{r},t)\mathrm{d}\Omega \tag{5.8}$$

本征体积平均算子（intrinsic volume average）：

$$\overset{V}{\overline{f}}{}^{\alpha}(\boldsymbol{x},t) = \frac{1}{V_{\alpha}}\int_V f(\boldsymbol{r},t)\gamma_{\alpha}(\boldsymbol{r},t)\mathrm{d}\Omega \tag{5.9}$$

根据体积分数定义有如下关系：$\overline{f}(\boldsymbol{x},t)^{\alpha} = n^{\alpha}\overline{f}_{\alpha}(\boldsymbol{x},t)^{\alpha}$。密度就属于一个体积平均量，通常定义的体积密度（partial density）ρ^{α} 属于第一种体积平均量，而真实密度（true density）ρ_{α} 属于第二种体积平均量。所以它们之间的关系可以表示为

$$\rho^{\alpha} = n^{\alpha}\rho_{\alpha} \tag{5.10}$$

质量平均化算子可以定义为

$$\overset{m}{\overline{f}}{}^{\alpha}(\boldsymbol{x},t) = \frac{\int_V \rho(\boldsymbol{r},t)f(\boldsymbol{r},t)\gamma_{\alpha}(\boldsymbol{r},t)\mathrm{d}\Omega}{\int_V \rho(\boldsymbol{r},t)\gamma_{\alpha}(\boldsymbol{r},t)\mathrm{d}\Omega} \tag{5.11}$$

面积平均化算子可以定义为

$$\overset{A}{\overline{f}}{}^{\alpha}(\boldsymbol{x},t) = \frac{1}{A}\int_A f(\boldsymbol{r},t)\cdot\boldsymbol{n}\gamma_{\alpha}(\boldsymbol{r},t)\mathrm{d}\Gamma \tag{5.12}$$

在式（5.11）中考虑式（5.8），可以得到质量平均与体积平均的关系，即

$$\overset{V}{\overline{\rho f}}{}^{\alpha} = \overset{V}{\overline{\rho}}{}^{\alpha}\,\overset{V}{\overline{f}}{}^{\alpha} \tag{5.13}$$

在实际应用的时候必须注意区分，通常应力矢量、热通量和熵通量等都是面积平均量，而速度、外力、内能、外部热补给、内熵、外熵补给等都是质量平均量。

5.2.4 平均化定理

Gauss 散度定理：

$$\int_V \nabla \cdot \boldsymbol{f} \mathrm{d}\Omega = \int_A \boldsymbol{f} \cdot \boldsymbol{n} \mathrm{d}\Gamma \tag{5.14}$$

式中，$\boldsymbol{f}$ 是表征体元内的一个光滑连续可微矢量函数，$\boldsymbol{n}$ 是边界面外法线方向。

Reynold 输运定理：

$$\frac{\mathrm{d}}{\mathrm{d}t}\int_V f \mathrm{d}\Omega = \int_V \frac{\partial f}{\partial t} \mathrm{d}\Omega + \int_A f \boldsymbol{v}^{\alpha\beta} \cdot \boldsymbol{n} \mathrm{d}\Gamma \tag{5.15}$$

式中，f 是表征体元内的一个光滑连续可微标量函数，$\boldsymbol{v}^{\alpha\beta}$ 是边界面的速度矢量。

利用 Gauss 散度定理和 Reynold 输运定理可以得到函数 f 对时间和空间偏导数的平均化结果。

（1）时间导数的平均化：

$$\int_{V_\alpha} \frac{\partial f}{\partial t} \mathrm{d}\Omega = \frac{\partial}{\partial t}\int_{V_\alpha} f \mathrm{d}\Omega - \int_{A_{\alpha\beta}} f \boldsymbol{v}^{\alpha\beta} \cdot \boldsymbol{n}^{\alpha} \mathrm{d}\Gamma \tag{5.16}$$

式（5.16）两边同时除以表征体元体积 V，可表示为

$$\overline{\left(\frac{\partial f}{\partial t}\right)}^{V} = \frac{\partial \overline{f}^{V}}{\partial t} - \overline{f \boldsymbol{v}^{\alpha\beta} \cdot \boldsymbol{n}}^{A} \Re \tag{5.17}$$

式中，$\Re = A / V$。

（2）空间导数的平均化。

利用 Guass 散度定理，可以推导出空间导数的平均化：

$$\begin{aligned}\int_{V_\alpha} \nabla \cdot \boldsymbol{f} \mathrm{d}\Omega &= \int_{A_\alpha} \boldsymbol{f} \cdot \boldsymbol{n} \mathrm{d}\Gamma = \int_{A_{\alpha\alpha}} \boldsymbol{f} \cdot \boldsymbol{n} \mathrm{d}\Gamma + \int_{A_{\alpha\beta}} \boldsymbol{f} \cdot \boldsymbol{n}^{\alpha\beta} \mathrm{d}\Gamma \\ &= \int_A \boldsymbol{f} \cdot \boldsymbol{n} \gamma_\alpha \mathrm{d}\Gamma + \int_{A_{\alpha\beta}} \boldsymbol{f} \cdot \boldsymbol{n}^{\alpha\beta} \mathrm{d}\Gamma\end{aligned} \tag{5.18}$$

对式（5.18）右边第一项再次利用 Guass 定理，用 $\boldsymbol{f}\gamma_\alpha$ 替代式（5.14）中的 $\boldsymbol{f}$，有

$$\int_A \boldsymbol{f} \cdot \boldsymbol{n} \gamma_\alpha \mathrm{d}\Gamma = \int_V \nabla \cdot (\boldsymbol{f}\gamma_\alpha) \mathrm{d}\Omega = \nabla \cdot \int_V \boldsymbol{f}\gamma_\alpha \mathrm{d}\Omega = \nabla \cdot \int_{V_\alpha} \boldsymbol{f} \mathrm{d}\Omega \tag{5.19}$$

将式（5.19）代入式（5.18），可以得到

$$\int_{V_\alpha} \nabla \cdot \boldsymbol{f} \mathrm{d}\Omega = \nabla \cdot \int_{V_\alpha} \boldsymbol{f} \mathrm{d}\Omega + \int_{A_{\alpha\beta}} \boldsymbol{f} \cdot \boldsymbol{n}^{\alpha\beta} \mathrm{d}\Gamma \tag{5.20}$$

式（5.20）两边同时除以表征体元体积 V，可以得到

$$\overline{\nabla\cdot\boldsymbol{f}}^{V}=\nabla\cdot\overline{\boldsymbol{f}}^{V}+\overline{\boldsymbol{f}\cdot\boldsymbol{n}^{\alpha\beta}}^{A}\,\Re \tag{5.21}$$

（3）和的平均化：

$$\overline{f_1+f_2}=\overline{f}_1+\overline{f}_2 \tag{5.22}$$

（4）积的平均化：

$$\overline{f_1 f_2}=\overline{f}_1\overline{f}_2+\overline{\overset{\Delta}{f}_1\overset{\Delta}{f}_2} \tag{5.23}$$

式中，$\overset{\Delta}{f}=f-\overline{f}$ 表示微观量与宏观平均值的差值。

5.2.5　宏观量的获取

通过平均化可以得到材料的宏观特征值及其平衡方程，目前主要有两种方法：一是平均化定理，二是局域平均方法。两种方法在数值处理上有所不同，得到的结果是一致的。

多孔介质内部结构极不均匀，进行平均化处理后，可得到其特征值宏观量的取值。具体做法是在宏观坐标某空间点 x 处选择一个表征体元，如图 5.2 所示。该表征体元内每一相的变量或者方程都可以用连续介质方法进行描述，对表征体元内相同相的变量进行积分后除以表征体元体积，可得到该变量在表征体元内的平均值。将所得到的平均值赋值宏观坐标的对应点 x，这个平均值就是宏观体系中 x 位置处的取值，由此得到的平均值实际上就是宏观水平的变量取值。类似地，对宏观空间内所有点进行平均化后，就可用一个假想的连续介质来替换掉原本占据整个空间的真实存在的多相介质。这种做法有一个假定就是这个假想的连续介质遍布整个空间，且内部每一点都由所有相共同占据。在这个假想的连续介质中，无需再考虑复杂的微观结构，如不同相之间交界面的分布等。

5.2.6　一般方程的平均化

在微观状态下，每一相的控制方程都可以用经典的连续介质的平衡方程来表述，即式（5.24）所示：

$$\frac{\partial(\rho\varsigma)}{\partial t}+\nabla\cdot(\boldsymbol{v}\rho\varsigma)-\pi+\nabla\cdot\boldsymbol{J}=0 \tag{5.24}$$

式中，$\boldsymbol{v}$ 是速度矢量；$\boldsymbol{J}$ 是边面通量矢量，是通过交界面引起的性质 ς 改变的流项，假定内法线法向（即流入交界面）为正；π 是体积源项。利用第 3 章给出的方程，可以知道，对于不同的平衡方程，ς 分别对应不同的物理量，见表 5.1。

表 5.1　一般方程中的各物理量

物理量	ς	$\boldsymbol{J}$	π
质量	1	0	0
动量	$\boldsymbol{v}$	$-\boldsymbol{p}$	$\rho\boldsymbol{b}$
能量	$u+\frac{1}{2}\boldsymbol{v}\cdot\boldsymbol{v}$	$-\boldsymbol{p}\cdot\boldsymbol{v}+\boldsymbol{q}$	$\rho(\boldsymbol{b}\cdot\boldsymbol{v}+h)$
熵	s	$\boldsymbol{J}_s$	ϕ

对于多相孔隙介质，为了得到宏观的平衡方程需要对每一相的平衡方程进行平均化。具体做法是将方程的每一项微观量通过平均化得到的宏观值，即对（5.24）各项在表征体元内平均化后，再在整个空间 V 上进行积分，得到

$$\frac{1}{V}\int_{V_\alpha}\left[\frac{\partial(\rho\varsigma)}{\partial t}+\nabla\cdot(\boldsymbol{v}\rho\varsigma)-\pi+\nabla\cdot\boldsymbol{J}\right]\mathrm{d}\Omega=0 \tag{5.25}$$

分别计算式（5.25）中的每一项，首先对于第一项利用式（5.17）有

$$\frac{1}{V}\int_{V_\alpha}\frac{\partial(\rho\varsigma)}{\partial t}\mathrm{d}\Omega=\frac{\overset{V}{\overline{\partial(\rho\varsigma)}}^{\alpha}}{\partial t}=\frac{\partial\overset{V}{\overline{\rho\varsigma}}^{\alpha}}{\partial t}-\overset{A}{\overline{\rho\varsigma\boldsymbol{v}^{\alpha\beta}\cdot\boldsymbol{n}}}^{\alpha}\Re \tag{5.26}$$

从表 5.1 可以看到 ς 代表的物理量的宏观平均值都是质量平均量，根据式（5.13），式（5.26）可表示为

$$\frac{1}{V}\int_{V_\alpha}\frac{\partial(\rho\varsigma)}{\partial t}\mathrm{d}\Omega=\frac{\partial\left(\overset{V}{\overline{\rho}}^{\alpha}\overset{m}{\overline{\varsigma}}^{\alpha}\right)}{\partial t}-\overset{A}{\overline{\rho\varsigma\boldsymbol{v}^{\alpha\beta}\cdot\boldsymbol{n}^{\alpha\beta}}}^{\alpha}\Re \tag{5.27}$$

对于式（5.25）第二项利用式（5.21）有

$$\frac{1}{V}\int_{V_\alpha}\nabla\cdot(\boldsymbol{v}\rho\varsigma)\mathrm{d}\Omega=\overset{V}{\overline{\nabla\cdot(\rho\boldsymbol{v}\varsigma)}}^{\alpha}=\nabla\cdot\left(\overset{V}{\overline{\rho}}^{\alpha}\overset{m}{\overline{\boldsymbol{v}\varsigma}}^{\alpha}\right)+\overset{A}{\overline{(\rho\varsigma\boldsymbol{v})\cdot\boldsymbol{n}^{\alpha\beta}}}^{\alpha}\Re \tag{5.28}$$

根据式（5.23），可知

$$\overset{m}{\overline{\boldsymbol{v}\varsigma}}^{\alpha}=\overset{m}{\overline{\boldsymbol{v}}}^{\alpha}\overset{m}{\overline{\varsigma}}^{\alpha}+\overset{m}{\overline{\overset{\Delta}{\boldsymbol{v}}\overset{\Delta}{\varsigma}}}^{\alpha} \tag{5.29}$$

将式（5.29）代回式（5.28）中，可得

$$\frac{1}{V}\int_{V_\alpha}\nabla\cdot(\boldsymbol{v}\rho\varsigma)\mathrm{d}\Omega=\nabla\cdot\left(\overset{V}{\overline{\rho}}^{\alpha}\overset{m}{\boldsymbol{v}}^{\alpha}\overset{m}{\overline{\varsigma}}^{\alpha}+\overset{V}{\overline{\rho}}^{\alpha}\overset{m}{\overline{\overset{\Delta}{\boldsymbol{v}}\overset{\Delta}{\varsigma}}}^{\alpha}\right)+\overset{A}{\overline{(\rho\varsigma\boldsymbol{v})\cdot\boldsymbol{n}^{\alpha\beta}}}^{\alpha}\Re \tag{5.30}$$

式（5.25）中第三项直接利用体积平均定义即可求解，第四项需利用式（5.21），即

$$\frac{1}{V}\int_{V_\alpha}\nabla\cdot\boldsymbol{J}\mathrm{d}\Omega=\overset{V}{\overline{\nabla\cdot\boldsymbol{J}}}^{\alpha}=\nabla\cdot\overset{V}{\overline{\boldsymbol{J}}}^{\alpha}+\overset{A}{\overline{\boldsymbol{J}\cdot\boldsymbol{n}^{\alpha\beta}}}^{\alpha}\Re \tag{5.31}$$

注意式（5.31）中右边第一项$\nabla\cdot\overset{V}{\overline{\boldsymbol{J}}}^{\alpha}$，在实际中表示的是通量，更适合采用面积平均来表示，此时根据 Guass 散度定理（5.14）可以转换为

$$\nabla\cdot\overset{V}{\overline{\boldsymbol{J}}}^{\alpha}=\overset{A}{\overline{\boldsymbol{J}\cdot\boldsymbol{n}}}^{\alpha}\Re \tag{5.32}$$

将式（5.27）、式（5.30）、式（5.31）和式（5.32）代入方程（5.25）中，可以得到平均化后的平衡方程：

$$\begin{aligned}&\frac{\partial\left(\overset{V}{\overline{\rho}}^{\alpha}\overset{m}{\overline{\varsigma}}^{\alpha}\right)}{\partial t}-\overset{A}{\overline{\rho\varsigma\boldsymbol{v}^{\alpha\beta}\cdot\boldsymbol{n}^{\alpha\beta}}}^{\alpha}\Re+\nabla\cdot\left(\overset{V}{\overline{\rho}}^{\alpha}\overset{m}{\overline{\boldsymbol{v}}}^{\alpha}\overset{m}{\overline{\varsigma}}^{\alpha}+\overset{V}{\overline{\rho}}^{\alpha}\overset{m}{\overline{\overset{\Delta}{\boldsymbol{v}}\overset{\Delta}{\varsigma}}}^{\alpha}\right)\\&+\overset{A}{\overline{\rho\varsigma\boldsymbol{v}\cdot\boldsymbol{n}^{\alpha\beta}}}^{\alpha}\Re-\overset{V}{\overline{\pi}}^{\alpha}+\nabla\cdot\overset{V}{\overline{\boldsymbol{J}}}^{\alpha}+\overset{A}{\overline{\boldsymbol{J}\cdot\boldsymbol{n}^{\alpha\beta}}}^{\alpha}\Re=0\end{aligned} \tag{5.33}$$

式（5.33）是平均化后得到的平衡方程，将方程整理后可以得到

$$\begin{aligned}&\frac{\partial\left(\overset{V}{\overline{\rho}}^{\alpha}\overset{m}{\overline{\varsigma}}^{\alpha}\right)}{\partial t}+\nabla\cdot\left(\overset{V}{\overline{\rho}}^{\alpha}\overset{m}{\overline{\boldsymbol{v}}}^{\alpha}\overset{m}{\overline{\varsigma}}^{\alpha}\right)-\overset{A}{\overline{\rho\varsigma(\boldsymbol{v}^{\alpha\beta}-\boldsymbol{v})\cdot\boldsymbol{n}^{\alpha\beta}}}^{\alpha}\Re\\&+\overset{A}{\overline{\boldsymbol{J}\cdot\boldsymbol{n}^{\alpha\beta}}}^{\alpha}\Re+\nabla\cdot\overset{V}{\overline{\boldsymbol{J}}}^{\alpha}+\nabla\cdot\left(\overset{V}{\overline{\rho}}^{\alpha}\overset{m}{\overline{\overset{\Delta}{\boldsymbol{v}}\overset{\Delta}{\varsigma}}}^{\alpha}\right)-\overset{V}{\overline{\pi}}^{\alpha}=0\end{aligned} \tag{5.34}$$

式中各项在宏观上必须有明确的物理意义，第一项是α相材料性质ς的宏观平均性质的导数；第二项表示由于对流引起性质ς的变化；第三项表示的是α相与其他相之间的相变导致ς的总交换量，如果相界面之间没有物质交换，则该相为零，假设可以表示为

$$\widehat{e}^{\alpha}(\rho\varsigma)=\overset{A}{\overline{\rho\varsigma(\boldsymbol{v}^{\alpha\beta}-\boldsymbol{v})\cdot\boldsymbol{n}^{\alpha\beta}}}^{\alpha}\Re=\frac{1}{V}\int_{A_{\alpha\beta}}\rho\varsigma(\boldsymbol{v}^{\alpha\beta}-\boldsymbol{v})\cdot n^{\alpha\beta}\mathrm{d}\Gamma \tag{5.35}$$

第四项是α相与其他相之间的机械作用导致ς的性质的总交换量，假设可以表示为

$$\widehat{\boldsymbol{I}}^{\alpha}=\overset{A}{\overline{\boldsymbol{J}\cdot\boldsymbol{n}^{\alpha\beta}}}^{\alpha}\Re=\frac{1}{V}\int_{A_{\alpha\beta}}\boldsymbol{J}\cdot\boldsymbol{n}^{\alpha\beta}\mathrm{d}\Gamma \tag{5.36}$$

第五项是由于扩散引起的性质ς的改变；第六项是由于弥散引起的性质ς的改变，可以统一表示为

$$\widehat{\boldsymbol{J}}^{\alpha}=\overset{V}{\overline{\boldsymbol{J}}}^{\alpha}+\overset{V}{\overline{\rho}}^{\alpha}\overset{m}{\overline{\overset{\Delta}{\boldsymbol{v}}\overset{\Delta}{\varsigma}}}^{\alpha}=\frac{1}{V}\int_{V_\alpha}\left(\boldsymbol{J}+\rho\overset{\Delta}{\boldsymbol{v}}\overset{\Delta}{\varsigma}\right)\mathrm{d}\Omega \tag{5.37}$$

最后一项$\overset{V}{\overline{\pi}}^{\alpha}$表示$\alpha$相内部自身产生的源项。将式（5.35）～式（5.37）代入方程（5.33）中，可以得到α相的宏观平衡方程为

$$\frac{\partial\left(\overset{V}{\bar{\rho}}{}^{\alpha}\overset{m}{\bar{\varsigma}}{}^{\alpha}\right)}{\partial t}+\nabla\cdot\left(\overset{V}{\bar{\rho}}{}^{\alpha}\overset{m}{\bar{\boldsymbol{v}}}{}^{\alpha}\overset{m}{\bar{\varsigma}}{}^{\alpha}\right)+\nabla\cdot\widehat{\boldsymbol{J}}^{\alpha}-\widehat{e}^{\alpha}(\rho\varsigma)+\widehat{\boldsymbol{I}}^{\alpha}=\overset{V}{\bar{\pi}}{}^{\alpha} \tag{5.38}$$

与微观方程（5.24）对比发现，平均化后得到的宏观方程与微观方程形式类似，但并不相同。

5.3 多孔介质的宏观平衡方程

5.3.1 质量平衡方程

将式（5.38）中各项具体化，可以得到质量平衡方程，此时，

$$\overset{m}{\varsigma}=1,\quad \widehat{e}^{\alpha}(\rho\varsigma)=\widehat{e}^{\alpha}(\rho),\quad \widehat{\boldsymbol{I}}^{\alpha}=0,\quad \widehat{\boldsymbol{J}}^{\alpha}=0,\quad \overset{V}{\bar{\pi}}{}^{\alpha}=0$$

因此，α 相质量平衡方程可以表示为

$$\frac{\partial\overset{V}{\bar{\rho}}{}^{\alpha}}{\partial t}+\nabla\cdot\left(\overset{V}{\bar{\rho}}{}^{\alpha}\overset{m}{\bar{\boldsymbol{v}}}{}^{\alpha}\right)=\widehat{e}^{\alpha}(\rho) \tag{5.39}$$

此外质量交换项存在如下约束条件：

$$\sum_{\alpha}\widehat{e}^{\alpha}(\rho)=\sum_{\alpha}\frac{1}{V}\int_{A_{\alpha\beta}}\rho(\boldsymbol{v}^{\alpha\beta}-\boldsymbol{v})\cdot\boldsymbol{n}^{\alpha\beta}\mathrm{d}\Gamma=0 \tag{5.40}$$

利用物质倒数定义，式（5.39）也可表示为

$$\frac{\mathrm{d}^{\alpha}\overset{V}{\bar{\rho}}{}^{\alpha}}{\mathrm{d}t}+\overset{V}{\bar{\rho}}{}^{\alpha}\nabla\cdot\overset{m}{\bar{\boldsymbol{v}}}{}^{\alpha}=\widehat{e}^{\alpha}(\rho) \tag{5.41}$$

5.3.2 动量平衡方程

在动量平衡方程中，式（5.38）中各项可以表示为

$$\left.\begin{aligned}
&\overset{m}{\bar{\varsigma}}{}^{\alpha}=\overset{m}{\bar{\boldsymbol{v}}}{}^{\alpha}\\
&\widehat{e}^{\alpha}(\rho\varsigma)=\widehat{e}^{\alpha}(\rho\boldsymbol{v})=\frac{1}{V}\int_{A_{\alpha\beta}}\rho\boldsymbol{v}(\boldsymbol{v}^{\alpha\beta}-\boldsymbol{v})\cdot\boldsymbol{n}^{\alpha\beta}\mathrm{d}\Gamma\\
&\widehat{\boldsymbol{I}}^{\alpha}=-\widehat{\boldsymbol{P}}^{\alpha}=\frac{1}{V}\int_{A_{\alpha\beta}}(-\boldsymbol{p})\cdot\boldsymbol{n}^{\alpha\beta}\mathrm{d}\Gamma\\
&\widehat{\boldsymbol{J}}^{\alpha}=-\widehat{\boldsymbol{p}}^{\alpha}=\frac{1}{V}\int_{V_{\alpha}}\left(-\boldsymbol{p}+\rho\overset{\Delta}{\boldsymbol{v}}\overset{\Delta}{\boldsymbol{v}}\right)\mathrm{d}\Omega\\
&\overset{V}{\bar{\pi}}{}^{\alpha}=\overset{V}{\overline{\rho\boldsymbol{b}}}{}^{\alpha}=\overset{V}{\bar{\rho}}{}^{\alpha}\overset{m}{\bar{\boldsymbol{b}}}{}^{\alpha}
\end{aligned}\right\} \tag{5.42}$$

因此，α 相动量平衡方程可以表示为

$$\frac{\partial\left(\overset{V}{\overline{\rho}}{}^{\alpha}\overset{m}{\overline{\boldsymbol{v}}}{}^{\alpha}\right)}{\partial t}+\nabla\cdot\left(\overset{V}{\overline{\rho}}{}^{\alpha}\overset{m}{\overline{\boldsymbol{v}}}{}^{\alpha}\overset{m}{\overline{\boldsymbol{v}}}{}^{\alpha}\right)-\nabla\cdot\widehat{\boldsymbol{p}}^{\alpha}-\widehat{e}^{\alpha}(\rho\boldsymbol{v})-\widehat{\boldsymbol{P}}^{\alpha}=\overset{V}{\overline{\rho}}{}^{\alpha}\overset{m}{\overline{\boldsymbol{b}}}{}^{\alpha} \tag{5.43}$$

由于

$$\begin{aligned}\widehat{e}^{\alpha}(\rho\boldsymbol{v})&=\frac{1}{V}\int_{A_{\alpha\beta}}\rho\boldsymbol{v}(\boldsymbol{v}^{\alpha\beta}-\boldsymbol{v})\cdot\boldsymbol{n}^{\alpha\beta}\mathrm{d}A\\&=\frac{1}{V}\int_{A_{\alpha\beta}}\rho\overset{m}{\overline{\boldsymbol{v}}}(\boldsymbol{v}^{\alpha\beta}-\boldsymbol{v})\cdot\boldsymbol{n}^{\alpha\beta}\mathrm{d}A+\frac{1}{V}\int_{A_{\alpha\beta}}\rho\overset{\Delta}{\boldsymbol{v}}(\boldsymbol{v}^{\alpha\beta}-\boldsymbol{v})\cdot\boldsymbol{n}^{\alpha\beta}\mathrm{d}A\\&=\widehat{e}^{\alpha}(\rho)\overset{m}{\overline{\boldsymbol{v}}}\alpha+\widehat{e}^{\alpha}\left(\rho\overset{\Delta}{\boldsymbol{v}}{}^{\alpha}\right)\end{aligned} \tag{5.44}$$

交换存在如下约束关系：

$$\sum_{\alpha}[\widehat{\boldsymbol{P}}^{\alpha}+\widehat{e}^{\alpha}(\rho\boldsymbol{v})]=0 \tag{5.45}$$

将式（5.44）和质量平衡方程（5.39）代入式（5.43）中，可以将动量平衡方程表示为如下形式：

$$\overset{V}{\rho}{}^{\alpha}\frac{\mathrm{d}^{\alpha}\overset{m}{\overline{\boldsymbol{v}}}{}^{\alpha}}{\mathrm{d}t}-\nabla\cdot\widehat{\boldsymbol{p}}^{\alpha}-\widehat{e}^{\alpha}\left(\rho\overset{\Delta}{\boldsymbol{v}}{}^{\alpha}\right)-\widehat{\boldsymbol{P}}^{\alpha}=\overset{V}{\overline{\rho}}{}^{\alpha}\overset{m}{\overline{\boldsymbol{b}}}{}^{\alpha} \tag{5.46}$$

5.3.3　能量平衡方程

微观尺度上能量由表 5.1 给出，经过平均化后，宏观能量密度可以表示为

$$\overset{m}{\overline{\varsigma}}=\overline{u+\frac{1}{2}\boldsymbol{v}\cdot\boldsymbol{v}}^{m\,\alpha}=\overset{m}{\overline{u}}{}^{\alpha}+\frac{1}{2}\overline{\boldsymbol{v}\cdot\boldsymbol{v}}^{m\,\alpha}=\widehat{u}^{\alpha}+\frac{1}{2}\overset{m}{\overline{\boldsymbol{v}}}{}^{\alpha}\cdot\overset{m}{\overline{\boldsymbol{v}}}{}^{\alpha} \tag{5.47}$$

式（5.47）的推导利用了式（5.23），其中 $\widehat{u}^{\alpha}$ 为宏观内能，是一个质量平均项。与微观内能有所不同，宏观内能由两部分组成，可以表示为

$$\widehat{u}^{\alpha}=\overset{m}{\overline{u}}{}^{\alpha}+\frac{1}{2}\overline{\overset{\Delta}{\boldsymbol{v}}}^{m\,\alpha}\cdot\overline{\overset{\Delta}{\boldsymbol{v}}}^{m\,\alpha} \tag{5.48}$$

能量交换项：

$$
\begin{aligned}
\widehat{e}^{\alpha}(\rho u)&=\frac{1}{V}\int\limits_{A_{\alpha\beta}}\rho\left(u+\frac{1}{2}\boldsymbol{v}\cdot\boldsymbol{v}\right)(\boldsymbol{v}^{\alpha\beta}-\boldsymbol{v})\cdot\boldsymbol{n}^{\alpha\beta}\mathrm{d}A\\
&=\frac{1}{V}\int\limits_{A_{\alpha\beta}}\left\{\rho\left(u+\frac{1}{2}\overset{\Delta}{\boldsymbol{v}}\cdot\overset{\Delta}{\boldsymbol{v}}\right)+\rho\left(\overset{\Delta}{\boldsymbol{v}}\cdot\overset{m}{\bar{\boldsymbol{v}}}{}^{\alpha}\right)+\frac{1}{2}\rho\left(\overset{m}{\bar{\boldsymbol{v}}}{}^{\alpha}\cdot\overset{m}{\bar{\boldsymbol{v}}}{}^{\alpha}\right)\right\}(\boldsymbol{v}^{\alpha\beta}-\boldsymbol{v})\cdot\boldsymbol{n}^{\alpha\beta}\mathrm{d}A\\
&=\widehat{e}^{\alpha}(\rho\tilde{u})+\widehat{e}^{\alpha}\left(\rho\overset{\Delta}{\boldsymbol{v}}{}^{\alpha}\right)\overset{m}{\bar{\boldsymbol{v}}}{}^{\alpha}+\frac{1}{2}\widehat{e}^{\alpha}(\rho)\overset{m}{\bar{\boldsymbol{v}}}{}^{\alpha}\cdot\overset{m}{\bar{\boldsymbol{v}}}{}^{\alpha}
\end{aligned}
\tag{5.49}
$$

由式（5.36）可以得到交换项：

$$
\begin{aligned}
\widehat{I}^{\alpha}&=\frac{1}{V}\int\limits_{\mathrm{d}A_{\alpha\beta}}(-\boldsymbol{p}\cdot\boldsymbol{v}+\boldsymbol{q})\cdot\boldsymbol{n}^{\alpha\beta}\mathrm{d}A=\frac{1}{V}\int\limits_{\mathrm{d}A_{\alpha\beta}}\left(-\boldsymbol{p}\cdot\overset{m}{\bar{\boldsymbol{v}}}{}^{\alpha}\right)\cdot\boldsymbol{n}^{\alpha\beta}\mathrm{d}A\\
&\quad+\frac{1}{V}\int\limits_{\mathrm{d}A_{\alpha\beta}}\left(-\boldsymbol{p}\cdot\overset{\Delta}{\boldsymbol{v}}{}^{\alpha}+\boldsymbol{q}\right)\cdot\boldsymbol{n}^{\alpha\beta}\mathrm{d}A\\
&=-\left(\widehat{\boldsymbol{P}}^{\alpha}\cdot\overset{m}{\bar{\boldsymbol{v}}}{}^{\alpha}+\widehat{Q}^{\alpha}\right)
\end{aligned}
\tag{5.50}
$$

式中，$\widehat{Q}^{\alpha}=\dfrac{1}{V}\displaystyle\int\limits_{\mathrm{d}A_{\alpha\beta}}\left(\boldsymbol{p}\cdot\overset{\Delta}{\boldsymbol{v}}{}^{\alpha}-\boldsymbol{q}\right)\cdot\boldsymbol{n}^{\alpha\beta}\mathrm{d}A$。

通量项中，

$$
\overset{\Delta}{u}=\left(u+\frac{1}{2}\boldsymbol{v}\cdot\boldsymbol{v}\right)-\left(\widehat{u}^{\alpha}+\frac{1}{2}\overset{m}{\bar{\boldsymbol{v}}}{}^{\alpha}\cdot\overset{m}{\bar{\boldsymbol{v}}}{}^{\alpha}\right)=\left(u+\frac{1}{2}\overset{\Delta}{\boldsymbol{v}}{}^{\alpha}\cdot\overset{\Delta}{\boldsymbol{v}}{}^{\alpha}\right)-\left(\widehat{u}^{\alpha}+\overset{m}{\bar{\boldsymbol{v}}}{}^{\alpha}\cdot\overset{\Delta}{\boldsymbol{v}}{}^{\alpha}\right)
\tag{5.51}
$$

将式（5.51）代入式（5.37）中有

$$
\begin{aligned}
\widehat{\boldsymbol{J}}^{\alpha}&=\overset{V}{\overline{\boldsymbol{J}}}+\overset{V}{\overline{\rho\overset{m}{\overline{\overset{\Delta}{\boldsymbol{v}}\overset{\Delta}{u}}}}}=\frac{1}{V}\int\limits_{V_{\alpha}}\left(\boldsymbol{J}+\rho\overset{\Delta}{\boldsymbol{v}}\overset{\Delta}{u}\right)\mathrm{d}\Omega\\
&=\frac{1}{V}\int\limits_{V_{\alpha}}\left[-\boldsymbol{p}\cdot\boldsymbol{v}+\boldsymbol{q}+\rho\overset{\Delta}{\boldsymbol{v}}{}^{\alpha}\left(u+\frac{1}{2}\overset{\Delta}{\boldsymbol{v}}{}^{\alpha}\cdot\overset{\Delta}{\boldsymbol{v}}{}^{\alpha}\right)+\rho\overset{\Delta}{\boldsymbol{v}}{}^{\alpha}\left(\widehat{u}^{\alpha}+\overset{m}{\bar{\boldsymbol{v}}}{}^{\alpha}\cdot\overset{\Delta}{\boldsymbol{v}}{}^{\alpha}\right)\right]\mathrm{d}\Omega\\
&=\frac{1}{V}\int\limits_{V_{\alpha}}\left\{\left(-\boldsymbol{p}+\rho\overset{\Delta}{\boldsymbol{v}}{}^{\alpha}\cdot\overset{\Delta}{\boldsymbol{v}}{}^{\alpha}\right)\cdot\overset{m}{\bar{\boldsymbol{v}}}{}^{\alpha}+\left[-\boldsymbol{p}\cdot\overset{\Delta}{\boldsymbol{v}}{}^{\alpha}+\boldsymbol{q}+\rho\overset{\Delta}{\boldsymbol{v}}\left(u+\frac{1}{2}\overset{\Delta}{\boldsymbol{v}}{}^{\alpha}\cdot\overset{\Delta}{\boldsymbol{v}}{}^{\alpha}\right)\right]+\rho\overset{\Delta}{\boldsymbol{v}}\widehat{u}^{\alpha}\right\}\mathrm{d}\Omega\\
&=-\widehat{\boldsymbol{p}}^{\alpha}\cdot\overset{m}{\bar{\boldsymbol{v}}}{}^{\alpha}+\widehat{\boldsymbol{q}}^{\alpha}
\end{aligned}
\tag{5.52}
$$

式中，

$$
\widehat{\boldsymbol{q}}^{\alpha}=\frac{1}{V}\int\limits_{V_{\alpha}}\left[-\boldsymbol{p}\cdot\overset{\Delta}{\boldsymbol{v}}{}^{\alpha}+\boldsymbol{q}+\rho\overset{\Delta}{\boldsymbol{v}}\left(u+\frac{1}{2}\overset{\Delta}{\boldsymbol{v}}{}^{\alpha}\cdot\overset{\Delta}{\boldsymbol{v}}{}^{\alpha}\right)\right]\mathrm{d}\Omega
\tag{5.53}
$$

外部供给项：

$$
\begin{aligned}
\overset{V}{\pi} &= \overset{V}{\overline{\rho\boldsymbol{b}\cdot\boldsymbol{v}+h}}^{\alpha} = \overset{V}{\overline{\rho}}^{\alpha}\,\overset{m}{\overline{\boldsymbol{b}\cdot\boldsymbol{v}}}^{\alpha} + \overset{V}{\overline{h}}^{\alpha} \\
&= \overset{V}{\overline{\rho}}^{\alpha}\,\overset{m}{\overline{\boldsymbol{b}}}^{\alpha}\cdot\overset{m}{\overline{\boldsymbol{v}}}^{\alpha} + \overset{V}{\overline{\rho}}^{\alpha}\,\overset{m}{\overline{\overset{\Delta}{\boldsymbol{b}}\cdot\overset{\Delta}{\boldsymbol{v}}}}^{\alpha} + \overset{V}{\overline{h}}^{\alpha} \\
&= \overset{V}{\overline{\rho}}^{\alpha}\,\overset{m}{\overline{\boldsymbol{b}}}^{\alpha}\cdot\overset{m}{\overline{\boldsymbol{v}}}^{\alpha} + \widehat{h}^{\alpha}
\end{aligned}
\tag{5.54}
$$

式中，$\widehat{h}^{\alpha} = \overset{V}{\overline{\rho}}^{\alpha}\,\overset{m}{\overline{\overset{\Delta}{\boldsymbol{b}}\cdot\overset{\Delta}{\boldsymbol{v}}}}^{\alpha} + \overset{V}{\overline{h}}^{\alpha}$ 。

将式（5.47）、式（5.49）、式（5.50）、式（5.52）和式（5.54）代入式（5.38）中，α 相能量平衡方程可以表示为

$$
\begin{aligned}
&\frac{\partial}{\partial t}\left\{\overset{V}{\overline{\rho}}^{\alpha}\left(\overline{u}^{\alpha} + \frac{1}{2}\overset{m}{\overline{\boldsymbol{v}}}^{\alpha}\cdot\overset{m}{\overline{\boldsymbol{v}}}^{\alpha}\right)\right\} + \nabla\cdot\left\{\overset{V}{\overline{\rho}}^{\alpha}\,\overset{m}{\overline{\boldsymbol{v}}}^{\alpha}\left(\widehat{u}^{\alpha} + \frac{1}{2}\overset{m}{\overline{\boldsymbol{v}}}^{\alpha}\cdot\overset{m}{\overline{\boldsymbol{v}}}^{\alpha}\right)\right\} + \nabla\cdot\left(-\widehat{\boldsymbol{p}}^{\alpha}\cdot\overset{m}{\overline{\boldsymbol{v}}}^{\alpha} + \widehat{\boldsymbol{q}}^{\alpha}\right) \\
&= \left\{\widehat{e}^{\alpha}(\rho\tilde{u}) + \widehat{e}^{\alpha}\left(\rho\overset{\Delta}{\boldsymbol{v}^{\alpha}}\right)\overset{m}{\overline{\boldsymbol{v}}}^{\alpha} + \frac{1}{2}\widehat{e}^{\alpha}(\rho)\overset{m}{\overline{\boldsymbol{v}}}^{\alpha}\cdot\overset{m}{\overline{\boldsymbol{v}}}^{\alpha}\right\} + \left(\widehat{\boldsymbol{P}}^{\alpha}\cdot\overset{m}{\overline{\boldsymbol{v}}}^{\alpha} + \widehat{Q}^{\alpha}\right) \\
&\quad + \overset{V}{\overline{\rho}}^{\alpha}\,\overset{m}{\overline{\boldsymbol{b}}}^{\alpha}\cdot\overset{m}{\overline{\boldsymbol{v}}}^{\alpha} + \widehat{h}^{\alpha}
\end{aligned}
\tag{5.55}
$$

首先利用质量平衡方程（5.39）和动量平衡方程（5.46）整理式（5.55）可得

$$
\frac{\partial}{\partial t}\left(\overset{V}{\overline{\rho}}^{\alpha}\,\widehat{u}^{\alpha}\right) + \nabla\cdot\left(\overset{V}{\overline{\rho}}^{\alpha}\,\overset{m}{\overline{\boldsymbol{v}}}^{\alpha}\,\widehat{u}^{\alpha}\right) = \widehat{\boldsymbol{p}}^{\alpha} : \nabla\overset{m}{\overline{\boldsymbol{v}}}^{\alpha} - \nabla\cdot\widehat{\boldsymbol{q}}^{\alpha} + \widehat{e}^{\alpha}(\rho\tilde{u}) + \widehat{Q}^{\alpha} + \widehat{h}^{\alpha}
\tag{5.56}
$$

交换项满足约束条件：

$$
\sum_{\alpha}\left[\widehat{\boldsymbol{P}}^{\alpha}\cdot\overset{m}{\overline{\boldsymbol{v}}}^{\alpha} + \widehat{Q}^{\alpha} + \widehat{e}^{\alpha}(\rho u)\right] = 0
\tag{5.57}
$$

利用物质倒数的定义和质量平衡方程（5.39），可将式（5.56）改写为

$$
\overset{V}{\overline{\rho}}^{\alpha}\frac{\mathrm{d}^{\alpha}\,\widehat{u}^{\alpha}}{\mathrm{d}t} = \widehat{\boldsymbol{p}}^{\alpha} : \nabla\overset{m}{\overline{\boldsymbol{v}}}^{\alpha} - \nabla\cdot\widehat{\boldsymbol{q}}^{\alpha} + \widehat{h}^{\alpha} + \widehat{Q}^{\alpha} + \widehat{e}^{\alpha}(\rho\tilde{u}) - \widehat{e}^{\alpha}(\rho)\widehat{u}^{\alpha}
\tag{5.58}
$$

5.3.4　熵平衡方程

在熵平衡方程中，式（5.38）中各项可以表示为

$$
\overset{m}{\overline{\varsigma}}^{\alpha} = \overset{m}{\overline{s}}^{\alpha}
$$

$$
\widehat{e}^{\alpha} = \widehat{e}^{\alpha}(\rho s) = \frac{1}{V}\int_{A_{\alpha\beta}} \rho s(\boldsymbol{v}^{\alpha\beta} - \boldsymbol{v})\cdot\boldsymbol{n}^{\alpha\beta}\,\mathrm{d}\Gamma
$$

$$\widehat{\boldsymbol{I}}^{\alpha}=\widehat{\boldsymbol{J}}_{s}^{\alpha}=\frac{1}{V}\int_{A_{\alpha\beta}}\boldsymbol{J}_{s}\cdot\boldsymbol{n}^{\alpha\beta}\mathrm{d}\Gamma$$

$$\widehat{\boldsymbol{J}}^{\alpha}=\widehat{\boldsymbol{\varpi}}^{\alpha}=\frac{1}{V}\int_{V_{\alpha}}\left(\boldsymbol{J}_{s}+\rho\overset{\Delta}{\boldsymbol{v}}\overset{\Delta}{s}\right)\mathrm{d}\Omega$$

$$\overset{V}{\overline{\pi}^{\alpha}}=\phi^{\alpha}$$

因此，α 相熵平衡方程可以表示为

$$\frac{\partial\left(\overset{V}{\overline{\rho}^{\alpha}}\overset{m}{\overline{s}^{\alpha}}\right)}{\partial t}+\nabla\cdot\left(\overset{V}{\overline{\rho}^{\alpha}}\overset{m}{\overline{\boldsymbol{v}}^{\alpha}}\overset{m}{\overline{s}^{\alpha}}\right)+\nabla\cdot\widehat{\boldsymbol{\varpi}}^{\alpha}+\widehat{\boldsymbol{J}}_{s}^{\alpha}-\widehat{e}^{\alpha}(\rho s)=\phi^{\alpha}\tag{5.59}$$

利用物质倒数的定义和质量平衡方程（5.39），式（5.59）也可以表示为

$$\overset{V}{\overline{\rho}^{\alpha}}\frac{\mathrm{d}^{\alpha}\overset{m}{\overline{s}^{\alpha}}}{\mathrm{d}t}=-\nabla\cdot\widehat{\boldsymbol{\varpi}}^{\alpha}-\widehat{J}_{s}^{\alpha}+\phi^{\alpha}+\widehat{e}^{\alpha}(\rho s)-\widehat{e}^{\alpha}(\rho)\overset{m}{\overline{s}^{\alpha}}\tag{5.60}$$

5.4 本 章 小 结

多孔介质由于其组成和分布的不均匀性，无法直接使用基于连续介质理论建立的非平衡热力学理论进行描述，一些在微观尺度上具有明确意义的物理量在宏观尺度上无法合理的定义，此时必须要借助于平均化方法，将这种微观上极度不均匀的介质等效成一种宏观上的连续介质。本章对平均化方法进行了简单的介绍，包括表征体元的概念、平均化算子、平均化定理和平衡方程的平均化，关于该方法更详细的介绍可以参考文献（Gray et al.，1993）。借助平均化方法可以将微观的变量和基本方程转换为宏观相应的变量和方程，由此得到的宏观方程中每一项都与微观变量建立了联系，具有明确的物理意义。通过平均化以后的多孔介质，在宏观上可视为均匀的连续介质，从而可以用前文介绍的非平衡态热力学的基本方法来研究多孔介质问题，为建立土体的基本方程提供了理论基础。

下篇　理性土力学

第 6 章　土的基本方程

非饱和土是典型的三相多孔介质，固体颗粒组成了土体骨架，颗粒之间有各种孔隙，孔隙中填充着流体包括液体和气体。针对单相介质而发展的连续介质力学（也称为理性力学）理论已经比较成熟，它的力学和热力学平衡方程以及本构公理是多相孔隙介质理论的基础与出发点。如何从单相的连续介质力学出发，构建多相孔隙介质力学的理论，则需要借助于平均化思想。根据第 5 章的介绍，将微观尺度的平衡方程经过平均化后可以得到土体每一相介观尺度的变量和平衡方程，必要时通过再次平均化可以得到非饱和土整体宏观的平衡方程。由此得到的方程通常必须满足一些条件，如 5.1.1 节提到的 Truesdell（1984）的三条先验性公设。

从土的孔隙和土颗粒的介观尺度出发，微观尺度的方程可以利用经典的连续介质力学平衡方程得到，然后建立非饱和土各相的平衡方程，通过进一步的平均化可以得到混合物整体的平衡方程。得到基本平衡方程以后，就可以利用前文介绍的热力学方法来建立非饱和土的本构方程，主要步骤如图 6.1 所示。

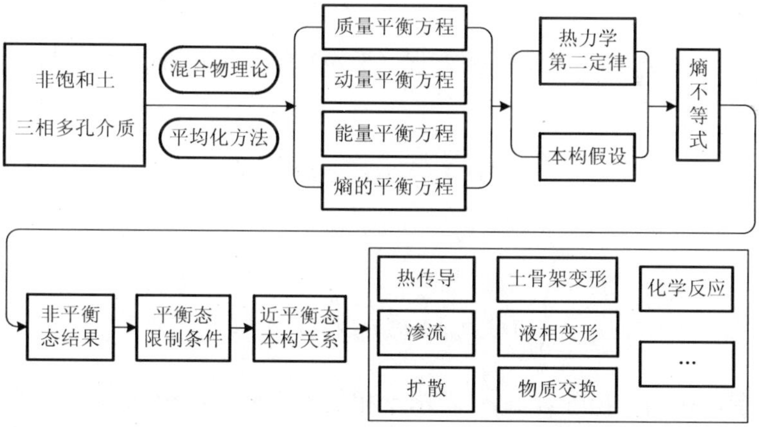

图 6.1　利用多孔介质理论建立非饱和土耦合方程的基本思路

6.1　平 衡 方 程

为了简化处理过程，根据土介质自身的特点，作出如下基本假定：

（1）土介质是由土骨架 s、液体 w 和气体 g 三相叠加而构成的；

（2）在空间每一点中各相的温度相同，即 $T = T^{\mathrm{s}} = T^{\mathrm{w}} = T^{\mathrm{g}}$；

（3）各相材料是非极性材料，由此每一相的动量矩守恒意味着该相柯西应力张量是对称的；

（4）认为非饱和土是一种简单材料，其空间点的材料特性只受到其附近区域的影响；

（5）材料的宏观黏性仅与相和相之间的相对速度、温度有关，而与变形率（速度梯度）无关。

通过平均化方法得到的非饱和土的宏观平衡方程的一般方程可以表示为

$$\frac{\partial\left(\overset{V}{\overline{\rho}^{\alpha}}\,\overset{m}{\overline{\varsigma}^{\alpha}}\right)}{\partial t}+\nabla\cdot\left(\overset{V}{\overline{\rho}^{\alpha}}\,\overset{m}{\overline{\boldsymbol{v}}^{\alpha}}\,\overset{m}{\overline{\varsigma}^{\alpha}}\right)-\nabla\cdot\widehat{\boldsymbol{J}}^{\alpha}-\widehat{e}^{\alpha}(\rho\varsigma)-\widehat{\boldsymbol{I}}^{\alpha}=\overset{V}{\overline{\pi}^{\alpha}} \tag{6.1}$$

为了书写方便，后文宏观方程中的变量不再采用平均化符号“$\underset{\bullet}{\overset{x}{-}}$”（$x=V,m$ 或 A），因此式（6.1）可以简写为

$$\frac{\partial(\rho^{\alpha}\varsigma^{\alpha})}{\partial t}+\nabla\cdot(\rho^{\alpha}\varsigma^{\alpha}\boldsymbol{v}^{\alpha})-\nabla\cdot\boldsymbol{J}^{\alpha}-\widehat{e}^{\alpha}(\rho\varsigma)-\widehat{\boldsymbol{I}}^{\alpha}=\pi^{\alpha} \tag{6.2}$$

但是使用过程中，必须明确宏观与微观变量之间的区别，不能加以混淆。

6.1.1 质量平衡方程

将式（5.10）代入宏观质量平衡方程（5.39）中，可得非饱和土中 α 相的质量平衡方程为

$$\frac{\partial}{\partial t}(n^{\alpha}\rho_{\alpha})+\nabla\cdot(n^{\alpha}\rho_{\alpha}\boldsymbol{v}^{\alpha})=\hat{e}^{\alpha} \tag{6.3a}$$

或

$$\frac{\mathrm{d}^{\alpha}}{\mathrm{d}t}(n^{\alpha}\rho_{\alpha})+n^{\alpha}\rho_{\alpha}\nabla\cdot(\boldsymbol{v}^{\alpha})=\hat{e}^{\alpha} \tag{6.3b}$$

式中，n^{α} 表示 α 相的体积分数；ρ_{α} 表示 α 相的宏观密度；$\boldsymbol{v}^{\alpha}$ 表示 α 相的质量中心的速度；$\hat{e}^{\alpha}=\widehat{e}^{\alpha}(\rho)$（见式（5.40））表示由于发生物理或化学反应导致不同相之间的质量交换速率。对于不同相之间的质量交换，存在以下约束条件：

$$\sum_{\alpha=\mathrm{s,w,g}}\hat{e}^{\alpha}=0 \tag{6.4}$$

式（6.3）对 $\alpha=\mathrm{s,w,g}$ 叠加后，可以得到非饱和土整体的质量平衡方程为

$$\frac{\mathrm{d}\rho}{\mathrm{d}t}+\rho\nabla\cdot\boldsymbol{v}=0 \tag{6.5}$$

式中，$\rho=\sum n^{\alpha}\rho_{\alpha}$ 为非饱和土的密度；$\boldsymbol{v}=\sum(n^{\alpha}\rho_{\alpha}\boldsymbol{v}^{\alpha}/\rho)$ 为非饱和土整体的速度。

6.1.2　线动量平衡方程

利用式（5.46）可将非饱和土中 α 相的线动量平衡方程表示为

$$n^{\alpha}\rho_{\alpha}\frac{\mathrm{d}^{\alpha}\boldsymbol{v}^{\alpha}}{\mathrm{d}t}=\nabla\cdot(n^{\alpha}\boldsymbol{\sigma}^{\alpha})+n^{\alpha}\rho_{\alpha}\boldsymbol{b}^{\alpha}+\hat{\boldsymbol{T}}^{\alpha} \tag{6.6a}$$

或

$$n^{\alpha}\rho_{\alpha}\frac{\partial\boldsymbol{v}^{\alpha}}{\partial t}+n^{\alpha}\rho_{\alpha}\boldsymbol{v}^{\alpha}\cdot\nabla\boldsymbol{v}^{\alpha}=\nabla\cdot(n^{\alpha}\boldsymbol{\sigma}^{\alpha})+n^{\alpha}\rho_{\alpha}\boldsymbol{b}^{\alpha}+\hat{\boldsymbol{T}}^{\alpha} \tag{6.6b}$$

式中，$\boldsymbol{\sigma}^{\alpha}$ 为作用在边界面上 α 相组分的应力张量（柯西应力张量）；$\hat{\boldsymbol{T}}^{\alpha}$ 是总的质量交换项，根据式（5.46）可知：

$$\hat{\boldsymbol{T}}^{\alpha}=\widehat{\boldsymbol{P}}^{\alpha}+\widehat{e}^{\alpha}\left(\rho\overset{\Delta}{\boldsymbol{v}^{\alpha}}\right) \tag{6.7}$$

两相之间的线动量交换速率之和为零，将式（6.7）代入式（5.45）中，得到约束关系：

$$\sum_{\alpha=\mathrm{s,w,g}}(\hat{\boldsymbol{T}}^{\alpha}+\hat{e}^{\alpha}\boldsymbol{v}^{\alpha})=0 \tag{6.8}$$

式（6.6）对 $\alpha=\mathrm{s,w,g}$ 叠加后，可以得到非饱和土整体的动量平衡方程如下：

$$\rho\frac{\mathrm{d}\boldsymbol{v}}{\mathrm{d}t}=\nabla\cdot\boldsymbol{\sigma}+\rho\boldsymbol{b} \tag{6.9}$$

式中，$\boldsymbol{b}=\sum\frac{n^{\alpha}\rho_{\alpha}}{\rho}\boldsymbol{b}^{\alpha}$ 为混合物受到的体积力；$\boldsymbol{\sigma}$ 为宏观应力张量，可以表示为

$$\boldsymbol{\sigma}=\sum_{\alpha}(n^{\alpha}\boldsymbol{\sigma}^{\alpha}-n^{\alpha}\rho_{\alpha}\boldsymbol{v}^{\alpha\mathrm{s}}\otimes\boldsymbol{v}^{\alpha\mathrm{s}}) \tag{6.10}$$

式中，$\boldsymbol{v}^{\alpha\mathrm{s}}=\boldsymbol{v}^{\alpha}-\boldsymbol{v}^{\mathrm{s}}$ 表示非饱和土相对固体骨架的速度。

6.1.3　能量平衡方程

根据式（5.58），可知非饱和土中 α 相的能量平衡方程可以表示为

$$n^\alpha \rho_\alpha \frac{\mathrm{d}^\alpha u^\alpha}{\mathrm{d}t} = n^\alpha \boldsymbol{\sigma}^\alpha : \boldsymbol{d}^\alpha - \nabla \cdot (n^\alpha \boldsymbol{q}^\alpha) + n^\alpha \rho_\alpha h^\alpha + \hat{Q}^\alpha \tag{6.11a}$$

或

$$n^\alpha \rho_\alpha \frac{\partial u^\alpha}{\partial t} + n^\alpha \rho_\alpha \boldsymbol{v}^\alpha \cdot \nabla u^\alpha = n^\alpha \boldsymbol{\sigma}^\alpha : \boldsymbol{d}^\alpha - \nabla \cdot (n^\alpha \boldsymbol{q}^\alpha) + n^\alpha \rho_\alpha h^\alpha + \hat{Q}^\alpha \tag{6.11b}$$

式中，u^α 为单位质量的 α 相组分所具有的宏观内能（表达式见（5.48））；$\boldsymbol{d}^\alpha = \mathrm{sym}(\nabla \boldsymbol{v}^\alpha)$ 是变形率张量，等于 α 相速度梯度的对称部分；$\boldsymbol{q}^\alpha$ 为通过边界的热流量（以外法线方向为正）；h^α 为由于远程作用而产生的单位质量 α 相组分热量变化率，如辐射、电磁作用等；$\hat{Q}^\alpha$ 是总的能量交换项，根据式（5.58）可知：

$$\hat{Q}^\alpha = \widehat{Q}^\alpha + \widehat{e}^\alpha(\rho \tilde{u}) - \widehat{e}^\alpha(\rho) u^\alpha \tag{6.12}$$

对于不同相组分之间的能量交换的变化率存在约束条件，将式（6.12）和式（6.7）代入式（5.57）中得到

$$\sum_{\alpha=\mathrm{s,w,g}} \left[\hat{Q}^\alpha + \hat{e}^\alpha \left(u^\alpha + \frac{1}{2} \boldsymbol{v}^\alpha \cdot \boldsymbol{v}^\alpha \right) + \hat{\boldsymbol{T}}^\alpha \cdot \boldsymbol{v}^\alpha \right] = 0 \tag{6.13}$$

式（6.11）对 $\alpha = \mathrm{s,w,g}$ 叠加后，可以得到非饱和土整体的能量平衡方程如下：

$$\rho \frac{\mathrm{d}u}{\mathrm{d}t} = W + \rho h - \nabla \cdot \boldsymbol{q} \tag{6.14}$$

式中，$h = \sum \frac{n^\alpha \rho_\alpha}{\rho} h^\alpha$ 是宏观热供给；$\boldsymbol{q} = \sum \left[\boldsymbol{q}^\alpha - \boldsymbol{\sigma}^\alpha \cdot \boldsymbol{v}^{\alpha\mathrm{s}} + \rho^\alpha \left(e^\alpha + \frac{1}{2} \boldsymbol{v}^{\alpha\mathrm{s}} \cdot \boldsymbol{v}^{\alpha\mathrm{s}} \right) \boldsymbol{v}^{\alpha\mathrm{s}} \right]$ 为宏观热流向量；u 是混合物的内能；$W = \sum_\alpha n^\alpha \boldsymbol{\sigma}^\alpha : \boldsymbol{d}^\alpha$ 为混合物整体的变形功。

6.1.4 熵平衡方程

类似于质量、线动量和能量平衡，熵也存在一个平衡问题，唯一不同之处在于熵可以自发产生，这种现象是由于孔隙介质材料是一种耗散材料，伴随着各种物理、化学、力学过程，孔隙介质中的内部结构会发生变化，能量发生耗散转化成热。

根据式（5.60），非饱和土中 α 相的熵平衡方程可以表示为

$$n^\alpha \rho_\alpha \frac{\mathrm{d}^\alpha s^\alpha}{\mathrm{d}t} + \nabla \cdot (n^\alpha \boldsymbol{\omega}^\alpha) - n^\alpha \rho_\alpha r^\alpha - \hat{\psi}^\alpha = \phi^\alpha \tag{6.15a}$$

或

$$n^\alpha \rho_\alpha \frac{\partial s^\alpha}{\partial t} + n^\alpha \rho_\alpha \boldsymbol{v}^\alpha \cdot \nabla s^\alpha + \nabla \cdot (n^\alpha \boldsymbol{\omega}^\alpha) - n^\alpha \rho_\alpha r^\alpha - \hat{\psi}^\alpha = \phi^\alpha \tag{6.15b}$$

式中，

$$\hat{\psi}^{\alpha} = \hat{\boldsymbol{J}}_{s}^{\alpha} + \hat{e}^{\alpha}(\rho s) - \hat{e}^{\alpha}(\rho)s^{\alpha}$$

s^{α} 为单位质量 α 相组分所具有的熵；$\boldsymbol{\omega}^{\alpha}$ 为通过边界的熵流量（以外法线方向为正）；r^{α} 为远程作用导致的单位质量 α 相组分的熵变化率；ϕ^{α} 为 α 相组分自发产生的熵产率；对于不同相组分之间的熵交换的变化率之和等于 0，即有

$$\sum_{\alpha=\mathrm{s,w,g}} (\hat{\psi}^{\alpha} + \hat{e}^{\alpha} s^{\alpha}) = 0 \tag{6.16}$$

热力学第二定律要求，系统所具有的总熵产是永远不会减少的，即

$$\phi = \sum_{\alpha} \phi^{\alpha} \geqslant 0 \tag{6.17}$$

为了得到热动力学第二定律的数学表达式，这里首先引入以下标准假设：①通过边界的熵流量 $\boldsymbol{\omega}^{\alpha}$ 只与通过边界的热流量 $\boldsymbol{q}^{\alpha}$ 有关；②熵变化速率 r^{α} 只与热变化速率 h^{α} 有关，且

$$\boldsymbol{\omega}^{\alpha} = \frac{\boldsymbol{q}^{\alpha}}{T}, \quad r^{\alpha} = \frac{h^{\alpha}}{T} \tag{6.18}$$

这里需要指出的是，孔隙介质中各相各组分温度相同的情况是最常见的，事实上，即使不同相或不同组分具有不同的温度，孔隙介质中的局部热扩散过程发生速率比其他物理过程要快得多，使得各组分的温度会很快地变得一致。这一假定称为局部恒温假定。

α 相的 Helmholtz 自由能密度函数可以表示为

$$\varphi^{\alpha} = u^{\alpha} - Ts^{\alpha} \tag{6.19}$$

基于局部恒温假定，利用各相的质量、线动量、能量和熵平衡方程，可以求出总熵的表达式为

$$\begin{aligned}\Phi = T\phi = & -\sum_{\alpha} n^{\alpha}\rho_{\alpha}\left(\frac{\mathrm{d}^{\alpha}\varphi^{\alpha}}{\mathrm{d}t} + s^{\alpha}\frac{\mathrm{d}^{\alpha}T}{\mathrm{d}t}\right) + \sum_{\alpha} n^{\alpha}\boldsymbol{\sigma}^{\alpha} : \boldsymbol{d}^{\alpha} - \sum_{\alpha}\frac{n^{\alpha}\boldsymbol{q}^{\alpha}}{T}\cdot\nabla T \\ & + \sum_{\alpha}(\hat{Q}^{\alpha} - T\hat{\psi}^{\alpha}) \geqslant 0\end{aligned} \tag{6.20}$$

式（6.20）为适用于多相孔隙介质的热力学第二定律的具体数学表达式，式中的自由能函数 φ^{α} 与材料的具体物理、化学及力学行为有关，它们均为材料状态变量的函数。模拟、分析材料行为的目的就是要确定材料的状态变化随时间的演化过程，这些状态变化除了满足质量守恒、动量守恒、能量平衡及熵平衡方程外，还受到热力学第二定律的限制。

以上平衡方程是在一般条件下得到的，对于所有满足假定的材料均成立，从这些方程发现，各组分再加上混合物整体的平衡方程，方程数量之多求解起来是很困难的，而且仅靠平衡方程可能还不足以确定所有的场量。通常还需要借助于材料的连续性或

本构方程，给出场量之间的关系，这样一来问题就变得更加复杂。为了使问题简化，针对一些特殊的问题，并不需要将所有的方程都列出，可以仅使用上述部分平衡方程。根据问题的复杂程度，Hutter 和 Jöhnk（2004）将其分成三种情况。

（1）最简单的情形是各组分质量不同，但具有相同的速度和温度。此时只需对各组分使用质量守恒方程，而动量和能量守恒方程则使用混合物整体的方程即可。这一类问题通常不涉及能量转化，只关注力学或质量的输运问题。例如，颗粒物质的扩散就属于这种情况，描述污染物在流体中的扩散时，可以将污染物与流体一起考虑，给出一个整体的动量方程即可。

（2）各组分的质量和速度有明显的不同，但是却具有相同的温度。此时对各组分使用质量和动量守恒，而能量守恒方程使用混合物总体的方程即可。通常这类问题中由于各组分具有相同的温度，所以在考虑热力学效应的时候，使用混合物整体的能量方程来描述就足够了。这一类问题的例子有很多，如描述土中骨架与水的相互作用的达西定律、多相流的力学模型等。

（3）各组分的质量、速度和温度都有明显的不同。此时各组分的质量、动量和能量方程都要用到，这一问题属于完整的热力学混合物理论，比较复杂。如常年积雪的表层冰面在融化的水的渗流影响下发生蠕变就属于这一类问题，因为此时水和雪有完全不同的质量、速度和温度，而且它们之间还可以相互转化。

实际应用时，以上三种类型通常会混合在一起使用，例如，污染物在地下水中的传播问题就包含了（1）（2）两种类型，其中污染物与水的混合物属于类型（1），而污染水与土一起则属于类型（2）。也就是说对于同一个系统，当要考虑不同的对象时，问题所属的类型就可能会不同，所以在建立模型的时候，要对所研究的问题有深入的了解，才能找到最合适的方法使问题得以简化。

6.2　本构假定

在上述平衡方程和熵不等式中，存在以下未知量：

$$n^\alpha, \rho^\alpha, \boldsymbol{v}^\alpha, T \tag{6.21}$$

$$\boldsymbol{\sigma}^\alpha, \boldsymbol{q}^\alpha, u^\alpha, s^\alpha, \hat{e}^\alpha, \hat{\boldsymbol{T}}^\alpha, \hat{Q}^\alpha, \hat{\psi}^\alpha \tag{6.22}$$

式（6.21）为本构自变量，式（6.22）为本构因变量，显然，总的未知量个数大于所有方程的数量，需要补充其他的方程才能使系统闭合，达到未知量与方程数相等，这个方程就是本构方程。平衡方程对于所有的材料都成立，但是本构方程则必须针对不同材料来进行描述。因此不同问题选取的独立变量会有所不同，但是他们都必须满足以下三个准则：客观性、对称性，以及遵循热力学第二定律的约束要求。

根据连续介质力学中的等存性公理及所考察问题的需要，通常可以采用温度 T，密度ρ和运动量 x 来作为材料的独立变量建立本构方程。对于简单材料，其材料特征只与自身以及其相邻点有关，相邻点对其的约束可以用变量的梯度来反映。此外对于带有有限记忆的材料，即材料对历史的记忆可以用变量的时间梯度来反映。因此，非饱和土本构方程可以选取独立状态变量（蔡国庆等，2011a）为

$$\Xi = \left\{T, \nabla T, n^{\alpha}, \nabla n^{\alpha}, \rho^{\alpha}, \nabla \rho^{\alpha}, \boldsymbol{v}^{fs}, \boldsymbol{E}^{s}, \boldsymbol{d}^{\alpha}\right\} \tag{6.23}$$

式中，Ξ 表示本构变量的函数的集合；$T, \nabla T$ 描述温度效应和热传导；$n^{\alpha}, \nabla n^{\alpha}$ 描述多孔介质内部微观结构的变化；ρ^{α}，$\nabla \rho^{\alpha}$ 描述各相自身的压缩变形（体积改变）；为了满足客观性要求，采用相对速度 $\boldsymbol{v}^{fs}$ 描述流相相对于固相的渗流；$\boldsymbol{d}^{\alpha}$ 是 $\nabla \boldsymbol{v}^{\alpha}$ 的对称部分，描述流相自身的黏性；$\boldsymbol{E}^{s}$ 描述固体骨架形状改变的变形，需要指出的是，多孔介质的变形行为一般用固相的变形梯度张量 $\boldsymbol{F}^{s}$ 来表示，为了在描述时满足客观性要求，引入 Lagrange 应变张量 $\boldsymbol{E}^{s}$ $(\boldsymbol{E}^{s} = [(\boldsymbol{F}_{s})^{T} \boldsymbol{F}_{s} - \boldsymbol{I}] / 2)$ 作为描述固相变形的独立状态变量(表 6.1)。

表 6.1　独立变量

独立变量	符号	作用
温度	T	描述温度效应和热传导
温度梯度	∇T	
体积分数	$\boldsymbol{n}^{\alpha}$	描述多孔介质内部微观结构的变化
体积分数梯度	$\nabla \boldsymbol{n}^{\alpha}$	
密度	ρ^{α}	描述各相自身的压缩变形
密度梯度	$\nabla \rho^{\alpha}$	
相对速度	$\boldsymbol{v}^{fs}$	流相相对于固相的渗流
应变张量	$\boldsymbol{E}^{s}$	描述固体骨架形状改变的变形
速度梯度	$\boldsymbol{d}^{\alpha}$	描述流相自身的黏性

除式（6.23）外的其他变量可以表示为独立变量的函数，根据前文假设，同时为了使问题简化，通常采用相分离原理，以自由能为例，非饱和土各相的自由能函数可以表示为

$$\left.\begin{aligned} \varphi^{s} &= \varphi^{s}(T, \rho^{s}, \boldsymbol{E}^{s}, \boldsymbol{E}^{sp}, \nu^{s}) \\ \varphi^{w} &= \varphi^{w}(T, \rho^{w}, n^{w}, n^{wp}, \nu^{w}) \\ \varphi^{g} &= \varphi^{g}(T, \rho^{g}, n^{g}, n^{gp}, \nu^{g}) \end{aligned}\right\} \tag{6.24}$$

式中，体积分数满足约束条件（$\boldsymbol{n}^{s} + \boldsymbol{n}^{w} + \boldsymbol{n}^{g} = 1$），只有两个是独立变量，因此固相的体积分数 $\boldsymbol{n}^{s}$ 不再作为独立变量考虑。$\boldsymbol{\nu}^{\alpha}$ 表示除土骨架塑性应变张量 $\boldsymbol{E}^{sp}$ 和流相体积分数的塑性部分 $\boldsymbol{n}^{fp}$ 以外其他类型的耗散内变量。此外由于土是弹塑性材料，选取了塑性变形作为内变量，其中固相变形和流相体积分数可分解为弹性部分和塑性部分：

$$\left.\begin{aligned} \boldsymbol{E}^{s} &= \boldsymbol{E}^{se} + \boldsymbol{E}^{sp} \\ n^{f} &= n^{fe} + n^{fp} \quad (f = \mathrm{w}, \mathrm{g}) \end{aligned}\right\} \tag{6.25}$$

6.3　热动力学第二定律约束

利用本构假设式（6.24），自由能的导数可以表示为

$$\frac{\mathrm{d}^{\mathrm{s}}\varphi^{\mathrm{s}}}{\mathrm{d}t}=\frac{\partial\varphi^{\mathrm{s}}}{\partial T}\frac{\mathrm{d}^{\mathrm{s}}T}{\mathrm{d}t}+\frac{\partial\varphi^{\mathrm{s}}}{\partial\rho_{\mathrm{s}}}\frac{\mathrm{d}^{\mathrm{s}}\rho_{\mathrm{s}}}{\mathrm{d}t}+\boldsymbol{F}^{\mathrm{s}}\frac{\partial\varphi^{\mathrm{s}}}{\partial\boldsymbol{E}^{\mathrm{s}}}(\boldsymbol{F}^{\mathrm{s}})^{\mathrm{T}}:\boldsymbol{d}^{\mathrm{s}}+\boldsymbol{F}^{\mathrm{s}}\frac{\partial\varphi^{\mathrm{s}}}{\partial\boldsymbol{E}^{\mathrm{sp}}}(\boldsymbol{F}^{\mathrm{s}})^{\mathrm{T}}:\boldsymbol{d}^{\mathrm{sp}}+\frac{\partial\varphi^{\mathrm{s}}}{\partial\nu^{\mathrm{s}}}\frac{\mathrm{d}^{\mathrm{s}}\nu^{\mathrm{s}}}{\mathrm{d}t}\tag{6.26}$$

$$\frac{\mathrm{d}^{f}\varphi^{f}}{\mathrm{d}T}=\frac{\partial\varphi^{f}}{\partial T}\frac{\mathrm{d}^{f}T}{\mathrm{d}t}+\frac{\partial\varphi^{f}}{\partial\rho_{f}}\frac{\mathrm{d}^{f}\rho_{f}}{\mathrm{d}t}+\frac{\partial\varphi^{f}}{\partial n^{f}}\frac{\mathrm{d}^{f}n^{f}}{\mathrm{d}t}+\frac{\partial\varphi^{f}}{\partial n^{f\mathrm{p}}}\frac{\mathrm{d}^{f}n^{f\mathrm{p}}}{\mathrm{d}t}+\frac{\partial\varphi^{f}}{\partial\nu^{f}}\frac{\mathrm{d}^{f}\nu^{f}}{\mathrm{d}t}\quad(f=\mathrm{w,g})\tag{6.27}$$

式（6.26）中，利用了应变张量导数关系即 $\dot{\boldsymbol{E}}=\boldsymbol{F}\cdot\boldsymbol{d}\cdot\boldsymbol{F}^{\mathrm{T}}$。实际上 $\boldsymbol{d}^{\alpha}$ 是速度梯度 $\nabla\boldsymbol{v}^{\alpha}$ 的对称部分，从而有 $\boldsymbol{\delta}:\boldsymbol{d}^{\alpha}=\mathrm{sym}(\nabla\cdot\boldsymbol{v}^{\alpha})$，$\boldsymbol{\delta}$ 为二阶的单位对称张量，取值等于 Kronecker 符号。

把式（6.26）代入式（6.20）中，可以得到

$$\begin{aligned}T\phi=&-\sum_{\alpha}n^{\alpha}\rho_{\alpha}\left(\frac{\partial\varphi^{\alpha}}{\partial T}+s^{\alpha}\right)\frac{\mathrm{d}^{\alpha}T}{\mathrm{d}t}-\sum_{\alpha}\frac{n^{\alpha}\boldsymbol{q}^{\alpha}}{T}\cdot\nabla T\\&-\sum_{\alpha}n^{\alpha}\rho_{\alpha}\frac{\partial\varphi^{\alpha}}{\partial\rho_{\alpha}}\frac{\mathrm{d}^{\alpha}\rho_{\alpha}}{\mathrm{d}t}-\sum_{f}n^{f}\rho_{f}\frac{\partial\varphi^{f}}{\partial n^{f}}\frac{\mathrm{d}^{f}n^{f}}{\mathrm{d}t}-\sum_{f}n^{f}\rho_{f}\frac{\partial\varphi^{f}}{\partial n^{f\mathrm{p}}}\frac{\mathrm{d}^{f}n^{f\mathrm{p}}}{\mathrm{d}t}\\&+n^{\mathrm{s}}\left(\boldsymbol{\sigma}^{\mathrm{s}}-\rho_{\mathrm{s}}\boldsymbol{F}^{\mathrm{s}}\frac{\partial\varphi^{\mathrm{s}}}{\partial\boldsymbol{E}^{\mathrm{s}}}(\boldsymbol{F}^{\mathrm{s}})^{\mathrm{T}}\right):\boldsymbol{d}^{\mathrm{s}}-n^{\mathrm{s}}\rho_{\mathrm{s}}\boldsymbol{F}^{\mathrm{s}}\frac{\partial\varphi^{\mathrm{s}}}{\partial\boldsymbol{E}^{\mathrm{sp}}}(\boldsymbol{F}^{\mathrm{s}})^{\mathrm{T}}:\boldsymbol{d}^{\mathrm{sp}}+\sum_{f}n^{f}\boldsymbol{\sigma}^{f}:\boldsymbol{d}^{f}\\&+\sum_{\alpha}(\hat{Q}^{\alpha}-T\hat{\psi}^{\alpha})-\sum_{\alpha}n^{\alpha}\rho_{\alpha}\frac{\partial\varphi^{\alpha}}{\partial\nu^{\alpha}}\frac{\mathrm{d}^{\alpha}\nu^{\alpha}}{\mathrm{d}t}\geqslant0\end{aligned}\tag{6.28}$$

利用质量平衡方程（6.3），可以推导出以下关系式：

$$n^{\alpha}\frac{\mathrm{d}^{\alpha}\rho_{\alpha}}{\mathrm{d}t}=\hat{e}^{\alpha}-n^{\alpha}\rho_{\alpha}\nabla\cdot\boldsymbol{v}^{\alpha}-\rho_{\alpha}\frac{\mathrm{d}^{\alpha}n^{\alpha}}{\mathrm{d}t}\tag{6.29}$$

利用体积分数的关系，可得以下条件：

$$\frac{\mathrm{d}^{\mathrm{s}}n^{\mathrm{s}}}{\mathrm{d}t}=\frac{\mathrm{d}^{\mathrm{s}}(1-n^{\mathrm{w}}-n^{\mathrm{g}})}{\mathrm{d}t}=-\sum_{f}\frac{\mathrm{d}^{\mathrm{s}}n^{f}}{\mathrm{d}t}\tag{6.30}$$

根据式（6.13）和式（6.16）可以得到

$$\sum_{\alpha}(\hat{Q}^{\alpha}-T\hat{\psi}^{\alpha})=-\sum_{\alpha}\left[\hat{e}^{\alpha}\left(\varphi^{\alpha}+\frac{1}{2}\boldsymbol{v}^{\alpha}\cdot\boldsymbol{v}^{\alpha}\right)+\hat{\boldsymbol{T}}^{\alpha}\cdot\boldsymbol{v}^{\alpha}\right]\tag{6.31}$$

将式（6.29）、式（6.30）和式（6.31）代入式（6.28）中，并利用式（6.4）和式（6.8），整理可得熵不等式的表达式：

$$
\begin{aligned}
T\phi =& -\sum_{\alpha} n^{\alpha}\rho_{\alpha}\left(\frac{\partial \varphi^{\alpha}}{\partial T}+s^{\alpha}\right)\frac{\mathrm{d}^{\alpha}T}{\mathrm{d}t}-\sum_{\alpha}\frac{n^{\alpha}\boldsymbol{q}^{\alpha}}{T}\cdot\nabla T \\
&+n^{\mathrm{s}}\left(\boldsymbol{\sigma}^{\mathrm{s}}-\rho_{\mathrm{s}}\boldsymbol{F}^{\mathrm{s}}\frac{\partial\varphi^{\mathrm{s}}}{\partial\boldsymbol{E}^{\mathrm{s}}}(\boldsymbol{F}^{\mathrm{s}})^{\mathrm{T}}+\rho_{\mathrm{s}}^{2}\frac{\partial\varphi^{\mathrm{s}}}{\partial\rho_{\mathrm{s}}}\boldsymbol{\delta}\right):\boldsymbol{d}^{\mathrm{s}}-n^{\mathrm{s}}\rho_{\mathrm{s}}\boldsymbol{F}^{\mathrm{s}}\frac{\partial\varphi^{\mathrm{s}}}{\partial\boldsymbol{E}^{\mathrm{sp}}}(\boldsymbol{F}^{\mathrm{s}})^{\mathrm{T}}:\boldsymbol{d}^{\mathrm{sp}} \\
&+\sum_{f} n^{f}\left(\boldsymbol{\sigma}^{f}+\rho_{f}^{2}\frac{\partial\varphi^{f}}{\partial\rho_{f}}\boldsymbol{\delta}\right):\boldsymbol{d}^{f}-\sum_{f} n^{f}\rho_{f}\frac{\partial\varphi^{f}}{\partial n^{f\mathrm{p}}}\frac{\mathrm{d}^{f}n^{f\mathrm{p}}}{\mathrm{d}t} \\
&+\sum_{f}\left(-\rho_{\mathrm{s}}^{2}\frac{\partial\varphi^{\mathrm{s}}}{\partial\rho_{\mathrm{s}}}+\rho_{f}^{2}\frac{\partial\varphi^{f}}{\partial\rho_{f}}-n^{f}\rho_{f}\frac{\partial\varphi^{f}}{\partial n^{f}}\right)\frac{\mathrm{d}^{\mathrm{s}}n^{f}}{\mathrm{d}t} \\
&-\sum_{f}\left[\left(n^{f}\rho_{f}\frac{\partial\varphi^{f}}{\partial n^{f}}-\rho_{f}{}^{2}\frac{\partial\varphi^{f}}{\partial\rho_{f}}\right)\nabla n^{f}+\hat{\boldsymbol{T}}^{f}\right]\cdot\boldsymbol{v}^{f\mathrm{s}}-\sum_{\alpha}n^{\alpha}\rho_{\alpha}\frac{\partial\varphi^{\alpha}}{\partial v^{\alpha}}\frac{\mathrm{d}^{\alpha}v^{\alpha}}{\mathrm{d}t} \\
&-\sum_{\alpha}\left(\varphi^{\alpha}+\rho_{\alpha}\frac{\partial\varphi^{\alpha}}{\partial\rho_{\alpha}}+\frac{1}{2}\boldsymbol{v}^{\alpha\mathrm{s}}\cdot\boldsymbol{v}^{\alpha\mathrm{s}}\right)\hat{e}^{\alpha}\geqslant 0
\end{aligned}
\tag{6.32}
$$

在不等式（6.32）中，$\frac{\mathrm{d}^{\alpha}T}{\mathrm{d}t}$、$\boldsymbol{d}^{\mathrm{s}}$ 和 $\boldsymbol{d}^{f}$ 既不是独立性变量也不是本构因变量，为了保证这些量取任意值时式（6.32）恒非负，则其系数必须为零，即

$$s^{\alpha}=-\frac{\partial\varphi^{\alpha}}{\partial T} \tag{6.33a}$$

$$\boldsymbol{\sigma}^{\mathrm{s}}=\rho^{\mathrm{s}}\boldsymbol{F}^{\mathrm{s}}\frac{\partial\varphi^{\mathrm{s}}}{\partial\boldsymbol{E}^{\mathrm{s}}}(\boldsymbol{F}^{\mathrm{s}})^{\mathrm{T}}-(\rho^{\mathrm{s}})^{2}\frac{\partial\varphi^{\mathrm{s}}}{\partial\rho^{\mathrm{s}}}\boldsymbol{\delta} \tag{6.33b}$$

$$\boldsymbol{\sigma}^{f}=-(\rho^{f})^{2}\frac{\partial\varphi^{f}}{\partial\rho^{f}}\boldsymbol{\delta} \tag{6.33c}$$

根据热动力学理论定义α相的压力为

$$p^{\alpha}=(\rho^{\alpha})^{2}\frac{\partial\varphi^{\alpha}}{\partial\rho^{\alpha}} \tag{6.34a}$$

且令

$$\boldsymbol{\sigma}_{\mathrm{e}}^{\mathrm{s}}=\rho^{\mathrm{s}}\boldsymbol{F}^{\mathrm{s}}\frac{\partial\varphi^{\mathrm{s}}}{\partial\boldsymbol{E}^{\mathrm{s}}}(\boldsymbol{F}^{\mathrm{s}})^{\mathrm{T}} \tag{6.34b}$$

由式（6.33）和式（6.34）可以得到

$$\boldsymbol{\sigma}^{\mathrm{s}}=\boldsymbol{\sigma}_{\mathrm{e}}^{\mathrm{s}}-p^{\mathrm{s}}\boldsymbol{\delta} \tag{6.35a}$$

$$\boldsymbol{\sigma}^{f}=-p^{f}\boldsymbol{\delta} \tag{6.35b}$$

式中，p^f 实际上是流体的真实压力；从式（6.35a）和式（6.35b）中也可以得出，固体骨架所受力可分为两部分：一是引起固体骨架的宏观变形，并通过固体颗粒间的接触传递；二是引起固体材料本身的等向压缩。

将 α 相的化学势张量定义为

$$\boldsymbol{\mu}^\alpha = \varphi^\alpha \boldsymbol{I} - \frac{\boldsymbol{\sigma}^\alpha}{\rho^\alpha} \tag{6.36}$$

$\boldsymbol{\mu}^\alpha$ 是一个二阶对称张量。对于孔隙流体，化学势为

$$\boldsymbol{\mu}^f = \left(\varphi^f + \frac{p^f}{\rho^f}\right)\boldsymbol{\delta} = g^f \boldsymbol{\delta} \tag{6.37a}$$

式中，g^f 即为单位质量 f 流体的 Gibbs 自由能，与传统热动力学中的化学势是有差别的，这里化学势等于"单位质量物质所具有的 Gibbs 自由能"，而传统意义上的化学势等于单位摩尔质量的 Gibbs 自由能。

对于固体骨架（s）有

$$\boldsymbol{\mu}^{\mathrm{s}} = \left(\varphi^{\mathrm{s}} + \frac{p^{\mathrm{s}}}{\rho^{\mathrm{s}}}\right)\boldsymbol{\delta} - \frac{\boldsymbol{\sigma}_{\mathrm{e}}^{\mathrm{s}}}{\rho^{\mathrm{s}}} = g^{\mathrm{s}}\boldsymbol{\delta} - \frac{\boldsymbol{\sigma}_{\mathrm{e}}^{\mathrm{s}}}{\rho^{\mathrm{s}}} \tag{6.37b}$$

g^{s} 可看作在无变形条件下固体骨架和固体填充物的 Gibbs 自由能，定义为

$$g^{\mathrm{s}} = \varphi^{\mathrm{s}} + \frac{p^{\mathrm{s}}}{\rho^{\mathrm{s}}} \tag{6.38}$$

为了考虑材料在受到外界因素作用后的能量耗散函数，把式（6.33）代入式（6.32）中，可以得出多孔介质材料的整体耗散不等式：

$$\begin{aligned}
T\phi = & -\sum_\alpha \frac{n^\alpha \boldsymbol{q}^\alpha}{T}\cdot\nabla T - n^{\mathrm{s}}\rho_{\mathrm{s}}\boldsymbol{F}^{\mathrm{s}}\frac{\partial\varphi^{\mathrm{s}}}{\partial \boldsymbol{E}^{\mathrm{sp}}}(\boldsymbol{F}^{\mathrm{s}})^{\mathrm{T}} : \boldsymbol{d}^{\mathrm{sp}} - \sum_f n^f\rho_f\frac{\partial\varphi^f}{\partial n^{f_{\mathrm{p}}}}\frac{\mathrm{d}^f n^{f\mathrm{p}}}{\mathrm{d}t} \\
& + \sum_f\left(-\rho_{\mathrm{s}}^2\frac{\partial\varphi^{\mathrm{s}}}{\partial\rho_{\mathrm{s}}} + \rho_f^2\frac{\partial\varphi^f}{\partial\rho_f} - n^f\rho_f\frac{\partial\varphi^f}{\partial n^f}\right)\frac{\mathrm{d}^{\mathrm{s}} n^f}{\mathrm{d}t} \\
& - \sum_f\left[\left(n^f\rho_f\frac{\partial\varphi^f}{\partial n^f} - p^f\right)\nabla n^f\boldsymbol{\delta} + \hat{\boldsymbol{T}}^f\right]\cdot\boldsymbol{v}^{f\mathrm{s}} - \sum_\alpha n^\alpha\rho_\alpha\frac{\partial\varphi^\alpha}{\partial\nu^\alpha}\frac{\mathrm{d}^\alpha\nu^\alpha}{\mathrm{d}t} \\
& - \sum_\alpha\left(g^\alpha + \frac{1}{2}\boldsymbol{v}^{\alpha\mathrm{s}}\cdot\boldsymbol{v}^{\alpha\mathrm{s}}\right)\hat{e}^\alpha \geqslant 0
\end{aligned} \tag{6.39}$$

从式（6.39）中可以看出多孔介质各种耗散过程所消耗的能量，具体所反映的物理过程见表 6.2。

表 6.2　熵不等式中各项所反映的物理现象

耗散项	反映的物理过程
$-\sum_{\alpha}\frac{n^{\alpha}\boldsymbol{q}^{\alpha}}{T}\cdot\nabla T$	热传导过程引起的耗散
$-n^{s}\rho_{s}\boldsymbol{F}^{s}\frac{\partial\varphi^{s}}{\partial\boldsymbol{E}^{sp}}(\boldsymbol{F}^{s})^{T}:\boldsymbol{d}^{sp}$	土骨架发生塑性变形过程引起的耗散
$-\sum_{f}n^{f}\rho_{f}\frac{\partial\varphi^{f}}{\partial n^{fp}}\frac{\mathrm{d}^{f}n^{fp}}{\mathrm{d}t}$	流相发生不可恢复的流量变化所引起的耗散
$\sum_{f}\left(p^{f}-p^{s}-n^{f}\rho^{f}\frac{\partial\varphi^{f}}{\partial n^{f}}\right)\frac{\mathrm{d}^{s}n^{f}}{\mathrm{d}t}$	体积含量的松弛过程引起的能量耗散
$-\sum_{f}\left[\left(n^{f}\rho_{f}\frac{\partial\varphi^{f}}{\partial n^{f}}-p^{f}\right)\nabla n^{f}+\hat{\boldsymbol{T}}^{f}\right]\cdot\boldsymbol{v}^{fs}$	孔隙流体相对于固体土颗粒骨架的运动过程带来的耗散，如流体相的扩散过程
$-\sum_{\alpha}\sum_{\beta\neq\alpha}\left(g^{\alpha}+\frac{1}{2}\boldsymbol{w}^{\alpha}\cdot\boldsymbol{w}^{\alpha}\right)\hat{e}^{\alpha}$	相与相之间通过发生物理或化学变化产生的物质交换过程引起的耗散
$-\sum_{\alpha}n^{\alpha}\rho_{\alpha}\frac{\partial\varphi^{\alpha}}{\partial\nu^{\alpha}}\frac{\mathrm{d}^{\alpha}\nu^{\alpha}}{\mathrm{d}t}$	除塑性变形外其他内变量改变引起的能量耗散，如损伤、断裂等

6.4　平衡状态的限制

耗散不等式（6.39）中的$\nabla T,\boldsymbol{d}^{sp},\dot{n}^{fp},\frac{\mathrm{d}^{s}n^{f}}{\mathrm{d}t},\boldsymbol{v}^{fs},\hat{e}^{\alpha},\dot{\nu}^{\alpha}$可视为热力学流，用$J$表示：

$$J=\left\{\nabla T,\boldsymbol{d}^{sp},\dot{n}^{fp},\frac{\mathrm{d}^{s}\boldsymbol{n}^{f}}{\mathrm{d}t},\boldsymbol{v}^{fs},\hat{e}^{\alpha},\dot{\nu}^{\alpha}\right\}\tag{6.40}$$

式中，各元素分别代表了热传导、土骨架塑性变形、流体不可恢复变形、体积分数改变、渗流和质量交换等非平衡过程的驱动力。

当非饱和土系统达到平衡状态时，这时系统停止演化，各种耗散过程随之终结。因此，在平衡状态，所有广义流等于 0：

$$J=0\tag{6.41}$$

另外，在平衡状态下，系统的总耗散能量必须取极值，即

$$\left.\frac{\partial(T\phi)}{\partial J}\right|_{J=0}=0\tag{6.42}$$

可以得出下列几个平衡时必须满足的关系式。

（1）热平衡条件：

$$\sum_{\alpha}\frac{n^{\alpha}\boldsymbol{q}^{\alpha}}{T}=0\tag{6.43}$$

式（6.43）表示在平衡状态下，热传导过程停止，热流量为 0。

（2）没有耗散：

$$n^{\mathrm{s}}\rho^{\mathrm{s}}\boldsymbol{F}^{\mathrm{s}}\frac{\partial\varphi^{\mathrm{s}}}{\partial\boldsymbol{E}^{\mathrm{sp}}}(\boldsymbol{F}^{\mathrm{s}})^{\mathrm{T}}=0 \tag{6.44}$$

$$\frac{\partial\varphi^{f}}{\partial n^{f\mathrm{p}}}=0 \tag{6.45}$$

$$\frac{\partial\varphi^{\alpha}}{\partial\nu^{\alpha}}=0 \tag{6.46}$$

式（6.44）和式（6.45）表示在平衡时，自由能函数与塑性变形无关，式（6.46）表明在平衡状态，自由能函数与内变量无关，此时没有耗散。

（3）化学平衡条件：

$$g^{\alpha}+\frac{1}{2}\boldsymbol{v}^{\alpha\mathrm{s}}\cdot\boldsymbol{v}^{\alpha\mathrm{s}}=0 \tag{6.47}$$

（4）动力相容条件：

$$p^{f}-p^{\mathrm{s}}-n^{f}\rho_{f}\frac{\partial\varphi^{f}}{\partial n^{f}}=0 \tag{6.48}$$

$$\left(n^{f}\rho_{f}\frac{\partial\varphi^{f}}{\partial n^{f}}-p^{f}\right)\nabla n^{f}+\hat{\boldsymbol{T}}^{f}=0 \tag{6.49}$$

式(6.48)和式(6.49)为限制流固界面处压力差变化的动力相容条件，利用式(6.48)可以得到非饱和土多孔介质平衡时的吸力表达式：

$$p^{\mathrm{g}}-p^{\mathrm{w}}=n^{\mathrm{g}}\rho_{\mathrm{g}}\frac{\partial\varphi^{\mathrm{g}}}{\partial n^{\mathrm{g}}}-n^{\mathrm{w}}\rho_{\mathrm{w}}\frac{\partial\varphi^{\mathrm{w}}}{\partial n^{\mathrm{w}}} \tag{6.50}$$

式（6.49）给出了动量交换项的表达式：

$$\hat{\boldsymbol{T}}^{f}=\left(p^{f}-n^{f}\rho_{f}\frac{\partial\varphi^{f}}{\partial n^{f}}\right)\nabla n^{f} \tag{6.51}$$

将式（6.51）代入动量守恒式（6.6）中（体积力 $\boldsymbol{b}=\boldsymbol{g}$），并利用式（6.35b），可以得到

$$\nabla p^{f}=\rho_{f}\boldsymbol{g}-\rho_{f}\frac{\partial\varphi^{f}}{\partial n^{f}}\nabla n^{f} \tag{6.52}$$

该式表明，不满足传统的静水压力关系 $\nabla p^{f}=\rho_{f}\boldsymbol{g}$，也就是说仅凭压力梯度和重力是难以完全描述流体的流动的，自由能函数的存在表明流体的流动除了和自身性质（如压力、密度、黏性等）有关，还受到环境和边界性质（如温度、比表面积、表面张力等）的影响。

6.5　近平衡态过程

6.5.1　耦合理论框架的建立

近平衡态是指系统受扰动稍微偏离了平衡状态，随着系统从近平衡态恢复到平衡态的过程中，系统能量会发生耗散。为了书写方便，令

$$\boldsymbol{\tau}_q = -\sum_\alpha \frac{n^\alpha \boldsymbol{q}^\alpha}{T} \tag{6.53a}$$

$$\boldsymbol{\tau}_{\mathrm{s}} = n^{\mathrm{s}} \rho^{\mathrm{s}} \boldsymbol{F}^{\mathrm{s}} \frac{\partial \varphi^{\mathrm{s}}}{\partial \boldsymbol{E}^{\mathrm{sp}}} (\boldsymbol{F}^{\mathrm{s}})^{\mathrm{T}} \tag{6.53b}$$

$$\tau_{n\mathrm{p}}^f = n^f \rho_f \frac{\partial \varphi^f}{\partial n^{f\mathrm{p}}} \tag{6.53c}$$

$$\tau_n^f = p^f - p^{\mathrm{s}} - n^f \rho_f \frac{\partial \varphi^f}{\partial n^f} \tag{6.53d}$$

$$\boldsymbol{\tau}_M^f = \left(n^f \rho_f \frac{\partial A^f}{\partial n^f} - p^f \right) \nabla n^f + \hat{\boldsymbol{T}}^f \tag{6.53e}$$

$$\tau_m^\alpha = g^\alpha + \frac{1}{2} \boldsymbol{v}^{\alpha\mathrm{s}} \cdot \boldsymbol{v}^{\alpha\mathrm{s}} \tag{6.53f}$$

$$\tau_v^\alpha = \frac{\partial \varphi^\alpha}{\partial v^\alpha} \tag{6.53g}$$

将式（6.53a）～式（6.53g）代入不等式（6.39）中，可以得到近平衡态的耗散不等式为

$$D = \boldsymbol{\tau}_q \cdot \nabla T + \boldsymbol{\tau}_{\mathrm{s}} : \boldsymbol{d}^{\mathrm{sp}} + \sum_f \boldsymbol{\tau}_{n\mathrm{p}}^f \frac{\mathrm{d}^f n^{f\mathrm{p}}}{\mathrm{d}t} + \sum_f \tau_n^f \dot{n}^f + \sum_f \boldsymbol{\tau}_M^f \cdot \boldsymbol{v}^{f\mathrm{s}} + \sum_\alpha \tau_m^\alpha \hat{e}^\alpha + + \sum_\alpha \tau_v^\alpha v^\alpha \geqslant 0 \tag{6.54}$$

在耗散不等式（6.54）中，可以认为广义流 J（式（6.40））是明确的，但与广义流J相对偶的有效广义力则不是一般意义的力，它应该是各种不同的广义力(式(6.53))耦合的结果，即某种广义流的形成是受所有广义力驱动的结果（等存性原理），也就是说，在考虑耦合的情况下，广义流的变化除了受到与其相应的力的驱动外，还受到其他广义力的影响。所以最终引起某一广义流变化的真正有效的驱动力（有效广义热力

学力）必定是所有广义力共同参与的结果。假设与 J（式（6.40））相对应的耦合各种热力学力的共同作用的有效广义热力学力用 X 表示：

$$X = \left\{\tilde{\boldsymbol{\tau}}_q, \tilde{\boldsymbol{\tau}}_\varepsilon, \tilde{\tau}_{np}^f, \tilde{\tau}_n^f, \tilde{\boldsymbol{\tau}}_M^f, \tilde{\tau}_m^\alpha, \tilde{\tau}_v^\alpha\right\} \tag{6.55}$$

在近平衡态时，广义流 J 不为零，根据非平衡态热力学理论（式（4.26））有

$$X = \frac{\partial D}{\partial J} \tag{6.56}$$

由于平衡态时的耗散为零，即 $X_n(J_e)=0$，$D_n(J_e)=0$，可将非平衡态的任一有效广义热力学力 X 在 $J=J_e$ 处利用 Taylor 级数展开，并取一阶近似得

$$X(J) = \boldsymbol{A}_1 \cdot \nabla T + A_2 \dot{n}^f + \boldsymbol{A}_3 : \boldsymbol{d}^{sp} + A_4 \dot{n}^{fp} + \boldsymbol{A}_5 \cdot \boldsymbol{v}^{fs} + A_6 \hat{e}^\alpha + A_7 \dot{v}^\alpha \tag{6.57}$$

式中，$\boldsymbol{A}_1 = \left.\dfrac{\partial X}{\partial(\nabla T)}\right|_{J=J_e}$，$A_2 = \left.\dfrac{\partial X}{\partial \dot{n}^f}\right|_{J=J_e}$，$\boldsymbol{A}_3 = \left.\dfrac{\partial X}{\partial \boldsymbol{d}^{sp}}\right|_{J=J_e}$，$A_4 = \left.\dfrac{\partial X}{\partial \dot{n}^{fp}}\right|_{J=J_e}$，$\boldsymbol{A}_5 = \left.\dfrac{\partial X}{\partial \boldsymbol{v}^{fs}}\right|_{J=J_e}$，$A_6 = \left.\dfrac{\partial X}{\partial \hat{e}^\alpha}\right|_{J=J_e}$，$A_7 = \left.\dfrac{\partial X}{\partial \nu^\alpha}\right|_{J=J_e}$。

以与温度梯度相对应的有效广义热力学为例，即 $X=\tilde{\boldsymbol{\tau}}_q$ 时，根据式（6.56），有

$$\boldsymbol{A}_1 = \frac{\partial^2 D}{\partial(\nabla T)^2} \tag{6.58}$$

同理，

$$\left.\begin{aligned} A_2 &= \frac{\partial^2 D}{\partial(\nabla T)\partial \dot{n}^f}, \quad \boldsymbol{A}_3 = \frac{\partial^2 D}{\partial \nabla T \partial \boldsymbol{d}^{sp}}, \quad A_4 = \frac{\partial^2 D}{\partial \nabla T \partial \dot{n}^{fp}} \\ \boldsymbol{A}_5 &= \frac{\partial^2 D}{\partial \nabla T \partial \boldsymbol{v}^{fs}}, \quad A_6 = \frac{\partial^2 D}{\partial \nabla T \partial \hat{e}^\alpha}, \quad A_7 = \frac{\partial^2 D}{\partial \nabla T \partial \dot{v}^\alpha} \end{aligned}\right\} \tag{6.59}$$

同样地，当 X 分别等于式（6.55）中其他广义力时，多场耦合作用式（6.57）中各系数亦可根据上述方法确定。式（6.57）是土体中各场耦合作用的一般式，其中包含了与应力场直接相关的项 $M(\dot{n}^f, \boldsymbol{d}^{sp}, \dot{n}^{fp})$、与渗流场相关的项 $H(\boldsymbol{v}^{fs})$、与化学场相关的项 $C(\hat{e}_\beta)$、与温度场相关的项 $T(\nabla T)$ 与其他因素相关的项（内变量 $\dot{v}^\alpha$）。可以综合考虑土体中各场之间的耦合效应，从而建立研究土体多场耦合的理论基础。当然，对于某一具体的问题，应在具体分析包含哪些场作用的前提下，对耗散不等式进行简化，略去影响不大的场引起的耗散。而对于某一具体的材料，需要根据所处理问题的类型、物理意义、已有的实验结果和研究经验确定耗散势函数 Ω 的具体形式。最后利用式（6.57）～式（6.59）确定各场之间相互耦合的关系。

6.5.2 线性假设

对于最简单的情况，可以忽略耦合效应，采用线性耗散假设。此时，通过令式(6.59)

等于不同的常数，就可以得到与线性非平衡态热力学理论相同的结果，也就是将耗散不等式中的各广义力表示成所有各广义流的线性组合。如果进一步忽略各种耦合效应，则存在一个二阶齐次的耗散势函数$\varPhi(J)$，根据式（3.48）定义有

$$2\varPhi = \nabla T \cdot R_{qq} \cdot \nabla T + : \boldsymbol{d}^{\mathrm{sp}} : R_{\mathrm{ss}} : \boldsymbol{d}^{\mathrm{sp}} + \sum_f R_{n\mathrm{p}}^f (\dot{n}^{f\mathrm{p}})^2 + \sum_f R_{nn}^f (\dot{n}^f)^2$$

$$+ \sum_d \sum_f \boldsymbol{v}^{d\mathrm{s}} \cdot R_{MM} \cdot \boldsymbol{v}^{f\mathrm{s}} + \sum_\alpha R_{mm} (\hat{e}^\alpha)^2 + \sum_\alpha R_{mm} (v^\alpha)^2 \tag{6.60}$$

利用式（3.54）可得到以下本构关系：

$$\tilde{\boldsymbol{\tau}}_q = R_{qq} \cdot \nabla T \tag{6.61a}$$

$$\tilde{\boldsymbol{\tau}}_{\mathrm{s}} = R_{\mathrm{ss}} : \boldsymbol{d}^{\mathrm{sp}} \tag{6.61b}$$

$$\tilde{\tau}_{n\mathrm{p}}^f = R_{np}^f \dot{n}^{f\mathrm{p}} \tag{6.61c}$$

$$\tilde{\tau}_n^f = R_{nn}^f \dot{n}^f \tag{6.61d}$$

$$\tilde{\boldsymbol{\tau}}_M^f = R_{MM}^f \cdot \boldsymbol{v}^{f\mathrm{s}} \tag{6.61e}$$

$$\tilde{\tau}_m^\alpha = R_{mm}^\alpha \hat{e}^\alpha \tag{6.61f}$$

$$\tilde{\tau}_v^\alpha = R_{vv}^\alpha v^\alpha \tag{6.61g}$$

式（6.61a）实际上就是傅里叶法则；式（6.61b）和式（6.61c）反映了非饱和土的弹塑性应力应变关系，将作为非饱和土本构方程的基础；式（6.61e）结合线动量平衡方程即可推导出孔隙流体的流动方程，在特定情况下，该方程可退化为达西定律。

6.5.3　非线性关系

对于更复杂的情况，通常要考虑各种复杂的耦合作用，下面给出几种经常遇到的特殊情况的非线性本构关系的表达式。

1. 固相的热弹塑性耦合本构方程表达式

固相的塑性变形由$\boldsymbol{d}^{\mathrm{sp}}$描述，考虑渗流场、温度场、化学场对固相应力场的影响，忽略其他因素的影响，此时耗散势函数为D_1，则固相有效广义应力为

$$\tilde{\boldsymbol{\tau}}_{\mathrm{s}} = \omega_M : \boldsymbol{d}^{\mathrm{sp}} + \omega_H \cdot \boldsymbol{v}^{f\mathrm{s}} + \omega_T \cdot \nabla T \tag{6.62}$$

式中，$\tilde{\boldsymbol{\tau}}_{\mathrm{s}}$定义为固相有效广义应力的耗散部分；$\omega_M = \dfrac{\partial^2 D_1}{\partial(\boldsymbol{d}^{\mathrm{sp}})^2}$表示荷载引起的固体骨架应变；$\omega_H = \dfrac{\partial^2 D_1}{\partial(\boldsymbol{d}^{\mathrm{sp}}\boldsymbol{v}^{f\mathrm{s}})}$表示渗流场对应力场的影响，称为固相的“渗流-力耦合系数”；$\omega_T = \dfrac{\partial^2 D_1}{\partial(\boldsymbol{d}^{\mathrm{sp}}\nabla T)}$表示温度场对应力场的影响，称为固相的“热-力耦合系数”。

2. 液相的黏弹塑性耦合本构方程表达式

考虑渗流场、温度场、化学场对液相应力场的影响，忽略其他因素的影响，此时的耗散势函数为 D_2，则：

$$\tilde{\boldsymbol{\tau}}_c^{\mathrm{w}} = \xi_M \cdot \dot{\boldsymbol{n}}^{\mathrm{wp}} + \xi_H \cdot \boldsymbol{v}^{\mathrm{ws}} + \xi_T \cdot \nabla T \tag{6.63}$$

式中，$\tilde{\boldsymbol{\tau}}_c^{\mathrm{w}}$ 定义为液相广义应力的耗散部分；$\xi_M = \dfrac{\partial^2 D_2}{\partial(\dot{\boldsymbol{n}}^{\mathrm{wp}})^2}$ 表示荷载作用引起的塑性含水量变化；$\xi_H = \dfrac{\partial^2 D_2}{\partial(\dot{\boldsymbol{n}}^{\mathrm{wp}}\boldsymbol{v}^{\mathrm{ws}})}$ 表示渗流场对液相应力场的影响，称为液相的“渗流-力耦合系数”；$\xi_T = \dfrac{\partial^2 D_2}{\partial(\dot{\boldsymbol{n}}^{\mathrm{wp}}\nabla T)}$ 表示温度场对液相应力场的影响，称为液相的“热-力耦合系数”。

3. 广义傅里叶定律表达式

考虑应力场、渗流场、化学场对热传导的影响，忽略其他因素的影响，此时的耗散势函数为 D_3，则：

$$\tilde{\boldsymbol{\tau}}_q = \zeta_T \cdot \nabla T + \zeta_M : \boldsymbol{d}^{\mathrm{sp}} + \zeta_M' \cdot \dot{\boldsymbol{n}}^{f\mathrm{p}} + \zeta_H \cdot \boldsymbol{v}^{f\mathrm{s}} \tag{6.64}$$

式中，$\tilde{\boldsymbol{\tau}}_q$ 定义为广义热流向量；$\zeta_T = \dfrac{\partial^2 D_3}{\partial(\nabla T)^2}$ 表示温度梯度引起的热量传递，称为“广义热传导系数”；$\zeta_M = \dfrac{\partial^2 D_3}{\partial(\nabla T \boldsymbol{d}^{\mathrm{sp}})}$ 表示固体骨架不可恢复变形过程中产生的热量；$\zeta_M' = \dfrac{\partial^2 D_3}{\partial(\nabla T \dot{\boldsymbol{n}}^{f\mathrm{p}})}$ 表示流体含量不可恢复变化过程中产生的热量；$\zeta_H = \dfrac{\partial^2 D_3}{\partial(\nabla T \boldsymbol{v}^{f\mathrm{s}})}$ 表示流体渗流过程中产生的热量。实际过程中，相对于温度梯度引起的热量，后几种原因引起的热量较小。

4. 广义达西定律表达式

考虑应力场、温度场、化学场对液相渗流的影响，忽略其他因素的影响，此时的耗散势函数为 D_4，则：

$$\tilde{\boldsymbol{\tau}}_M^f = \delta_H \cdot \boldsymbol{v}^{f\mathrm{s}} + \delta_M : \boldsymbol{d}^{\mathrm{sp}} + \delta_M' \cdot \dot{\boldsymbol{n}}^{f\mathrm{p}} + \delta_T \cdot \nabla T \tag{6.65}$$

式中，$\tilde{\boldsymbol{\tau}}_M^f$ 定义为广义渗流力，$\delta_H = \dfrac{\partial^2 D_4}{\partial(\boldsymbol{v}^{f\mathrm{s}})^2}$ 表示水力梯度作用引起的渗流，称为“广义渗透系数”；$\delta_M = \dfrac{\partial^2 D_4}{\partial(\boldsymbol{v}^{f\mathrm{s}}\boldsymbol{d}_{\mathrm{s}}^{\mathrm{p}})}$ 表示固体骨架塑性变形对渗流场的影响；$\delta_M' = \dfrac{\partial^2 D_4}{\partial(\boldsymbol{v}^{f\mathrm{s}}\dot{\boldsymbol{n}}^{f\mathrm{p}})}$ 表示流体含量不可恢复变化对渗流场的影响；$\delta_T = \dfrac{\partial^2 D_4}{\partial(\boldsymbol{v}^{f\mathrm{s}}\nabla T)}$ 表示温度场对渗流场的影响。

5. 线性耦合

当仅考虑线性耦合时，即耗散势函数取一阶级数展开的形式时，式（6.62）～式（6.65）中等号右端各广义流前的系数 ω 、ξ 、ζ 、δ 退化为材料参数，则上述非线性的耦合模型可退化为 Singh 的线性耦合模型（Singh et al., 2003）：

$$\tilde{\boldsymbol{\tau}}_{\mathrm{s}} = a\overset{(m)}{\boldsymbol{E}_{\mathbf{s}}} + \boldsymbol{b}\cdot\nabla T \tag{6.66}$$

$$\tilde{\boldsymbol{\tau}}_{c}^{\mathrm{w}} = c\dot{n}^{\mathrm{wp}} + \boldsymbol{d}\cdot\nabla T \tag{6.67}$$

$$\tilde{\boldsymbol{\tau}}_{q} = \boldsymbol{e}\cdot\nabla T + \boldsymbol{f}\cdot\overset{(m)}{\boldsymbol{E}_{\mathrm{s}}} \tag{6.68}$$

$$\tilde{\boldsymbol{\tau}}_{M}^{f} = \boldsymbol{g}\cdot\boldsymbol{v}^{f\mathrm{s}} + \boldsymbol{h}\cdot\nabla T \tag{6.69}$$

式中，$a,\boldsymbol{b},c,\boldsymbol{d},\boldsymbol{e},\boldsymbol{g},\boldsymbol{h}$ 为材料参数，$\overset{(m)}{\boldsymbol{E}_{\mathrm{s}}}$ 为 $\boldsymbol{E}_{\mathrm{s}}$ 的 $\boldsymbol{m}$ 阶物质导数，用来描述固相的黏性。值得注意的是，对于土体来说，塑性的影响更为重要，所以本书考虑了土骨架的塑性。若忽略耦合影响，上述模型可进一步退化为不考虑耦合的模型（式（6.61））。

6.6 本章小结

受周围复杂环境影响，土体并不是受单一场的作用，而是受到多场共同耦合作用。现有多场耦合理论大多从经验出发，通过实验或数值方法建立起处理多场耦合下土体响应的分析方法，难以建立统一、一致的多场耦合理论。为此，本章利用多孔介质理论建立了土体的基本模型，多相孔隙介质理论是一种先验的理论，它是根据人类在生产和实践活动中对自然的认识，建立起的最基本的定律，在此基础上再根据某些原则和公理，演绎出针对具体问题的控制方程。将土体这一多孔介质视为由弹塑性固体骨架、黏性液体和理想气体组成，在考虑变形、渗流、热传导等多场耦合效应基础上，建立了三相土体多场耦合问题的理论框架。在复合混合物理论基础上，得到了非饱和土在非平衡态时的本构关系、平衡态时的本构关系式、近平衡态时各广义力和广义流的耦合关系式。为了使问题简化，此处推导过程中并没有考虑多组分的影响，也没有针对交界面建立方程，对于这些更复杂的问题，可参照本章类似的方法，给出基本方程后，可以推导出相应的关系式，详细过程可参考文献（Hassanizadeh et al.，1979b；蔡国庆，2012）。本章所有耦合关系式都是基于多孔介质理论推导得到的土体中多场耦合的一般表达式，可以作为实验和数值方法研究的理论基础。当然，对于具体情形下的某些多场耦合问题，还需要结合理论和实验确定耗散函数的具体形式，从而给出具体的耦合方程和相应参数的确定方法。

第 7 章　土力学理论的热力学基础

土力学是一种技术，也应该是一门科学。它是关于土的力学性质和状态（也包括土的渗流性质）发展、变化规律的一门对客观事物认识的科学，而不是仅以解决工程问题为目的的技术或技艺。土力学既然是一门科学就有它的基础理论部分，从事关于土力学基础理论部分的研究就属于基础性研究。科学研究史表明：基础性研究对一般性知识以及自然界及其规律的认识有贡献，就可以得到认可；基础性研究如果仅以不成熟的实际应用为目标，就有可能放弃或断送它的学术性和创造力。对土力学的研究亦是如此，具有实用价值的基础性研究值得提倡，但若采用完全实用主义的态度则不可行。例如，本构模型的研究属于土力学中的基础性研究，对于这种研究如果过分强调它的实用性，就有可能断送一些有创造性的研究。当然，土的本构关系的研究应尽可能地考虑它的实用性，但也不必非具有实用性才可以研究，主要看它的创造性如何，它是否能够促进该学科的发展。

热力学是从研究热和力等现象的关系中发展起来的宏观唯象学的理论，和自然科学的其他学科相比，热力学具有一个非常显著的特点即普适性。土是一种复杂的多相多组分材料，因此以热力学为基础，基于多相孔隙介质理论对非饱和土进行研究是一个具有挑战性的研究方向。本章试图利用热力学这一基础理论来对土力学的基本理论进行解释，使得土力学理论可以建立于更加严密的基础之上。

7.1　非饱和土变形功的表达式

用混合物理论建立的方程与土力学、水文学等工程学科建立的方程，因采用的基本运动量不一致而导致方程的形式也不同。例如，在式（6.5）中定义的整体速度是质量平均加权后的速度，但在土力学或水文学中，通常都是以土骨架速度 $\boldsymbol{v}^s$ 作为参照系而建立渗流方程或其他方程。本节试图以土力学中使用的一些基本变量作为出发点和参照系，推导并建立一些相应的物理量和基本方程。推导过程中给出非饱和土的四个基本假定。

（1）非饱和土中的同一点，三相温度相同；

（2）忽略在不同相之间的质量、动量、内能的转化；

（3）假定三相之间有明显的交界面，并不能相互浸入和混溶；

（4）非饱和土各相之间没有熵的互相变换。

定义 α 相流体物质的相对（固体）速度 $\boldsymbol{v}^{\alpha s}$ 为

$$\boldsymbol{v}^{\alpha s} = \boldsymbol{v}^{\alpha} - \boldsymbol{v}^{s} \tag{7.1}$$

式中，$\boldsymbol{v}^{\alpha s}$ 为 α 相流体物质的相对速度（流体本身真实速度）。非饱和土体积分数可用下面土力学中常用的量计算：

$$n^{s} = 1 - n,\quad n^{w} = nS_{r},\quad n^{g} = n(1 - S_{r}) \tag{7.2}$$

式中，n 为孔隙率；S_r 为饱和度。

如果忽略质量交换项，单相的质量守恒方程式（6.3）可以表示为

$$\frac{\mathrm{d}^{\alpha}}{\mathrm{d}t}(n^{\alpha}\rho_{\alpha}) + n^{\alpha}\rho_{\alpha}\nabla\cdot(\boldsymbol{v}^{\alpha}) = 0 \tag{7.3}$$

α 相的体积模量 K_α 可以表示为

$$K_{\alpha} = \rho_{\alpha}\frac{\mathrm{d}p^{\alpha}}{\mathrm{d}\rho_{\alpha}} \tag{7.4}$$

式中，p^α 为代表性单元中 α 相的压力。

取土骨架的运动量作为参照系，将式（7.4）代入式（7.3）中可以得到用体积分数表示的质量守恒方程为

$$\frac{n^{\alpha}}{K_{\alpha}}\frac{\mathrm{d}^{\alpha}p^{\alpha}}{\mathrm{d}t} + \frac{\mathrm{d}^{\alpha}n^{\alpha}}{\mathrm{d}t} + n^{\alpha}\nabla\cdot\boldsymbol{v}^{s} = -n^{\alpha}\nabla\cdot\boldsymbol{v}^{\alpha s}\quad(\alpha = \mathrm{s,w,g}) \tag{7.5}$$

下面将推导以土骨架的速度 $\boldsymbol{v}^{s}$ 为参照系的三相非饱和土的总变形功 W 的表达式。总的能量平衡方程采用式（6.14），式（6.14）右端第一项为总的变形功 W，它可以表示为

$$\begin{aligned}
W &= \sum \mathrm{tr}(n^{\alpha}\boldsymbol{\sigma}^{\alpha}\cdot\boldsymbol{d}^{\alpha}) = \sum \mathrm{tr}(n^{\alpha}\boldsymbol{\sigma}^{\alpha}\cdot\nabla\boldsymbol{v}^{\alpha}) \\
&= \mathrm{tr}(n^{s}\boldsymbol{\sigma}^{s}\cdot\nabla\boldsymbol{v}^{s}) + \mathrm{tr}(n^{w}\boldsymbol{\sigma}^{w}\cdot\nabla\boldsymbol{v}^{w}) + \mathrm{tr}(n^{g}\boldsymbol{\sigma}^{g}\cdot\nabla\boldsymbol{v}^{g}) \\
&= \mathrm{tr}[(\boldsymbol{\sigma} - n^{w}\boldsymbol{\sigma}^{w} - n^{g}\boldsymbol{\sigma}^{g})\cdot\nabla\boldsymbol{v}^{s}] + \mathrm{tr}(n^{w}\boldsymbol{\sigma}^{w}\cdot\nabla\boldsymbol{v}^{w}) + \mathrm{tr}(n^{g}\boldsymbol{\sigma}^{g}\cdot\nabla\boldsymbol{v}^{g}) \\
&= \mathrm{tr}(\boldsymbol{\sigma}\cdot\nabla\boldsymbol{v}^{s}) + \mathrm{tr}[n^{w}\boldsymbol{\sigma}^{w}\cdot\nabla(\boldsymbol{v}^{w} - \boldsymbol{v}^{s})] + \mathrm{tr}[n^{g}\boldsymbol{\sigma}^{g}\cdot\nabla(\boldsymbol{v}^{g} - \boldsymbol{v}^{s})] \\
&= \mathrm{tr}(\boldsymbol{\sigma}\cdot\nabla\boldsymbol{v}^{s}) + \mathrm{tr}(n^{w}\boldsymbol{\sigma}^{w}\cdot\nabla\boldsymbol{v}^{ws}) + \mathrm{tr}(n^{g}\boldsymbol{\sigma}^{g}\cdot\nabla\boldsymbol{v}^{gs})
\end{aligned} \tag{7.6}$$

式（7.6）中利用了总应力表达式：

$$\boldsymbol{\sigma} = \sum_{\alpha} n^{\alpha}\boldsymbol{\sigma}^{\alpha} \tag{7.7}$$

根据式（6.35b），液相应力 $\boldsymbol{\sigma}^{w}$ 和气相应力 $\boldsymbol{\sigma}^{g}$，与相应的流体压力有如下关系：

$$\boldsymbol{\sigma}^{w} = p^{w}\boldsymbol{\delta},\quad \boldsymbol{\sigma}^{g} = p^{g}\boldsymbol{\delta} \tag{7.8}$$

式中，$\boldsymbol{\delta} = [\delta_{ij}]$ 是 Kronecker 符号。此处按照土力学的习惯假定以压为正（若按通常固体力学以拉为正，则需在式（7.8）右端加一负号）。

把式（7.8）代入式（7.6）后可得

$$W=\mathrm{tr}(\boldsymbol{\sigma}\cdot\nabla\boldsymbol{v}^{\mathrm{s}})+n^{\mathrm{w}}p^{\mathrm{w}}\mathrm{tr}(\boldsymbol{\delta}\cdot\nabla\boldsymbol{v}^{\mathrm{ws}})+n^{\mathrm{g}}p^{\mathrm{g}}\mathrm{tr}(\boldsymbol{\delta}\cdot\nabla\boldsymbol{v}^{\mathrm{gs}}) \tag{7.9}$$

由于 $\mathrm{tr}(\boldsymbol{\delta}\cdot\nabla\boldsymbol{v}^{f\mathrm{s}})=\nabla\cdot\boldsymbol{v}^{f\mathrm{s}}$，（$f=\mathrm{w,g}$），所以式（7.9）可以表示为

$$W=\mathrm{tr}(\boldsymbol{\sigma}\cdot\nabla\boldsymbol{v}^{\mathrm{s}})+n^{\mathrm{w}}p^{\mathrm{w}}\nabla\cdot\boldsymbol{v}^{\mathrm{ws}}+n^{\mathrm{g}}p^{\mathrm{g}}\nabla\cdot\boldsymbol{v}^{\mathrm{gs}} \tag{7.10}$$

把式（7.5）代入式（7.10）后得

$$\begin{aligned}W&=\mathrm{tr}(\boldsymbol{\sigma}\cdot\nabla\boldsymbol{v}^{\mathrm{s}})+n^{\mathrm{w}}p^{\mathrm{w}}\nabla\cdot\boldsymbol{v}^{\mathrm{ws}}+n^{\mathrm{g}}p^{\mathrm{g}}\nabla\cdot\boldsymbol{v}^{\mathrm{gs}}\\&=\mathrm{tr}(\boldsymbol{\sigma}\cdot\nabla\boldsymbol{v}^{\mathrm{s}})-\left(\frac{n^{\mathrm{w}}p^{\mathrm{w}}}{K_{\mathrm{w}}}\frac{\mathrm{d}^{\mathrm{w}}p^{\mathrm{w}}}{\mathrm{d}t}+p^{\mathrm{w}}\frac{\mathrm{d}^{\mathrm{w}}n^{\mathrm{w}}}{\mathrm{d}t}+n^{\mathrm{w}}p^{\mathrm{w}}\nabla\cdot\boldsymbol{v}^{\mathrm{s}}\right)\\&\quad-\left(\frac{n^{\mathrm{g}}p^{\mathrm{g}}}{K_{\mathrm{g}}}\frac{\mathrm{d}^{\mathrm{g}}p^{\mathrm{g}}}{\mathrm{d}t}+p^{\mathrm{g}}\frac{\mathrm{d}^{\mathrm{g}}n^{\mathrm{g}}}{\mathrm{d}t}+n^{\mathrm{g}}p^{\mathrm{g}}\nabla\cdot\boldsymbol{v}^{\mathrm{s}}\right)\\&=\underbrace{\mathrm{tr}(\boldsymbol{\sigma}\cdot\nabla\boldsymbol{v}^{\mathrm{s}})}_{\mathrm{I}}-\underbrace{\left(p^{\mathrm{w}}\frac{n^{\mathrm{w}}}{K_{\mathrm{w}}}\frac{\mathrm{d}^{\mathrm{w}}p^{\mathrm{w}}}{\mathrm{d}t}+p^{\mathrm{g}}\frac{n^{\mathrm{g}}}{K_{\mathrm{g}}}\frac{\mathrm{d}^{\mathrm{g}}p^{\mathrm{g}}}{\mathrm{d}t}\right)}_{\mathrm{II}}\\&\quad-\underbrace{\left(p^{\mathrm{w}}\frac{\mathrm{d}^{\mathrm{w}}n^{\mathrm{w}}}{\mathrm{d}t}+p^{\mathrm{g}}\frac{\mathrm{d}^{\mathrm{g}}n^{\mathrm{g}}}{\mathrm{d}t}\right)}_{\mathrm{III}}-\underbrace{(n^{\mathrm{w}}p^{\mathrm{w}}+n^{\mathrm{g}}p^{\mathrm{g}})\nabla\cdot\boldsymbol{v}^{\mathrm{s}}}_{\mathrm{IV}}\end{aligned} \tag{7.11}$$

将式（7.11）分为Ⅰ、Ⅱ、Ⅲ、Ⅳ四个部分，分别对其进行化简，具体步骤如下。Ⅰ和Ⅱ保留不变，将式（7.2）代入Ⅲ中有

$$\begin{aligned}\mathrm{III}&=p^{\mathrm{w}}\frac{\mathrm{d}^{\mathrm{w}}n^{\mathrm{w}}}{\mathrm{d}t}+p^{\mathrm{g}}\frac{\mathrm{d}^{\mathrm{g}}n^{\mathrm{g}}}{\mathrm{d}t}\\&=p^{\mathrm{w}}\frac{\mathrm{d}^{\mathrm{s}}(nS_{\mathrm{r}})}{\mathrm{d}t}+p^{\mathrm{w}}\nabla n^{\mathrm{w}}\cdot\boldsymbol{v}^{\mathrm{ws}}+p^{\mathrm{g}}\frac{\mathrm{d}^{\mathrm{s}}[n(1-S_{\mathrm{r}})]}{\mathrm{d}t}+p^{\mathrm{g}}\nabla n^{\mathrm{g}}\cdot\boldsymbol{v}^{\mathrm{gs}}\\&=\underbrace{n(p^{\mathrm{w}}-p^{\mathrm{g}})\frac{\mathrm{d}^{\mathrm{s}}S_{\mathrm{r}}}{\mathrm{d}t}}_{\mathrm{IIIa}}+\underbrace{[S_{\mathrm{r}}p^{\mathrm{w}}+(1-S_{\mathrm{r}})p^{\mathrm{g}}]\frac{\mathrm{d}^{\mathrm{s}}n}{\mathrm{d}t}}_{\mathrm{IIIb}}+\underbrace{p^{\mathrm{w}}\nabla n^{\mathrm{w}}\cdot\boldsymbol{v}^{\mathrm{ws}}+p^{\mathrm{g}}\nabla n^{\mathrm{g}}\cdot\boldsymbol{v}^{\mathrm{gs}}}_{\mathrm{IIIc}}\end{aligned}$$

利用式（7.2）和式（7.5）（$\alpha=\mathrm{s}$），Ⅳ可以表示为

$$\begin{aligned}\mathrm{IV}&=(n^{\mathrm{w}}p^{\mathrm{w}}+n^{\mathrm{g}}p^{\mathrm{g}})\nabla\cdot\boldsymbol{v}^{\mathrm{s}}=[S_{\mathrm{r}}p^{\mathrm{w}}+(1-S_{\mathrm{r}})p^{\mathrm{g}}]n\nabla\cdot\boldsymbol{v}^{\mathrm{s}}\\&=[S_{\mathrm{r}}p^{\mathrm{w}}+(1-S_{\mathrm{r}})p^{\mathrm{g}}]\left(\nabla\cdot\boldsymbol{v}^{\mathrm{s}}+\frac{n^{\mathrm{s}}}{K_{\mathrm{s}}}\frac{\mathrm{d}^{\mathrm{s}}p^{\mathrm{s}}}{\mathrm{d}t}+\frac{\mathrm{d}^{\mathrm{s}}n^{\mathrm{s}}}{\mathrm{d}t}\right)\\&=\underbrace{[S_{\mathrm{r}}p^{\mathrm{w}}+(1-S_{\mathrm{r}})p^{\mathrm{g}}]\nabla\cdot\boldsymbol{v}^{\mathrm{s}}}_{\mathrm{IVa}}+\underbrace{[S_{\mathrm{r}}p^{\mathrm{w}}+(1-S_{\mathrm{r}})p^{\mathrm{g}}]\frac{n^{\mathrm{s}}}{K_{\mathrm{s}}}\frac{\mathrm{d}^{\mathrm{s}}p^{\mathrm{s}}}{\mathrm{d}t}}_{\mathrm{IVb}}-\underbrace{[S_{\mathrm{r}}p^{\mathrm{w}}+(1-S_{\mathrm{r}})p^{\mathrm{g}}]\frac{\mathrm{d}^{\mathrm{s}}n}{\mathrm{d}t}}_{\mathrm{IVc}}\end{aligned}$$

将Ⅳa 与Ⅰ合并，Ⅳb 与Ⅱ合并，同时可以发现Ⅲb 与Ⅳc 正好相互抵消，将它们代入式（7.11），W 可以重新表示为

$$
\begin{aligned}
W = & \left\{ \underbrace{\operatorname{tr}(\boldsymbol{\sigma}\cdot\nabla\boldsymbol{v}^s)}_{\text{I}} - \underbrace{[S_r p^w + (1-S_r)p^g]\nabla\cdot\boldsymbol{v}^s}_{\text{IVa}} \right\} - \underbrace{n(p^w - p^g)\frac{\mathrm{d}^s S_r}{\mathrm{d}t}}_{\text{IIIa}} \\
& - \left\{ \underbrace{\left[p^w \frac{n^w}{K_w}\frac{\mathrm{d}^w p^w}{\mathrm{d}t} + p^g \frac{n^g}{K_g}\frac{\mathrm{d}^g p^g}{\mathrm{d}t} \right]}_{\text{II}} + \underbrace{[S_r p^w + (1-S_r)p^g]\frac{n^s}{K_s}\frac{\mathrm{d}^s p_s}{\mathrm{d}t}}_{\text{IVb}} \right\} \\
& - \underbrace{p^w\nabla n^w \cdot \boldsymbol{v}^{ws} + p^g\nabla n^g \cdot \boldsymbol{v}^{gs}}_{\text{IIIc}} \\
= & \operatorname{tr}\left\{ \{\boldsymbol{\sigma} - [S_r p^w + (1-S_r)p^g]\boldsymbol{\delta}\}\cdot\nabla\boldsymbol{v}^s \right\} - n(p^w - p^g)\frac{\mathrm{d}^s S_r}{\mathrm{d}t} \\
& - \left\{ p^w \frac{n^w}{K_w}\frac{\mathrm{d}^w p^w}{\mathrm{d}t} + P_g \frac{n^g}{K_g}\frac{\mathrm{d}^g p^g}{\mathrm{d}t} + [S_r p^w + (1-S_r)p^g]\frac{n^s}{K_s}\frac{\mathrm{d}^s p^s}{\mathrm{d}t} \right\} \\
& - (p^w\nabla n^w \cdot \boldsymbol{v}^{ws} + p^g\nabla n^g \cdot \boldsymbol{v}^{gs})
\end{aligned}
\tag{7.12}
$$

如果令

$$\tilde{\boldsymbol{\sigma}} = \boldsymbol{\sigma} - [S_r p^w + (1-S_r)p^g]\boldsymbol{\delta} \tag{7.13}$$

$$\tilde{s} = sn = -n(p^w - p^g) \tag{7.14}$$

在平衡条件下，根据式（6.49），忽略动量交换项，有

$$\hat{\boldsymbol{p}}^f = p^f\nabla n^f = n^f \rho^f \frac{\partial A^f}{\partial n^f} \quad (f = \mathrm{w,g}) \tag{7.15}$$

液相自由能函数视为液相体积分数的函数，表明液相体积分数梯度是流动驱动力之一，是由于流体含量的变化而产生，对于描述土体的渗流问题有重要作用。

假设液体和固体本身不可压缩，从而有

$$\frac{1}{K_w} = \frac{1}{\rho_w}\frac{\mathrm{d}\rho_w}{\mathrm{d}p^w} = 0, \quad \frac{1}{K_s} = \frac{1}{\rho_s}\frac{\mathrm{d}\rho_s}{\mathrm{d}p^s} = 0 \tag{7.16}$$

将式（7.13）～式（7.16）代入式（7.12）中，得到功的表达式的最终形式为

$$W = \operatorname{tr}\{\tilde{\boldsymbol{\sigma}}\cdot\nabla\boldsymbol{v}^s\} + \tilde{s}\frac{\mathrm{d}^s S_r}{\mathrm{d}t} - p^g\frac{n^g}{K_g}\frac{\mathrm{d}^g p^g}{\mathrm{d}t} - (\hat{\boldsymbol{p}}^w \cdot \boldsymbol{v}^{ws} + \hat{\boldsymbol{p}}^g \cdot \boldsymbol{v}^{gs}) \tag{7.17}$$

式（7.17）中第一项是由土骨架变形引起的功，它表示为应力 $\tilde{\boldsymbol{\sigma}}$ 与土骨架应变率之积，表征了使土骨架产生变形的驱动应力 $\tilde{\boldsymbol{\sigma}}$ 作用的功，也有人称为平均土骨架应力（average soil skeleton stress），通常认为它是由土骨架承担并沿着土骨架而传递的应力，

即为非饱和土的有效应力，第二项表示由基质吸力作用而产生的功，其中修正吸力 $\tilde{s}$ 是广义驱动应力，而液相饱和度 $\dot{S}_{\mathrm{r}}$ 是与之相对应的广义流；第三项代表各相（包括固体、气体与液体）压力变化所做的功，由于忽略了液体和固体的压缩性，因此该项表示的是气体压力变化所做的功。式（7.17）最后两项表示的是孔隙流体相对于固体土骨架运动，如流体扩散而做的功。

由热力学理论可以知道，能量守恒定律是一种普适的定律。从热力学原理出发，当忽略热的影响时能量平衡方程（热力学第一定律）中的变形功（work of deformation）是处理广义力与广义变形关系的理论基础。多相孔隙介质或非饱和土也必然满足这一定律。因此用能量守恒方程中的变形功对非饱和土中的应力和变形进行表述是很自然的。能量方程中的变形功包括了非饱和土内各相的应力以及与这些应力相对偶的广义应变（它们之积等于变形功），它的讨论有助于对非饱和土力学性质的认识和本构关系的建立，因此受到有关研究者的注意。本书得到的总变形功的表达式（7.17）与 Houlsby（1997）给出的非饱和土总变形功的表达式是相同的；区别仅在于，本书理论基础是多相孔隙介质理论，其前提与假设是明确的。另外，Houlsby 并没有用总变形功的表达式讨论非饱和土的有效应力原理（仅讨论了在非饱和土中建立有效应力的原则），而这之间的区别是明显的。

7.2 有效应力原理

科学就是定量地描述客观物质变化规律的学问。在定量描述时首先面临的问题就是变量的选择。变量的选择是至关重要的，它决定了建立何种控制方程和本构模型。在经典土力学中，有效应力原理就是选择独立变量的依据。有效应力原理告诉我们：是有效应力控制了土体的变形和强度。因此有效应力原理已经选择好了独立状态变量，即有效应力。而且该原理还告诉我们：土体的变形和强度是有效应力的唯一函数。

从热力学的观点，选择何种独立状态变量对土体系统进行描述是一个基本和重要的问题。当然独立状态变量的选择不是唯一的，而是有多种可能。通常独立的状态变量越少，相应的理论就会越简单，也便于工程师掌握和实际应用。但就土力学中的非饱和土而言，因其性质非常复杂，影响因素很多，土的行为对很多因素都很敏感（如吸力、饱和度、温度等），很难用一个独立状态变量对其行为进行全面的描述。因此，面临着既要简单、又需考虑很多敏感因素的两难抉择。通常状态变量的选择应该有理论基础和科学依据，例如，最好选取热力学能量守恒方程中的变形功所包含的变量形式作为状态变量，其理论基础是热力学能量守恒方程。

7.2.1 饱和土的有效应力原理

连续介质力学研究材料在外力作用下的变形和稳定性，它把应力作为影响材料变形和稳定性的最主要的甚至是唯一的原因。但是当把这一原则用于土体时却产生了问题。在土体中，总应力不再是影响土体变形和稳定性的唯一原因，土体内部的孔隙水压力和孔隙气压力会承担部分总应力，并且各相的作用和相互影响不可忽略。就饱和土而言，人们已经认识到：虽然孔隙水会分担部分总应力，但是它对土体的变形和稳定性的影响却很小，可以忽略不计。由此提出了饱和土的有效应力原理。

Terzaghi 指出饱和土的应力状态变量可以用一个有效应力来描述，即

$$\sigma'_{ij} = \sigma_{ij} - p^{\mathrm{w}}\delta_{ij} \tag{7.18}$$

式中，σ'_{ij} 为饱和土有效应力；σ_{ij} 为总应力；p^{w} 为孔隙水压力。Terzaghi 认为：有效应力是沿着土骨架传递的，它控制了饱和土的变形和强度，即在给定一组确定的参数和条件下，通过有效应力可以把变形和强度表示为它的函数。这里所谓的有效是指在确定的参数和条件下土体的强度和变形唯一受有效应力的控制。有效应力原理的实质就是：通过它可以建立饱和土的变形和强度与有效应力之间唯一和有效的函数关系。换句话说，用有效应力替代连续介质力学中的应力，就可以用与单相连续介质力学中同样的方式建立适用于饱和土的变形和强度的关系。然而在饱和土有效应力原理中已经增加了一个变量，即孔隙水压力变量。有效应力是一个抽象的宏观变量，它包括了孔隙尺度的孔隙水压力在宏观尺度平均化后的孔压变量，并且是由两个可测或可得到的变量组成的一个不可直接测量的抽象变量。

Skempton（1960）对孔隙材料（包括土、岩石和混凝土）中的有效应力原理进行了深入研究，给出了饱和孔隙材料的有效应力为

$$\sigma'_{ij} = \sigma_{ij} - kp^{\mathrm{w}}\delta_{ij} \tag{7.19}$$

式中，k 为不等于 1 的系数，对于强度问题，$k = 1 - a\tan\psi / \tan\phi'$，其中 a 为土颗粒之间的接触面积与总截面面积之比，ψ 为固相本征摩擦角，ϕ' 为剪切抗力角；对于变形问题，$k = 1 - C_{\mathrm{s}} / C$，其中 C_{s} 为土颗粒的压缩性，C 为孔隙材料的压缩性。由强度和变形问题中 k 值的不同可知，强度和变形问题的有效应力是不同的。只不过对压力不大的土体而言，两个 k 值相差不大，都近似等于 1。但当压力很大时，如深部岩石，采用 Terzaghi 给出的有效应力式（7.18）描述岩石的强度和变形就会产生较大的误差。

Mitchell（1976）给出了考虑物理–化学作用时的有效应力表达式为

$$\sigma'_{ij} = \sigma_{ij} - p^{\mathrm{w}}\delta_{ij} + (A - R)\delta_{ij} \tag{7.20}$$

式中，R 和 A 分别为平均的排斥压力和吸引压力，它们与颗粒间的电化学作用有关。通常认为，R 和 A 是微小量，可以忽略不计。但在处理海底采油引起的地面沉降等问题时，已有的研究表明物理–化学作用是不能忽略的（Risnes et al., 1999），即必须要采用式（7.20）来表示岩土介质中的有效应力。迄今为止，还没有建立起 R 和 A 的数学表达式，并且这两个量不能利用传感器直接测出来。另外，式（7.20）给出的有效应力表达式比较复杂，直到目前还没有在工程实践中得到广泛应用。

前面给出了有效应力的不同表述，它们都是在经典的有效应力原理的框架下讨论问题。即在确定的参数和条件下，通过强度和变形的实验结果反演有效应力的合理形式；或通过颗粒（或微观）尺度不同微观作用力（这些作用力考虑了其他因素，如物理-化学的影响）的平衡，得到土颗粒骨架传递的应力，并确认土骨架应力为有效应力。但按照有效应力原理的框架讨论土体的变形和强度的局限性在于：它仅认为有效应力是其唯一的控制因素，而忽略其他因素的影响；或把其他因素的影响仅归纳到有效应力的参数和条件或表达式中，而不是作为独立的状态变量。

实际上土体变形和强度是很多因素的函数，赵成刚和白冰（2009a）给出了饱和土体强度τ_f与多种影响因素的一种函数关系（变形关系也可以类似地表示）：

$$\tau_f = F(\sigma'_{ij}, e, \varepsilon_{ij}, \dot{\varepsilon}_{ij}, C, S, H, S_{\mathrm{p}}, t, T, E, \cdots) \tag{7.21}$$

式中，τ_f为抗剪强度；σ'_{ij}为有效应力；e为孔隙比；ε_{ij}为应变；$\dot{\varepsilon}_{ij}$为应变率；C为土的矿物成分；S为土的结构；H为土的应力历史；S_{p}为土的应力路径；t为时间；T为温度；E为周围环境和土的生成条件；还有其他一些影响因素没能列出，用省略号表示。

式（7.21）中各影响因素可能不是互相独立的，并且其具体的函数形式F也是未知的。通过长期的研究和实践，人们认识到：就饱和土而言，式（7.21）中诸多影响因素中，有效应力σ'_{ij}影响最大（忽略温度的影响）。如果只选择一个变量描述土体的变形和强度，那就只能选有效应力。莫尔-库伦强度理论就是这种选择的结果，但由于该理论忽略了很多其他因素的影响，必然会产生误差，所以导致c、φ值具有很大的离散性。如不同排水条件，c、φ值就不同。

近二三十年土力学的研究已经表明：把有效应力看作土体变形和强度的唯一控制变量的观点是有局限性的。例如，非饱和土力学的研究表明，采用饱和土的有效应力唯一确定非饱和土的变形和强度是行不通的。这时必须考虑其他因素的影响，如吸力或饱和度等的影响。另外，饱和砂土本构关系的研究也表明，仅采用通常剑桥模型给出的变量，即有效应力和孔隙比，难以有效地描述砂土的变形，还必须增加反映砂土密实程度的变量，如状态参量。所谓土的结构性的影响也有类似的情况，即仅采用有效应力难以控制土的强度和变形，还必须考虑土体结构的影响。

所以研究者不但要注意有效应力的影响（当然这无疑是正确的），还需换一个视角，考虑其他因素作为独立变量的影响；而不是在原有的经典的有效应力原理的框架下，仅在相应的参数和条件中考虑其他因素的影响。例如，在早期砂土本构模型中，把不同密实情况的砂土作为不同的初始条件考虑，这导致不同密实情况的砂土需要采用不同的本构模型进行描述，而不能在一个本构模型中统一地描述砂土不同的密实情况。但如果增加了一个变量，即描述土体密实程度的状态参量后，用一个本构模型就可以统一地描述砂土不同的密实情况。另外，强度和变形的应力路径依赖性则又是一个没有唯一性关系的例证，即使有效应力相同，但应力路径不同会得到不同的结果。因此如果采用了确定的有效应力后，还须考虑其他因素通过应力路径而反映的影响。当然这里应力路径是作为条件而不是作为变量处理的，否则就不会有唯一的结果。

目前土力学理论的预测结果具有很大的不确定性，产生这种情况的一个原因就在于仅采用有效应力作为唯一的独立变量。按照有效应力原理，土的强度和变形是由有效应力唯一控制的，但由式（7.21）可知土体变形和强度是很多因素的函数，有效应力原理忽略了所有其他因素的变化（作为独立变量）所产生的影响，仅选取有效应力作为唯一的控制变量，而把其他因素考虑为控制条件（即没有变化），而不是作为变量。土的强度和变形对很多因素都很敏感，忽略它们的影响会带来很大的误差。由于土力学的理论是基于有效应力原理建立起来的，由此给出的预测结果也必然会产生很大误差。通过土样的三轴试验就可以部分说明这一情况。通常三轴试验可以较为准确地控制土样所承受的有效应力。众所周知，同一人，采用同一台三轴仪和同一方法，施加相同的有效应力，做同一种试验，但却得不到相同的试验结果，即有误差。过去都把这种误差归因于土样的扰动，实际上，由于有效应力原理并没有考虑所有其他敏感因素的影响，所产生的误差也是不容忽视的，而土样扰动仅仅是所有其他敏感因素之一。

7.2.2　非饱和土有效应力的发展

饱和土的所有的力学性质都可以用有效应力来控制，如土体的体积变化及抗剪强度等。饱和土有效应力原理的成功使得人们希望能将这样一个有效应力扩展应用到非饱和土中。然而具有三相不同物质组成的非饱和土的性质非常复杂，到目前为止，对它的认识和理论描述还很有限，例如，有效应力原理在非饱和土中是否存在？如果存在，它的具体形式为何？这些问题到目前也没能得到很好的解决。采用不同的应力变量会建立不同形式的非饱和土弹塑性本构模型，由此可见选择应力变量的重要性。因为有效应力的研究是非饱和土的研究中最基本和最重要的，它是非饱和土的其他性质研究的基础和前提，所以促使研究者对其进行持续不断的研究。

1. Bishop 有效应力

Bishop（1959）将基质吸力和净应力进行组合，提出了著名的非饱和土单应力变量的有效应力，称为 Bishop 有效应力。与外力作用类似，吸力的改变也会引起土体的变形，因此把这两部分组合在一起，作为控制土体变形和强度的应力，从而有了 Bishop 有效应力：

$$\sigma'_{ij} = \bar{\sigma}_{ij} + \chi \cdot s \cdot \delta_{ij} \tag{7.22}$$

式中，$\bar{\sigma}_{ij} = \sigma_{ij} - p^{g}\delta_{ij}$ 为净应力；$s = p^{g} - p^{w}$ 为基质吸力；χ 称为有效应力参数或者

Bishop 参数，它受非饱和土性质的影响，从 0（干土时）到 1（饱和时）变化。式（7.22）的实质就是要像饱和土那样，利用 σ'_{ij} 确定非饱和土的变形和强度。

有效应力参数χ的确定是 Bishop 有效应力的关键问题。通常认为χ与土中流体所占孔隙的体积分数有关，Bishop 和 Donald（1961）尝试将参数表示为饱和度的函数。但是 Khalili 等（2004）认为实验结果表明χ与饱和度之间并不存在着唯一对应的关系，他们认为参数χ实际上描述了吸力对有效应力的贡献，与土体结构有很重要的关系。他们指出χ与吸力比（即基质吸力与进气值的比值）之间存在唯一对应关系，并给出了相应的χ的表达式。

Bishop 参数的复杂性，且与饱和度关系不唯一，使得它很难通过实验获得，可能需要进行一些非传统的实验来确定其取值。除此之外，Jennings 和 Burland（1962）还指出它无法描述非饱和土在湿化过程中的湿陷现象。他们对非饱和土进行了一系列的固结试验，试验表明在湿化过程（即减小吸力）中，所有土样都表现出湿陷。但用式（7.22）进行计算反而得到膨胀的结果，这与试验结果相悖。然而，Khalili 等（2004）指出湿陷现象本质上属于一种塑性变形机制，必须结合合适的塑性模型才可以进行描述，但是以上论述几乎都是基于弹性的模型框架，故无法描述这样一个塑性湿陷现象，因此不能把模型本身的缺陷归咎于应力变量。即使是饱和土，仅仅依靠应力状态变量而没有结合合适的塑性模型也是无法描述塑性行为的。所以他们认为合理的定义有效应力参数，结合完整的弹塑性本构模型，单应力变量的有效应力原理是可以描述非饱和土的强度和变形的。

总体上看，非饱和土单应力变量有效应力原理借鉴的是饱和土中有效应力概念，它是一种宏观、直觉、经验性的表达式，物理机制并不明确。事实上非饱和土的性质非常复杂，并取决于许多影响因素（包括非饱和土的各种应力，如总应力、液相压力、气相压力），仅用式（7.22）给出的有效应力不可能建立唯一的、考虑全面的非饱和土弹塑性本构关系。尽管如此，由于单应力变量有效应力原理简单，又和饱和土的有效应力的表达式类似，易于被接受和掌握，也易于在已有的有限元程序中实现和应用，到目前为止仍有人继续研究。在特定的范围和条件下，它用于实际工程会取得很好的效果，从工程应用的角度出发，针对单应力变量的有效应力原理及其工程应用的研究是有实际意义的。

2. 双应力变量理论

为了克服非饱和土中单应力变量有效应力的缺点，Coleman（1962），Bishop 和 Blight（1963），Blight（1967）建议用两个独立的应力变量（如净应力和基质吸力）来描述非饱和土的强度和变形。Fredlund 和 Morgenstern（1977）以多相连续介质力学为基础，通过对非饱和土进行应力平衡分析，指出非饱和土中任意一点的应力状态（总应力、孔隙水压和孔隙气压）都可以用两个独立的应力变量（净应力和吸力）的组合作为等效表示组合。他们还通过零位实验验证了采用两个独立变量的正确性。此后双应力变量理论（即认为用两个独立的变量可以确定非饱和土的变形和强度）的研究得到了迅速的发展，并居于非饱和土研究的主流地位。

当然，也有人对用双应力变量理论描述非饱和土的性质提出了质疑，指出其最主要的缺点在于它不能直接从非饱和状态过渡到饱和状态，也就是说当土体饱和时，吸力变为 0，而净应力却无法退化为饱和土 Terzaghi 有效应力。为了克服以上不足，有人建议用饱和有效应力（$\sigma'_{ij}=\sigma_{ij}-p^{\mathrm{w}}\delta_{ij}$）来代替净应力（$\bar{\sigma}_{ij}=\sigma_{ij}-p^{\mathrm{g}}\delta_{ij}$），如文献（Geiser et al., 2000）。尽管这种替换可以使应力从非饱和土状态很自然地过渡到饱和土状态，但是这会使得应力路径更加复杂，例如，干湿循环过程，不仅吸力在变，σ'_{ij} 也在变化。

此外，虽然零位实验证实了双应力变量的正确性，但是 Bocking 和 Fredlund 却撰文指出，当非饱和土的气相处于封闭状态时，零位实验所采用的轴平移技术不再有效。也就是说处于封闭状态的气相压力发生变化时导致的所谓轴平移会影响到非饱和土的性质，并使之发生变化。这时只用两个独立的应力变量（净应力和吸力）而忽略气相压力变化的影响可能会有问题。虽然 Tarantino 和 Mongiovì（2000）通过实验已经初步验证了气相连通时两个独立的应力变量理论的正确性以及轴平移技术的有效性。但他们仍然认为当非饱和土的气相处于封闭状态时两个独立的应力变量理论的正确性以及轴平移技术的有效性还需要进一步的研究和实验验证。Tarantino（2004）后来继续撰文指出轴平移技术具有一些局限性，认为它的有效性还没有被证实。可见非饱和土在高饱和度情况下（气相处于封闭状态）的研究是有问题的，因为土体从饱和到非饱和变化时采用轴平移技术是很不准确的。

另外双应力变量理论仍然不能很好地描述非饱和土的复杂现象，例如，Wheeler 等（2003）指出，非饱和土的性质不但受到净应力和基质吸力的影响，而且还受到其他因素的影响，如饱和度等，即使净应力、基质吸力和孔隙比相同，但两个具有不同饱和度土样的力学行为和土颗粒之间的相互作用力（即所谓的有效应力）却可以不同。

3. 吸力的概念和适用性以及非饱和土有效应力的适用范围

20 世纪 50 年代，研究者就已经认识到，吸力对非饱和土的性质和行为有重要影响，只有适当地考虑吸力的作用才能够真正理解非饱和土的性质和行为。吸力是土体内部土颗粒的表面与孔隙内的水和气相互作用而产生的，与外部荷载作用没有直接联系。当吸力很大时，只表明液相吸附到固相的程度很大，绝不能认为是传统意义上的负孔隙压力很大。总吸力一般分为基质吸力和溶质吸力两部分。溶质吸力与土的类型有关，只有对于塑性指数较大的土或有机矿物较多的黏土，溶质吸力才可能有较大的影响，这时需要考虑溶质吸力的影响。

溶质吸力与孔隙水中的化学成分含量和浓度有关。溶质吸力发生变化有时会对土的性质产生影响，例如，土中盐量改变，会使土的体积和强度发生变化。因此，当土体中的孔隙水有化学浓度变化或有化学溶液输运时，溶质吸力对土的性质就会有较大的影响。另外，溶质吸力与土颗粒表面的双电层关系密切，就塑性指数较大的土或有机物含量较多的黏土而言，溶质吸力（与基质吸力相比）可能会具有较大的影响。

在建立非饱和土的本构和强度关系时，通常要根据饱和度或含水量并通过土水特征曲线关系确定基质吸力。但值得注意的是：土水特征曲线中的基质吸力不仅包括毛细部分，还包括黏吸部分。毛细现象产生的基质吸力可以用 $s = p^{g} - p^{w}$ 表示。黏吸部分是由水与颗粒之间复杂的相互作用产生的，它包括长程的静电力（双电层理论）、短程的范德华力和其他水合作用，即所谓的物理-化学作用。吸力的这两个部分在概念上的区分是明显的，而实验很难明显区分这两个部分。因此应该明确了解这两部分基质吸力对非饱和土作用的机理和影响是不同的，吸力可以恰当地考虑为：一个描述液相吸附到固相程度的量，这种吸附是由液-固表面的相互作用产生的。另外黏吸部分用毛细基质吸力的形式 $s = p^{g} - p^{w}$ 表示，其合适与否也是值得研究的。就非黏性土或较高饱和度的土而言，毛细部分起控制作用；而对较高塑性指数的黏土或低饱和度的土，黏吸部分起控制作用。由于历史原因，目前非饱和土本构模型都是基于毛细作用建立的，而基质吸力随饱和度在整个 0～1 范围变化，就好像毛细现象在整个范围内都起主要作用。实际上，在低饱和度时毛细模型已经失效。因此低饱和度时应该考虑黏吸作用即物理-化学作用，由此建立相应的有效应力和本构模型。另外，塑性指数较大的黏土（如膨胀土）即使在高饱和度时，其黏吸部分也占有重要比例，不容忽视，也不能与毛细部分吸力相混淆；因此以毛细部分吸力（或负孔压力）为基础建立的膨胀土的本构模型，其适用性也值得探讨。若基质吸力的黏吸部分不能忽略时则必须考虑物理-化学作用的影响，并且还应该注意非饱和土有效应力和相应本构模型的适应性，并给出其适用范围。

吸力，工程中通常是指与毛细现象对应的毛细力，它对非饱和土的性质和行为有两种作用或影响：①吸力的变化会引起非饱和土的平均骨架应力的变化（通过孔隙内流体的平均压力的变化引起）；②毛细水表面的拉力提供了颗粒之间的附加拉力，因此形成了土颗粒之间的一种黏聚力。值得注意的是饱和状态（即饱和度）对这两种作用的影响很大。即使吸力相同，而饱和度不同时，非饱和土也会因饱和度的不同而使非饱和土的平均骨架应力发生变化；并且颗粒之间毛细连结的数目和连结强度也会随之发生较大的变化，从而导致非饱和土的强度、刚度，甚至渗透性产生较大变化。因此吸力（毛细力）对非饱和土性质的影响并不是由其单独作用而产生的，它与饱和度通常是同时存在并共同对土的性质产生影响的。且在讨论吸力对非饱和土性质的影响时一般不宜仅考虑吸力而不计及饱和度。也就是说，毛细现象仅采用吸力描述还不够，还必须同时考虑饱和度的影响。

Baker 和 Frydman（2009）讨论了非饱和土力学中吸力和轴平移技术的局限性。他们指出当气压近似认为一个大气压时，基于毛细现象的基质吸力，近似等于负孔隙水压力即孔隙水张力。受气化的影响，孔隙水中的张力不可能大于某一界限值（100～

400kPa）。在实际场地中大于这一值的基质吸力，由于受孔隙水气化的影响，是不存在的。所以当吸力超过这一界限值（100～400kPa）时，它代表什么，具有何种含义？此时非饱和土有效应力的适用性如何？更加重要的是，轴平移技术掩盖了负孔隙水压超过这一界限值的气化的影响，由此建立的非饱和土的有效应力和本构模型适用性又如何？这些问题都是值得思考和深入研究的。

7.2.3　从功的表达式确定有效应力

单应力变量借鉴了饱和土中有效应力的概念，它是一种宏观、直觉、经验性的表达式，其物理机制不明确，且其有效应力参数与饱和度的关系不唯一，使得其很难用实验来确定。双应力变量理论不能直接从非饱和状态过渡到饱和状态，也就是说当土体饱和时，吸力为 0，而净应力无法退化为 Terzaghi 有效应力，不能很好地描述非饱和土的复杂现象。由于非饱和土的性质不但受各相应力的影响，而且还受到如饱和度、气相压力变化等其他因素的影响，非饱和土的性质不可能像饱和土那样由单应力变量的有效应力唯一确定。

由热力学理论可以知道，能量守恒定律是一种普适的定律。从热力学原理出发，当忽略热的影响时能量平衡方程（热力学第一定律）中的变形功是处理广义力与广义变形关系的理论基础。多相孔隙介质或非饱和土也必然满足这一定律。因此用能量守恒方程中的变形功对非饱和土中的应力和变形进行表述是很自然的。能量方程中的变形功包括了非饱和土内各相的应力以及与这些应力相对偶的广义应变（它们之积等于变形功），它的讨论有助于对非饱和土力学性质的认识和本构关系的建立，因此受到有关研究者的注意。Houlsby（1997）对饱和土与非饱和土变形功的表达形式进行了研究和讨论。Dean 和 Houlsby（2005）则从变形功出发，讨论了饱和土与非饱和土中表达有效应力的原则和具体方式。Jommi（2000），Vaunat 等（2000a）也基于能量原理讨论了非饱和土的应力以及与这些应力相对偶的广义应变。

7.1 节利用连续孔隙介质理论推演得到了非饱和土变形功的表达式，给出了与固体骨架变形对偶的非饱和土的有效应力，基于变形功提出了非饱和土广义有效应力原理。

如果不考虑孔隙水和孔隙气的流动，式（7.17）推导得到的非饱和土变形功的表达式可简化为

$$W=\{\sigma_{ij}-[S_{\mathrm{r}}p^{\mathrm{w}}+(1-S_{\mathrm{r}})p^{\mathrm{g}}]\delta_{ij}\}\cdot\nabla\boldsymbol{v}^{\mathrm{s}}+sn\frac{\mathrm{d}S_{\mathrm{r}}}{\mathrm{d}t}-p^{\mathrm{g}}\frac{n^{\mathrm{g}}}{K_{\mathrm{g}}}\frac{\mathrm{d}p^{\mathrm{g}}}{\mathrm{d}t} \tag{7.23}$$

基于功的假定可将固体骨架应变在功上相对偶的广义应力定义为非饱和土的有效应力（Dean et al., 2005）。因此，由考察能量守恒方程中总变形功的表达方程式（7.23）可知，与土骨架位移在功上对偶的应力为式（7.13），它就是本书建议的非饱和土的有效应力：

$$\tilde{\sigma}_{ij}=\sigma_{ij}-[S_{\rm r}p^{\rm w}+(1-S_{\rm r})p^{\rm g}]\delta_{ij}=\bar{\sigma}_{ij}+sS_{\rm r}\delta_{ij} \tag{7.24}$$

也有人称式（7.24）为平均土骨架应力，通常认为它是由土骨架承担并沿着土骨架而传递的应力，这一点将在 7.2.4 节详细介绍。式（7.24）表示的有效应力可以从非饱和状态很自然地过渡到饱和状态，即当土体饱和时，将退化为 Terzaghi 有效应力。此外，由于表达式（7.24）中包含了饱和度和吸力，说明有效应力不仅受到吸力的影响，还受到了饱和度的影响，从而可以很好地描述土体干湿循环滞后效应对力学行为的影响，并进一步建立固液耦合的本构模型。

由式（7.13）可知，有效应力不但与各相应力有关，它还与孔隙中各相孔隙的体积分数（或饱和度相关）相关。这种有效应力与单相介质中柯西应力是不同的，它是混合物中各相应力的一种组合应力。另外从式（7.23）可知：变形功（或机械功）除了包括有效应力以外，还有基质吸力和气相压力变化（甚至渗流和扩散）的影响，而这些广义力都会对各种广义变形（如各相的体积分数）产生影响。在这种意义上本书建议的有效应力，就不能像饱和土中的有效应力那样去理解，即土的变形是由单应力变量的有效应力唯一确定，也不能由目前流行的非饱和土中双应力变量理论唯一地确定非饱和土的变形。这是因为即使净应力、基质吸力和孔隙比相同，但两个具有不同饱和度土样的力学行为以及土颗粒之间的相互作用力（即所谓的有效应力）却可以不同。

有效应力式（7.13）与 Bishop（1959）提出的有效原理相似，其不同之处仅在于它用饱和度 $S_{\rm r}$ 代替了 Bishop 的材料参数。式（7.13）中 $S_{\rm r}$ 和 $1-S_{\rm r}$ 的物理意义为：平均的孔隙水压力和孔隙气压力是以它们相应的孔隙的体积分数作为权重系数，因此这一有效应力代表了总应力减去以各自的体积分数作为权重系数的孔隙水压和孔隙气压的综合作用。也就是说在总应力中减去分别以各自的体积分数作为不同的权重的具有中性应力性质的流体压力的影响和作用。所以把这三种应力组合为一种有效应力，并且认为这种有效应力是沿着土骨架传递的。当饱和度 $S_{\rm r}=1$ 时，式（7.13）就从非饱和土的有效应力变为饱和土的有效应力。

式（7.23）给出了变形功在非饱和土中用具体的广义应力和与其相对偶的广义变形之积表示的表达式。非饱和土中各种应力和相应的弹塑性变形（包括弹塑性变形）是受式（7.23）右端所有项的影响，其中右端第一项表示在固体骨架中传递的有效应力与固体骨架变形之积产生的功，第二项表示基质吸力与孔隙水的变化之积产生的功，第三项是气体体积与气体压力变化之积产生的功。式（7.23）右端的三项功对通过自由能和耗散势确定的非饱和土中各相应力和相应的弹塑性变形均有影响。单应力变量的有效应力忽略了第二项和第三项功的影响，因而会产生较大的误差。而双应力变量理论，虽然考虑了更多的变量，但仅用双应力变量也很难建立准确、唯一的本构关系。Wheele 等（2003）的工作不但考虑了双应力变量，还考虑了饱和度对非饱和土的影响，实质上他们的做法已经包括了式（7.23）右端第一项和第二项功的总的作用和影响，但仍然没有考虑第三项功的影响。如前所述，无论是单应力变量的有效应力或双应力变量理论，都难以准确地描述非饱和土的复杂的性质和行为。总结前人的研究成果认为：非饱和土的性质不可能像饱和土那样由单应力变量的有效应力唯一确定，而应进一步考虑其他因素的影响（如饱和度和气体压力的变化等）。

基于上述认识，Zhao 和 Zhang（2008）提出非饱和土广义有效应力原理为：它应当以三相非饱和土的总变形功表达式（7.23）为基础，考虑式（7.23）中所有三项的影响，即需要考虑式（7.23）中所有广义力，与其相对偶的广义变形的作用以及相互影响。因此，建立非饱和土的本构方程所需的应力状态变量应当包括非饱和土的有效应力、修正吸力和气相压力三个独立的状态变量，所以应力变量 $\boldsymbol{\sigma}^\alpha$ 和应变变量 $\boldsymbol{\varepsilon}^\alpha$ 分别表示为

$$\boldsymbol{\sigma}^\alpha=\begin{cases}\tilde{\boldsymbol{\sigma}}, & \alpha=\mathrm{s}\\ \tilde{s}, & \alpha=\mathrm{w}\\ p^{\mathrm{g}}, & \alpha=\mathrm{g}\end{cases}\qquad \boldsymbol{\varepsilon}^\alpha=\begin{cases}\boldsymbol{\varepsilon}, & \alpha=\mathrm{s}\\ S_{\mathrm{r}}, & \alpha=\mathrm{w}\\ \varepsilon_{\mathrm{g}}, & \alpha=\mathrm{g}\end{cases}\tag{7.25}$$

单应力变量（Bishop 有效应力）和双应力变量实际上是式（7.25）中三种应力变量（有效应力、吸力和气相压力）的简化表示的结果。单应力变量只是式（7.25）中的第一部分，而双应力变量属于前两部分，但其忽略了饱和度因素的影响。

目前普遍认同，采用两个应力变量作为本构变量。但采用何种具体变量，依赖于研究者的认识和方便。如双应力变量使用比较广泛，主要是由于大多数实际问题中气压被认为是常量，即等于大气层压力，而保持气压为常量会减少气体压缩对实验结果的影响。另外本构模型的优劣不仅取决于所选择的应力或本构变量，更重要的是取决于它对非饱和土的关键性质的描述能力。需要指出的是，饱和度对其结构和刚度等性质的影响是不容忽略的。

7.2.4　平均土骨架应力的推导

从功的表达式出发，可以得到非饱和土的有效应力的表达式（7.24），通常也称为平均土骨架应力。究竟什么是平均土骨架应力，它如何在土体中传递？本节将通过简单的模型来对平均土骨架应力进行详细的推导。

1. 非饱和土总应力和各相应力的关系

首先讨论非饱和土应力状态的表述。为此在非饱和土体中选取一个表征体元，如图 7.1 所示。

为了简化分析，假设非饱和土是均质各向同性的，且土中的水和气均是连通的。忽略非饱和土中物理化学作用力和颗粒尺寸的影响，只考虑三相应力的作用。

Lu（2008）对多相介质材料中表征体元上的应力进行了详细描述。他指出，颗粒（或微观）尺度上的应力变量（即各相的应力）要转化为上一尺度（即表征体元尺度）

的应力，即应当先乘以各自实际所占据的面积，使其转化为相应的力；再使其在整个表征体元截面上进行平均，得到表征体元尺度上的应力变量，即表征应力。下面的论证将采取这种方法，即先把各相的应力转化为表征体元尺度的宏观应力，然后用连续介质力学的方法求解。

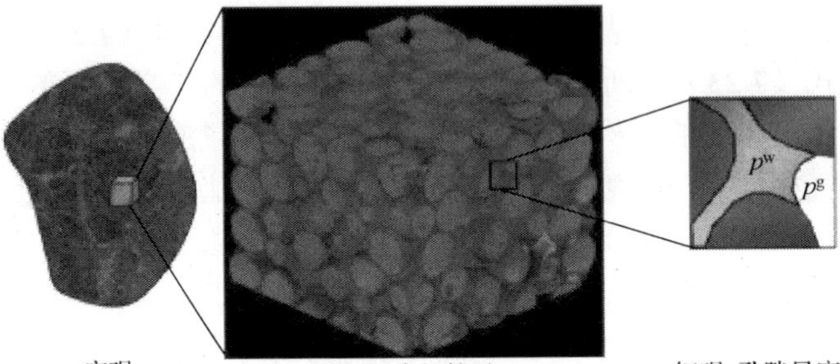

图 7.1　非饱和土表征体元（REV）

设表征体元体积为 $V = \mathrm{d}x\mathrm{d}y\mathrm{d}z$，各截面的面积为 $A = \mathrm{d}x\mathrm{d}y = \mathrm{d}y\mathrm{d}z = \mathrm{d}z\mathrm{d}x$，若非饱和土的孔隙率为 n，饱和度为 S_{r}，则土骨架的体积为 $V(1-n)$，孔隙水的体积为 VnS_{r}，孔隙气的体积为 $Vn(1-S_{\mathrm{r}})$。类似地，若土颗粒、孔隙水、孔隙气的密度分别用 ρ_{s}、ρ_{w}、ρ_{g} 表示，则单位体积中土骨架、水和气的重力（体积力）分别为 $(1-n)\rho_{\mathrm{s}}g$、$nS_{\mathrm{r}}\rho_{\mathrm{w}}g$、$n(1-S_{\mathrm{r}})\rho_{\mathrm{g}}g$。用 $\bar{\sigma}_{ij}$、p^{w}、p^{g} 分别表示切割面上土颗粒的本征应力（本征应力意味着作用于相应相内的真实应力）、本征孔隙水压力和本征孔隙气压力，见图 7.2(a)；将这三个应力在表征体元总截面面积 A 上进行平均等效后，分别用 σ_{ij}、σ_{w}、σ_{g} 表示，称为各相的表征应力，见图 7.2(b)。

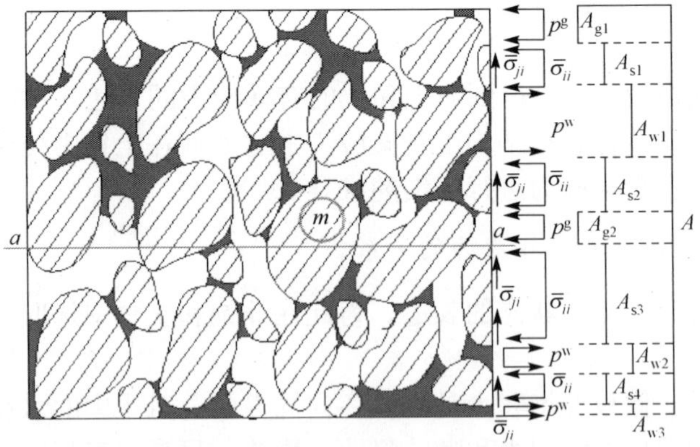

(a) 非饱和土本征应力示意图

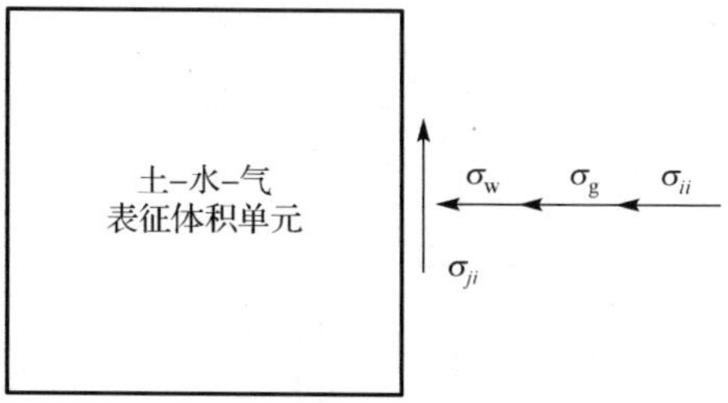

(b) 表征体元表征应力示意图

图 7.2　本征应力与表征应力示意图

本图参考文献（Lu, 2008）修改

表征应力可以表示为

$$\sigma_{ij} = \frac{\bar{\sigma}_{ij} A_s}{A} \approx (1-n)\bar{\sigma}_{ij} \tag{7.26}$$

$$\sigma_w = \frac{p^w A_w}{A} \approx p^w n S_r \tag{7.27}$$

$$\sigma_g = \frac{p^g A_g}{A} \approx p^g n(1-S_r) \tag{7.28}$$

式中，A_s、A_w、A_g 分别表示图7.2(a)右侧竖向切割面上土颗粒的面积、孔隙水的面积和孔隙气的面积，$A_s = A_{s1} + A_{s2} + A_{s3} + A_{s4}$，$A_w = A_{w1} + A_{w2} + A_{w3}$，$A_g = A_{g1} + A_{g2}$。

通过把本征应力转化为表征应力后，就可以把非饱和土近似地等效为一种三相连续孔隙介质材料，并假定：其中每一点都同时存在三相物质，并且每一相中又存在与其对应的表征应力（这与实际情况完全不同）。

分别对土骨架、水和气相取隔离体，并进行受力分析，其结果如图 7.3 所示。图 7.3(a)表示土骨架的受力情况，土骨架所受到 i 方向孔隙水和气的作用分别用 f_i^{sw} 和 f_i^{sg} 表示。图 7.3(b)表示液相受力情况，其中 f_i^{ws} 和 f_i^{wg} 分别表示 i 方向孔隙水受到固相和气相的作用。图 7.3(c)表示气相受力情况，其中 f_i^{gs} 和 f_i^{gw} 分别表示 i 方向孔隙气体受到固相和液相的作用。

在表征体元上平均化后，得到用表征应力表述的三相各自的平衡方程为

$$\left.\begin{aligned} \sigma_{ij,j} + (1-n)\rho_s g_i + f_i^{sw} + f_i^{sg} = 0 \\ \sigma_{w,i} + nS_r\rho_w g_i + f_i^{ws} + f_i^{wg} = 0 \\ \sigma_{g,i} + n(1-S_r)\rho_g g_i + f_i^{gs} + f_i^{gw} = 0 \end{aligned}\right\} \tag{7.29}$$

将式（7.26）、式（7.27）和式（7.28）三式代入式（7.29）中，得到用本征应力表述的三相平衡方程为

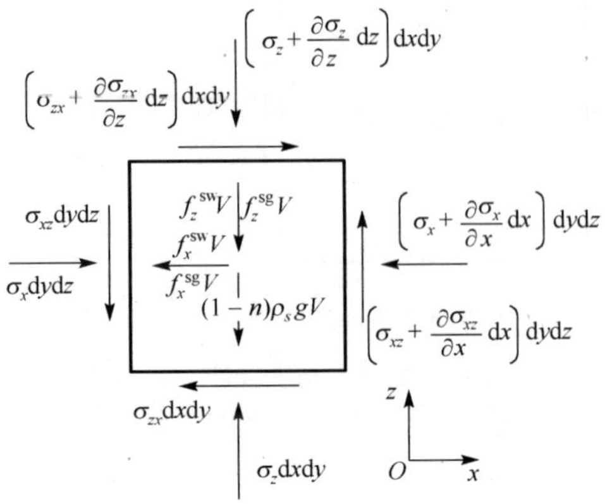

(a) 非饱和土表征体元土骨架受力分析

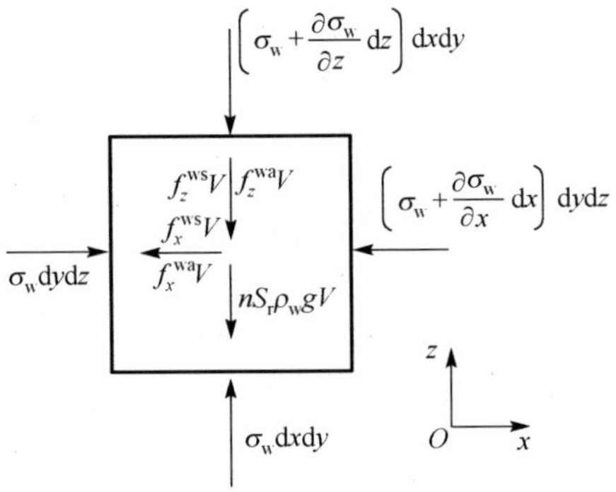

(b) 非饱和土表征体元孔隙水受力分析

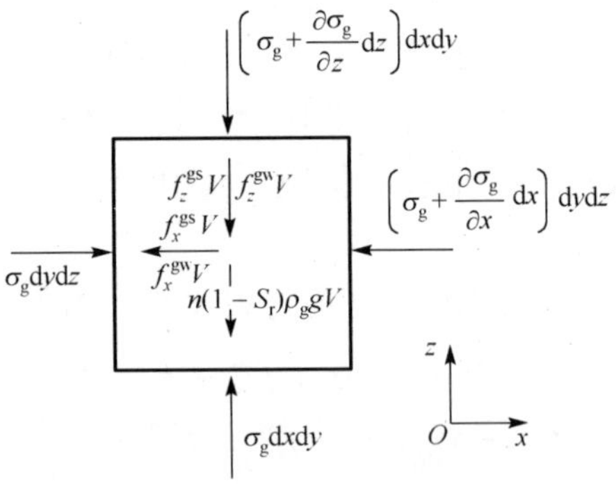

(c) 非饱和土表征体元孔隙气受力分析

图 7.3　非饱和土表征体元的受力分析

$$
\begin{aligned}
(1-n)\bar{\sigma}_{ij,j}+(1-n)\rho_s g_i+f_i^{sw}+f_i^{sg}&=0\\
nS_r p^{w,i}+nS_r\rho_w g_i+f_i^{ws}+f_i^{wg}&=0\\
n(1-S_r)p^{g,i}+n(1-S_r)\rho_g g_i+f_i^{gs}+f_i^{gw}&=0
\end{aligned}
\tag{7.30}
$$

将上述三式相加，由于三相之间的相互作用互相抵消，可得到如下表达式：

$$
(1-n)\bar{\sigma}_{ij,j}+nS_r p^{w,i}+n(1-S_r)p^{g,i}+\rho g_i=0 \tag{7.31}
$$

用 T_{ij} 表示非饱和土的总应力，由非饱和土的总体平衡可得到

$$
T_{ij,j}+\rho g_i=0 \tag{7.32}
$$

比较式（7.31）和式（7.32）可得

$$
T_{ij}=(1-n)\bar{\sigma}_{ij}+nS_r p^w\delta_{ij}+n(1-S_r)p^g\delta_{ij} \tag{7.33}
$$

可见，非饱和土的总应力是固-液-气三相的表征应力之和。式（7.33）给出了总应力和各相本征应力之间的关系，其中各相应力和相应的体积参数都是简单的，其物理意义也很明确。

2. 非饱和土平均骨架应力的表达式

饱和土中的有效应力是通过土颗粒之间的接触点的接触和摩擦而传递的应力，通常也把饱和土的有效应力称为骨架应力。下面将推导给出非饱和土的骨架应力并对其进行讨论。

先推导土颗粒切割面上的本征应力 $\bar{\sigma}_z$、$\bar{\sigma}_{xz}$ 与颗粒接触点处接触力 P_s^m 的关系。在图 7.2(a)中截取 *a-a* 截面，假设 *a-a* 截面上有 N（N 为正整数）个颗粒，并在 *a-a* 截面上选取颗粒 m 进行分析，图 7.4 中所示为颗粒 m 的详细截面图。分析颗粒 m 在 *a-a* 截面上的固相本征应力与颗粒 m 上表面同其他颗粒接触点处的接触力以及孔隙水压力和孔隙气压力的关系。颗粒 m 周围作用有：孔隙水压力 p^w、孔隙气压力 p^g、切割面上的正应力 σ_{sz}^m、切割面上的剪应力 σ_{sxz}^m 以及颗粒间的接触力 P_s^1、P_s^2（其竖向分量分别为 P_{sz}^1、P_{sz}^2，水平向分量为 P_{sx}^1、P_{sx}^2）；显然颗粒 m 与周围颗粒接触点处接触力的竖向分量之和为 $P_{sz}^m=P_{sz}^1+P_{sz}^2$，水平向分量之和为 $P_{sx}^m=P_{sx}^1+P_{sx}^2$。用 A_s^m 表示 *a-a* 截面切割的颗粒 m 的切割面积；A_{wz}^m 表示颗粒 m 上表面孔隙水压力作用的面积在 *a-a* 截面的竖向投影面积，$A_{wz}^m=A_{w1}^m+A_{w2}^m$；$A_{gz}^m$ 表示颗粒 m 上表面孔隙气压力作用的面积在 *a-a* 截面的竖向投影面积，$A_{gz}^m=A_{g1}^m+A_{g2}^m+A_{g3}^m$，如图 7.4 所示。则图 7.2(a)中 *a-a* 截面切割的所有土颗粒的总面积为

$$
\sum_{m=1}^{N}A_s^m=A(1-n) \tag{7.34}
$$

a-a 截面切割的所有颗粒上表面孔隙水压力、孔隙气压力作用的面积在 *a-a* 截面的竖向投影之和分别为

$$\sum_{m=1}^{N} A_{wz}^{m} = A(1-n)S_r \tag{7.35}$$

$$\sum_{m=1}^{N} A_{gz}^{m} = A(1-n)(1-S_r) \tag{7.36}$$

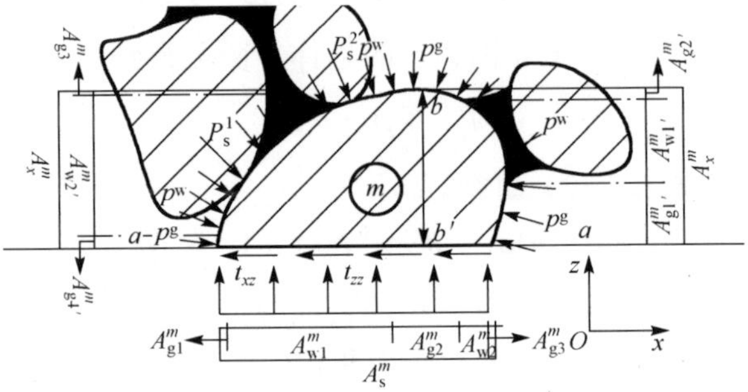

图 7.4　被切割的颗粒 *m* 的静力平衡

由颗粒 *m* 竖向 *z* 方向受力平衡可得

$$\sigma_{sz}^{m} A_{s}^{m} = P_{sz}^{m} + p^{w} A_{wz}^{m} + p^{g} A_{gz}^{m} \tag{7.37}$$

由颗粒 *m* 水平 *x* 方向受力平衡可得

$$\sigma_{sxz}^{m} A_{s}^{m} = P_{sx}^{m} + p^{w} A_{wx}^{m} + p^{g} A_{gx}^{m} \tag{7.38}$$

式中，A_{wx}^{m}、A_{gx}^{m} 分别表示颗粒 *m* 上表面孔隙水压力、孔隙气压力作用的面积沿 *x* 方向投影的矢量面积之和。

a-a 截面切割的所有土颗粒截面面积上的竖向 *z* 方向的总合力为

$$\begin{aligned}\sum_{m=1}^{N}\sigma_{sz}^{m} A_{s}^{m} &= \sum_{m=1}^{N}\left(P_{sz}^{m} + p^{w} A_{wz}^{m} + p^{g} A_{gz}^{m}\right) = \sum_{m=1}^{N} P_{sz}^{m} + p^{w}\sum_{m=1}^{N} A_{wz}^{m} + p^{g}\sum_{m=1}^{N} A_{gz}^{m} \\ &= \sum_{m=1}^{N} P_{sz}^{m} + p^{w} A(1-n)S_r + p^{g} A(1-n)(1-S_r)\end{aligned} \tag{7.39}$$

a-a 截面切割的所有土颗粒截面面积上水平 *x* 方向的剪切合力为

$$\sum_{m=1}^{N}\sigma_{sxz}^{m} A_{s}^{m} = \sum_{m=1}^{N}\left(P_{sx}^{m} + p^{w} A_{wx}^{m} + p^{g} A_{gx}^{m}\right) = \sum_{m=1}^{N} P_{sx}^{m} \tag{7.40}$$

当表征体元与周围环境处于平衡时，假定式（7.40）中 *a-a* 截面切割的所有土颗粒截面面积上水平 *x* 方向的总剪切力不受孔隙水压力和孔隙气压力的影响，这一假定在孔隙、孔隙水和孔隙气都是均匀分布并且各向同性时是合理的。

所以由式（7.39），可以得到 *a-a* 截面上固相的平均正压力（即固相表征正压力）为

$$\sigma_z = \bar{\sigma}_z(1-n) = \frac{\sum_{m=1}^{N}\sigma_{sz}^m A_s^m}{A} = \frac{\sum_{m=1}^{N}P_{sz}^m + p^w A(1-n)S_r + p^g A(1-n)(1-S_r)}{A}$$

$$= \left(\sum_{m=1}^{N}P_{sz}^m\right)\Big/A + p^w(1-n)S_r + p^g(1-n)(1-S_r) \tag{7.41}$$

由式（7.40），可以得到 $a\text{-}a$ 截面上固相的平均剪切应力（即固相表征剪切应力）为

$$\sigma_{xz} = \bar{\sigma}_{xz}(1-n) = \left(\sum_{m=1}^{N}\sigma_{sxz}^m A_s^m\right)\Big/A = \left(\sum_{m=1}^{N}P_{sx}^m\right)\Big/A \tag{7.42}$$

式（7.41）最后一个等号右端第一项为土颗粒之间的接触作用力在 $a\text{-}a$ 截面平均后的正压应力，通常也称为平均土骨架压应力。式（7.42）表明土颗粒之间的接触作用力在 $a\text{-}a$ 截面平均后的剪切应力即平均骨架剪切应力与 $a\text{-}a$ 截面固相的表征剪切应力相等（前提是：假定 $a\text{-}a$ 截面切割的所有土颗粒截面面积上水平 x 方向的剪切应力不受孔隙水压力和孔隙气压力的影响）。

令非饱和土的平均土骨架正压应力和平均骨架剪切应力（即式（7.41）最后一个等号的右端第一项和式（7.42）最后一个等号的右端项）分别用 σ_z' 和 σ_{xz}' 表示，则式（7.41）和式（7.42）可以表示为

$$\bar{\sigma}_z(1-n) = \sigma_z' + p^w(1-n)S_r + p^g(1-n)(1-S_r) \tag{7.43}$$

$$\bar{\sigma}_{xz}(1-n) = \sigma_{xz}' \tag{7.44}$$

在图 7.4 中取与 $a\text{-}a$ 截面类似，但 z 方向的竖直截面，$\bar{\sigma}_x(1-n)$ 和 $\bar{\sigma}_{zx}(1-n)$ 分别为作用于该截面的平均正压力和平均剪切应力。与式（7.37）～式（7.44）同理可以得到 $\bar{\sigma}_x(1-n)$ 和 $\bar{\sigma}_{zx}(1-n)$ 的表达式。

因此在二维情况下可以得到以下两式：

$$\bar{\sigma}_{ii}(1-n) = \sigma_{ii}' + p^w(1-n)S_r + p^g(1-n)(1-S_r) \quad (i = x, z) \tag{7.45}$$

$$\bar{\sigma}_{ij}(1-n) = \sigma_{ij}' \quad (i \neq j, i, j = x, z) \tag{7.46}$$

将式（7.45）和式（7.46）代入式（7.33）可得土颗粒之间的接触应力或平均骨架应力与总应力之间的关系为

$$\sigma_{ij}' = T_{ij} - [p^w S_r + p^g(1-S_r)]\delta_{ij} \tag{7.47}$$

三维情况会更复杂些，但采用上述方法可以得到同样的结果，这里不再赘述。

式（7.47）推导过程中假定液相和气相是连通的，并忽略了微观的物理-化学作用的影响。所以这一非饱和土平均骨架应力只反映外荷载引起的总应力与内部各相应力之间的关系。就膨胀土或低饱和度黏土而言，微观的物理-化学作用很大，通常是不容忽略的。另外低饱和度时，毛细吸力已经不起主要作用；尤其当含水量低于残余含水

量时液相不再是连通的，孔隙水压力也难以直接量测和获得，此时式（7.47）的适应性也是有问题的。

仿照饱和土的做法，也把非饱和土的平均骨架应力认为是非饱和土的有效应力。所以式（7.47）就被认为是非饱和土有效应力的表达式，它与基于功的表达式得到的非饱和土有效应力的表达式（7.24）是一致的。式（7.47）中各相应力和相应的体积分数都是简单的，其物理意义也是明确的，满足连续介质力学中应力的简单性要求。

7.2.5　非饱和土有效应力原理的讨论

近年来对非饱和土的有效应力和应力状态变量的研究比较活跃，并有了一些进展，但关于非饱和土应力研究涉及的基本问题没有解决，更没有取得学术界的共识。为了促使这些问题得以解决，目前有以下一些重要问题需要深入思考和研究。

（1）仅采用力学变量能否完备地描述非饱和土的力学性质及其系统的平衡状态（所谓平衡是从热力学的角度判断，而不是仅考虑力学的平衡）；

（2）非力学的状态变量能否作为独立状态变量用于研究非饱和土的力学行为等；

（3）应力状态变量中是否应该包含关于几何或体积的信息；

（4）选择应力状态变量是否应该具有理论依据，有效应力状态变量的选择是否具有唯一性。

接下来针对这些问题进行分析和讨论，并试图给出合理的解答。

与饱和土力学一样，非饱和土力学首先面临的问题也是选择何种变量描述非饱和土的性质和行为。实验结果已经明确表明，仅采用饱和土的有效应力不能较好地描述非饱和土的力学行为，所以需要选择更多的对非饱和土强度和变形有重要影响的因素作为独立变量，而不是仅把这些因素作为参数或条件考虑。由于影响非饱和土变形和稳定性的因素有很多，并且某些因素不可忽略。仅仅采用应力状态变量，难以完备地描述非饱和土的变形和稳定性，所以还应该考虑其他因素的影响。在此基础上，下面将讨论前述问题（1），即仅采用力学变量能否完备地描述非饱和土的力学性质及其系统的平衡状态。我们的回答是：不能。原因是，力学变量以及力学平衡仅仅是整个热力学系统平衡或整个系统性质的一个方面，还有其他方面的平衡，如化学势的平衡、热平衡等。非饱和土的强度和变形不但与其受力情况有关，还与周围环境变化（如温度、饱和度等影响）和由环境变化导致的内部结构的变化有关。这种环境的作用和内部结构变化的影响仅用力学量是很难完备描述的。

非饱和土有效应力的实质与饱和土一样，即试图建立非饱和土强度和变形与非饱和土有效应力的唯一函数关系。但非饱和土的情况更复杂，敏感的影响因素较多，忽略这些因素的影响会产生很大的误差，有时甚至难以回归出明确的函数表达式。此时就不能再坚持像饱和土那样，建立仅考虑有效应力为唯一自变量的强度或变形关系。而应该考虑增加一些其他不可忽略的本构变量，如吸力和饱和度等。对此 Gens（2010）指出“通常一致赞同：要求至少采用两个本构变量才能够适当地表达非饱和土的完整行为（包括强度和变形）；这里强度使用的是本构变量而不是应力变量，是为了便于将来可以采用非应力的变量来作为本构变量”。Jommi（2000）也指出，目前还没有发现任何一种单变量非饱和土有效应力，用以替代饱和土有效应力，并可以描述非饱和土力学行为的所有方面。Gens（2010）认为非饱和土的本构变量不但可以使用应力变量，而且还可以使用其他类型的变量。从热力学的观点，表述系统状态的变量可以采用不同类型的变量，而不必仅仅采用应力变量。这就回答了问题（2）。

非饱和土单应力变量的有效应力的致命弱点是：当含水量变化时，它仅能描述其应力的变化，然而却不能同时描述其内部结构及其工程性质的变化。实际上非饱和土含水量变化时，不但使有效应力发生了变化，而且其内部结构（指颗粒、水、气的分布结构以及它们的相互作用）及其工程性质也随之变化；而非饱和土的力学行为不仅取决于其应力的变化，而且还与其内部结构的变化相关。人们已经普遍认识到，土体随着饱和度的变化，其力学性质也会随之改变。因此仅注意非饱和土有效应力的表达形式以及饱和度的变化对有效应力的影响，而不考虑饱和度的变化所引起的土体结构和刚度的改变难以全面和完备地描述土体的力学行为。式（7.47）得到的有效应力表达式中包括材料孔隙的体积分数，也就是说这种有效应力依赖于材料的性质；而这是不同于单相介质的情况，单相介质中假定应力变量与材料的性质无关。从混合物理论的观点看这种相关却是很自然的，因为它反映了孔隙介质内部微观结构和组分的变化对应力的影响。这就从有效应力的角度回答了问题（3）。

用具有普适性的能量守恒方程中的变形功对非饱和土中的应力和变形进行表述是一种更加科学的方法，并具有坚实的理论基础。能量守恒方程中的变形功包括非饱和土内各相的应力以及与这些应力相对偶的广义应变（它们之积等于变形功）。它的讨论有助于加深对非饱和土力学性质的全面认识和本构关系的建立，因此受到有关研究者的注意。Houlsby（1997）从变形功出发，讨论了非饱和土有效应力的原则和具体表述方式，并进一步指出，基于变形功，非饱和土有效应力的表达式不是唯一的。根据功的表达式提出的非饱和土广义有效应力原理的实质是：土体变形和含水量的变化互相影响（实际上各项体积分数的变化是互相影响的），因此都必须考虑其相应的三相变形功，忽略每一项变形功都要有充分的理由和依据；通常气相变化对应的变形功很小，可以忽略；所以只考虑其他两项变形功，即 Bishop 形式的有效应力与其对偶的固相应变之积的功（固相变形功）以及吸力、饱和度和孔隙比之积的功（液相变形功）。本段讨论回答了问题（4）。平均骨架应力式（7.47）与由变形功建议的有效应力公式（7.24）是一致的，说明利用能量守恒方程中的变形功得到的非饱和土的有效应力与根据力的平衡条件得到的有效应力是一致的，由此建立的非饱和土的应力状态变量和与之对偶的广义应变也是科学、合理的。

目前，当描述非饱和土的力学行为 F 时（F 可以是强度或变形），按照饱和土有效应力原理的思想，就是应该建立 F 与有效应力的唯一函数关系，即 $F = F(\tilde{\sigma}_{ij})$，此处 $\tilde{\sigma}_{ij}$

为非饱和土有效应力。但如前所述，影响 F 的敏感因素很多，所以按照饱和土有效应力原理的思想确定的非饱和土有效应力的表达式比较复杂；另外前述表明仅采用单变量的有效应力也难以全面和完备地描述非饱和土的力学行为。通常有两种方法确定非饱和土的力学行为 F。

（1）把一些复杂的影响因素在有效应力的表达式中得到反映和表示，并由此建立相对简单的非饱和土的力学行为 F 与有效应力之间的函数关系，即 $F = F[\tilde{\sigma}_{ij}(s,S_{\mathrm{r}},\cdots)]$。这样做的好处是，非饱和土有效应力表达式可以复杂一些，但可以得到简单的 F 与有效应力之间的函数关系。缺点在于应力变量中包含材料参数或体积变形的影响，在应力和环境作用下材料的响应难以准确区分是应力的影响还是材料参数或体积变形的影响造成的，并使应力路径变得复杂。

（2）应力或本构变量应尽可能地选择简单的变量，例如，采用净应力和吸力，而把复杂的影响因素放在刚度或响应函数关系中去反映，即采用如下响应函数表达式：$F = F(\bar{\sigma}_{ij},s,S_{\mathrm{r}},\cdots)$，此时 F 的函数关系可能会复杂一些。这样做的好处是：①本构变量可以相互独立，并且在实验中通常是可控的；②不含材料参数，因此应力空间在整个变形过程中是不变的，实验容易控制，实验数据也容易得到解释，物理概念明确；③加载路径明确。其缺点为：①用它们建立本构模型时难以处理饱和与非饱和状态的连续和光滑的变换；②其水力模型与力学模型相互没有关系，难以处理饱和度的影响以及力与渗流的耦合问题。

非饱和土有效应力的表达式和本构变量的选择不是唯一的，加之这种问题又非常基本和重要，因此才导致对该问题不同的意见和争论，并进行着持续不断的研究，产生了很多不同的研究结果。目前普遍认同，采用两个应力变量作为本构变量。但采用何种具体变量，依赖于研究者的认识和方便；但从连续介质力学的表征体元关于应力的简单性要求，应该选择简单的应力作为状态变量。另外，评价本构模型的优劣不仅取决于所选择的应力变量，更重要的是取决于它对非饱和土的关键性质的描述能力。

影响土的力学行为的因素很多、也很复杂，尤其是环境的作用和影响在一些特殊情况下是难以忽略的，这时仅考虑力学的作用和影响是不够的。Terzaghi 建立的土力学的有效应力原理的局限性在于：它仅考虑了有效应力的作用，而忽略了其他作用的影响。饱和土的有效应力是控制土体变形和强度唯一变量的观点是有局限性的。非饱和土单应力变量的有效应力的致命弱点是：当含水量变化时，它仅能描述其应力的变化，却不能同时描述其内部结构及其工程性质的变化。因此恰当地描述非饱和土的力学行为要求考虑更多的敏感因素或变量。目前有两种建立强度和变形关系的方法：选择复杂一点的有效应力但却可以建立相对简单的强度和变形关系；另外选择简单的应力或状态变量可以建立相应的强度和变形关系，这种关系表述明确，其中参数的物理概念清楚、加载路径易于控制。

7.3　土体弹塑性理论的热力学基础

土的本构关系是研究土体变形和强度问题中必不可少的重要理论，根据 6.2 节的论述可知，必须引入本构关系，才能使材料控制方程闭合，再根据具体边界与初始条件对问题进行求解。土是一种典型的弹塑性材料，在外力作用下，会发生不可恢复的变形，这种不可恢复的变形影响着土工材料的强度、变形特性及结构物的稳定性，使得土在工程应用中具有极大的不确定性。此外，土作为一种三相多种介质材料，在周围环境作用下，还会遇到了大量土体多场耦合问题，使其内部存在很多过程交叉作用的不可逆问题。因此本构关系问题的研究一直是土力学研究的难点问题。

土力学的传统以及工程界对复杂本构模型的不认可，是限制土体本构模型发展的一个主要原因。目前仍然没有一个模型能预测土体所有复杂的变形性质，加上模型参数众多使得定量预测的误差也非常大，这就造成了工程界对土的本构模型的怀疑。这种对土的本构关系的研究持怀疑和否定的态度到目前为止还是比较突出的，但土力学理论本身的研究及其发展和它的应用是两码事，不能混淆。沈珠江（2000）曾指出现代土力学的核心问题必定是本构模型，经典土力学只能称为弹性土力学，而真正的土力学必须建立在符合土自身特性的本构模型基础上，一个优秀的土木工程师必须对土的本构模型有基本的了解。所以不能以工程应用为由而排斥土力学理论的研究，否则不利于土力学理论的向前发展，这已经被科学发展的历史所证实。科学还是会不断向前发展，土的本构关系的研究也会不断深入。

一般本构关系通常是在大量实验与理论假设基础上，针对某种材料建立的热力学流与热力学力之间的关系，如表 3.1 中各力与流之间的关系。迄今为止，大多岩土本构模型的基本理论都来源于经典的金属材料本构理论。在金属本构模型基础上扩展而来的岩土模型，存在着一定的局限性。例如，建立于广义胡克定律基础上的各种非线性弹性模型（如 Duncan、Chang 模型），不能反映土的剪胀性。传统理论模型常常以 Drucker 公设或 Iliushin 公设以及塑性位势理论为基础，通过推导得到最终本构方程，但实际上岩土类材料的塑性势面并不总是存在，即使存在也很难确定其表达式。此外，传统岩土塑性本构模型中的非关联流动法则，在确定塑性应变增量方向时采用假定的塑性势面，具有很大的随意性。这些问题都是由其理论基础限定的，由此得到的方程通常是半经验性的，理论上不够严谨，不同的本构方程不能通过更加普遍的原理建立起相互之间的联系，有些本构方程还违背热力学的基本定律，这些都限制了模型的发展和应用。鉴于本构模型在现代土力学中的重要地位，寻求新的途径，发展岩土类复杂材料的本构理论是非常必要的。

本节将介绍本构理论的热力学基础，并以此建立土力学本构方程，该理论框架属于基础性研究的范畴，它可以提供坚实的理论构架，为深入地认识和理解土力学的一些现象，为土力学的进一步深入发展奠定了一些必要的基础。

7.3.1　土体的变形特性

土是基于自然环境作用下在地表形成的松散堆积物，是一个三相混合物。固相土骨架组成了土的基本框架，并对土的性质起决定作用。骨架中的孔隙被孔隙流体所填充，这些流体的存在对土的性质也会产生影响。土体在外界环境因素作用下会产生变形，由于其复杂的结构组成导致其应力应变关系特性比一般金属材料要复杂得多。大量实验表明土体在荷载作用下变形主要表现出以下特性（赵成刚等，2009a）。

（1）压硬性：指土的强度和刚度随压应力的增大而增大，或随压应力的减小而减小。摩尔-库伦准则描述了土的强度方面的这种压硬性。

（2）剪胀性：指土体受剪时产生体积膨胀或收缩的现象。密砂剪胀，松砂剪缩。剪胀性是砂土最为重要的力学性质之一。黏土剪胀性的概念也被普遍接受。

（3）塑性：指土体加荷又卸荷后，产生的不可恢复的变形。对土体而言，加载的应力不是很大就可以产生塑性变形。因此土体在外荷载作用下产生塑性变形是很常见的情况。

（4）对密实程度的依赖性：指土强度和刚度依赖于土的密实性，即越密实的土，其强度和刚度越大；反之越疏松的土，其强度和刚度越小。如何对这种现象进行数学表述是最近岩土工程研究的一个热点。

（5）结构性：指土的孔隙分布和排列以及颗粒之间的相互作用和颗粒与水之间的相互作用对土的强度和刚度的影响和作用。如何对这种现象进行数学表述也是最近岩土工程研究的一个热点，但远没有得到很好的解决。

（6）流变性：指土的刚度和强度随时间而变化的性质。

（7）各向异性：指土的刚度和强度沿各个方向是不同的。引起各向异性的原因有两个，一是在天然土的沉积过程中形成的；二是在受力过程中逐渐形成的，它与扁平颗粒的扁平面的方向逐渐趋向于大主应力方向有关，这一现象常称为应力诱导的各向异性。一个好的土的本构模型应能描述应力诱导的各向异性。

（8）应力路径依赖性：土的变形不仅取决于当前的应力状态，而且与到达该应力状态之前的应力历史以及今后的加载方向有关。但应力路径相关性的考虑不但使本构模型本身复杂化，也给计算模拟带来困难，从而限制了它的实际应用价值。因而现有的强度和本构理论几乎都忽略应力路径依赖性的影响而采用某种唯一性的假定。然而在应力路径发生大的转折时，这种唯一性是得不到保证的。

（9）应变硬化：指极限屈服应力随应变的增大而提高的现象。

（10）应变软化：指极限屈服应力随应变的增大而降低的现象。

7.3.2　经典塑性理论

在岩土工程设计中，最重要的方面是获得关于土体变形和应力分布的相关信息，而影响这些信息可行性的主要因素则是应力-应变（本构）关系。经典塑性模型主要通过引入加载函数的概念，基于假设屈服面和塑性势函数存在的情况下，建立最终的本构关系。

1. 屈服面

材料在外力作用下会发生变形。实验数据表明，应力空间存在一个范围，在这个范围内，材料上的每一点只发生弹性可逆变化，属于弹性理论，这个应力空间范围存在一个边界面，称为屈服面，这个屈服面描述了纯弹性变形的范围。屈服面内一应力点若要达到屈服面之外，需与屈服面相交并越过屈服面，产生应力增量，也即产生相应的塑性应变增量，当然，在应力增量发生的同时，一直在发生弹性应变增量。

屈服面根据状态变量可以定义为

$$f(\boldsymbol{\sigma},\boldsymbol{\xi}_n)=0 \tag{7.48}$$

通常在六维应力状态子空间描绘屈服面，如图 7.5 所示，应力点在屈服面内部，说明 $f<0$；在外部，说明 $f>0$。内变量 $\boldsymbol{\xi}_n$ 表示屈服面的几何位置，其物理意义与上文提到的势函数 U、V 与内变量的相关性相同。但实际上，内变量 $\boldsymbol{\xi}_n$ 并不仅仅限制于固定的方向，其变化率并不为 0，其包括所有可能的变化和固定的标量内变量和张量内变量，但实际上变化的 $\boldsymbol{\xi}_n$ 才是研究的重点。

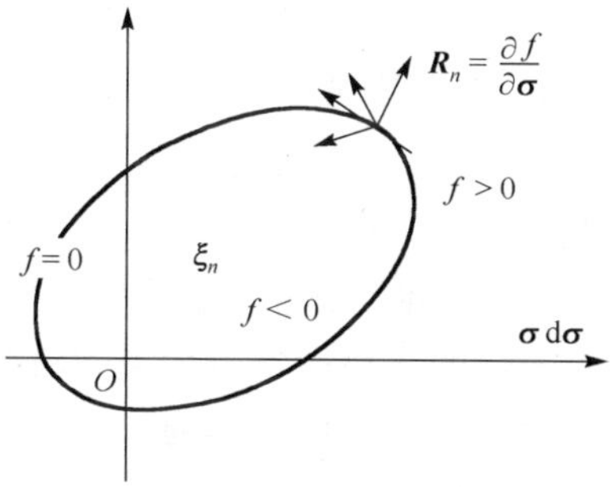

图 7.5　屈服面、屈服面法向量 $\boldsymbol{R}_n$ 以及可能的应力增量

如图 7.5 所示，应力点与屈服面相交，意味着应力点已经到达屈服面，且在发生增量之前位于屈服面上，于是可以对应力增量进行分类。

（1）加载（塑性加载），这时应力增量使得应力横跨屈服面并指向外部；

（2）卸载（弹性卸载），这时应力增量使得应力指向屈服面内部；

（3）中性加载，这时应力增量使得应力沿着屈服面的切线方向。

同上所述，只有当加载时，才会发生塑性应变增量，而另外两种情况只是发生弹性应变。

2. 塑性应变和内变量增量方程（流动法则）

经典的率无关弹塑性理论的基本假设为：当且仅当塑性加载发生时，塑性应变增量、内变量增量不为零。这些应变增量均基于应力增量的基础之上，并且与应力增量同次且均匀变形以保证率无关。即使在这些假定之下，对于塑性应变和内变量也没有唯一的增量方程可以假设，于是，产生了相应的简化假设，即所有的增量方程可以用一个通用的标量算子——加载指数 L 来表达，其充当起应力增量的角色，即流动法则，于是出现下列方程：

$$\mathrm{d}\boldsymbol{\varepsilon}^{\mathrm{p}} = \langle L \rangle \boldsymbol{R}_{\mathrm{p}} \tag{7.49}$$

$$\mathrm{d}\boldsymbol{\xi}_n = \langle L \rangle \bar{\boldsymbol{\xi}}_n \tag{7.50}$$

Macauley 括号〈 〉表示算子：

$$\langle L \rangle = \begin{cases} L, & L > 0 \\ 0, & L < 0 \text{ 或 } L = 0 \end{cases} \tag{7.51}$$

上述括号实质上是为了描述当应力点位于屈服面上时，其应力增量产生的三种不同方式，当 $L > 0$ 时，意味着塑性加载，这也是 L 称为加载指数的原因。$\boldsymbol{R}_{\mathrm{p}}$、$\bar{\boldsymbol{\xi}}_n$ 均为状态变量 $\boldsymbol{\sigma}$、$\boldsymbol{\xi}_n$ 的函数，但它们并不依赖应力增量，也就是说应变增量的方向与应力增量的方向并不一致。通常通过假设势函数 $g(\boldsymbol{\sigma},\boldsymbol{\xi}_n)$，对求其导数，得到 $\boldsymbol{R}_{\mathrm{p}}$，控制塑性流动的方向，但这存在一定的人为性，另外一种办法就是采用热力学理论，建立耗散函数，于是相应的应变增量的方向即可求得，这样避免了一定的人为性。

3. 一致性条件、加载指数、塑性模量

如图 7.6 所示，位于屈服面上的应力点 $\boldsymbol{\sigma}$ 必须穿过屈服面引起塑性加载，由此发生相应的塑性应变增量和内变量增量，达到一个新的屈服面，也就是应力和内变量同时变化保证了式（7.48）的成立。这里所述应力点横穿的屈服面，即为当前屈服面，而新的屈服面则由于应力和内变量的变化而在应力空间将改变其形状，以上即为屈服面需满足的一致性条件，用增量的形式可以表示为

$$\mathrm{d}f = \frac{\partial f}{\partial \boldsymbol{\sigma}} : \mathrm{d}\boldsymbol{\sigma} + \frac{\partial f}{\partial \boldsymbol{\xi}_n} : \mathrm{d}\boldsymbol{\xi}_n = 0 \tag{7.52}$$

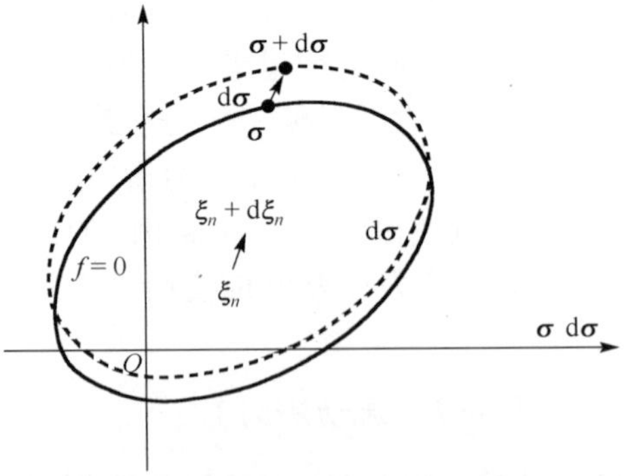

图 7.6　屈服面的发展及其一致性条件

结合式（7.49）、式（7.50）和式（7.52），可以得到加载指数 L 为

$$L=\frac{1}{K_{\mathrm{p}}}\left(\frac{\partial f}{\partial \boldsymbol{\sigma}}:\mathrm{d}\boldsymbol{\sigma}\right) \tag{7.53}$$

其中最为重要的塑性模量 K_{p} 表达式为

$$K_{\mathrm{p}}=-\left(\frac{\partial f}{\partial \boldsymbol{\xi}_n}:\mathrm{d}\bar{\boldsymbol{\xi}}_n\right) \tag{7.54}$$

K_{p} 之所以称为塑性模量是因为利用加载指数 L 表示塑性应变（式（7.50）），而 K_{p} 作为加载指数表达式的分母，去除应力增量充当模量的角色产生塑性应变。式（7.53）和式（7.54）表明，塑性模量 K_{p}、屈服面与 $\partial f/\partial \boldsymbol{\xi}_n$ 的相关性以及经由 $\bar{\boldsymbol{\xi}}_n$ 描述的内变量的变化三者之间密切联系，因此式（7.52）是联系本构框架各量之间关系的重要纽带。

4. 经典理论的局限性

通过定义屈服过程中的塑性应变增量及其塑性势函数 g，并利用一致性条件确定塑性模量 K_{p} 和加载指数 L，确定塑性应变方向 $\boldsymbol{R}_{\mathrm{p}}$ 和塑性应变的大小，一整套完整的本构关系就完成了。对于任何弹塑性本构模型，弹性模量 E、屈服函数 f 以及应变方向 $\boldsymbol{R}_{\mathrm{p}}$ 的定义是必不可少的，基于运动学假设，即总应变包括弹性和塑性两部分，以及利用一致性条件推导出的加载指数 L 和塑性模量 K_{p} 组成了一套完整的本构框架。

经典塑性力学主要是针对金属材料，很多岩土本构模型是在金属本构模型基础上扩展而来的。但土是一种摩擦型材料，摩擦材料的特点是抗剪强度中含有摩擦力项，它的抗剪强度随压应力的增大而增大，表现出压硬性和剪胀性，因而岩土材料的屈服条件与金属材料明显不同。此时将经典塑性理论用于岩土类摩擦材料时就会出现一些不符合实际的情况，理论计算结果与土工试验结果出现诸多矛盾（郑颖人, 2003）。例如，经典的弹塑性模型中，流动法则通常分为：相关联（$g=f$）和非相关联（$g\neq f$）流动法则，后者更加适合土力学中模拟应力-剪胀行为（Vermeer, 1978）。对非相关联流动法则，最大的困难在于确定塑性势面，因此在确定塑性应变增量方向时采用假定的塑性势面，具有很大的随意性。

以上问题都是由其理论基础限定的，由此得到的方程通常是半经验性的，理论上不够严谨，不同的本构方程不能通过更加普遍的原理建立起相互之间的联系，有些本构方程还违背热力学的基本定律，这些都限制了模型的发展和应用。因此，土的塑性力学既要吸收经典塑性力学中采用的基本解题方法，又需要对经典塑性力学进行必要的改造，使之适应岩土材料的变形机制。鉴于本构模型在现代土力学中的重要地位，寻求新的途径，发展岩土类复杂材料的本构理论是非常必要的。

7.3.3　土的弹性模型

弹性模型是最简单的本构关系，它假设材料在受力变形后，如果撤除外力，其变形可以恢复，也就是其变形过程中不存在能量耗散。土是典型的非线性材料，常常采用增量弹性关系描述，目前弹性模型的种类主要有两种：亚弹性（hypoelastic）和超弹性（hyperelastic）。

亚弹性模型将应力增量表示为应变增量和当前应力状态的函数，应力与当前应变以及应力路径有关，可以表示为

$$\dot{\sigma}_{ij}=f_{ij}(\dot{\varepsilon}_{kl},\sigma_{mn}) \tag{7.55}$$

超弹性材料受到弹性应变能存在的限制，应力由应变能函数导出，其增量关系可以表示为

$$\dot{\sigma}_{ij}=\frac{\partial^2 W(\varepsilon_{ij})}{\partial\varepsilon_{ij}\partial\varepsilon_{kl}}\dot{\varepsilon}_{kl} \tag{7.56}$$

式中，W 表示应变能，它是应变的二次函数。

式（7.56）表明，超弹性材料得到的增量关系其实也满足亚弹性关系，但亚弹性材料得到的关系却不一定能满足超弹性材料关系，也就是说亚弹性本构是更一般形式的弹性关系。使用亚弹性方法给出模型本构关系，不要求必须存在应变能函数，但是需要给出弹性模量这样一个四阶张量，而且这种方法得到的模型可能会导致能量不守恒，从而违背热力学定律（Zytynski et al., 1978）。当弹性模量应力相关时，亚弹性模型在闭合应力循环路径下，可能会产生或消耗能量，这就意味着在弹性变形过程中出现了能量耗散，这显然是不符合热力学定律的。

当土体所承受的外荷载小于屈服应力时，其变形可视为弹性变形，此时材料没有耗散。根据 4.2 节的介绍，利用热力学方法，只要给出自由能的具体表达式，就可以得到土体的弹性本构方程。土力学中常采用三轴应力状态，此时应力变量常常用平均应力和偏应力表示，而变形常常用体应变和剪应变来表征，它们的具体表达式如下：

$$p=\frac{1}{3}\sigma_{kk}=\frac{1}{3}(\sigma_1+2\sigma_3),\quad q=\sqrt{\frac{3}{2}\sigma'_{ij}\sigma'_{ij}}=\sigma_1-\sigma_3 \tag{7.57}$$

$$\varepsilon_{\mathrm{v}}=\varepsilon_{kk}=\varepsilon_1+2\varepsilon_3,\quad \varepsilon_{\mathrm{s}}=\frac{2}{3}\sqrt{\varepsilon'_{ij}\varepsilon'_{ij}}=\frac{2}{3}(\varepsilon_1-\varepsilon_3) \tag{7.58}$$

式（7.57）中 σ_1 表示大主应力，σ_3 表示小主应力，三轴应力状态下，中主应力 $\sigma_2=\sigma_3$。式（7.58）中 ε_1 表示轴应变，ε_3 表示横向应变。如果采用有效应力，则式（7.57）变为

$$\tilde{p}=\frac{1}{3}(\tilde{\sigma}_1+2\tilde{\sigma}_3),\quad \tilde{q}=\tilde{\sigma}_1-\tilde{\sigma}_3=q \tag{7.59}$$

土中弹性模型可以用 K-G 模型表示，如果按照亚弹性方法直接给出本构关系为

$$\begin{Bmatrix} \mathrm{d}\varepsilon_{\mathrm{v}} \\ \mathrm{d}\varepsilon_{\mathrm{s}} \end{Bmatrix} = \begin{bmatrix} \dfrac{1}{K} & 0 \\ 0 & \dfrac{1}{3G} \end{bmatrix} \begin{Bmatrix} \mathrm{d}p \\ \mathrm{d}q \end{Bmatrix} \tag{7.60}$$

如果按照超弹性方法，首先确定自由能函数，可以得到本构关系为

$$\begin{Bmatrix} \mathrm{d}p \\ \mathrm{d}q \end{Bmatrix} = \begin{bmatrix} \dfrac{\partial^2\varphi}{\partial\varepsilon_{\mathrm{v}}^2} & \dfrac{\partial^2\varphi}{\partial\varepsilon_{\mathrm{v}}\partial\varepsilon_{\mathrm{s}}} \\ \dfrac{\partial^2\varphi}{\partial\varepsilon_{\mathrm{v}}\partial\varepsilon_{\mathrm{s}}} & \dfrac{\partial^2\varphi}{\partial\varepsilon_{\mathrm{s}}^2} \end{bmatrix} \begin{Bmatrix} \mathrm{d}\varepsilon_{\mathrm{v}} \\ \mathrm{d}\varepsilon_{\mathrm{s}} \end{Bmatrix} \quad 或 \quad \begin{Bmatrix} \mathrm{d}\varepsilon_{\mathrm{v}} \\ \mathrm{d}\varepsilon_{\mathrm{s}} \end{Bmatrix} = \begin{bmatrix} \dfrac{\partial^2 g}{\partial p^2} & \dfrac{\partial^2 g}{\partial p\partial q} \\ \dfrac{\partial^2 g}{\partial p\partial q} & \dfrac{\partial^2 g}{\partial q^2} \end{bmatrix} \begin{Bmatrix} \mathrm{d}p \\ \mathrm{d}q \end{Bmatrix} \tag{7.61}$$

不同于金属材料，土的弹性模量很大程度上受到当前应力状态的影响，因此模型中体积模量和剪切模量一般均与应力相关，如剑桥模型中，这些模量均表示为平均应力的函数，即 $K = p/\kappa'$， $G = K\mu'$（ μ' 是泊松比的函数）。在这种情况下，对材料施加一个完整的应力循环路径，如图 7.7(a)所示，加载得到的应力应变曲线如图 7.7(b)所示。按式（7.60）给出的模型计算得到的结果在图 7.7(b)中用虚线表示，很明显经过一个循环后，土中出现的残余应变（终点没有与起点重合），表现出非弹性响应，这显然与弹性加载结果不相符。残余应变的出现导致在循环加载过程中出现能量耗散，能量不守恒违反热力学定律。如果按照超弹性方法建立模型，结果为图 7.7(b)中的实线，加载结束点与起点重合，不会出现残余变形。

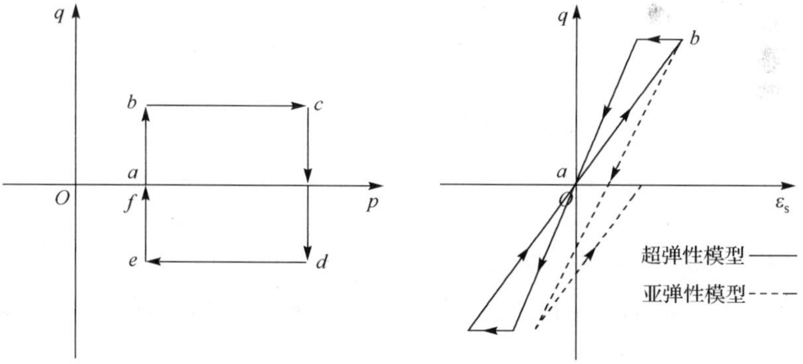

(a) 加载路径　　(b) 应力应变关系

图 7.7　闭合应力循环路径下土的弹性行为

利用自由能来确定弹性关系的这种方法就是超弹性理论，其优点在于可以自动满足热力学基本定律（Einav et al., 2003），这类模型的关键在于给出自由能的表达式。能量方程的形式有很多，相同的本构方程其能量方程的形式也并不唯一，Houslby 和 Puzrin（2000）建议采用如下的表达式：

$$\varphi(\varepsilon_{\mathrm{v}},\varepsilon_{\mathrm{s}})=(A\varepsilon_{\mathrm{v}}^{2}+B\varepsilon_{\mathrm{s}}^{2})^{\gamma/(2\gamma-1)} \tag{7.62}$$

$$g(p,q)=(Cp^{2}+Dq^{2})^{\gamma} \tag{7.63}$$

式（7.62）和式（7.63）中，A,B,C,D,γ 均为系数。利用式（7.62）或式（7.63）均可得到材料的本构方程和刚度矩阵，即式（7.61）。当 $\gamma=1$ 时，刚度矩阵将与应力无关，此时若将 $C=\dfrac{1}{2K},D=\dfrac{1}{6G}$ 代入式（7.63）得到的本构方程与式（4.25）是相同的。只有当 $\gamma\neq 1$ 时，式（7.61）得到刚度矩阵是与应力相关的。

对于更复杂的问题，自由能所依赖的变量会更多，例如，为了考虑温度影响，Hueckel 和 Borsetto（1990）将 Helmholtz 自由能表示为应力和温度函数，通过求导以后可以得到受温度影响的弹性本构关系。

早期的经典土力学中，计算土的变形问题大多采用线弹性模型，如分层总和法计算地基沉降。线弹性模型是最简单的一类模型，但由于过于简化，不能很好地反映土体的基本特性。随着计算手段的不断发展，非线性弹性理论开始应用于土的变形计算中，如邓肯-张模型。邓肯-张模型是土力学中非线性弹性模型的代表，由于建立在广义胡克定律基础上，参数较少而为岩土工程界熟知。但该模型仍存在一个重要缺陷，就是在加载卸载循环过程中会产生残余应变，从而违背能量守恒原理。利用热力学方法来建立模型则可避免该问题的出现，该方法的关键是给出能量方程具体表达式，郭晓霞等（2007）通过研究给出了如下的 Gibbs 自由能函数：

$$g=\frac{p^{2}}{K_{\mathrm{t}}}\frac{1}{(m-1)(m-2)}+\frac{q^{2}}{6G}+k_{1}p+k_{2}q \tag{7.64}$$

式（7.64）的形式与式（7.63）类似，其中，k_1、k_2 是与初始条件相关的系数，K_{t} 和 G 均为与应力相关的模量。$K_{\mathrm{t}},E_{\mathrm{ur}}$ 分别为邓肯-张模型中定义的卸荷再加荷模量和体积模量，G 是剪切模量，分别表示为

$$K_{\mathrm{t}}=K_{\mathrm{b}}p_{\mathrm{a}}^{1-m}p^{m},\quad E_{\mathrm{ur}}=K_{\mathrm{ur}}p_{\mathrm{a}}^{1-n}p^{n},\quad G=\frac{3K_{\mathrm{t}}E_{\mathrm{ur}}}{9K_{\mathrm{t}}-E_{\mathrm{ur}}}$$

式中，K_{b}、K_{ur}、m、n 为材料参数。

利用式（7.61），对 Gibbs 自由能式（7.64）求导得到修正后的邓肯-张模型表示为

$$\begin{Bmatrix}\mathrm{d}\varepsilon_{\mathrm{v}}\\ \mathrm{d}\varepsilon_{\mathrm{s}}\end{Bmatrix}=\begin{bmatrix}\dfrac{1}{K_{\mathrm{t}}}+C_{1} & C_{2}\\ C_{2} & \dfrac{1}{3G}\end{bmatrix}\begin{Bmatrix}\mathrm{d}p\\ \mathrm{d}q\end{Bmatrix} \tag{7.65}$$

式中，

$$C_{1}=\left[\frac{n(n+1)}{2E_{\mathrm{ur}}}-\frac{m(m+1)}{18K_{\mathrm{t}}}\right]\left(\frac{q}{p}\right)^{2},C_{2}=\left(-\frac{n}{E_{\mathrm{ur}}}+\frac{m}{9K_{\mathrm{t}}}\right)\frac{q}{p}$$

式（7.65）即为郭晓霞等（2007）对邓肯-张模型修正后得到的模型。原始邓肯-张模型，属于亚弹性模型，它与式（7.65）的区别在于原始模型中 $C_1 = 0, C_2 = 0$，因此不存在体应变与剪应变的耦合项 C_2，也不存在压力相关的剪胀项 C_1。不考虑这种耦合会产生弹性应变能量不守恒问题，而这些额外项的出现，可保证修正后的模型在闭合应力循环结束时，没有残余体应变和残余剪应变的产生，从而满足热力学第一定律。

7.3.4 应变增量与背应力

热力学方法中需要利用能量方程来确定应力或应变的表达式，只要给出自由能的具体表达式，就可以按照表 4.1 和表 4.2 来选择合适的本构关系，从而得到所需的应力或应变。一般 Helmholtz 自由能 φ 较适合用于应变空间，特别是给定应变的塑性模型的描述；Gibbs 自由能 g 较适用于应力空间，对给定应力条件下的塑性模型的描述。因此，接下来将采用 Helmholtz 自由能 φ 和 Gibbs 自由能 g 作为基本能量方程来建立土体的本构方程。

一般自由能函数可以表示为基本应变变量 $\boldsymbol{\varepsilon}$ 和内变量 $\boldsymbol{\xi}$ 的函数，即

$$\varphi = \varphi(\boldsymbol{\varepsilon}, \boldsymbol{\xi}) \tag{7.66}$$

查表 4.1 可知，应力等于 Helmholtz 自由能对应变的偏导数，即可以表示为

$$\boldsymbol{\sigma}(\boldsymbol{\varepsilon}, \boldsymbol{\xi}) = \frac{\partial \varphi}{\partial \boldsymbol{\varepsilon}} \tag{7.67}$$

如果对式（7.66）进行 Legendre 变换，可以得到 Gibbs 方程表达式：

$$g = g(\boldsymbol{\sigma}, \boldsymbol{\xi}) = \boldsymbol{\sigma} : \boldsymbol{\varepsilon} - \varphi(\boldsymbol{\varepsilon}, \boldsymbol{\xi}) \tag{7.68}$$

查表 4.1 可知，应变等于 Gibbs 自由能对应力的偏导数，即

$$\boldsymbol{\varepsilon}(\boldsymbol{\sigma}, \boldsymbol{\xi}) = \frac{\partial g(\boldsymbol{\sigma}, \boldsymbol{\xi})}{\partial \boldsymbol{\sigma}} \tag{7.69}$$

因此应变增量可以表示为

$$\mathrm{d}\boldsymbol{\varepsilon} = \frac{\partial^2 g}{\partial \boldsymbol{\sigma} \otimes \partial \boldsymbol{\sigma}} : \mathrm{d}\boldsymbol{\sigma} + \frac{\partial^2 g}{\partial \boldsymbol{\sigma} \otimes \partial \boldsymbol{\xi}} : \mathrm{d}\boldsymbol{\xi} \tag{7.70}$$

注意在式（7.70）中，第二项是对内变量的偏导数，严格讲是不能表示为全微分 $\mathrm{d}\boldsymbol{\xi}$ 的形式，因为内变量并不一定是一个状态变量，自由能对内变量的偏导数 $\partial^2 g / (\partial \boldsymbol{\sigma} \otimes \partial \boldsymbol{\xi})$ 数学上可能并不存在（李相崧，2013）。为了加以区别，Lubrada（2002）和李相崧（2013）用 $[\hat{g}(\boldsymbol{\sigma}, \boldsymbol{\xi} + \delta\boldsymbol{\xi}, \chi) - \hat{g}(\boldsymbol{\sigma}, \boldsymbol{\xi}, \chi)]$ 表示由内变量引起的自由能的变化。只有在内变量为状态变量的特殊情况下，才能表示为式（7.70）第二项给出的形成。这里为了书写的方便以及便于理解，统一采用内变量为状态变量时这种特殊情况表达式来表示所有情况下由于内变量增量引起的能量变化，如式（7.70）中的数学表达式。在实际应用时必须要注意它的确切含义，当内变量不是状态变量时，这种表示只是一种概念式。

假设不可恢复的塑性应变仅是由内变量的变化引起的，故塑性应变增量可以表示为

$$\mathrm{d}\boldsymbol{\varepsilon}^{\mathrm{p}}=\frac{\partial^2 g}{\partial\boldsymbol{\sigma}\otimes\partial\boldsymbol{\xi}}:\mathrm{d}\boldsymbol{\xi}=\frac{\partial\boldsymbol{\zeta}}{\partial\boldsymbol{\sigma}}:\mathrm{d}\boldsymbol{\xi} \tag{7.71}$$

应变的可恢复部分，通常定义为弹性应变增量，可以表示为

$$\mathrm{d}\boldsymbol{\varepsilon}^{\mathrm{e}}=\frac{\partial^2 \hat{g}(\boldsymbol{\sigma},\boldsymbol{\xi})}{\partial\boldsymbol{\sigma}\otimes\partial\boldsymbol{\sigma}}:\mathrm{d}\boldsymbol{\sigma}=M:\mathrm{d}\boldsymbol{\sigma} \tag{7.72}$$

式中，M 是一个切线弹性模量。

如果 M 只是应力的函数 $M(T)$，与内变量无关，该材料称为弹塑性非耦合的材料。这种情况下，可以将总的应变增量分解为两部分：一部分是与应力有关的弹性应变，另一部分是与内变量有关的塑性应变。

如果 M 不仅与应力有关，同时也和内变量相关，该材料称为弹塑性耦合材料，此时材料的可恢复应变增量应表示为

$$\mathrm{d}\boldsymbol{\varepsilon}^{\mathrm{r}}=M(\boldsymbol{\sigma},\boldsymbol{\xi}):\mathrm{d}\boldsymbol{\sigma} \tag{7.73}$$

由于内变量的变化会导致弹性模量改变，如图 7.8 所示，由此产生了耦合应变：

$$\mathrm{d}\boldsymbol{\varepsilon}^{\mathrm{c}}=\frac{\partial M}{\partial\boldsymbol{\xi}}\delta\boldsymbol{\xi} \tag{7.74}$$

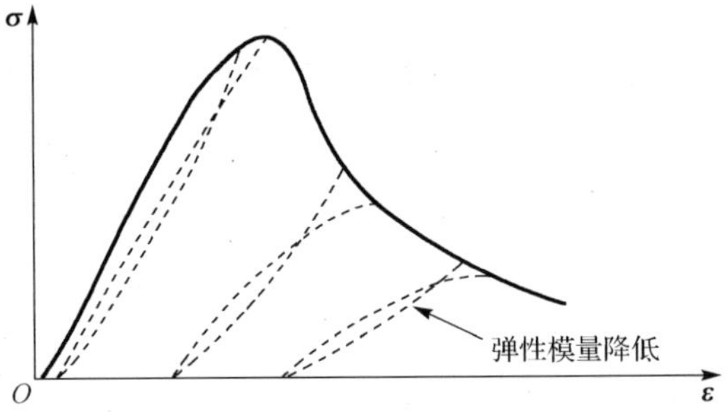

图 7.8　弹塑性耦合应力应变关系

不可恢复的应变增量定义为塑性应变增量与耦合应变增量的和，即

$$\mathrm{d}\boldsymbol{\varepsilon}^{\mathrm{ir}}=\mathrm{d}\boldsymbol{\varepsilon}^{\mathrm{p}}+\mathrm{d}\boldsymbol{\varepsilon}^{\mathrm{c}} \tag{7.75}$$

弹塑性之间的耦合，反映了塑性变形对于材料弹性模量的影响。对于土工材料，往往更关注的是不可恢复的塑性变形，这种情况下，考虑受塑性影响的弹性变形特性(即弹塑性耦合效应)，则明显没有那么重要。李相崧（2013）指出是否考虑材料的弹塑性耦合行为因模型的应用范围和对精度的要求而异。在一般情况下土的弹性变形相对塑性变形较小，耦合部分更小，因此可以忽略耦合效应。

不考虑弹塑性耦合，Gibbs 自由能的表达式可以分解为如下形式：

$$g(\boldsymbol{\sigma},\boldsymbol{\xi}) = g_1(\boldsymbol{\sigma}) + \boldsymbol{\sigma}:\boldsymbol{\xi} + g_2(\boldsymbol{\xi}) \tag{7.76}$$

因此，利用式（7.69）可求出应变表达式：

$$\boldsymbol{\varepsilon} = \frac{\partial g_1(\boldsymbol{\sigma})}{\partial \boldsymbol{\sigma}} + \boldsymbol{\xi} \tag{7.77}$$

在描述材料弹塑性变形特性时，一般选择塑性应变作为内变量，因此式（7.77）中

$$\boldsymbol{\varepsilon}^{\mathrm{e}} = \frac{\partial g_1(\boldsymbol{\sigma})}{\partial \boldsymbol{\sigma}}, \quad \boldsymbol{\varepsilon}^{\mathrm{p}} = \boldsymbol{\xi}, \quad \boldsymbol{\varepsilon} = \boldsymbol{\varepsilon}^{\mathrm{e}} + \boldsymbol{\varepsilon}^{\mathrm{p}} \tag{7.78}$$

式（7.78）表明弹性部分变形只与当前应力状态有关，与内变量无关，弹性模量与塑性变形无关。

根据表 4.2 可以求出与内变量共轭的耗散应力的表达式为

$$\boldsymbol{\zeta} = \frac{\partial g}{\partial \boldsymbol{\xi}} = \boldsymbol{\sigma} + \frac{\partial g_2(\boldsymbol{\xi})}{\partial \boldsymbol{\xi}} \tag{7.79}$$

如果令

$$\boldsymbol{\rho} = -\frac{\partial g_2(\boldsymbol{\xi})}{\partial \boldsymbol{\xi}} = -\frac{\partial^2 g(\boldsymbol{\sigma},\boldsymbol{\xi})}{\partial \boldsymbol{\xi} \otimes \partial \boldsymbol{\xi}} \tag{7.80}$$

$\boldsymbol{\rho}$ 称为背应力也称转换应力，它表示了真实应力与耗散应力之间的差值。因此，真实应力与耗散应力满足如下关系：

$$\boldsymbol{\zeta} = \boldsymbol{\sigma} - \boldsymbol{\rho} \tag{7.81}$$

转换应力对于运动硬化的模型有重要作用，因为它代表了转换屈服面中心的应力，它把屈服面从耗散空间转换到真实应力空间，而不改变屈服面的形状。能量函数（7.76）中，g_2 称为蓄藏能（locked energy），它是背应力与固相塑性应变功两者之积。对于发生塑性变形的宏观单元，其内部的某些微观单元可能没有发生屈服，只有弹性变形。因此有一部分可恢复的能量被储存在未发生塑性变形的微观单元中，所以在这个宏观的塑性变形单元中产生了蓄藏能。蓄藏能的存在并没有增加或者减少能量，它的作用只是将塑性功划分成蓄藏能和耗散两部分，对耗散的多少有影响。

7.3.5 耗散势与屈服函数

土体的各种不可逆行为，如塑性、黏性、损伤等，在发展变化的过程中系统内部均会产生能量耗散，为了描述这种能量耗散，可以采用内变量热力学理论，通过引入一系列内变量来反映土体的耗散机制。在存在耗散的情况下，仅仅利用自由能函数，无法确定材料的本构关系，此时还需要给出材料的耗散势函数。

根据式（4.27），可以给出非饱和土的耗散势增量函数为

$$D = \boldsymbol{\zeta}^{\mathrm{s}}\dot{\boldsymbol{\xi}}^{\mathrm{s}} + \boldsymbol{\zeta}^{\mathrm{w}}\dot{\boldsymbol{\xi}}^{\mathrm{w}} + \boldsymbol{\zeta}^{\mathrm{g}}\dot{\boldsymbol{\xi}}^{\mathrm{g}} \tag{7.82}$$

式中，$\dot{\boldsymbol{\xi}}^{\alpha}$ 表示 α 相 $(\alpha = \mathrm{s,w,g})$ 的内变量的演化情况，$\boldsymbol{\zeta}^{\alpha}$ 为 α 相与 $\dot{\boldsymbol{\xi}}^{\alpha}$ 相对偶的热力学力，它是状态变量和结构变化历史的函数。$\dot{\boldsymbol{\xi}}^{\alpha}$ 和 $\boldsymbol{\zeta}^{\alpha}$ 均与结构内部重排有关，说明能量耗散是由于土的内部结构重新组构或变化引起的（Li, 2007a）。

根据 4.3 节的介绍，可以利用耗散势增量方程，通过 Legendre 转换得到耗散应力空间中的屈服面方程：

$$\lambda y^{\alpha *}(\boldsymbol{\zeta}^{\alpha}) = D(\dot{\boldsymbol{\xi}}^{\alpha}) - \boldsymbol{\zeta}^{\alpha}\dot{\boldsymbol{\xi}}^{\alpha} = 0 \tag{7.83}$$

相应的耗散空间的屈服面方程可以表示为如下函数：

$$y^{\alpha *} = y^{\alpha *}(\boldsymbol{\zeta}^{\alpha}, \boldsymbol{\xi}^{\alpha}, \eta^{\alpha}) \tag{7.84}$$

耗散应力可以表示为应力和内变量的函数 $\boldsymbol{\zeta} = \boldsymbol{\zeta}(\boldsymbol{\sigma}, \boldsymbol{\xi})$，如式（7.81）所示，将其代入式（7.84）中，就可以得到真实应力空间中的屈服面方程：

$$y^{\alpha}(\boldsymbol{\sigma}^{\alpha}, \boldsymbol{\xi}^{\alpha}, \eta^{\alpha}) = y^{\alpha *}\left(\boldsymbol{\zeta}^{\alpha}(\boldsymbol{\sigma}, \boldsymbol{\xi}), \boldsymbol{\xi}^{\alpha}, \eta^{\alpha}\right) = 0 \tag{7.85}$$

函数 y 就是真实应力空间中的屈服面方程。式（7.85）必须利用背应力将耗散应力转换为真实应力（式（7.81）），背应力可根据自由能来计算（式（7.80））。η^{α} 代表了其他因素的影响，例如，当 η^{α} 取值温度时，可以给出考虑温度影响的屈服面方程（Hueckel et al., 1990）；当 η^{α} 取值化学浓度时，可以给出考虑化学影响的屈服面方程（Hueckel, 1997）。

在应力空间中，屈服面确定了材料的弹性区边界，当应力位于屈服面内时，认为材料只有弹性变形；而当应力位于屈服面上，则认为开始出现塑性变形。通常给出一个加载准则，来判断材料的状态，即

$$\begin{cases} \text{加载：} y(\boldsymbol{\sigma}, \boldsymbol{\xi}, \eta) = 0 \ \text{且} \ \dfrac{\partial y}{\partial \boldsymbol{\sigma}}\dot{\boldsymbol{\sigma}} > 0 \\ \text{中性加载：} y(\boldsymbol{\sigma}, \boldsymbol{\xi}, \eta) = 0 \ \text{且} \ \dfrac{\partial y}{\partial \boldsymbol{\sigma}}\dot{\boldsymbol{\sigma}} = 0 \\ \text{卸载：} y(\boldsymbol{\sigma}, \boldsymbol{\xi}, \eta) = 0 \ \text{且} \ \dfrac{\partial y}{\partial \boldsymbol{\sigma}}\dot{\boldsymbol{\sigma}} < 0 \end{cases} \tag{7.86}$$

1. *原始剑桥模型屈服方程*

以剑桥模型为例，Collins 和 Housbly（1997）给出耗散增量方程 D 如下：

$$D = M\tilde{p}_{\mathrm{c}} \exp\left(\frac{\eta}{M} - 1\right)\mathrm{d}\varepsilon_{\mathrm{s}}^{\mathrm{p}} \tag{7.87}$$

式中，$\tilde{p}_{\mathrm{c}}$ 是先期固结压力；M 是临界状态应力比，假设斜率不受吸力的影响，即 M 保持与饱和土相同的值；$\eta = \mathrm{d}\varepsilon_{\mathrm{v}}^{\mathrm{p}} / \mathrm{d}\varepsilon_{\mathrm{s}}^{\mathrm{p}}$ 表示剪胀比。

将耗散方程（7.87）代入表 4.2 就可以求出耗散应力分别为

$$\tilde{\pi}=\frac{\partial D}{\partial(d\varepsilon_{\mathrm{v}}^{\mathrm{p}})}=\frac{D}{M\mathrm{d}\varepsilon_{\mathrm{s}}^{\mathrm{p}}},\quad \tau=\frac{\partial D}{\partial(\mathrm{d}\varepsilon_{\mathrm{s}}^{\mathrm{p}})}=(M-\eta)\frac{D}{M\mathrm{d}\varepsilon_{\mathrm{s}}^{\mathrm{p}}} \tag{7.88}$$

式中，$\tilde{\pi},\tau$ 分别为耗散应力空间中的平均有效应力和偏应力。利用式（7.88）可以把耗散空间中屈服方程表示为

$$y^{*}\left(\tilde{\pi},\tau\right)=\frac{\tau}{\tilde{\pi}}+M\ln\tilde{\pi}-M\ln\tilde{p}_{\mathrm{c}}=0 \tag{7.89}$$

为了得到真实应力空间中的屈服面方程，需要利用背应力将耗散应力转换为真实应力，此时必须给出自由能的表达式。原始剑桥模型中，所有塑性功都被耗散，蓄藏能 $\varphi_2=0$，真实应力与耗散应力相等：

$$\tilde{p}=\tilde{\pi},\quad q=\tau \tag{7.90}$$

将式（7.90）代入耗散空间屈服面式（7.89）中，得到真实应力空间中的屈服方程为

$$f_{\mathrm{s}}(\tilde{p},q,\tilde{p}_{\mathrm{c}})=\frac{q}{\tilde{p}}+M\ln\tilde{p}-M\ln\tilde{p}_{\mathrm{c}}=0 \tag{7.91}$$

式（7.91）就是原始剑桥模型的屈服方程。

2. 修正剑桥模型屈服方程

对于修正剑桥模型，Collins 和 Hilder（2002）给出耗散增量方程 D 如下：

$$D=\sqrt{(A\mathrm{d}\varepsilon_{\mathrm{v}}^{\mathrm{p}})^{2}+(B\mathrm{d}\varepsilon_{\mathrm{s}}^{\mathrm{p}})^{2}} \tag{7.92}$$

式中，参数 A 和 B 与应力是同一个量纲，Collins 和 Hilder（2002）假设 A 和 B 是应力 $\tilde{p},q,\tilde{p}_{\mathrm{c}}$ 的线性函数，即

$$A=(1-\gamma)\tilde{p}+\frac{1}{2}\gamma\tilde{p}_{\mathrm{c}},\quad B=M\left[(1-\alpha)\tilde{p}+\frac{1}{2}\alpha\gamma\tilde{p}_{\mathrm{c}}\right] \tag{7.93}$$

式中，$\tilde{p}_{\mathrm{c}}$ 是先期固结压力；α 是 0～1 的参数；M 是临界状态应力比，假设斜率不受吸力的影响，即 M 保持与饱和土相同的值。

将耗散方程（7.92）代入表 4.2 就可以求出耗散应力分别为

$$\tilde{\pi}=\frac{\partial D}{\partial(\mathrm{d}\varepsilon_{\mathrm{v}}^{\mathrm{p}})}=\frac{A^{2}\mathrm{d}\varepsilon_{\mathrm{v}}^{\mathrm{p}}}{D},\quad \tau=\frac{\partial D}{\partial(\mathrm{d}\varepsilon_{\mathrm{s}}^{\mathrm{p}})}=\frac{B^{2}\mathrm{d}\varepsilon_{\mathrm{s}}^{\mathrm{p}}}{D} \tag{7.94}$$

式中，$\tilde{\pi},\tau$ 分别为耗散应力空间中的平均有效应力和偏应力。利用式（7.94）可以把耗散空间中屈服方程表示为

$$y^{*}(\tilde{\pi},\tau)=\frac{B^{2}}{A^{2}}\tilde{\pi}^{2}+\tau^{2}-B^{2}=0 \tag{7.95}$$

为了得到真实应力空间中的屈服面方程，需要利用背应力将耗散应力转换为真实应力，此时必须给出自由能的表达式。Collins 和 Hilder（2002）给出蓄藏能 φ_2 为

$$\varphi_2 = \frac{1}{2}\gamma \tilde{p}_c \mathrm{d}\varepsilon_v^p \tag{7.96}$$

式中，γ 是与应力比有关的量，可以表示为 $\gamma = 2\tilde{p}_{CSL} / \tilde{p}_c$，其取值范围在 0～1；$\tilde{p}_{CSL}$ 是临界状态的平均应力；γ 反映了蓄藏能在总塑性功中所占的比重为 $\gamma/2$，γ 越小，耗散掉的塑性功就越多。对于砂土或某些颗粒材料 γ 的取值可能会略小于 1，对于黏土可以假定为 $\gamma = 1$。

利用式（7.80）可求出背应力为

$$\tilde{p}_b = \frac{\partial \varphi_2}{\partial \varepsilon_v^p} = \frac{1}{2}\gamma \tilde{p}_c, \quad q_b = \frac{\partial \varphi_2}{\partial \varepsilon_s^p} = 0 \tag{7.97}$$

真实应力空间的应力利用式（7.81）计算为

$$\tilde{p} = \tilde{\pi} + \tilde{p}_b = \tilde{\pi} + \frac{1}{2}\gamma \tilde{p}_c, \quad q = \tau + q_b = \tau \tag{7.98}$$

将式（7.98）代入到耗散空间屈服面式（7.95）中，得到真实应力空间中的屈服方程为

$$f_s(\tilde{p}, q, \tilde{p}_c) = \frac{B^2}{A^2}(\tilde{p} - \gamma \tilde{p}_c / 2)^2 + q^2 - B^2 = 0 \tag{7.99}$$

当参数 $\alpha = 1, \gamma = 1$ 时，式（7.99）就是数值的修正剑桥模型屈服面方程：

$$f_s(\tilde{p}, q, \tilde{p}_c) = q^2 - M^2 \tilde{p}(\tilde{p}_c - \tilde{p})^2 = 0 \tag{7.100}$$

7.3.6 硬化法则

1. 硬化与软化

弹塑性理论中，硬化法则反映的是材料屈服后屈服面的演化情况，这对于材料塑性以后的行为有很大的影响。在硬化法则中，屈服面的演化由内变量的变化来控制，内变量就相当于硬化参量。

根据流动法则可以假设内变量的演化方程为

$$\dot{\boldsymbol{\xi}} = \lambda \frac{\partial y}{\partial \boldsymbol{\sigma}} = \lambda \boldsymbol{h} \tag{7.101}$$

当应力和其他条件保持不变时，由于内变量变化而引起的屈服面改变，可以表示为

$$\dot{f}\big|_{\sigma=\text{const}} = \frac{\partial f}{\partial \boldsymbol{\xi}} \dot{\boldsymbol{\xi}} \tag{7.102}$$

如果式（7.102）中 $\dot{f}\big|_{\sigma=\text{const}}=0$，表明屈服面不随内变量变化而变化，如理想弹塑性材料。如果 $\dot{f}\big|_{\sigma=\text{const}}\neq 0$，根据内变量的变化，材料会出现硬化和软化两种情况：

$$\begin{cases}\dot{f}\big|_{\sigma=\text{const}}<0, & \text{硬化}\\ \dot{f}\big|_{\sigma=\text{const}}>0, & \text{软化}\end{cases}\tag{7.103}$$

可以通过图 7.9 来进行说明，图中四个点 A、B、C、D 应力相同均为 $\boldsymbol{\sigma}_0$，A 和 B 位于屈服上表明 $f_A=0, f_B=0$。在曲线峰值点 M 之前材料表现出的是硬化特性，而峰值之后表现出软化特性，可以通过式（7.103）来判断。例如，保持应力不变，从 A 到 C 位置，表明屈服面硬化使得 C 位于屈服面以内 $f_C<0$，即 $\dot{f}\big|_{\sigma=\text{const}}=f_C-f_A<0$，满足式（7.103）第一式属于硬化阶段；峰值之后从 B 到 D，因为屈服面软化使得 D 位于屈服面外 $f_D>0$，因此 $\dot{f}\big|_{\sigma=\text{const}}=f_D-f_B>0$，满足式（7.103）第二式属于软化阶段。

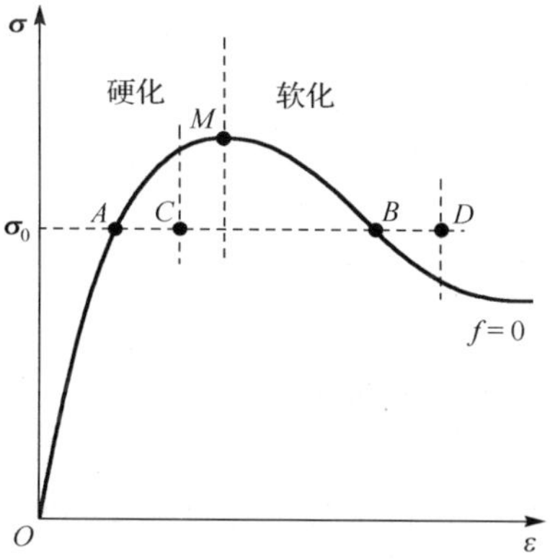

图 7.9　硬化和软化示意图

2. 硬化规律

屈服面随内变量的演化方程一般可以表示为

$$f(\boldsymbol{\sigma},\boldsymbol{\xi})=F(\boldsymbol{\sigma}-\boldsymbol{\rho},\boldsymbol{\xi})-k(\boldsymbol{\xi})\tag{7.104}$$

式（7.104）就是硬化法则。当 $\boldsymbol{\rho}=0, k(\boldsymbol{\xi})\neq 0$ 时，表明只有屈服面大小随内变量而发生改变，通常称为等向硬化；当 $\boldsymbol{\rho}\neq 0, k(\boldsymbol{\xi})=0$ 时，表明屈服面的位置随内变量而发生改变，通常称为运动硬化；当 $\boldsymbol{\rho}\neq 0, k(\boldsymbol{\xi})\neq 0$ 时，表明屈服面的大小和位置均随着内变量变而发生改变，通常称为混合硬化。

$\boldsymbol{\rho}$ 是背应力，可以用式（7.80）计算，表示为应力和内变量的函数 $\boldsymbol{\rho}(\boldsymbol{\sigma},\boldsymbol{\xi})$，如 Prager 硬化法，则假设

$$\dot{\boldsymbol{\rho}}=c\dot{\boldsymbol{\varepsilon}}^{\text{p}}\tag{7.105}$$

式中，内变量采用塑性应变 $\dot{\boldsymbol{\varepsilon}}^{\text{p}}$ 表示；c 可以是材料常数，也可以是内变量的函数。

3. 非饱和土的硬化方程

硬化法则对于描述多场耦合土体的本构模型非常关键，目前建立非饱和土水力力学耦合模型的一种方法就是将模型之间的耦合反映在屈服面的耦合上（Wheeler et al., 2003），而屈服面的移动是通过硬化法则来反映的。以剑桥模型为例，根据式（7.97），其背应力实际上与屈服应力有关，而其屈服应力实际上可以表示为塑性体变的函数，硬化法则如下：

$$\tilde{p}_{c0}=\tilde{p}_{c}(\varepsilon_{v}^{p})=p_{0}\exp\left(\frac{v\varepsilon_{v}^{p}}{\lambda-\kappa}\right) \tag{7.106}$$

式中，λ、κ 是材料参数；v 是比体积；ε_{v}^{p} 是塑性体变；p_{0} 是初始屈服应力。

为了描述非饱和土中吸力的影响，Alonso 等（1990）最早给出加载湿陷屈服面的数学表达式，该屈服面实际上就是在饱和土硬化方程（7.106）基础上加入了吸力的影响，如下所示：

$$\tilde{p}_{cs}=\tilde{p}_{c}(\varepsilon_{v}^{p},s)=p^{r}\left(\frac{\tilde{p}_{c0}}{p^{r}}\right)^{\frac{\lambda(0)-\kappa}{\lambda(s)-\kappa}} \tag{7.107}$$

式中，$\tilde{p}_{cs}$ 是吸力为 s 时的屈服应力，p^{r} 为参考应力，$\tilde{p}_{c0}$ 是饱和条件下的先期固结压力，用式（7.106）计算。

目前通常用两种做法来考虑吸力对屈服应力的影响：一是将吸力的影响与体积硬化作用两者耦合在一起，即在原本的硬化函数基础上乘以一个受吸力影响的系数（Khalili et al., 2004; Tamagnini, 2004）；另一种方法是将吸力的影响与体应变硬化的作用解耦分别考虑，认为吸力对土体应变硬化有一个附加作用，总的硬化函数等于两者之和（Jommi, 2000; Li, 2007a），目前使用较多的是第一种形式。Loret 和 Khalili（2000）指出这两种作用的耦合与否主要取决于材料自身的性质，利用一些实验结果，给出了一个同时包含以上两种情况的屈服应力的表达式：

$$\tilde{p}_{c}(X,s)=p_{0}\exp(\wp X)p_{cm}(s)+p_{ca}(s) \tag{7.108}$$

式中，p_{0} 是饱和土初始屈服应力；$\wp$ 是材料相关参数；X 是硬化参数；$p_{cm}(s)=1$ 表示体应变硬化与吸力影响之间是解耦的，$p_{ca}(s)=0$ 表示体应变硬化与吸力影响是耦合的。

硬化参数一般采用塑性体变，为了考虑更多复杂因素可以引入饱和度等其他参数（刘艳，2010）。例如，为了更好地考虑含水量变化对非饱和土的影响，Wei 等（2006b）选择了塑性含水量作为硬化参数，Wheeler 等（2003）采用了塑性饱和度作为硬化参数。

对于更复杂的本构模型，硬化方程所包含的参数越多，硬化方程越复杂，目前模型中的硬化方程大多可以表示为如下形式：

$$\tilde{p}_{c}(X,s,\eta)=\tilde{p}_{c}(X)p_{cm}(s)f(\eta)\quad(\eta=T,c,\cdots) \tag{7.109}$$

式中，η 代表除吸力外其他对屈服应力有影响的参数，如 T 代表温度的影响，c 代表化学浓度的影响，此外还可以考虑其他影响如结构性、环境生成条件等。

式（7.109）中第一项反映硬化参数的影响，大多模型选用与剑桥模型相同的形式，即式（7.106）；第二项反映吸力的影响，目前有很多不同的表达式，最具代表性的是式（7.107）；第三项反映其他因素的影响，目前并没有统一的形式，大多是根据经验拟合的结果。

按照式（7.109），针对不同问题，可以得到相应的硬化方程，如考虑温度影响的非饱和土模型中，姚仰平等（2011）给出了如下硬化方程：

$$\tilde{p}_{csT}=\tilde{p}_{c}(\varepsilon_{v}^{p},s,T)=\tilde{p}_{cs}\left[1-\gamma\ln\left(\frac{T}{T_0}\right)\right] \tag{7.110}$$

蔡国庆等（2011b）将塑性饱和度作为硬化参数，给出的温度影响硬化方程为

$$\tilde{p}_{c}(\varepsilon_{v}^{p},S_{r}^{p},T)=\tilde{p}_{c0}\cdot\exp\left[\frac{k_{sw}}{\lambda_{w}-\kappa_{w}}(1-S_{r}^{p})\right]\cdot\exp[-\alpha_{Tp}(T-T_0)] \tag{7.111}$$

对于考虑化学影响的非饱和土模型，Hueckel（1997）给出的硬化方程为

$$\tilde{p}_{csc}=\tilde{p}_{c}(\varepsilon_{v}^{p},s,c)=\tilde{p}_{cs}\exp(-\alpha_{c}c) \tag{7.112}$$

式（7.110）～式（7.112）中，γ、α_{Tp}、k_{sw}、λ_{w}、κ_{w}、α_{c} 均为材料参数，T_0 表示初始温度。

目前为止，非饱和土硬化方程并不统一，其具体形式一般需要根据问题的复杂程度以及实验观察结果给出，所得到的方程必须符合土体的基本特性，如屈服应力随吸力增大而增大、随污染物浓度的增大而降低等。在满足实际情况的前提下，使方程的形式尽量简单，才能使模型更便于应用。

7.3.7　流动法则与一致性条件

以固相为例，如果内变量选择用塑性应变率来表示，此时耗散函数表示为如下形式：

$$D^{s}=\boldsymbol{\sigma}^{d}:\dot{\boldsymbol{\varepsilon}}^{p} \tag{7.113}$$

式中，$\dot{\boldsymbol{\varepsilon}}^{p}$ 表示塑性应变率；$\boldsymbol{\sigma}^{d}$ 表示耗散力，代表热力学力，它与真实应力之间的关系满足式（7.81）：

$$\boldsymbol{\sigma}^{d}=\boldsymbol{\sigma}-\boldsymbol{\rho}^{s} \tag{7.114}$$

相应地，通过 Legendre 转换可以得到耗散应力空间中的屈服面可以表示为

$$Y^{s}(\boldsymbol{\sigma}^{d})=D^{s}-\boldsymbol{\sigma}^{d}:\dot{\boldsymbol{\varepsilon}}^{p}=0 \tag{7.115}$$

此时塑性应变可以表示为

$$\dot{\boldsymbol{\varepsilon}}^{p}=\frac{\partial Y^{s}(\boldsymbol{\sigma}^{d})}{\partial\boldsymbol{\sigma}^{d}} \tag{7.116}$$

Y^s 称为流动势。对于率无关材料，流动势实际上就是耗散应力的一阶齐次函数，此时可以表示

$$Y^{\mathrm{s}}(\boldsymbol{\sigma}^{\mathrm{d}})=\lambda y^{\mathrm{s}*}(\boldsymbol{\sigma}^{\mathrm{d}}) \tag{7.117}$$

函数 y^{s*} 就是耗散应力空间中的屈服面方程，其作用相当于传统塑性力学中的塑性势函数，可以用来计算塑性应变增量。对于率相关材料，其流动势则更加复杂，尤其是当耗散函数无法表示为内变量增量的齐次函数时，本节只讨论率无关情形，关于率相关问题可参考文献（Houlsby et al., 2007）。

3.4 节已经介绍了 Ziegler 最大耗散率原理，在应力空间中，该原理可以表述为：在给定内变量的条件下，满足边界条件的实际耗散力将使得耗散率取最大值。类似于式（3.68），最大耗散率原理可以表示为

$$\frac{\partial}{\partial\boldsymbol{\sigma}^{\mathrm{d}}}\left\{Y^{\mathrm{s}}(\boldsymbol{\sigma}^{\mathrm{d}})-\mu[Y^{\mathrm{s}}(\boldsymbol{\sigma}^{\mathrm{d}})+\boldsymbol{\sigma}^{\mathrm{d}}:\dot{\boldsymbol{\varepsilon}}^{\mathrm{p}}]\right\}=0 \tag{7.118}$$

因此可以得到

$$\dot{\boldsymbol{\varepsilon}}^{\mathrm{p}}=\lambda'\frac{\partial Y^{\mathrm{s}}}{\partial\boldsymbol{\sigma}^{\mathrm{d}}}=\lambda\frac{\partial y^{\mathrm{s}*}}{\partial\boldsymbol{\sigma}^{\mathrm{d}}} \tag{7.119}$$

式中，$\lambda'=(1-\mu)/\mu$，将式（7.119）代入式（7.118）后得到

$$\lambda'=Y^{\mathrm{s}}\left(\frac{\partial Y^{\mathrm{s}}(\boldsymbol{\sigma}^{\mathrm{d}})}{\partial\boldsymbol{\sigma}^{\mathrm{d}}}\boldsymbol{\sigma}^{\mathrm{d}}\right)^{-1} \tag{7.120}$$

式（7.119）就是 Ziegler 正交条件，在给定耗散力条件下，可以首先确定耗散力的方向，只有在耗散力与耗散势面相切时耗散增量最大，说明了满足最大耗散率原理的耗散力与耗散面垂直。必须说明式（7.118）只能表明耗散势增量在满足式（7.119）条件下有极值，并不能说明该值是最大值，还需要增加的条件是要求耗散面是凸面，因为只有凸面，才能保证面上所有点位于切线的同一侧，切点处的取值才能是最大值。

传统的塑性理论中，由于塑性势面通常难以确定，因此常常假设塑性势面与屈服面相同，即相关联流动法则。而对于岩土类材料往往并不满足相关联流动法则，式（7.119）可以反映土体的这一特点。对式（7.85）求导，并利用式（7.114）可得

$$\frac{\partial y^{\mathrm{s}}}{\partial\boldsymbol{\sigma}^{\mathrm{s}}}=\frac{\partial y^{\mathrm{s}*}}{\partial\boldsymbol{\sigma}^{\mathrm{d}}}:\frac{\partial\boldsymbol{\sigma}^{\mathrm{d}}}{\partial\boldsymbol{\sigma}^{\mathrm{s}}}=\frac{\partial y^{\mathrm{s}*}}{\partial\boldsymbol{\sigma}^{\mathrm{d}}}-\frac{\partial y^{\mathrm{s}*}}{\partial\boldsymbol{\rho}^{\mathrm{s}}}:\frac{\partial\boldsymbol{\rho}^{\mathrm{s}}}{\partial\boldsymbol{\sigma}^{\mathrm{s}}} \tag{7.121}$$

将式（7.121）代入式（7.119）中，有

$$\dot{\boldsymbol{\varepsilon}}^{\mathrm{p}}=\lambda\left(\frac{\partial y^{\mathrm{s}}}{\partial\boldsymbol{\sigma}^{\mathrm{s}}}+\frac{\partial y^{\mathrm{s}*}}{\partial\boldsymbol{\rho}^{\mathrm{s}}}:\frac{\partial\boldsymbol{\rho}^{\mathrm{s}}}{\partial\boldsymbol{\sigma}^{\mathrm{s}}}\right) \tag{7.122}$$

式（7.122）表明，在真实应力空间中，不再满足相关联流动的法则。只有当耗散函数 D 与真实应力 $\boldsymbol{\sigma}$ 无关时，材料才会表现出相关联法则。由此可见，利用热力学方

法可以自然地反映岩土材料非相关联这一特性，同时也可避免传统塑性理论中塑性势面难以确定的问题。

对屈服面方程（7.104），利用一致性条件得到

$$\mathrm{d}f(\boldsymbol{\sigma},\boldsymbol{\xi})=\frac{\partial f}{\partial\boldsymbol{\sigma}}:\mathrm{d}\boldsymbol{\sigma}+\frac{\partial f}{\partial\boldsymbol{\xi}}:\mathrm{d}\boldsymbol{\xi} \tag{7.123}$$

将内变量演化方程（7.101）代入式（7.123）中得到

$$\mathrm{d}f(\boldsymbol{\sigma},\boldsymbol{\xi})=\frac{\partial f}{\partial\boldsymbol{\sigma}}:\mathrm{d}\boldsymbol{\sigma}+\lambda\frac{\partial f}{\partial\boldsymbol{\xi}}:\boldsymbol{h}=0 \tag{7.124}$$

由于塑性模量可以表示为

$$K_{\mathrm{p}}=-\frac{\partial f}{\partial\boldsymbol{\xi}_n}:\boldsymbol{h} \tag{7.125}$$

根据式（7.124）和式（7.125），得到

$$\lambda=\frac{1}{K_{\mathrm{p}}}\left(\frac{\partial f}{\partial\boldsymbol{\sigma}}:\mathrm{d}\boldsymbol{\sigma}\right) \tag{7.126}$$

对于一般应力应变关系中，内变量通常选择为塑性应变，此时

$$\mathrm{d}\boldsymbol{\varepsilon}^{\mathrm{p}}=\lambda\boldsymbol{h}=\frac{1}{K_{\mathrm{p}}}\left(\frac{\partial f}{\partial\boldsymbol{\sigma}}:\mathrm{d}\boldsymbol{\sigma}\right)\boldsymbol{h} \tag{7.127}$$

应力应变关系可以表示为

$$\mathrm{d}\boldsymbol{\varepsilon}=\mathrm{d}\boldsymbol{\varepsilon}^{\mathrm{e}}+\mathrm{d}\boldsymbol{\varepsilon}^{\mathrm{p}}=\boldsymbol{M}:\mathrm{d}\boldsymbol{\sigma}+\frac{1}{K_{\mathrm{p}}}\left(\frac{\partial f}{\partial\boldsymbol{\sigma}}:\mathrm{d}\boldsymbol{\sigma}\right)\boldsymbol{h}=\left(\boldsymbol{M}+\frac{1}{K_{\mathrm{p}}}\frac{\partial f}{\partial\boldsymbol{\sigma}}\otimes\boldsymbol{h}\right):\mathrm{d}\boldsymbol{\sigma} \tag{7.128}$$

或者可将应力表示为应变的函数，由于

$$\mathrm{d}\boldsymbol{\sigma}=\boldsymbol{E}:\mathrm{d}\boldsymbol{\varepsilon}^{\mathrm{e}}=\boldsymbol{E}:(\mathrm{d}\boldsymbol{\varepsilon}-\mathrm{d}\boldsymbol{\varepsilon}^{\mathrm{p}})=\boldsymbol{E}:(\mathrm{d}\boldsymbol{\varepsilon}-\lambda\boldsymbol{h}) \tag{7.129}$$

式中，$\boldsymbol{E}=\boldsymbol{M}^{-1}$，是一个四阶张量。将式（7.129）代入式（7.126），有

$$\lambda=\frac{\dfrac{\partial f}{\partial\boldsymbol{\sigma}}:\boldsymbol{E}:\mathrm{d}\boldsymbol{\varepsilon}}{\dfrac{\partial f}{\partial\boldsymbol{\sigma}}:\boldsymbol{E}:\boldsymbol{h}+K_{\mathrm{p}}} \tag{7.130}$$

最终可以给出材料的应力应变关系为

$$\mathrm{d}\boldsymbol{\sigma}=\left[\boldsymbol{E}-\frac{\left(\boldsymbol{E}:\dfrac{\partial f}{\partial\boldsymbol{\sigma}}\right)\otimes(\boldsymbol{h}:\boldsymbol{E})}{\dfrac{\partial f}{\partial\boldsymbol{\sigma}}:\boldsymbol{E}:\boldsymbol{h}+K_{\mathrm{p}}}\right]:\mathrm{d}\boldsymbol{\varepsilon} \tag{7.131}$$

7.3.8 临界状态理论

土的临界状态的概念是 Roscoe 等于 1958 年建立的，它是现代土力学中的一个极为重要的概念，并且是临界状态土力学的基石。临界状态的重要性在于：它给出了土体在整个变形发展过程中的结束点。这一结束点在建立土的本构模型时是至关重要的。没有它，土体的变形发展将不知道走向哪里和在何时、何点结束。因为不知道在何时、何点结束变形，由此所建立的土的本构模型会产生较大的误差。而当已知初始值和结束点值（临界状态）时，所建立的土的本构模型只需在已知初始值和结束点值之间内插即可得到，因此不会产生过大的误差。

土的临界状态理论和剑桥模型能够提供一个统一的理论框架用于描述和预测土的变形和破坏行为，它把土的弹性和塑性变形以及土的强度有机的联系起来，讨论土的最基本的关系即土的本构关系。临界状态模型是土的一种理想和简化的本构模型，然而，它却抓住了土的最重要的行为和特征。当不能做足够的土工试验以便于描述现场土的特征，以及结构物在建设期间或使用期间在各种不同荷载作用下对土的反应和行为进行预测时，土的临界状态模型则是一种非常简单而有用的工具。目前绝大多数土的本构模型都是基于临界状态的概念而建立的，由此可知其重要性。

Roscoe 和 Schofield（1958）首次提出了临界状态的概念，随后临界状态土力学得到发展。临界状态定义为一种状态，在这种状态下，土体连续变形但应力和体积不变，而且在临界状态不再有进一步的结构变化。基于临界状态框架描述土体行为，所建立的著名的弹塑性本构模型——剑桥模型，是临界状态的巨大进步。在三维轴对称（即三轴仪的应力状态）空间时，其应力和应变需满足以下表达式：

$$\dot{p}=0,\quad \dot{q}=0,\quad \dot{\varepsilon}_{\mathrm{v}}=0,\quad \dot{\varepsilon}_{\mathrm{s}}\neq 0 \tag{7.132}$$

并且上述状态在（p', q）和（$e, \ln p'$）空间中可以用数学表达式表示为

$$\begin{aligned}\eta&=\eta_{\mathrm{c}}=(q/p')_{\mathrm{c}}=M\\ e&=e_{\mathrm{c}}=\hat{e}_{\mathrm{c}}(p')=N+\lambda\ln(p')\end{aligned} \tag{7.133}$$

已有研究表明：满足式（7.132）条件的临界状态线并不唯一，如相变线、临界状态线、稳态线、残余强度线等。这为理论研究和实际工程应用带来了困惑。Li 和 Dafalias（2012）认为临界状态线不唯一的原因是土的组构的各向异性，而且就非饱和土而言，这种组构的各向异性对于临界状态会产生更大的影响。因此如何得到土体变形过程中唯一的结束状态或结束点是一项值得研究的基础性课题。另外关于土的临界状态的研究主要是针对饱和土进行的，而对于非饱和土的临界状态，虽然在很多非饱和土本构模型中都得到了应用，但是直到现在它的基本定义和需要满足的条件都没有明确和清晰地给出来，非饱和土临界状态的唯一性也没有充分地论证过。

非饱和土由于气相的存在，其工程性质非常复杂。其应力状态和各相的体积变化

也比饱和土复杂得多，有效应力的表示不仅与孔隙水压力相关，而且还和孔隙气压甚至饱和度相关。这时仅满足式（7.132）的要求是不能确定非饱和土临界状态的。因此非饱和土到达临界状态时应该满足何种条件？在式（7.132）的基础上还需要补充哪些条件，才能够描述非饱和土的临界状态？这些问题不解决好，临界状态非饱和土力学的理论及其相应的本构模型的建立是很难得到深化和进一步发展的。以往关于非饱和土的临界状态的研究，绝大多数都是通过室内三轴试验，探讨非饱和土是否存在临界状态？若存在临界状态，则非饱和土到达临界状态时应该满足何种条件？例如，Wheeler 和 Sivakumar（1995），Adams 和 Wulfsohn（1997），Kayadelen 等（2007）采用平均净应力、偏应力、吸力和比体积作为描述非饱和土临界状态的状态变量。也有研究者建议除了上述状态变量以外，再增加水的比体积 v_w 或饱和度 S_r 作为状态变量，$v_w = 1 + wG_s$，w 为含水率，G_s 为土的比重。Wheeler 和 Sivakumar（1995）通过实验测得的 v_w 在临界状态时没有到达稳定值；而 Rampino 等（1998）实验测得的 v_w 在临界状态时到达稳定值。Wang 等（2002）指出，采用 v_w 作为非饱和土临界状态的另一个独立状态变量可能并不可靠，需要更多的实验数据支持才能够做出最后的结论。

1. 土体变形过程结束的热力学条件

热力学原理是一种普适的理论。非饱和土的变化过程也必然遵循热力学原理。利用热力学原理可从更普遍的情况（条件）和更一般的视角审视非饱和土变化过程和行为，以便于更好地揭示其复杂行为和性质。基于热力学基本原理，针对非饱和土，以更加普遍的观点考虑其临界状态。热力学中的稳态是比临界状态土力学中的临界状态更加具有普遍意义和一般性地描述系统最终到达的状态，而临界状态土力学中的临界状态只是热力学中稳态的一种特例。非饱和土的稳态将包含更多的条件和约束，而这一状态是土体变形过程的最终状态和结束点。

假定非饱和土体满足热力学局域平衡的假定，则非饱和土的变化过程就可以用局域平衡态热力学理论近似地描述其非平衡变化过程，即在外力和环境作用下非饱和土的变形过程最终会到达一种稳定平衡状态。局域平衡态热力学理论表明：对于没有质量和能量交换的封闭系统，在环境或外界扰动作用下，系统在其发展过程中最终将会到达平衡态，此时满足 Gibbs 平衡时系统熵最大定律。按照非饱和土力学通常的做法，本书假定：非饱和土的典型单元为三维轴对称体积单元并与外界没有质量和能量（包括热能）交换。因此典型单元在其变形发展过程中最终将会到达平衡态，并满足 Gibbs 平衡时系统熵最大定律或自由能最小定律。而在等温等容条件下，系统的 Helmholtz 自由能 A 在可逆过程中保持不变；在不可逆过程中总是减少，减少到 A 最小值时系统到达平衡状态。下面给出热力学第一和第二定律的简单表述：

$$\begin{cases} \dot{W} + \dot{Q} = \dot{U} \\ S_i = S - Q/T \end{cases} \tag{7.134}$$

式中，W、Q、U、T、S_i和S分别是功、热、内能、温度、内熵和熵。由热力学第一和第二定律可以得到

$$\dot{W} - TS_i = \dot{U} - T\dot{S} = \dot{A} \tag{7.135}$$

根据热力学局域稳态平衡的理论，热力学系统到达局域平衡时，Helmholtz 自由能A到达极小值，即$\dot{A}=0$，并且各状态变量保持为常量。因此有

$$\dot{W} - T_c S_i = \dot{U}_c - T_c \dot{S}_c = \dot{A}_c = 0 \tag{7.136}$$

式中，右下标 c 表示各状态变量到达稳态时的相应值。

2. 非饱和土到达临界状态的条件

一般分析土力学问题首先要选择独立的状态变量。独立状态变量的选择依赖于所涉及问题的性质和特点、已有的认识（包括理论知识和实验结果等）和研究者的经验等。在外部荷载作用下，用连续介质力学理论通常可以得到总应力$\boldsymbol{\sigma}$和相应的应变$\boldsymbol{\varepsilon}$，而土体中各相的体积变形以及与其对偶的广义应力都是内变量。根据孔隙介质理论一般选择各相体积分数作为内变量，由此会得到各相相应的应力变量。但从土力学界易于接受的角度，本书采用了土力学界普遍使用的应力术语，即采用前文给出的广义应力变量和与之对偶的广义应变：土骨架的变形$\boldsymbol{\varepsilon}^s$，与$\boldsymbol{\varepsilon}^s$相对偶的为非饱和土的有效应力$\tilde{\boldsymbol{\sigma}}$；孔隙中液相流体的变化用内变量饱和度$S_r$表示，与孔隙中液相饱和度变化相对偶的广义应力为基质吸力s；气相压力p^g和气相体应变ε_v^g。

假定土颗粒和水不可压缩，不考虑温度和各相之间的质量交换以及渗流的影响，非饱和土功$\dot{W}$的具体表达式用（7.137）表示，即

$$\dot{W} = [\mathrm{tr}(\tilde{\boldsymbol{\sigma}} \cdot \dot{\boldsymbol{\varepsilon}}^s) + sn\dot{S}_r + n^g p^g \dot{\varepsilon}_v^g] \tag{7.137}$$

把式（7.137）代入热力学式（7.135）后，得

$$[\mathrm{tr}(\tilde{\boldsymbol{\sigma}} \cdot \dot{\boldsymbol{\varepsilon}}^s) + sn\dot{S}_r + n^g p^g \dot{\varepsilon}_v^g] - TS_i = \dot{U} - T\dot{S} = \dot{A} \tag{7.138}$$

按照土力学通常的做法，把式（7.138）用三维轴对称应力和应变空间表示，得

$$[\tilde{p}\dot{\varepsilon}_v^s + q\dot{\varepsilon}_s^s + ns\dot{S}_r + n(1-S_r)p^g \dot{\varepsilon}_v^g] - TS_i = \dot{U} - T\dot{S} = \dot{A} \tag{7.139}$$

式中，ε_v^s和ε_s^s分别为固相三轴应变条件下的体应变和偏应变；$\tilde{p}$为与固相体应变ε_v^s相对偶的有效压力。

下面将从热力学的角度探讨变形过程结束时非饱和土所具有的稳态约束条件。首先非饱和土变形结束时它到达稳定的局域平衡状态，这时非饱和土局域的状态变量不随时间而改变，并且 Helmholtz 自由能A到达极小值，即$\dot{A}=0$。这意味着所有各相的广义应力变量和其他状态变量（除剪应变外）不随时间而改变。变形结束到达稳态时式（7.139）满足式（7.136）的要求，即式（7.139）等于零，假定把式（7.139）分解成为以下两式：

$$
\begin{cases}
q_{\mathrm{c}}\dot{\varepsilon}_{\mathrm{s}}^{\mathrm{s}} = T_{\mathrm{c}}S_{\mathrm{i}} \\
[\tilde{p}\dot{\varepsilon}_{\mathrm{v}}^{\mathrm{s}} + sn\dot{S}_{\mathrm{r}} + P_{\mathrm{g}}n(1-S_{\mathrm{r}})\dot{\varepsilon}_{\mathrm{v}}^{\mathrm{g}}]_{\mathrm{c}} = \dot{U}_{\mathrm{c}} - T_{\mathrm{c}}\dot{S}_{\mathrm{c}} = \dot{A}_{\mathrm{c}} = 0 \\
\dot{U}_{\mathrm{c}} = 0; \dot{S}_{\mathrm{c}} = 0; \dot{A}_{\mathrm{c}} = 0
\end{cases}
\quad (7.140)
$$

式(7.140)中第一式表明：非饱和土变形到达稳态时，根据 Roscoe 等的研究（Roscoe et al., 1958; Schofield et al., 1968），其稳态状态变量不包括剪应变，而且稳态时剪切变形产生的能量，全部耗散掉（忽略了弹性剪应变及其相应的变形能量）。式（7.140）中第二式表明：非饱和土变形到达稳态时，Helmholtz 自由能 A 到达极小值，$\dot{A}=0$；即该式等于零。到达稳态时，通常各相的压力不为零，因此等式左端各相的体积变化必然等于零。这一结论非常重要，因为此前人们并不确切知道，也没有具体的概念，即非饱和土到达临界状态时，其各相的体积是否保持不变。有些研究者凭直觉感到非饱和土到达临界状态时，其各相的体积应该保持不变，但他们并没有从理论上讨论或论证过。本书利用热力学基本原理论证了非饱和土到达临界状态时，其各相的体积必然保持不变。由此可以得到

$$
\dot{\varepsilon}_{\mathrm{v}}^{\mathrm{s}} = 0; \quad \dot{S}_{\mathrm{r}} = 0; \quad \dot{\varepsilon}_{\mathrm{v}}^{\mathrm{g}} = 0; \quad \dot{\varepsilon}_{\mathrm{s}}^{\mathrm{s}} \neq 0; \quad (7.141)
$$

为保持式（7.141）中各等式左端前三项的体积变化等于零，要求孔隙率 n 保持为常量，否则孔隙率 n 变化会导致非饱和土中各相体积发生变化，从而不能保证式(7.140)中第二式等于零。而与上述各式对偶的各相广义压力变量 $\tilde{p}$、s、p^{g} 和 q 到达稳态平衡时，根据热力学在稳定平衡的要求，其各状态变量应保持为常量。

由上述讨论可知，热力学过程发展到最后必到达稳定平衡状态。具体到非饱和土的变形过程，稳态平衡就意味着非饱和土的变形过程到达最后状态即土力学中的临界状态，这时其相应的临界状态的约束条件为：①各相体积变化应满足式（7.141）并且孔隙率 n 为常量；②与之对应的各应力变量 $\tilde{p}$、s、p^{g} 和 q 保持为常量。与饱和土力学的临界状态的要求式（7.132）相比，无疑从热力学的过程到达稳态平衡时非饱和土的约束条件要求得更多，并且这些要求都是针对内变量以及与其相对偶的各相压力变量的要求。它们反映了非饱和土材料在环境变化的作用下其内部本身产生变化并到达临界状态时的情况和要求。与通过室内三轴试验探讨非饱和土的临界状态相比，利用热力学方法给出非饱和土到达稳定状态（临界状态）时的条件是更加全面和完备的，并且其理论基础更加坚实。当然在非饱和土试验中，当变形结束时也许没有到达本书给出的临界状态条件，但这并不能说明本书给出的条件是错误的（因为本书给出的条件是基于具有普适性的热力学理论推导而得到的），而可能是受试验设备和试验条件的限制，（与饱和土相似）土样的变形在到达稳定的临界状态前就因为变形过大而产生了不均匀或破坏。当然这些一般性的条件在特殊情况下是否都需要满足，还需研究和讨论。基于上述非饱和土到达稳态（临界状态）时的一般性条件，讨论在两种特殊情况下非饱和土到达稳态（临界状态）时应满足的条件。需要特别指出的是土体到达稳态

平衡时，虽然其组构可以是各相异性的，但其组构（或更一般的结构），除了剪应变外，必须保持不变，否则系统不会处于稳态平衡，即没有到达稳态平衡。

基于上述非饱和土到达稳态（临界状态）时的一般性条件，下面讨论在两种特殊情况下非饱和土到达稳态（临界状态）时应满足的条件。

（1）当气相压力 p^{g} 不作为独立状态变量时，即忽略式（7.140）中第三项的能量，则可以得到相应的非饱和土临界状态应满足的条件为：各相体积变化应满足式（7.141）中前两项的要求（不考虑第三项的要求），以及孔隙率 n 为不变的常量；而与之对偶的各相压力变量 p、q、p^{w}、$\tilde{p}$、$\bar{p}$ 和 s 则保持为常量。

（2）当气相压力 p^{g} 和饱和度 S_{r} 不考虑为独立的状态变量时，则可以得到相应的非饱和土临界状态应满足的条件为：各相体积变化应满足式（7.141）中第一项的要求，以及孔隙率 n 为不变的常量；而与之对偶的各相压力变量 p、q、p^{w}、$\tilde{p}$、$\bar{p}$ 和 s 则保持为常量。

Alonso 等（1990）建立的 Barcelona 模型使用了净应力 $\bar{p}$，基质吸力 s，偏应力 q，比体积 v 和剪应变 ε_{s} 作为状态变量，他们给出的到达临界状态的条件属于上面给出的第二种情况。而在 Li（2007b）和 Sun 等（2007a）给出的耦合模型中，给出的到达临界状态的条件属于上面给出的第一种情况。另外当饱和度等于 1 时，土体处于饱和状态，基质吸力和气相压力为零，此时本书给出的非饱和土临界状态的约束条件退化为饱和土临界状态的条件，即等价于式(7.132)给出的条件。需要特别指出的是，式(7.141)第二式给出的条件仅是必要条件，而不是充分条件。满足式（7.141）第二式的土体系统可以是稳定平衡，也可以是某种暂态的平衡。另外土体到达稳态平衡时，虽然其组构可以是各向异性的，但其组构（或更一般的结构，这种结构可能还包括前面给出的某些内变量及其影响），除了剪应变外，必须保持不变，即达到稳态组构（或稳态结构），这时系统才到达最后的稳态平衡；否则系统虽然满足式（7.141）第二式，但因其结构未到达稳态结构，土体在不断的剪应变作用下，其结构不断变化，此时土体的平衡是某种暂态的平衡，其 Helmholtz 自由能 A 还没有到达极小值，因此不是稳态平衡，即没有到达最后的稳态平衡。

7.4 土水特征曲线

7.4.1 土水特征曲线简介

非饱和土的复杂性在于气相的存在以及水、气两相比例的变化及其界面效应而导致其水力、力学性能的改变。在非饱和土力学中，水、气两相比例的变化规律及其界面效应主要通过土水特征曲线（soil-water characteristic curve，SWCC）来描述，SWCC 定义了土中吸力（主要指基质吸力，它反映了界面效应的影响和作用）与含水量之间的关系，它是高度非线性函数。非饱和土力学模型中的许多重要参数都需要利用 SWCC 而得到。现有的 SWCC 的概念以及相关的应用方法大都来源于土壤学，由于土壤学和非饱和土力学中所研究的土的物理状态以及这两个学科所研究问题的侧重点的差异，直接将土壤学中的相关研究成果应用到非饱和土力学中不一定合适。因此如何将 SWCC 与土壤学所没有涉及的相关问题（如变形与强度问题）建立联系，是决定非饱和土力学能否正确地应用于岩土工程中的关键。

一般认为 SWCC 主要受到土的矿物成分、孔隙结构、密实程度、温度和水溶液的影响（孙德安, 2009）。对于确定的土样并且温度变化不大时，SWCC 受矿物成分和温度的影响可以不考虑，此时孔隙结构和密实程度的影响起主要作用。在孔隙结构变化不太大的土体变形过程中，可以用孔隙比变化表示孔隙结构和密实程度的变化。而应力历史和应力路径对 SWCC 的影响，可通过最终的耦合弹塑性模型来反映。目前土力学结构性的研究对于孔隙中流体本身的结构性（即实际上应该是水和气在孔隙中的分布）重视不够。通常土的结构性是指孔隙和颗粒的分布以及颗粒之间的连接和相互作用，但没有重视孔隙内液相和气相之间的界面效应及其与颗粒之间的相互作用。而这种液相和气相之间的界面效应及其与颗粒之间的相互作用对非饱和土的性质和行为具有不可忽略的作用和影响。而吸力以及 SWCC 的滞后效应就是这种作用和影响的宏观表现。

大量的实验表明，SWCC 具有明显的滞后效应，说明土中的含水量不仅取决于当前的吸力值，也与吸力的变化历史密切相关，例如，同一吸力值在干燥曲线上对应的含水量就高于浸湿曲线对应的含水量。Fredlund（2000）总结了 SWCC 出现的滞后效应的原因，SWCC 存在着明显的滞回效应，干燥曲线高于浸湿曲线，两者形成滞回圈。引起这种滞回的原因很复杂，主要有：①孔隙尺寸不均匀而产生的瓶颈效应；②干燥和浸湿过程中的接触角不同；③干燥和浸湿过程中带入的空气体积不同；④膨胀和收缩引起的干湿过程中土结构的改变不同；⑤土的触变和时间效应等。Nitao 和 Bear（1996）对滞后现象发生机制进行了解释，在土体含水量低于某一微观含水量（吸附水和联结水所占的含水量）时，滞后的发生主要与化学势有关，当土体含水量大于这一含水量时，液相滞后主要就是由于气水交界面的不稳定性导致的。也就是说滞后可以理解为是干湿循环过程中的交界面从不稳定状态转化到稳定的几何形状的一种耗散过程。

现有研究表明，仅用吸力是无法准确地描述土中的含水量对其水力、力学性能的影响，在模拟土中水力、力学特性时还需要考虑滞后效应的影响（孙德安, 2009; 张雪东, 2010）而建立适当的 SWCC 滞后计算模型是开展这类研究的关键所在。目前，习惯用室内实验加理论模型的方式对 SWCC 的滞后性进行描述。对于考虑滞后效应的任意路径的 SWCC，由于室内实验往往费时费力，进行完整的循环路径实验资料并不多。现有的滞后模型主要有经验模型，即主要是以经验公式为基础而建立起来的，此类模型较为简单，应用广泛。理论模型，即在统计学的基础上，通过引入孔隙水分布函数来计算土中含水量随吸力变化规律的 SWCC 滞后模型。

7.4.2 热力学描述

Hassanizadeh 和 Gray（1993）首次运用热力学的方法研究了 SWCC 的滞后问题。他们把交界面作为独立的一相来考虑，应用热力学的两个定律和局部平均化的方法得到了基本方程。他们认为毛细压力（即基质吸力）函数中除了包括饱和度外，还应包括液-气交界面的面积。Reeves 和 Celia（1996）论证说明毛细压力与饱和度和液-气交界面面积之间的关系不具有唯一性，他们建议具有唯一性的毛细压力（基质吸力）函数，不仅应包括饱和度、液-气交界面面积的影响，还应该包括其他状态变量的影响。由于满足热力学的限制，上述方法能够更加严格地描述多孔介质的性质。

Wei 和 Dewoolkar（2006a）基于热力学和混合物理论提出了一个用内变量来考虑毛细滞后的模型，他们认为滞后实质上是一种耗散现象，可以用内变量来表征这种耗散。由于交界面的性质对于滞后现象有着重要影响，Hassanizadeh 和 Gray（1993）把这种影响具体引入到了自由能函数的方程中。而 Wei 认为交界面的效应所表现出的毛细松弛和滞后会耗散能量，因此他把边界面效应用内变量进行考虑和描述。

6.3 节已经利用热力学原理得到了土体的耗散表达式（6.39），假设此时只有液相耗散，即只考虑流相所引起的耗散，而不考虑热传导、固相塑性变形、渗流、化学反应等其他因素，耗散方程可以表示为

$$
\begin{aligned}
D_f = & \sum_f \left(n^{\mathrm{s}} \rho_{\mathrm{s}} \frac{\partial \varphi^{\mathrm{s}}}{\partial n^{\mathrm{s}}} - \rho_{\mathrm{s}}^2 \frac{\partial \varphi^{\mathrm{s}}}{\partial \rho_{\mathrm{s}}} + \rho_f^2 \frac{\partial \varphi^f}{\partial \rho_f} - n^f \rho_f \frac{\partial \varphi^f}{\partial n^f} \right) \frac{\mathrm{d}^{\mathrm{s}} n^f}{\mathrm{d}t} \\
& - \sum_f n^f \rho_f \frac{\partial \varphi^f}{\partial n^{f\mathrm{p}}} \frac{\mathrm{d}^f n^{f\mathrm{p}}}{\mathrm{d}t} \geqslant 0
\end{aligned}
\tag{7.142}
$$

由于假设土骨架没有塑性变形，即只有弹性变形，体积分数满足如下关系：

$$
n^{\mathrm{wp}} = -n^{\mathrm{gp}} \tag{7.143}
$$

如果进一步忽略毛细松弛效应，利用式（7.143）和式（6.50），代入式（7.142）中得到

$$
D_{\mathrm{c}} = s\dot{n}^{\mathrm{wp}} \geqslant 0 \tag{7.144}
$$

式（7.144）中 s 为基质吸力，由于不考虑体积松弛效应，它可以表示为

$$
s = p^{\mathrm{g}} - p^{\mathrm{w}} = n^{\mathrm{g}} \rho^{\mathrm{g}} \frac{\partial \varphi^{\mathrm{g}}}{\partial n^{\mathrm{g}}} - n^{\mathrm{w}} \rho^{\mathrm{w}} \frac{\partial \varphi^{\mathrm{w}}}{\partial n^{\mathrm{w}}} \tag{7.145}
$$

给出能量方程，就可以得到基质吸力的表达式，式（7.145）实际上就是 SWCC 的基本方程。利用基质吸力，可定义一个简单的液相屈服面的表达式，即

$$
f(s, \xi^{\mathrm{w}}) = \left| s - \omega(\xi^{\mathrm{w}}) \right| - \kappa(\xi^{\mathrm{w}}) \geqslant 0 \tag{7.146}
$$

通过线性化，可得到内变量的演化方程：

$$\dot{\xi}^{\mathrm{w}} = r^{\mathrm{w}} \langle L_{\mathrm{w}} \rangle \tag{7.147}$$

式中，L_{w} 为液相的加载系数，<>是 McCauley 符号。将式（7.147）代入一致性条件中，可以得到

$$L_{\mathrm{w}} = -\frac{H(L_{\mathrm{w}})}{r^{\mathrm{w}}(\partial f / \partial \xi^{\mathrm{w}})} \dot{s} \tag{7.148}$$

式中，$H(L_{\mathrm{w}})$ 是 Heaviside 函数，当 $L_{\mathrm{w}} \geqslant 0$ 时，$H(L_{\mathrm{w}}) = 1$；当 $L_{\mathrm{w}} < 0$ 时，$H(L_{\mathrm{w}}) = 0$。

将式（7.148）代入式（7.147）中，就可以得到内变量的表达式，此时内变量用液相的塑性体积分数表示，从而有

$$\dot{n}^{\mathrm{wp}} = -\frac{1}{K_{\mathrm{p}}^{\mathrm{w}}} \dot{s} \tag{7.149}$$

式中，$K_{\mathrm{p}}^{\mathrm{w}} = r^{\mathrm{w}}(\partial f / \partial \xi^{\mathrm{w}})$，实际上表示了 SWCC 的斜率。式（7.149）就是基于热力学原理，建立的 SWCC 的增量方程。以这个方程为基础，利用经验模型或边界模型，可建立更具有一般性和适用性的液相本构方程。

7.4.3　土水特征曲线的边界面模型

Dafalias 等最早提出了边界面概念（Dafalias, 1986; Dafalias et al., 1986），即材料的行为依赖于屈服面到边界面“距离”的概念，后来许多研究者陆续对边界面的概念进行了修正和补充（Bardet, 1990; Mroz, 1967）。边界面是模型的一个边界，它表示了宏观上材料的一个边界状态，超过该面的状态是不存在的，但是必须注意边界面并不一定就是破坏面，因为它和加载面一样也会随着塑性变形的发生而出现硬化。加载面位于边界面里面，它可以与边界面某点接触，但两者绝不会互相贯穿。边界面可以和一般的弹塑性理论一样具有硬化法则，而加载面的硬化法则通过它和边界面之间的关系来确定。如果当前加载面远离边界面的话，说明材料有很大的刚度，反之如果当前加载面很靠近边界面的话，其刚度和硬化模量就与边界面相同，这就使得材料的刚度从高到低有一个光滑的过渡。

根据边界面塑性理论，可以利用加载面上的应力点与其在边界面上的映射点之间的距离来确定加载面上的塑性反应。基于这一理论，Li（2005）和 Wei 等（2006b）分别建立了模拟 SWCC 滞回循环的计算模型。他们提出的模型都是以边界浸润和干燥曲线作为计算的边界，以浸润-干燥的反弯点作为投影中心，建立了扫描线上的斜率与边界曲线斜率之间的关系。与实验结果对比，这两个模型预测结果都比较好，且都能够计算高阶扫描线，每个模型中各有一个参数，标定参数时除了需要测量边界干燥和浸润曲线外，还需实测一条一阶扫描曲线，因此利用这两个模型计算都需要提供较多的实验数据。

图 7.10 阐述了 SWCC 的滞回现象，横坐标表示不可恢复的含水率（即液相体积

分数）变化，纵坐标表示毛细现象产生的基质吸力。假设土样初始状态位于 C 点，其含水率为 n^{w}，如果对土样进行浸湿实验，土样的吸力将会减小，在浸湿刚开始的阶段含水率的变化是可以恢复的，但是在到达 D 点以后，如果吸力继续减小，就开始发生不可恢复的含水率变化。如果吸力一直减小，那么曲线最终将到达边界线上的 E 点。如果在到达 D' 点后开始对土样进行干燥实验，即吸力开始变大，那么首先会发生一段可恢复的含水率变化，直到 C' 点后，随着吸力的不断增大，又开始产生不可恢复的含水率变化。从图 7.10 可以看出可恢复区域是有限制的（如 CD 段），它最大也不可能超过线段 AB，即两条边界线之间的距离，而且随着含水率的不同它也是变化的。

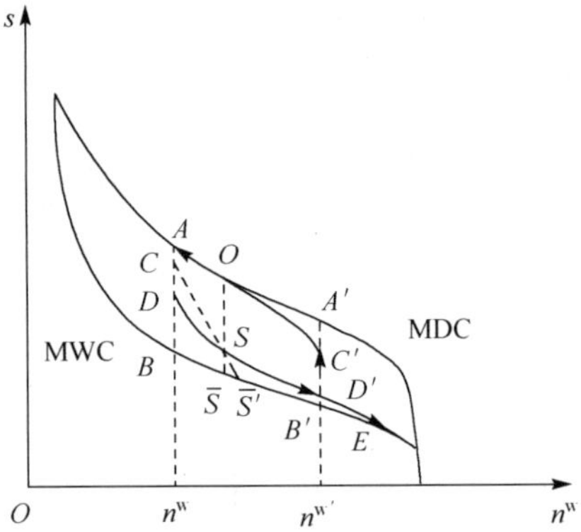

图 7.10　SWCC 的滞回模型

按照边界面塑性理论，加载面上的塑性反应取决于加载面上的应力点与其在边界面上的映射点（image point）之间的距离。如图 7.10 中 S 点，它在边界面上的映射点是投影中心（CD 的中点）与 S 点交线的延长线与边界面的交点 $\bar{S}'$ 点，因此，加载面上 S 点的塑性模量 K_{p} 就与边界面上投影点 $\bar{S}'$ 的塑性模量 $\bar{K}_{\mathrm{p}}$ 有关，并且他们可以通过 S 与 $\bar{S}'$ 间的吸力差值联系起来，用 δ 来表示这一差值，则有

$$\delta=|s-\bar{s}| \tag{7.150}$$

式中，s 是当前点的吸力值，$\bar{s}$ 是在边界面上相应的映射点的吸力值。

只要知道了边界面的塑性模量，根据塑性边界面理论就可得出其中任意一条扫描线的塑性模量，即

$$K_{\mathrm{p}}=\hat{K}_{\mathrm{p}}(\bar{K}_{\mathrm{p}},s,\delta,\xi^{\mathrm{w}})\geqslant\bar{K}_{\mathrm{p}} \tag{7.151}$$

式中，K_{p} 是当前扫描线上的塑性模量，$\bar{K}_{\mathrm{p}}$ 是边界面的塑性模量，当 $\delta=0$ 时，$K_{\mathrm{p}}=\bar{K}_{\mathrm{p}}$。

为了简化，假设忽略可恢复含水率的变化，从而有

$$n^{\mathrm{w}}=n^{\mathrm{wp}} \tag{7.152}$$

此时可恢复的区域退化成了一个点，因此可以认为在含水率变化时，投影中心会沿着

边界面运动，此时图 7.10 中当前状态 S 的投影中心就是 O 点，其映射点就是 $\bar{S}$，根据塑性边界面理论，可假设扫描线斜率与边界线斜率之间存在如下关系：

$$\hat{K}_{\mathrm{P}}(s,n^{\mathrm{w}})=\bar{K}_{\mathrm{P}}(n^{\mathrm{w}})+\theta\frac{\delta}{r} \tag{7.153}$$

式中，θ 为材料参数；r 为边界区域的当前尺寸，这里的边界区域实际上就是两条边界的 SWCC，边界面方程可以表述如下。

边界浸湿曲线（main wetting curve，MWC）：

$$F_{\mathrm{WT}}(s,n^{\mathrm{w}})=-s+\kappa_{\mathrm{WT}}(n^{\mathrm{w}})=0 \tag{7.154}$$

边界干燥曲线（main drying curve，MDC）：

$$F_{\mathrm{DR}}(s,n^{\mathrm{w}})=s-\kappa_{\mathrm{DR}}(n^{\mathrm{w}})=0 \tag{7.155}$$

因此

$$r=\kappa_{\mathrm{DR}}(n^{\mathrm{w}})-\kappa_{\mathrm{WT}}(n^{\mathrm{w}}) \tag{7.156}$$

在干燥时，

$$s(n^{\mathrm{w}})=\kappa_{\mathrm{DR}}(n^{\mathrm{w}}),\quad \bar{K}_{\mathrm{P}}(n^{\mathrm{w}})=-\mathrm{d}\kappa_{\mathrm{DR}}(n^{\mathrm{w}})/\mathrm{d}n^{\mathrm{w}} \tag{7.157}$$

把式（7.156）、式（7.157）代入到式（7.155）中则可得干燥扫描线斜率为

$$\hat{K}_{\mathrm{P}}(s,n^{\mathrm{w}})=\bar{K}_{\mathrm{P}}(n^{\mathrm{w}})+\frac{\theta}{r}\left(\kappa_{\mathrm{DR}}(n^{\mathrm{w}})-s\right) \tag{7.158}$$

在浸湿时，

$$\bar{P}_{\mathrm{c}}(n^{\mathrm{w}})=\kappa_{\mathrm{WT}}(n^{\mathrm{w}}),\quad \bar{K}_{\mathrm{P}}(n^{\mathrm{w}})=-\mathrm{d}\kappa_{\mathrm{WT}}(n^{\mathrm{w}})/\mathrm{d}n^{\mathrm{w}} \tag{7.159}$$

把式（7.156）、式（7.159）代入到式（7.154）中则可得浸湿扫描线斜率为

$$\hat{K}_{\mathrm{P}}(s,n^{\mathrm{w}})=\bar{K}_{\mathrm{P}}(n^{\mathrm{w}})+\frac{\theta}{r}\left(s-\kappa_{\mathrm{WT}}(n^{\mathrm{w}})\right) \tag{7.160}$$

有了扫描线的斜率，利用式（7.616）就可以得出扫描线吸力与含水率的增量关系为

$$\dot{s}=-K_{\mathrm{p}}\dot{n}^{\mathrm{w}} \tag{7.161}$$

有了这一关系就可以预测出所有的扫描线。这一模型最大的优点就在于它只有一个参数 θ，使用起来非常方便。需要注意的是参数 θ 是与内变量有关的，即这里的 θ 可能会随着含水率的不同而发生变化。刘艳和赵成刚（2008）利用实验结果对该模型进行了验证，表明模型与实验结果相符。

7.5　本 章 小 结

热力学和塑性理论这两个学科在早期是独立发展的，随后在热力学概念引入塑性理论产生深刻的影响，并成功地用于建立金属本构模型。岩土本构理论借鉴了连续介

质力学和金属塑性力学，但其特性比金属复杂得多。本章利用热力学原理对土力学的一些基础理论进行了介绍，从非饱和土变形功的表达式出发，对土体有效应力原理的一些基本问题进行了深入探讨，非饱和土有效应力的表达式和本构变量的选择不是唯一的，根据实际问题选择合适的应力变量，才能构建出合理的本构模型。随后介绍了土体弹塑性理论的热力学基础，包括弹塑性理论中的一些基本问题，如耗散势、硬化法则以及临界状态理论，这些理论为发展严格热力学框架下的土体的本构模型提供了参考。用热力学方法构建岩土弹塑性本构模型的理论基础是热力学第一定律和第二定律，不同于传统塑性理论中的 Drucker 塑性公设，材料的塑性特性采用耗散势来进行描述，通过构造耗散函数表达形式，研究屈服准则和硬化法则。临界状态理论作为土力学的基石，给出了土体在整个变形发展过程中的结束点，而临界状态土力学中的临界状态其实只是热力学中稳态的一种特例，利用热力学中的稳态对土体非饱和土的稳态进行分析，可以从更加普遍的观点考虑其变形过程的最终状态和结束点。最后利用热力学理论对土水特征曲线进行了介绍，土水特征曲线已成为非饱和土本构模型的一个重要组成部分，从热力学耗散方程出发，给出具有严格理论基础的土水特征曲线方程，为构建完整的非饱和土本构模型框架提供了依据。

第 8 章　非饱和土多场耦合过程的数学模型

土体的变形-渗流-传热耦合作用是十分普遍的物理现象及工程问题。例如，在高放废物地质处置、地热资源开采等工程中，土体在应力场、渗流场、温度场的耦合作用下，土骨架的变形、孔隙中流体的流动、热量的传递及温度分布都将有别于单一场作用下的响应。在第 6 章所建立的非饱和土多场耦合理论框架的基础上，通过对自由能函数和耗散函数的选取和 Taylor 级数展开，从而得到耦合多种场作用的本构方程，并进一步得到非饱和土变形-渗流-传热耦合数学模型。该模型统一地描述了变形-渗流-传热耦合作用下土体的变形、流体的流动以及热传导等现象。与已有的研究土体多场耦合问题所不同的是，本章除了对相应的物理守恒方程进行相应的变化（增加其他场的耦合作用项以及各场之间的界面效应项）外，更重要的是基于第 6 章的研究成果，对考虑弹塑性变形-渗流-传热时非饱和土中耦合考虑各种场影响的本构关系进行了推导。

8.1　自由能函数和耗散函数的选取

8.1.1　自由能函数的选取

已知 $f = f(x_1, x_2, x_3)$，则函数的二阶 Taylor 级数展开式为

$$
\begin{aligned}
& f(x_1, x_2, x_3) \\
&= f(x_{10}, x_{20}, x_{30}) + \frac{1}{1!}\left(\Delta x_1 \cdot \frac{\partial}{\partial x_1} + \Delta x_2 \cdot \frac{\partial}{\partial x_2} + \Delta x_3 \cdot \frac{\partial}{\partial x_3}\right) f(x_1, x_2, x_3)\bigg|_{x=x_0} \\
&\quad + \frac{1}{2!}\left(\Delta x_1 \cdot \frac{\partial}{\partial x_1} + \Delta x_2 \cdot \frac{\partial}{\partial x_2} + \Delta x_3 \cdot \frac{\partial}{\partial x_3}\right)^2 f(x_1, x_2, x_3)\bigg|_{x=x_0} \\
&= f(x_{10}, x_{20}, x_{30}) + \left(\Delta x_1 \cdot \frac{\partial f}{\partial x_1} + \Delta x_2 \cdot \frac{\partial f}{\partial x_2} + \Delta x_3 \cdot \frac{\partial f}{\partial x_3}\right)\bigg|_{x=x_0} \\
&\quad + \frac{1}{2}\left[(\Delta x_1)^2 \cdot \frac{\partial^2 f}{\partial {x_1}^2} + (\Delta x_2)^2 \cdot \frac{\partial^2 f}{\partial {x_2}^2} + (\Delta x_3)^2 \cdot \frac{\partial^2 f}{\partial {x_3}^2}\right. \\
&\quad \left. + 2\Delta x_1 \Delta x_2 \frac{\partial^2 f}{\partial x_1 x_2} + 2\Delta x_1 \Delta x_3 \frac{\partial^2 f}{\partial x_1 x_3} + 2\Delta x_2 \Delta x_3 \frac{\partial^2 f}{\partial x_2 x_3}\right]\bigg|_{x=x_0}
\end{aligned}
\tag{8.1}
$$

非饱和土是由固相（s）、液相（w）、气相（g）三相组成。在初始状态，假定土体处于均质的、平衡的、各向同性的状态，并且假定土体只发生小变形，且温度的变化偏离初始温度也较小。在初始状态，定义温度 $T=T_0$，应变 $\boldsymbol{\varepsilon}_{\rm s}^{\rm e}=0$，体积分数 $n^f=n^{f0}$（$f=$w、g），流相密度 $\rho_f=\rho_{f0}$，将自由能函数在平衡状态附近进行 Taylor 级数展开，并保留至二次项，其中的 $\boldsymbol{\varepsilon}_{\rm s}^{\rm e}$，$T$ 以及 n^f，T，ρ_f 均为增量形式。

对于固相，考虑固相颗粒本身的压缩性，不考虑固相为多组分，自由能中仅包括固相骨架的热弹性变形，则自由能函数 $\varphi^{\rm s}=\varphi^{\rm s}(\boldsymbol{\varepsilon}_{\rm s}^{\rm e},T,\rho_{\rm s})$，其 Taylor 级数展开式为

$$
\begin{aligned}
\varphi^{\rm s}&=\varphi^{\rm s}\left(\boldsymbol{\varepsilon}_{\rm s}^{\rm e},T,\rho_{\rm s}\right)\\
&=\varphi^{\rm s}(\boldsymbol{\varepsilon}_{\rm s0}^{e},T_0,\rho_{\rm s0})+\left(\boldsymbol{\varepsilon}_{\rm s}^{\rm e}\cdot\left.\frac{\partial\varphi^{\rm s}}{\partial\boldsymbol{\varepsilon}_{\rm s}^{\rm e}}\right|_{\boldsymbol{\varepsilon}_{\rm s}^{\rm e}=\boldsymbol{\varepsilon}_{\rm s0}^{\rm e}}+T\cdot\left.\frac{\partial\varphi^{\rm s}}{\partial T}\right|_{T=T_0}+\rho_{\rm s}\cdot\left.\frac{\partial\varphi^{\rm s}}{\partial\rho_{\rm s}}\right|_{\rho_{\rm s}=\rho_{\rm s0}}\right)\\
&\quad+\frac{1}{2}\left(\boldsymbol{\varepsilon}_{\rm s}^{\rm e}:\left.\frac{\partial^2\varphi^{\rm s}}{\partial(\boldsymbol{\varepsilon}_{\rm s}^{\rm e})^2}\right|_{\boldsymbol{\varepsilon}_{\rm s}^{\rm e}=\boldsymbol{\varepsilon}_{\rm s0}^{\rm e}}:\boldsymbol{\varepsilon}_{\rm s}^{\rm e}+T^2\left.\frac{\partial^2\varphi^{\rm s}}{\partial T^2}\right|_{T=T_0}+\rho_{\rm s}^2\left.\frac{\partial^2\varphi^{\rm s}}{\partial\rho_{\rm s}^2}\right|_{\rho_{\rm s}=\rho_{\rm s0}}\right.\\
&\quad\left.+2\boldsymbol{\varepsilon}_{\rm s}^{\rm e}:T\left.\frac{\partial^2\varphi^{\rm s}}{\partial\boldsymbol{\varepsilon}_{\rm s}^{\rm e}\partial T}\right|_{\boldsymbol{\varepsilon}_{\rm s}^{\rm e}=\boldsymbol{\varepsilon}_{\rm s0}^{\rm e},T=T_0}+2\boldsymbol{\varepsilon}_{\rm s}^{\rm e}\rho_{\rm s}\left.\frac{\partial^2\varphi^{\rm s}}{\partial\boldsymbol{\varepsilon}_{\rm s}^{\rm e}\partial\rho_{\rm s}}\right|_{\boldsymbol{\varepsilon}_{\rm s}^{\rm e}=\boldsymbol{\varepsilon}_{\rm s0}^{\rm e},\rho_{\rm s}=\rho_{\rm s0}}\right)+O(\varepsilon^3)
\end{aligned}
\tag{8.2}
$$

同理，对于流相，不考虑多组分，考虑流相自身的压缩、流动以及温度的影响，则流相的自由能函数可表示为 $\varphi^f=\varphi^f(n^f,T,\rho_f)$，Taylor 级数展开式为

$$
\begin{aligned}
\varphi^f&=\varphi^f(n^f,T,\rho_f)\\
&=\varphi^f(n^{f0},T_0,\rho_{f0})+\left(n^f\left.\frac{\partial\varphi^f}{\partial n^f}\right|_{n^f=n^{f0}}+T\left.\frac{\partial\varphi^f}{\partial T}\right|_{T=T_0}+\rho_f\left.\frac{\partial\varphi^f}{\partial\rho_f}\right|_{\rho_f=\rho_{f0}}\right)\\
&\quad+\frac{1}{2}\left((n^f)^2\left.\frac{\partial^2\varphi^f}{\partial n^{f2}}\right|_{n^f=n^{f0}}+T^2\left.\frac{\partial^2\varphi^f}{\partial T^2}\right|_{T=T_0}+(\rho_f)^2\left.\frac{\partial^2\varphi^f}{\partial{\rho_f}^2}\right|_{\rho_f=\rho_{f0}}\right.\\
&\quad\left.+2n^fT\left.\frac{\partial^2\varphi^f}{\partial n^f\partial T}\right|_{n^f=n^{f0},T=T_0}+2n^f\rho_f\left.\frac{\partial^2\varphi^f}{\partial n^f\partial\rho_\beta}\right|_{n^f=n^{f0},\rho_f=\rho_{f0}}+2\rho_fT\left.\frac{\partial^2\varphi^f}{\partial\rho_f\partial T}\right|_{\rho_f=\rho_{f0},T=T_0}\right)\\
&\quad+O(\varepsilon^3)
\end{aligned}
\tag{8.3}
$$

当考虑增量模型时，零阶项（初始值）自然消失；同时由于平衡状态和近平衡状态的变化是微小的，偏导之后得到的微量可以忽略，即可忽略一阶项；大于二阶的高阶项 $O(\varepsilon^3)$ 暂不考虑。

对于固相中二阶项，先做如下分析推导。

（1）由 $\varphi^{\mathrm{s}} = \boldsymbol{\varepsilon}_{\mathrm{s}}^{\mathrm{e}} : \boldsymbol{\sigma}^{\mathrm{s}}$ 得 $\boldsymbol{\sigma}^{\mathrm{s}} = \dfrac{\partial \varphi^{\mathrm{s}}}{\partial \boldsymbol{\varepsilon}_{\mathrm{s}}^{\mathrm{e}}}$；由 $\boldsymbol{\sigma}^{\mathrm{s}} = [\boldsymbol{D}]^{\mathrm{e}} : \boldsymbol{\varepsilon}_{\mathrm{s}}^{\mathrm{e}}$ 得刚度矩阵 $[\boldsymbol{D}]^{\mathrm{e}} = \dfrac{\partial \boldsymbol{\sigma}^{\mathrm{s}}}{\partial \boldsymbol{\varepsilon}_{\mathrm{s}}^{\mathrm{e}}}$，所以：

$$[\boldsymbol{D}]^{\mathrm{e}} = \frac{\partial^2 \varphi^{\mathrm{s}}}{\partial \boldsymbol{\varepsilon}_{\mathrm{s}}^{\mathrm{e}} \otimes \partial \boldsymbol{\varepsilon}_{\mathrm{s}}^{\mathrm{e}}} \tag{8.4}$$

（2）由 $\varphi^{\mathrm{s}} = u^{\mathrm{s}} - T^{\mathrm{s}} s^{\mathrm{s}}$ 得 $s^{\mathrm{s}} = -\dfrac{\partial \varphi^{\mathrm{s}}}{\partial T^{\mathrm{s}}}$；由热力学定义，在等容变温过程中物质的熵的变化可表示为：$\mathrm{d}s^{\mathrm{s}} = c^{\mathrm{s}} \dfrac{\mathrm{d}T^{\mathrm{s}}}{T^{\mathrm{s}0}}$，即 $c_{\mathrm{s}} = T^{\mathrm{s}0} \dfrac{\partial s^{\mathrm{s}}}{\partial T^{\mathrm{s}}}$，故等容比热（比热容）$c_{\mathrm{s}} = -T^{\mathrm{s}} \dfrac{\partial^2 \varphi^{\mathrm{s}}}{\partial T^{\mathrm{s}2}}$，所以：

$$\left.\frac{\partial^2 \varphi^{\mathrm{s}}}{\partial T^2}\right|_{T=T_0} = -\frac{c^{\mathrm{s}}}{T^{\mathrm{s}0}} \tag{8.5}$$

（3）由体积模量定义 $K_{\mathrm{s}} = -V \dfrac{\partial p}{\partial V}$，得

$$K_{\mathrm{s}} = -V \frac{\partial p^{\mathrm{s}}}{\partial V} = -\frac{V}{m_{\mathrm{s}}} \frac{\partial p^{\mathrm{s}}}{\frac{1}{m_{\mathrm{s}}} \partial V} = -\frac{1}{\rho_{\mathrm{s}}} \frac{\partial p^{\mathrm{s}}}{\partial \frac{V}{m_{\mathrm{s}}}} = -\frac{1}{\rho_{\mathrm{s}}} \frac{\partial p^{\mathrm{s}}}{\partial \frac{1}{\rho_{\mathrm{s}}}} = -\frac{1}{\rho_{\mathrm{s}}} \frac{\partial p^{\mathrm{s}}}{-\frac{1}{\rho_{\mathrm{s}}^2} \partial \rho_{\mathrm{s}}} = \rho_{\mathrm{s}} \frac{\partial p^{\mathrm{s}}}{\partial \rho_{\mathrm{s}}} \tag{8.6}$$

由热力学定义 $p^{\mathrm{s}} = \rho_{\mathrm{s}}^2 \dfrac{\partial \varphi^{\mathrm{s}}}{\partial \rho_{\mathrm{s}}}$ 得 $\dfrac{\partial \varphi^{\mathrm{s}}}{\partial \rho_{\mathrm{s}}} = \dfrac{p^{\mathrm{s}}}{\rho_{\mathrm{s}}^2}$，则 $\dfrac{\partial^2 \varphi^{\mathrm{s}}}{\partial \rho_{\mathrm{s}}^2} = \dfrac{1}{\rho_{\mathrm{s}}^2} \dfrac{\partial p^{\mathrm{s}}}{\partial \rho_{\mathrm{s}}}$，当在参考点附近做级数展开时，有

$$\frac{\partial^2 \varphi^{\mathrm{s}}}{\partial \rho_{\mathrm{s}}^2} = \frac{1}{\rho_{\mathrm{s}0}^2} \frac{K_{\mathrm{s}}}{\rho_{\mathrm{s}0}} \tag{8.7}$$

（4）由连续介质力学定义 $\boldsymbol{\sigma}^{\mathrm{s}} = [\boldsymbol{D}]^{\mathrm{e}} : \boldsymbol{\varepsilon}_{\mathrm{s}}^{\mathrm{e}} = \lambda_{\mathrm{s}} \mathrm{tr} \boldsymbol{\varepsilon}_{\mathrm{s}}^{\mathrm{e}} \boldsymbol{I} + 2\mu_{\mathrm{s}} \boldsymbol{\varepsilon}_{\mathrm{s}}^{\mathrm{e}} = \lambda_{\mathrm{s}} (\boldsymbol{I} : \boldsymbol{\varepsilon}_{\mathrm{s}}^{\mathrm{e}}) \boldsymbol{I} + 2\mu_{\mathrm{s}} \boldsymbol{\varepsilon}_{\mathrm{s}}^{\mathrm{e}}$ 得

$$\frac{\partial \boldsymbol{\sigma}^{\mathrm{s}}}{\partial \boldsymbol{\varepsilon}_{\mathrm{s}}^{\mathrm{e}}} = \lambda_{\mathrm{s}} \left(\boldsymbol{I} : \frac{\partial \boldsymbol{\varepsilon}_{\mathrm{s}}^{\mathrm{e}}}{\partial \boldsymbol{\varepsilon}_{\mathrm{s}}^{\mathrm{e}}} \right) \boldsymbol{I} + 2\mu_{\mathrm{s}} = \lambda_{\mathrm{s}} (\boldsymbol{I} : 1) \boldsymbol{I} + 2\mu_{\mathrm{s}} = \lambda_{\mathrm{s}} \boldsymbol{I} : \boldsymbol{I} + 2\mu_{\mathrm{s}} = 3\lambda_{\mathrm{s}} + 2\mu_{\mathrm{s}} \tag{8.8}$$

式中，λ_{s}、μ_{s} 为土骨架的拉梅常数。

温度变化引起的变形可表示为 $\mathrm{d}\boldsymbol{\varepsilon}_{\mathrm{s}}^{\mathrm{e}} = -\alpha_{\mathrm{s}}^T \mathrm{d}T$，$\alpha_{\mathrm{s}}^T$ 为固相骨架的热膨胀系数，则 $\dfrac{\partial \boldsymbol{\varepsilon}_{\mathrm{s}}^{\mathrm{e}}}{\partial T} = -\alpha_{\mathrm{s}}^T$，所以：

$$\frac{\partial^2 \varphi^{\mathrm{s}}}{\partial \boldsymbol{\varepsilon}_{\mathrm{s}}^{\mathrm{e}} \partial T} = \frac{\partial \boldsymbol{\sigma}^{\mathrm{s}}}{\partial T} = \frac{\partial \boldsymbol{\sigma}^{\mathrm{s}}}{\partial \boldsymbol{\varepsilon}_{\mathrm{s}}^{\mathrm{e}}} \frac{\partial \boldsymbol{\varepsilon}_{\mathrm{s}}^{\mathrm{e}}}{\partial T} = -(3\lambda_{\mathrm{s}} + 2\mu_{\mathrm{s}}) \alpha_{\mathrm{s}}^T \tag{8.9}$$

令 $\tilde{\varphi}^{\mathrm{s}}(\boldsymbol{\varepsilon}_{\mathrm{s}}^{\mathrm{e}}, T, \rho_{\mathrm{s}})$ 代表增量形式的固相自由能密度，将式（8.4）、式（8.5）、式（8.7）、式（8.9）代入式（8.2）中的二阶项，得

$$
\begin{aligned}
&\rho_{s0}n^{s0}\tilde{\varphi}^{s}(\boldsymbol{\varepsilon}_{s}^{e},T,\rho_{s})\\
&=\frac{1}{2}n^{s0}\left(\boldsymbol{\varepsilon}_{s}^{e}:\left.\frac{\partial^{2}\varphi^{s}}{\partial(\boldsymbol{\varepsilon}_{s}^{e})^{2}}\right|_{\boldsymbol{\varepsilon}_{s}^{e}=\boldsymbol{\varepsilon}_{s0}^{e}}:\boldsymbol{\varepsilon}_{s}^{e}+T^{2}\left.\frac{\partial^{2}\varphi^{s}}{\partial T^{2}}\right|_{T=T_{0}}+\rho_{s}^{2}\left.\frac{\partial^{2}\varphi^{s}}{\partial\rho_{s}^{2}}\right|_{\rho_{s}=\rho_{s0}}\right.\\
&\left.+2\boldsymbol{\varepsilon}_{s}^{e}:T\left.\frac{\partial^{2}\varphi^{s}}{\partial\boldsymbol{\varepsilon}_{s}^{e}\partial T}\right|_{\boldsymbol{\varepsilon}_{s}^{e}=\boldsymbol{\varepsilon}_{s0}^{e},T=T_{0}}+2\boldsymbol{\varepsilon}_{s}^{e}\rho_{s}\left.\frac{\partial^{2}\varphi^{s}}{\partial\boldsymbol{\varepsilon}_{s}^{e}\partial\rho_{s}}\right|_{\boldsymbol{\varepsilon}_{s}^{e}=\boldsymbol{\varepsilon}_{s0}^{e},\rho_{s}=\rho_{s0}}+2T\rho_{s}\left.\frac{\partial^{2}\varphi^{s}}{\partial T\partial\rho_{s}}\right|_{T=T_{0},\rho_{s}=\rho_{s0}}\right)\\
&=\frac{1}{2}n^{s0}\boldsymbol{\varepsilon}_{s}^{e}:[\boldsymbol{D}]^{e}:\boldsymbol{\varepsilon}_{s}^{e}-\frac{n^{s0}c_{s}}{2T_{0}}T^{2}+\frac{1}{2}n^{s0}K_{s}\left(\frac{\rho_{s}}{\rho_{s0}}\right)^{2}\\
&-n^{s0}\alpha_{s}^{T}(3\lambda_{s}+2\mu_{s})T\boldsymbol{I}:\boldsymbol{\varepsilon}_{s}^{e}-n^{s0}\lambda_{s}^{\rho\varepsilon}\frac{\rho_{s}}{\rho_{s0}}\boldsymbol{I}:\boldsymbol{\varepsilon}_{s}^{e}-n^{s0}\lambda_{s}^{\rho T}T\frac{\rho_{s}}{\rho_{s0}}
\end{aligned}
\tag{8.10}
$$

式中，$\lambda_{s}^{\rho\varepsilon}$ 为描述固相自身压缩与骨架变形之间的耦合系数，$\lambda_{s}^{\rho T}$ 为描述温度变化对固相自身压缩性的影响。

同理，令 $\tilde{\varphi}^{f}(n^{f},T,\rho_{f})$ 表示增量形式的流相自由能密度，则：

$$
\begin{aligned}
&\rho_{f0}n^{f0}\tilde{\varphi}^{f}(n^{f},T,\rho_{f})\\
&=\frac{1}{2}n^{f0}\left((n^{f})^{2}\left.\frac{\partial^{2}\tilde{\varphi}^{f}}{\partial(n^{f})^{2}}\right|_{n^{f}=n^{f0}}+T^{2}\left.\frac{\partial^{2}\tilde{\varphi}^{f}}{\partial T^{2}}\right|_{T=T_{0}}+(\rho_{f})^{2}\left.\frac{\partial^{2}\tilde{\varphi}^{f}}{\partial\rho_{f}^{2}}\right|_{\rho_{f}=\rho_{f0}}\right.\\
&\left.+2n^{f}T\left.\frac{\partial^{2}\tilde{\varphi}^{f}}{\partial n^{f}\partial T}\right|_{n^{f}=n^{f0},T=T_{0}}+2n^{f}\rho_{f}\left.\frac{\partial^{2}\tilde{\varphi}^{f}}{\partial n^{f}\partial\rho_{f}}\right|_{n^{f}=n^{f0},\rho_{f}=\rho_{f0}}+2\rho_{f}T\left.\frac{\partial^{2}\tilde{\varphi}^{f}}{\partial\rho_{f}\partial T}\right|_{\rho_{f}=\rho_{f0},T=T_{0}}\right)\\
&=\frac{n^{f0}}{2}\Theta_{fn}(n^{f})^{2}-\frac{n^{f0}c_{f}}{2T_{0}}T^{2}+\frac{n^{f0}}{2}K_{f}\left(\frac{\rho_{f}}{\rho_{f0}}\right)^{2}-n^{f0}\lambda_{f}^{Tn}n^{f}T+n^{f0}\lambda_{f}^{\rho n}n^{f}\frac{\rho_{f}}{\rho_{f0}}-n^{f0}\lambda_{f}^{\rho T}T\frac{\rho_{f}}{\rho_{f0}}
\end{aligned}
\tag{8.11}
$$

式中，Θ_{f}^{n} 为吸力相关系数，描述流相含量变化；c_{f} 为流相比热容；K_{f} 为流相体积模量；λ_{f}^{Tn} 表示流相中温度和变形的耦合系数；$\lambda_{f}^{\rho n}$ 表示流相含量变化与自身压缩之间的耦合系数；$\lambda_{f}^{\rho T}$ 表示温度变化引起的流相密度变化的耦合系数。

8.1.2 耗散函数的选取

对于考虑塑性变形的土体变形-渗流-传热耦合作用过程，忽略毛细松弛和质量交换，并假定热量只以热传导的方式传递，则耗散主要由土骨架的塑性变形、液相的渗流和热传导引起，耗散函数可表示为

$$
D=D(\boldsymbol{\varepsilon}_{s}^{p},\boldsymbol{v}^{fs},\nabla T)\tag{8.12}
$$

对耗散函数进行 Taylor 级数展开：

$$
\begin{aligned}
&D(\boldsymbol{\varepsilon}_{\rm s}^{\rm p},\boldsymbol{v}^{f\rm s},\nabla T)\\
&=D(\boldsymbol{\varepsilon}_{\rm s0}^{\rm p},\boldsymbol{v}^{f\rm s0},\nabla T_0)+\left(\boldsymbol{\varepsilon}_{\rm s}^{\rm p}\cdot\left.\frac{\partial D}{\partial\boldsymbol{\varepsilon}_{\rm s}^{\rm p}}\right|_{\boldsymbol{\varepsilon}_{\rm s}^{\rm p}=\boldsymbol{\varepsilon}_{\rm s0}^{\rm p}}+\boldsymbol{v}^{f\rm s}\cdot\left.\frac{\partial D}{\partial\boldsymbol{v}^{f\rm s}}\right|_{\boldsymbol{v}^{f\rm s}=\boldsymbol{v}^{f\rm s0}}+\nabla T\cdot\left.\frac{\partial D}{\partial\nabla T}\right|_{\nabla T=\nabla T_0}\right)\\
&\quad+\frac{1}{2}\left(\boldsymbol{\varepsilon}_{\rm s}^{\rm p}:\left.\frac{\partial^2 D}{\partial\boldsymbol{\varepsilon}_{\rm s}^{\rm p}\otimes\partial\boldsymbol{\varepsilon}_{\rm s}^{\rm p}}\right|_{\boldsymbol{\varepsilon}_{\rm s}^{\rm p}=\boldsymbol{\varepsilon}_{\rm s0}^{\rm p}}:\boldsymbol{\varepsilon}_{\rm s}^{\rm p}+\boldsymbol{v}^{f\rm s}\cdot\left.\frac{\partial^2 D}{\partial\boldsymbol{v}^{f\rm s}\otimes\partial\boldsymbol{v}^{f\rm s}}\right|_{\boldsymbol{v}^{f\rm s}=\boldsymbol{v}^{f\rm s0}}\cdot\boldsymbol{v}^{f\rm s}+\nabla T\cdot\left.\frac{\partial^2 D}{\partial\nabla T\otimes\partial\nabla T}\right|_{\nabla T=\nabla T_0}\cdot\nabla T\right.\\
&\quad+\boldsymbol{\varepsilon}_{\rm s}^{\rm p}:\left.\frac{\partial^2 D}{\partial\boldsymbol{\varepsilon}_{\rm s}^{\rm p}\otimes\partial\boldsymbol{v}^{f\rm s}}\right|_{\boldsymbol{\varepsilon}_{\rm s}^{\rm p}=\boldsymbol{\varepsilon}_{\rm s0}^{\rm p},\boldsymbol{v}^{f\rm s}=\boldsymbol{v}^{f\rm s0}}\cdot\boldsymbol{v}^{f\rm s}+\boldsymbol{v}^{f\rm s}\cdot\left.\frac{\partial^2 D}{\partial\boldsymbol{v}^{f\rm s}\otimes\partial\boldsymbol{\varepsilon}_{\rm s}^{\rm p}}\right|_{\boldsymbol{\varepsilon}_{\rm s}^{\rm p}=\boldsymbol{\varepsilon}_{\rm s0}^{\rm p},\boldsymbol{v}^{f\rm s}=\boldsymbol{v}^{f\rm s0}}:\boldsymbol{\varepsilon}_{\rm s}^{\rm p}\\
&\quad+\boldsymbol{\varepsilon}_{\rm s}^{\rm p}:\left.\frac{\partial^2 D}{\partial\boldsymbol{\varepsilon}_{\rm s}^{\rm p}\otimes\partial\nabla T}\right|_{\boldsymbol{\varepsilon}_{\rm s}^{\rm p}=\boldsymbol{\varepsilon}_{\rm s0}^{\rm p},\nabla T=\nabla T_0}\cdot\nabla T+\nabla T\cdot\left.\frac{\partial^2 D}{\partial\nabla T\otimes\partial\boldsymbol{\varepsilon}_{\rm s}^{\rm p}}\right|_{\boldsymbol{\varepsilon}_{\rm s}^{\rm p}=\boldsymbol{\varepsilon}_{\rm s0}^{\rm p},\nabla T=\nabla T_0}:\boldsymbol{\varepsilon}_{\rm s}^{\rm p}\\
&\quad\left.+\boldsymbol{v}^{f\rm s}\cdot\left.\frac{\partial^2 D}{\partial\boldsymbol{v}^{f\rm s}\otimes\partial\nabla T}\right|_{\boldsymbol{v}^{f\rm s}=\boldsymbol{v}^{f\rm s0},\nabla T=\nabla T_0}\cdot\nabla T+\nabla T\cdot\left.\frac{\partial^2 D}{\partial\nabla T\otimes\partial\boldsymbol{v}^{f\rm s}}\right|_{\boldsymbol{v}^{f\rm s}=\boldsymbol{v}^{f\rm s0},\nabla T=\nabla T_0}\cdot\boldsymbol{v}^{f\rm s}\right)\\
&\quad+O(\varepsilon^3)
\end{aligned}
\tag{8.13}
$$

式中，$\dfrac{\partial^2 D}{\partial\boldsymbol{\varepsilon}_{\rm s}^{\rm p}\otimes\partial\boldsymbol{\varepsilon}_{\rm s}^{\rm p}}$ 为四阶张量，是描述土骨架塑性变形的刚度矩阵，用 $[\boldsymbol{D}]^{\rm p}$ 表示，将在第 9 章对其具体形式进行详细推导；$\dfrac{\partial^2 D}{\partial\boldsymbol{v}^{f\rm s}\otimes\partial\boldsymbol{v}^{f\rm s}}$、$\dfrac{\partial^2 D}{\partial\nabla T\otimes\partial\nabla T}$ 均为二阶张量，分别表示渗透系数和热传导系数，当考虑线性影响时，上述系数退化为零阶的材料参数，分别用 k、λ 表示，相应的本构关系即为达西定律和傅里叶定律；$\dfrac{\partial^2 D}{\partial\boldsymbol{\varepsilon}_{\rm s}^{\rm p}\otimes\partial\boldsymbol{v}^{f\rm s}}$，$\dfrac{\partial^2 D}{\partial\boldsymbol{v}^{f\rm s}\otimes\partial\boldsymbol{\varepsilon}_{\rm s}^{\rm p}}$，$\dfrac{\partial^2 D}{\partial\boldsymbol{\varepsilon}_{\rm s}^{\rm p}\otimes\partial\nabla T}$，$\dfrac{\partial^2 D}{\partial\nabla T\otimes\partial\boldsymbol{\varepsilon}_{\rm s}^{\rm p}}$，$\dfrac{\partial^2 D}{\partial\boldsymbol{v}^{f\rm s}\otimes\partial\nabla T}$，$\dfrac{\partial^2 D}{\partial\nabla T\otimes\partial\boldsymbol{v}^{f\rm s}}$ 均为各场之间的耦合作用系数，其中三阶张量 $\dfrac{\partial^2 D}{\partial\boldsymbol{\varepsilon}_{\rm s}^{\rm p}\otimes\partial\boldsymbol{v}^{f\rm s}}$ 表示渗流速度对塑性变形的影响，三阶张量 $\dfrac{\partial^2 D}{\partial\boldsymbol{v}^{f\rm s}\otimes\partial\boldsymbol{\varepsilon}_{\rm s}^{\rm p}}$ 表示塑性变形对渗流速度的影响，三阶张量 $\dfrac{\partial^2 D}{\partial\boldsymbol{\varepsilon}_{\rm s}^{\rm p}\otimes\partial\nabla T}$ 表示热传导效应对塑性变形的影响，三阶张量 $\dfrac{\partial^2 D}{\partial\nabla T\otimes\partial\boldsymbol{\varepsilon}_{\rm s}^{\rm p}}$ 表示塑性变形对热传导的影响，二阶张量 $\dfrac{\partial^2 D}{\partial\boldsymbol{v}^{f\rm s}\otimes\partial\nabla T}$ 表示热传导对渗流速度的影响，二阶张量 $\dfrac{\partial^2 D}{\partial\nabla T\otimes\partial\boldsymbol{v}^{f\rm s}}$ 表示渗流速度对热传导的影响，当仅考虑线性耦合作用时，上述耦合作用系数退化为零阶的材料参数，分

别用 $\delta^{\boldsymbol{\varepsilon}_\mathrm{s}^\mathrm{p}\boldsymbol{v}^{fs}}$ 、 $\delta^{\boldsymbol{v}_{\beta,\mathrm{s}}\boldsymbol{\varepsilon}_\mathrm{s}^\mathrm{p}}$ 、 $\delta^{\boldsymbol{\varepsilon}_\mathrm{s}^\mathrm{p}\nabla T}$ 、 $\delta^{\nabla T\boldsymbol{\varepsilon}_\mathrm{s}^\mathrm{p}}$ 、 $\delta^{\boldsymbol{v}^{fs}\nabla T}$ 、 $\delta^{\nabla T\boldsymbol{v}^{fs}}$ 表示。

下面，对各场相互耦合作用系数进行考察：

$$\frac{\partial^2 D}{\partial\boldsymbol{\varepsilon}_\mathrm{s}^\mathrm{p}\otimes\partial\boldsymbol{v}^{fs}}=\frac{\partial^2 D}{\partial(\boldsymbol{\varepsilon}_\mathrm{s}^\mathrm{p})_{ij}\otimes\partial(\boldsymbol{v}^{fs})_k}g_i g_j g_k \tag{8.14}$$

$$\frac{\partial^2 D}{\partial\boldsymbol{v}^{fs}\otimes\partial\boldsymbol{\varepsilon}_\mathrm{s}^\mathrm{p}}=\frac{\partial^2 D}{\partial(\boldsymbol{v}^{fs})_i\otimes\partial(\boldsymbol{\varepsilon}_\mathrm{s}^\mathrm{p})_{jk}}g_i g_j g_k \tag{8.15}$$

若要使耦合作用系数 $\dfrac{\partial^2 D}{\partial(\boldsymbol{\varepsilon}_\mathrm{s}^\mathrm{p})_{ij}\otimes\partial(\boldsymbol{v}^{fs})_k}=\dfrac{\partial^2 D}{\partial(\boldsymbol{v}^{fs})_i\otimes\partial(\boldsymbol{\varepsilon}_\mathrm{s}^\mathrm{p})_{jk}}$ ，则必须使 $g_i g_j g_k$ 所对应的系数相同。任取一项 $i=1$ 、 $j=2$ 、 $k=3$ ，则对应分项变为

$$\frac{\partial^2 D}{\partial\boldsymbol{\varepsilon}_\mathrm{s}^\mathrm{p}\otimes\partial\boldsymbol{v}^{fs}}=\frac{\partial^2 D}{\partial(\boldsymbol{\varepsilon}_\mathrm{s}^\mathrm{p})_{12}\otimes\partial(\boldsymbol{v}^{fs})_3}g_1 g_2 g_3 \tag{8.16}$$

$$\frac{\partial^2 D}{\partial\boldsymbol{v}^{fs}\otimes\partial\boldsymbol{\varepsilon}_\mathrm{s}^\mathrm{p}}=\frac{\partial^2 D}{\partial(\boldsymbol{v}^{fs})_1\otimes\partial(\boldsymbol{\varepsilon}_\mathrm{s}^\mathrm{p})_{23}}g_1 g_2 g_3 \tag{8.17}$$

显然，上述两个分项不相等，即两个场之间的相互影响并不相等、不具有交换性；同理， $\dfrac{\partial^2 D}{\partial\boldsymbol{\varepsilon}_\mathrm{s}^\mathrm{p}\otimes\partial\nabla T}\neq\dfrac{\partial^2 D}{\partial\nabla T\otimes\partial\boldsymbol{\varepsilon}_\mathrm{s}^\mathrm{p}}$ ； $\dfrac{\partial^2 D}{\partial\boldsymbol{v}^{fs}\otimes\partial\nabla T}\neq\dfrac{\partial^2 D}{\partial\nabla T\otimes\partial\boldsymbol{v}^{fs}}$ 。

类似于自由能函数的选取，此处，对于增量模型，仅需考虑二阶项即可，基于上述分析，耗散函数进一步简化为

$$\begin{aligned}
&D(\boldsymbol{\varepsilon}_\mathrm{s}^\mathrm{p},\boldsymbol{v}^{fs},\nabla T)\\
&=\frac{1}{2}\left(\boldsymbol{\varepsilon}_\mathrm{s}^\mathrm{p}:\left.\frac{\partial^2 D}{\partial\boldsymbol{\varepsilon}_\mathrm{s}^\mathrm{p}\otimes\partial\boldsymbol{\varepsilon}_\mathrm{s}^\mathrm{p}}\right|_{\boldsymbol{\varepsilon}_\mathrm{s}^\mathrm{p}=\boldsymbol{\varepsilon}_\mathrm{s0}^\mathrm{p}}:\boldsymbol{\varepsilon}_\mathrm{s}^\mathrm{p}+\boldsymbol{v}_{\beta,\mathrm{s}}\cdot\left.\frac{\partial^2 D}{\partial\boldsymbol{v}^{fs}\otimes\partial\boldsymbol{v}^{fs}}\right|_{\boldsymbol{v}^{fs}=\boldsymbol{v}^{fs0}}\cdot\boldsymbol{v}^{fs}+\nabla T\cdot\left.\frac{\partial^2 D}{\partial\nabla T\otimes\partial\nabla T}\right|_{\nabla T=\nabla T_0}\cdot\nabla T\right.\\
&\quad+\boldsymbol{\varepsilon}_\mathrm{s}^\mathrm{p}:\left.\frac{\partial^2 D}{\partial\boldsymbol{\varepsilon}_\mathrm{s}^\mathrm{p}\otimes\partial\boldsymbol{v}^{fs}}\right|_{\boldsymbol{\varepsilon}_\mathrm{s}^\mathrm{p}=\boldsymbol{\varepsilon}_\mathrm{s0}^\mathrm{p},\boldsymbol{v}^{fs}=\boldsymbol{v}^{fs0}}\cdot\boldsymbol{v}^{fs}+\boldsymbol{v}^{fs}\cdot\left.\frac{\partial^2 D}{\partial\boldsymbol{v}^{fs}\otimes\partial\boldsymbol{\varepsilon}_\mathrm{s}^\mathrm{p}}\right|_{\boldsymbol{\varepsilon}_\mathrm{s}^\mathrm{p}=\boldsymbol{\varepsilon}_\mathrm{s0}^\mathrm{p},\boldsymbol{v}^{fs}=\boldsymbol{v}^{fs0}}:\boldsymbol{\varepsilon}_\mathrm{s}^\mathrm{p}\\
&\quad+\boldsymbol{\varepsilon}_\mathrm{s}^\mathrm{p}:\left.\frac{\partial^2 D}{\partial\boldsymbol{\varepsilon}_\mathrm{s}^\mathrm{p}\otimes\partial\nabla T}\right|_{\boldsymbol{\varepsilon}_\mathrm{s}^\mathrm{p}=\boldsymbol{\varepsilon}_\mathrm{s0}^\mathrm{p},\nabla T=\nabla T_0}\cdot\nabla T+\nabla T\cdot\left.\frac{\partial^2 D}{\partial\nabla T\otimes\partial\boldsymbol{\varepsilon}_\mathrm{s}^\mathrm{p}}\right|_{\boldsymbol{\varepsilon}_\mathrm{s}^\mathrm{p}=\boldsymbol{\varepsilon}_\mathrm{s0}^\mathrm{p},\nabla T=\nabla T_0}:\boldsymbol{\varepsilon}_\mathrm{s}^\mathrm{p}\\
&\quad\left.+\boldsymbol{v}^{fs}\cdot\left.\frac{\partial^2 D}{\partial\boldsymbol{v}^{fs}\otimes\partial\nabla T}\right|_{\boldsymbol{v}^{fs}=\boldsymbol{v}^{fs0},\nabla T=\nabla T_0}\cdot\nabla T+\nabla T\cdot\left.\frac{\partial^2 D}{\partial\nabla T\otimes\partial\boldsymbol{v}^{fs}}\right|_{\boldsymbol{v}^{fs}=\boldsymbol{v}^{fs0},\nabla T=\nabla T_0}\cdot\boldsymbol{v}^{fs}\right)\\
&=\frac{1}{2}([\boldsymbol{D}]^\mathrm{p}\boldsymbol{\varepsilon}_\mathrm{s}^\mathrm{p}:\boldsymbol{\varepsilon}_\mathrm{s}^\mathrm{p}+k\boldsymbol{v}^{fs}\cdot\boldsymbol{v}^{fs}+\lambda\nabla T\cdot\nabla T+\delta^{\boldsymbol{\varepsilon}_\mathrm{s}^\mathrm{p}\boldsymbol{v}^{fs}}\boldsymbol{\varepsilon}_\mathrm{s}^\mathrm{p}:\boldsymbol{v}^{fs}\boldsymbol{I}+\delta^{\boldsymbol{v}^{fs}\boldsymbol{\varepsilon}_\mathrm{s}^\mathrm{p}}\boldsymbol{v}^{fs}\boldsymbol{I}:\boldsymbol{\varepsilon}_\mathrm{s}^\mathrm{p}\\
&\quad+\delta^{\boldsymbol{\varepsilon}_\mathrm{s}^\mathrm{p}\nabla T}\boldsymbol{\varepsilon}_\mathrm{s}^\mathrm{p}:\nabla T\boldsymbol{I}+\delta^{\nabla T\boldsymbol{\varepsilon}_\mathrm{s}^\mathrm{p}}\nabla T\boldsymbol{I}:\boldsymbol{\varepsilon}_\mathrm{s}^\mathrm{p}+\delta^{\boldsymbol{v}^{fs}\nabla T}\boldsymbol{v}^{fs}\cdot\nabla T+\delta^{\nabla T\boldsymbol{v}^{fs}}\nabla T\cdot\boldsymbol{v}^{fs})
\end{aligned}\tag{8.18}$$

上述耗散函数给出了引起土体内耗散的各种因素，对于耦合作用项，前面已经证明其不具有交换性，所以，在根据耗散函数求耗散应力时，并非所有相关项都考虑，例如，为了给出与塑性变形共轭的耗散应力，只需用耗散函数对式（8.18）等号右边的第 1、4、6 项求偏导即可，第 4、6 项表示了其他场对变形的影响，而第 5、7 项则表示的是变形对其他场的影响，故在求解变形场时无需考虑。其他场的求解与此类似，具体过程将在下面本构方程推导中详述。

8.2　考虑变形-渗流-传热耦合的非饱和土本构关系

8.2.1　描述变形的本构方程

对于考虑弹塑性变形的情况，土骨架的总变形 $\boldsymbol{\varepsilon}_{\mathrm{s}}$ 可进行如下分解：

$$\boldsymbol{\varepsilon}_{\mathrm{s}} = \boldsymbol{\varepsilon}_{\mathrm{s}}^{\mathrm{e}} + \boldsymbol{\varepsilon}_{\mathrm{s}}^{\mathrm{p}} \tag{8.19}$$

其中，$\boldsymbol{\varepsilon}_{\mathrm{s}}^{\mathrm{e}}$、$\boldsymbol{\varepsilon}_{\mathrm{s}}^{\mathrm{p}}$ 分别为变形的弹性部分和塑性部分，下面分别对其相应的本构方程进行推导。

1. 弹性关系

此处首先考虑固相的热弹性本构关系，将展开的自由能函数式（8.10）、式（8.11）代入到第 3 章推导出的本构方程中，得到固相的热力学压力增量 p^{s}、流相的热力学压力 p^{f}、传统 Terzaghi 有效应力 $\boldsymbol{\sigma}_{\mathrm{e}}^{\mathrm{s}}$ 分别为

$$p^{\mathrm{s}} = (\rho_{\mathrm{s}})^2 \left.\frac{\partial \varphi^{\mathrm{s}}}{\partial \rho_{\mathrm{s}}}\right|_{\rho_{\mathrm{s}}=\rho_{\mathrm{s}0}} = (\rho_{\mathrm{s}0})^2 \frac{\partial \varphi^{\mathrm{s}}}{\partial \rho_{\mathrm{s}}} = K_{\mathrm{s}} \frac{\rho_{\mathrm{s}}}{\rho_{\mathrm{s}0}} + \lambda_{\mathrm{s}}^{\rho\varepsilon} \boldsymbol{I} : \boldsymbol{\varepsilon}_{\mathrm{s}}^{\mathrm{e}} - \lambda_{\mathrm{s}}^{\rho T} T \tag{8.20}$$

$$p^{f} = (\rho_{f})^2 \left.\frac{\partial \varphi^{f}}{\partial \rho_{f}}\right|_{\rho_{f}=\rho_{f0}} = (\rho_{f0})^2 \frac{\partial \varphi^{f}}{\partial \rho_{f}} = K_{f} \frac{\rho_{f}}{\rho_{f0}} + \lambda_{f}^{\rho n} n^{f} - \lambda_{f}^{\rho T} T \tag{8.21}$$

$$\boldsymbol{\sigma}_{\mathrm{s}}^{\mathrm{e}} = \rho_{\mathrm{s}} \boldsymbol{F}_{\mathrm{s}} \cdot \frac{\partial \varphi^{\mathrm{s}}}{\partial \boldsymbol{\varepsilon}_{\mathrm{s}}^{\mathrm{e}}} \cdot \boldsymbol{F}_{\mathrm{s}}^{\mathrm{T}} = [\boldsymbol{D}]^{\mathrm{e}} : \boldsymbol{\varepsilon}_{\mathrm{s}}^{\mathrm{e}} + \lambda_{\mathrm{s}}^{\rho\varepsilon} \frac{\rho_{\mathrm{s}}}{\rho_{\mathrm{s}0}} \boldsymbol{I} - n_{\mathrm{s}0} \alpha_{\mathrm{s}}^{T} (3\lambda_{\mathrm{s}} + 2\mu_{\mathrm{s}}) T\boldsymbol{I} \tag{8.22}$$

对于固相骨架而言，根据式（6.35）与其变形共轭的有效应力 $\boldsymbol{\sigma}^{\mathrm{s}}$ 为

$$\boldsymbol{\sigma}^{\mathrm{s}} = n^{\mathrm{s}} \boldsymbol{\sigma}_{\mathrm{e}}^{\mathrm{s}} - n^{\mathrm{s}} p^{\mathrm{s}} \boldsymbol{I} \tag{8.23}$$

将式（8.20）、式（8.22）代入式（8.23），得到

$$\begin{aligned}\boldsymbol{\sigma}^{\mathrm{s}} = n^{\mathrm{s}} \boldsymbol{\sigma}_{\mathrm{e}}^{\mathrm{s}} - n^{\mathrm{s}} p^{\mathrm{s}} \boldsymbol{I} &= n^{\mathrm{s}} \left(\boldsymbol{D} : \boldsymbol{\varepsilon}_{\mathrm{s}}^{\mathrm{e}} + \lambda_{\mathrm{s}}^{\rho\varepsilon} \frac{\rho_{\mathrm{s}}}{\rho_{\mathrm{s}0}} \boldsymbol{I} - n_{\mathrm{s}0} \alpha_{\mathrm{s}}^{T} (3\lambda_{\mathrm{s}} + 2\mu_{\mathrm{s}}) T\boldsymbol{I} \right) \\ &\quad - n^{\mathrm{s}} \left(K_{\mathrm{s}} \frac{\rho_{\mathrm{s}}}{\rho_{\mathrm{s}0}} + \lambda_{\mathrm{s}}^{\rho\varepsilon} \boldsymbol{I} : \boldsymbol{\varepsilon}_{\mathrm{s}}^{\mathrm{e}} - \lambda_{\mathrm{s}}^{\rho T} T \right) \boldsymbol{I}\end{aligned} \tag{8.24}$$

此处，忽略固相密度和骨架变形之间的耦合效应，即 $\lambda_{\mathrm{s}}^{\rho\varepsilon}=0$，同时考虑 $\lambda_{\mathrm{s}}^{\rho T}=3K_{\mathrm{s}}\alpha_{\mathrm{s}}^{T}$，$K_{\mathrm{s}}$、$\alpha_{\mathrm{s}}^{T}$ 分别为固相的体积模量、热膨胀系数，则（8.24）简化得到描述固相骨架变形的本构关系式可表示为

$$\boldsymbol{\sigma}^{\mathrm{s}}=n^{\mathrm{s}}\boldsymbol{\sigma}_{\mathrm{e}}^{\mathrm{s}}-n^{\mathrm{s}}p^{\mathrm{s}}\boldsymbol{I}=n^{\mathrm{s}}[\boldsymbol{D}]^{\mathrm{e}}:\boldsymbol{\varepsilon}_{\mathrm{s}}^{\mathrm{e}}-n^{\mathrm{s}}K_{\mathrm{s}}\frac{\rho_{\mathrm{s}}}{\rho_{\mathrm{s0}}}+n^{\mathrm{s}}\alpha_{\mathrm{s}}^{T}[3K_{\mathrm{s}}-n^{\mathrm{s0}}(3\lambda_{\mathrm{s}}+2\mu_{\mathrm{s}})]T\boldsymbol{I} \tag{8.25}$$

对于液相和气相而言，描述其变形的本构关系为

$$\boldsymbol{\sigma}^{f}=p^{f}\boldsymbol{I}=\left(K_{f}\frac{\rho_{f}}{\rho_{f0}}+\lambda_{f}^{\rho n}n^{f}-\lambda_{f}^{\rho T}T\right)\boldsymbol{I} \tag{8.26}$$

至此，土体整体的柯西应力 $\boldsymbol{\sigma}_{\mathrm{e}}$ 可表示为

$$\begin{aligned}\boldsymbol{\sigma}_{\mathrm{e}}&=n^{\mathrm{s}}\boldsymbol{\sigma}^{\mathrm{s}}+n^{\mathrm{w}}\boldsymbol{\sigma}^{\mathrm{w}}+n^{\mathrm{g}}\boldsymbol{\sigma}^{\mathrm{g}}=n^{\mathrm{s}}(\boldsymbol{\sigma}_{\mathrm{s}}^{\mathrm{e}}-p^{\mathrm{s}}\boldsymbol{I})-n^{\mathrm{w}}p^{\mathrm{w}}\boldsymbol{I}-n^{\mathrm{g}}p^{\mathrm{g}}\boldsymbol{I}\\&=n^{\mathrm{s}}[\boldsymbol{D}]^{\mathrm{e}}:\boldsymbol{\varepsilon}_{\mathrm{s}}^{\mathrm{e}}-n_{\mathrm{s}}K_{\mathrm{s}}\frac{\rho_{\mathrm{s}}}{\rho_{\mathrm{s0}}}+n^{\mathrm{s}}\alpha_{\mathrm{s}}^{T}[3K_{\mathrm{s}}-n_{\mathrm{s0}}(3\lambda_{\mathrm{s}}+2\mu_{\mathrm{s}})]T\boldsymbol{I}-n^{\mathrm{w}}p^{\mathrm{w}}\boldsymbol{I}-n^{\mathrm{g}}p^{\mathrm{g}}\boldsymbol{I}\end{aligned} \tag{8.27}$$

式（8.27）表明，在描述弹性变形-渗流-传热耦合的非饱和土变形过程时，土中的应力除了与应变直接相关外，还和固相密度（考虑固相颗粒可压缩时）、温度、液相和气相的压力（可反映为吸力）相关。

2. 塑性部分

通过耗散函数式（8.18）可以给出描述土骨架塑性变形的本构方程，且考虑渗流、传热对变形的耦合影响：

$$\boldsymbol{\sigma}_{\mathrm{p}}=\frac{\partial D}{\partial\boldsymbol{\varepsilon}_{\mathrm{s}}^{\mathrm{p}}}=[\boldsymbol{D}]^{\mathrm{p}}:\boldsymbol{\varepsilon}_{\mathrm{s}}^{\mathrm{p}}+\frac{1}{2}\delta^{\boldsymbol{\varepsilon}_{\mathrm{s}}^{\mathrm{p}}\boldsymbol{v}^{fs}}\boldsymbol{v}^{fs}\boldsymbol{I}+\frac{1}{2}\delta^{\boldsymbol{\varepsilon}_{\mathrm{s}}^{\mathrm{p}}\nabla T}\nabla T\boldsymbol{I} \tag{8.28}$$

式（8.28）表明，在描述塑性变形-渗流-传热耦合的非饱和土变形过程中，土中的耗散应力除了与塑性变形直接相关外，还受到渗流和传热的影响，随后的研究将表明，此处塑性变形的影响是非线性的，而渗流和传热的影响可视为线性影响。

8.2.2　描述系统熵变化的本构方程

利用上述自由能函数，对系统中任一相的比熵进行线性化，得到

$$\rho_{\mathrm{s0}}s_{\mathrm{s}}=-\frac{\partial\varphi^{\mathrm{s}}}{\partial T}=c_{\mathrm{s}}\frac{T}{T_{\mathrm{s0}}}+\lambda_{\mathrm{s}}^{\rho T}\frac{\rho_{\mathrm{s}}}{\rho_{\mathrm{s0}}}+\alpha_{\mathrm{s}}^{T}(3\lambda_{\mathrm{s}}+2\mu_{\mathrm{s}})\boldsymbol{I}:\boldsymbol{\varepsilon}_{\mathrm{s}}^{\mathrm{e}} \tag{8.29}$$

$$\rho_{f0}s_{f}=-\frac{\partial\varphi^{f}}{\partial T}=c_{f}\frac{T}{T^{f0}}+\lambda_{f}^{\rho T}\frac{\rho_{f}}{\rho_{f0}}+\lambda_{f}^{Tn}n^{f} \tag{8.30}$$

两式相加，得到土体总的比熵为

$$\rho_0 s=\sum_{\alpha}\left(n^{\alpha 0}\frac{c_{\alpha}}{T_{\alpha 0}}\right)T+\sum_{\alpha}n^{\alpha 0}\lambda_{\alpha}^{\rho T}\frac{\rho_{\alpha}}{\rho_{\alpha 0}}+\alpha_{\mathrm{s}}^{T}(3\lambda_{\mathrm{s}}+2\mu_{\mathrm{s}})\boldsymbol{I}:\boldsymbol{\varepsilon}_{\mathrm{s}}^{\mathrm{e}}+\sum_{f}n^{f0}\lambda_{f}^{Tn}n^{f} \tag{8.31}$$

8.2.3　描述渗流的本构方程

利用耗散函数（8.18），可求出与渗流速度共轭的广义力为

$$\boldsymbol{\sigma}_{\boldsymbol{v}^{f\mathrm{s}}}=k\boldsymbol{v}^{f\mathrm{s}}\boldsymbol{I}+\delta^{\boldsymbol{v}^{f\mathrm{s}}\boldsymbol{\varepsilon}_{\mathrm{s}}^{\mathrm{p}}}\boldsymbol{\varepsilon}_{\mathrm{s}}^{\mathrm{p}}+\delta^{\boldsymbol{v}^{f\mathrm{s}}\nabla T}\nabla T\boldsymbol{I} \tag{8.32}$$

利用与 6.5.3 节中推导广义达西定律相同的方法，可得

$$k\boldsymbol{v}^{f\mathrm{s}}=\nabla\cdot(n^{f}p^{f}\boldsymbol{I})-n^{f}\rho_{f}\boldsymbol{b}^{f}-\delta^{\boldsymbol{v}^{f\mathrm{s}}\boldsymbol{\varepsilon}_{\mathrm{s}}^{\mathrm{p}}}\boldsymbol{\varepsilon}_{\mathrm{s}}^{\mathrm{p}}-\delta^{\boldsymbol{v}^{f\mathrm{s}}\nabla T}\nabla T-\left(p^{f}-n^{f}\rho_{f}\frac{\partial\varphi^{f}}{\partial n^{f}}\right)\nabla n^{f} \tag{8.33}$$

即

$$k\boldsymbol{v}^{f\mathrm{s}}=n^{f}\nabla p^{f}-n^{f}\rho_{f}\boldsymbol{b}^{f}+n^{f}\rho_{f}\frac{\partial\varphi^{f}}{\partial n^{f}}\nabla n^{f}-\delta^{\boldsymbol{v}^{f\mathrm{s}}\boldsymbol{\varepsilon}_{s}^{p}}\boldsymbol{\varepsilon}_{s}^{p}-\delta^{\boldsymbol{v}^{f\mathrm{s}}\nabla T}\nabla T \tag{8.34}$$

Muraleetharan 和 Wei（1999）、Bennethum 等（2000）得到了与式（8.34）类似的表达式，但都未考虑热传导和塑性变形的影响，即式中最后两项。

根据式（8.11），对体积分数 n^f 求偏导，得

$$n^{f}\rho_{f}\frac{\partial\varphi^{f}}{\partial n^{f}}=n^{f0}\Theta_{f}^{n}n^{f}+n^{f0}\lambda_{\beta}^{\rho n}\frac{\rho_{f}}{\rho_{f0}}-n^{f0}\lambda_{f}^{Tn}T \tag{8.35}$$

将式（8.35）代入式（8.34）得

$$\begin{aligned}\boldsymbol{v}^{f\mathrm{s}}=\frac{1}{\delta^{\boldsymbol{v}^{f\mathrm{s}}}}\Bigg[&n^{f}\nabla p^{f}-n^{f}\rho_{f}\boldsymbol{b}^{f}+\left(n^{f0}\Theta_{f}^{n}n^{f}+n^{f0}\lambda_{f}^{\rho n}\frac{\rho_{f}}{\rho_{f0}}-n^{f0}\lambda_{f}^{Tn}T\right)\nabla n^{f}\\&-\delta^{\boldsymbol{v}^{f\mathrm{s}}\boldsymbol{\varepsilon}_{\mathrm{s}}^{\mathrm{p}}}\boldsymbol{\varepsilon}_{\mathrm{s}}^{\mathrm{p}}-\delta^{\boldsymbol{v}^{f\mathrm{s}}\nabla T}\nabla T\Bigg]\end{aligned} \tag{8.36}$$

式中，等号右端括号内第一项为压力梯度；第二项为重力水头，前两项即为传统的达西定律的水力梯度项；第三项为非饱和多孔介质中流相含量对渗流的影响项，是反映非饱和土中流动区别于饱和土中流动的特征所在；第四项为塑性变形所导致的孔隙通道改变对渗流速度的影响；第五项为温度梯度项，反映了热传导对渗流的影响。未知数包括：流相压力 p^f、流相体积分数 n^f、流相密度 ρ_f、塑性应变 $\boldsymbol{\varepsilon}_{\mathrm{s}}^{\mathrm{p}}$ 、温度 T。

基于多孔介质理论，已有一些学者对广义达西定律，即驱动液相流动的真正原因作了探讨，所得到的广义达西定律的形式与式（8.34）类似。例如，Gray 和 Hassanizadeh（1991）、Schrefler（2002）的研究认为液体流动的驱动力包括湿化势能（wettability potential）和液相饱和度梯度（liquid saturation gradient）；基于细观尺度的近平衡理论，Murad 和 Cushman（2000）认为水化作用力（hydration pressure）和液相体积分数梯度

（volume fraction gradient）是流动的驱动；而基于宏观尺度的二元模型，Bennethum 和 Weinatein（2004）则认为膨胀势（swelling potential）和液相体积分数梯度为流动的真正驱动；在 Boer 和 Didwania（2004）的研究中，流体流动的驱动包括液相的体积分数梯度和表观密度。

纵观上述基于多孔介质理论对广义达西定律的研究过程以及本书的研究，不难发现，通过把液相自由能函数视为液相体积分数的函数，从而得出液相体积分数梯度是流动驱动力之一的结论，并由此考虑了固相和液相之间的物理化学作用。

8.2.4　描述热传导的本构方程

物体中热量的传递主要通过传导、对流和辐射三种方式实现，本研究中仅考虑传导作用。根据耗散函数（8.18），可给出考虑变形和渗流影响的热传导方程：

$$\boldsymbol{q} = \lambda\nabla T + \delta^{\nabla T\boldsymbol{\varepsilon}_{\mathrm{s}}^{\mathrm{p}}}\boldsymbol{\varepsilon}_{\mathrm{s}}^{\mathrm{p}} + \delta^{\nabla T\boldsymbol{v}^{f\mathrm{s}}}\boldsymbol{v}^{f\mathrm{s}} \tag{8.37}$$

8.2.5　描述流-固界面动力相容条件的本构方程

根据第 3 章的推导结论式（3.79）和式（8.11），并忽略由于毛细松弛效应引起的黏性，可得到描述非饱和土中流-固界面处压力差变化的动力相容条件：

$$p^f - p^{\mathrm{s}} = n^f\rho_f\frac{\partial\varphi^f}{\partial n^f} = n^{f0}\Theta_f^n n^f + n^{f0}\lambda_f^{\rho n}\frac{\rho_f}{\rho_{f0}} - n^{f0}\lambda_f^{Tn}T \tag{8.38}$$

8.3　闭合的场方程系统

8.3.1　质量守恒方程

6.1.1 节给出的 α 相的质量守恒方程为

$$\frac{\partial(n^\alpha\rho_\alpha)}{\partial t} + \boldsymbol{v}^\alpha\cdot\nabla(n^\alpha\rho_\alpha) + n^\alpha\rho_\alpha\nabla\cdot\boldsymbol{v}^\alpha = \hat{e}^\alpha \quad (\alpha = \mathrm{s,w,g}) \tag{8.39}$$

如果忽略质量交换项 $\hat{e}^\alpha$，并假定密度不随空间变化，即 $\nabla\rho_\alpha = 0$；同时忽略毛细松弛效应，即 $\nabla n^\alpha = 0$，则有 $\nabla(n^\alpha\rho_\alpha) = n^\alpha\nabla\rho_\alpha + \rho_\alpha\nabla n^\alpha = 0$，于是式（8.39）简化为

$$\frac{n^{\alpha 0}}{\rho_{\alpha 0}}\frac{\partial\rho_\alpha}{\partial t} + \frac{\partial n^\alpha}{\partial t} + n^{\alpha 0}\nabla\cdot\boldsymbol{v}^\alpha = 0 \tag{8.40}$$

1. 固相质量守恒方程

对于固相，质量守恒方程可根据式（8.40）直接给出：

$$\frac{n_{\mathrm{s}0}}{\rho_{\mathrm{s}0}}\frac{\partial\rho_{\mathrm{s}}}{\partial t} + \frac{\partial n_{\mathrm{s}}}{\partial t} + n_{\mathrm{s}0}\nabla\cdot\frac{\partial\boldsymbol{u}_{\mathrm{s}}}{\partial t} = 0 \tag{8.41}$$

2. 流相质量守恒方程——流动方程

在土力学中，一般以土骨架作为参照系，所以，在描述流相流动时，采用流相相对于土骨架的速度 $\boldsymbol{v}^{fs}$，利用关系 $\frac{\mathrm{d}^f}{\mathrm{d}t}(\cdot)=\frac{\mathrm{d}^{\mathrm{s}}}{\mathrm{d}t}(\cdot)+\boldsymbol{v}^{fs}\cdot\nabla(\cdot)$，将式（8.39）转换为以土骨架为参照系：

$$\frac{\mathrm{d}^{\mathrm{s}}(n^f\rho_f)}{\mathrm{d}t}+\boldsymbol{v}^{fs}\cdot\nabla(n^f\rho_f)+n^f\rho_f\nabla\cdot\boldsymbol{v}^f=\hat{e}^f \tag{8.42}$$

再利用物质导数定义，化简：

$$\frac{\partial(n^f\rho_f)}{\partial t}+\boldsymbol{v}^{\mathrm{s}}\cdot\nabla(n^f\rho_f)+\boldsymbol{v}^{fs}\cdot\nabla(n^f\rho_f)+n^f\rho_f\nabla\cdot\boldsymbol{v}^f=\hat{e}^f \tag{8.43}$$

同样，此处不考虑密度的空间变化和毛细松弛效应，即 $\nabla(n^f\rho_f)=0$；并忽略质量交换项，则式（8.43）进一步化简为

$$\frac{n^{f0}}{\rho_{f0}}\frac{\partial\rho_f}{\partial t}+\frac{\partial n^f}{\partial t}+n^{f0}\nabla\cdot\boldsymbol{v}^f=0 \tag{8.44}$$

利用相对速度定义 $\boldsymbol{v}^{fs}=\boldsymbol{v}^f-\boldsymbol{v}^{\mathrm{s}}$，即 $\boldsymbol{v}^f=\boldsymbol{v}^{fs}+\boldsymbol{v}^{\mathrm{s}}$ 代入式（8.44）得

$$\frac{n^{f0}}{\rho_{f0}}\frac{\partial\rho_f}{\partial t}+\frac{\partial n^f}{\partial t}+n^{f0}\nabla\cdot\boldsymbol{v}^{fs}+n^{f0}\nabla\cdot\boldsymbol{v}^{\mathrm{s}}=0 \tag{8.45}$$

由式（8.21），得下列本构关系：

$$\frac{\rho_f}{\rho_{f0}}=\frac{1}{K_f}p^f-\frac{\lambda_f^{\rho n}}{K_f}n^f+\frac{\lambda_f^{\rho T}}{K_f}T \tag{8.46}$$

此处，忽略密度和体积分数之间的耦合效应，化简可得

$$\frac{\partial\rho_f}{\partial t}=\frac{1}{K_f}\frac{\partial p^f}{\partial t}-\alpha_f^T\frac{\partial T}{\partial t} \tag{8.47}$$

式中，K_f 为流相的体积模量，α_f^T 为流体的热膨胀系数。

将本构关系式（8.36）、式（8.47）代入式（8.45），得到流体流动的控制方程：

$$\begin{aligned}&\frac{n^f}{\rho_f}\left(\frac{1}{K_f}\frac{\partial p^f}{\partial t}-\alpha_f^T\frac{\partial T}{\partial t}\right)+\frac{\partial n^f}{\partial t}+n^f\nabla\cdot\left\{\frac{1}{\delta^{\boldsymbol{v}^{fs}}}\Big[n^f\nabla p^f-n^f\rho_f\boldsymbol{b}^f+\Big(n^{f0}\Theta_f^n n^f\right.\\&\left.+n^{f0}\lambda_f^{\rho n}\frac{\rho_f}{\rho_{f0}}-n^{f0}\lambda_f^{Tn}T\Big)\nabla n^f-\delta^{\boldsymbol{v}^{fs}\boldsymbol{\varepsilon}_{\mathrm{s}}^{\mathrm{p}}}\boldsymbol{\varepsilon}_{\mathrm{s}}^{\mathrm{p}}-\delta^{\boldsymbol{v}^{fs}T}\nabla T\Big]\right\}+n^f\nabla\cdot\frac{\partial\boldsymbol{u}_{\mathrm{s}}}{\partial t}=0\end{aligned} \tag{8.48}$$

其中的未知量为：流相体积分数 n^f、流相密度 ρ_f、流相压力 p^f、温度 T、固相塑性变形 $\boldsymbol{\varepsilon}_{\mathrm{s}}^{\mathrm{p}}$、固相位移 $\boldsymbol{u}_{\mathrm{s}}$。

8.3.2 动量守恒方程——固相力学平衡方程

6.1.2 节已经给出了混合物中各相的动量守恒方程为

$$n^{\alpha}\rho_{\alpha}\frac{\mathrm{d}^{\alpha}\boldsymbol{v}^{\alpha}}{\mathrm{d}t}-\nabla\cdot(n^{\alpha}\boldsymbol{\sigma}^{\alpha})-n^{\alpha}\rho_{\alpha}\boldsymbol{b}^{\alpha}=\hat{\boldsymbol{T}}^{\alpha} \tag{8.49}$$

忽略惯性项作用，即式（8.49）等号左边第一项为零，将固相、流相的动量守恒方程相加，得到

$$\nabla\cdot(n^{\mathrm{s}}\boldsymbol{\sigma}^{\mathrm{s}}+n^{\mathrm{w}}\boldsymbol{\sigma}^{\mathrm{w}}+n^{\mathrm{g}}\boldsymbol{\sigma}^{\mathrm{g}})+(n^{\mathrm{s}}\rho_{\mathrm{s}}\boldsymbol{b}^{\mathrm{s}}+n^{\mathrm{w}}\rho_{\mathrm{w}}\boldsymbol{b}^{\mathrm{w}}+n^{\mathrm{g}}\rho_{\mathrm{g}}\boldsymbol{b}^{\mathrm{g}})=0 \tag{8.50}$$

取外体力密度为重力加速度，则 $\boldsymbol{b}^{\mathrm{s}}=\boldsymbol{b}^{\mathrm{w}}=\boldsymbol{b}^{\mathrm{g}}=\boldsymbol{g}$，令 $\boldsymbol{\sigma}=n^{\mathrm{s}}\boldsymbol{\sigma}^{\mathrm{s}}+n^{\mathrm{w}}\boldsymbol{\sigma}^{\mathrm{w}}+n^{\mathrm{g}}\boldsymbol{\sigma}^{\mathrm{g}}$，称为外面力作用，$\boldsymbol{F}=n^{\mathrm{s}}\rho_{\mathrm{s}}\boldsymbol{b}^{\mathrm{s}}+n^{\mathrm{w}}\rho_{\mathrm{w}}\boldsymbol{b}^{\mathrm{w}}+n^{\mathrm{g}}\rho_{\mathrm{g}}\boldsymbol{b}^{\mathrm{g}}$，为外体力作用。即

$$\nabla\cdot\boldsymbol{\sigma}+\boldsymbol{F}=0 \tag{8.51}$$

当变形处于弹性阶段时，$\boldsymbol{\sigma}=\boldsymbol{\sigma}_{\mathrm{e}}$；当变形进入塑性阶段后，$\boldsymbol{\sigma}=\boldsymbol{\sigma}_{\mathrm{p}}$。

弹性阶段：

$$\begin{aligned}\nabla\cdot\left\{n^{\mathrm{s}}[\boldsymbol{D}]^{\mathrm{e}}:\boldsymbol{\varepsilon}_{\mathrm{s}}^{\mathrm{e}}-n^{\mathrm{s}}K_{\mathrm{s}}\frac{\rho_{\mathrm{s}}}{\rho_{\mathrm{s0}}}+n^{\mathrm{s}}\alpha_{\mathrm{s}}^{T}[3K_{\mathrm{s}}-n^{\mathrm{s0}}(3\lambda_{\mathrm{s}}+2\mu_{\mathrm{s}})]T\boldsymbol{I}-n^{\mathrm{w}}p^{\mathrm{w}}\boldsymbol{I}-n^{\mathrm{g}}p^{\mathrm{g}}\boldsymbol{I}\right\}\\+n^{\mathrm{s}}\rho_{\mathrm{s}}\boldsymbol{b}^{\mathrm{s}}+n^{\mathrm{w}}\rho_{\mathrm{w}}\boldsymbol{b}^{\mathrm{w}}+n^{\mathrm{g}}\rho_{\mathrm{g}}\boldsymbol{b}^{\mathrm{g}}=0\end{aligned} \tag{8.52}$$

弹塑性阶段：

$$\nabla\cdot\left([\boldsymbol{D}]^{\mathrm{p}}:\boldsymbol{\varepsilon}_{\mathrm{s}}^{\mathrm{p}}+\frac{1}{2}\delta^{\boldsymbol{\varepsilon}_{\mathrm{s}}^{\mathrm{p}}\boldsymbol{v}^{f\mathrm{s}}}\boldsymbol{v}^{f\mathrm{s}}\boldsymbol{I}+\frac{1}{2}\delta^{\boldsymbol{\varepsilon}_{\mathrm{s}}^{\mathrm{p}}\nabla T}\nabla T\boldsymbol{I}\right)+n^{\mathrm{s}}\rho_{\mathrm{s}}\boldsymbol{b}^{\mathrm{s}}+n^{\mathrm{w}}\rho_{\mathrm{w}}\boldsymbol{b}^{\mathrm{w}}+n^{\mathrm{g}}\rho_{\mathrm{g}}\boldsymbol{b}^{\mathrm{g}}=0 \tag{8.53}$$

对于二维问题，应变-位移关系：

$$\boldsymbol{\varepsilon}_{\mathrm{s}}=\varepsilon_{ij}=\frac{1}{2}\left(\frac{\partial u_i}{\partial x_j}+\frac{\partial u_j}{\partial x_i}\right) \tag{8.54}$$

其中的未知量为：流相体积分数 n^f、液相压力 p^{w}、气相压力 p^{g}、温度 T、固相位移 $\boldsymbol{u}_{\mathrm{s}}$。

8.3.3 能量守恒方程——热传导方程

将 6.1.3 节给出的各相的能量守恒方程相加并进行线性化，得到土体总的能量守恒方程为

$$T_0\rho_0\frac{\partial s}{\partial t}+\nabla\cdot\boldsymbol{q}=0 \tag{8.55}$$

将本构方程式（8.31）、式（8.36）、式（8.37）代入式（8.55），得

$$
\begin{aligned}
&T_0\left[\sum_\alpha\left(n^{\alpha 0}\frac{c^\alpha}{T^{\alpha 0}}\right)\frac{\partial T}{\partial t}+\sum_\alpha\frac{n^{\alpha 0}\lambda_\alpha^{\rho T}}{\rho_{\alpha 0}}\frac{\partial\rho_\alpha}{\partial t}+\alpha_{\mathrm{s}}^T(3\lambda_{\mathrm{s}}+2\mu_{\mathrm{s}})\frac{\partial\boldsymbol{\varepsilon}_{\mathrm{s}}^{\mathrm{e}}}{\partial t}+\sum_f n^{f0}\lambda_f^{Tn}\frac{\partial n^f}{\partial t}\right]\\
&+\frac{\delta^{\nabla T\boldsymbol{v}^{fs}}}{\delta^{\boldsymbol{v}^{fs}}}\left[n^f\nabla p^f-n^f\rho_f\boldsymbol{b}^f+\left(n^{f0}\Theta_f^n n^f+n^{f0}\lambda_f^{\rho n}\frac{\rho_f}{\rho_{f0}}-n^{f0}\lambda_f^{Tn}T\right)\nabla n^f-\delta^{\boldsymbol{v}^{fs}\boldsymbol{\varepsilon}_{\mathrm{s}}^{\mathrm{p}}}\boldsymbol{\varepsilon}_{\mathrm{s}}^{\mathrm{p}}-\delta^{\boldsymbol{v}^{fs}\nabla T}\nabla T\right]\\
&+\lambda(\nabla\cdot\nabla T)+\delta^{\nabla T\boldsymbol{\varepsilon}_{\mathrm{s}}^{\mathrm{p}}}\boldsymbol{\varepsilon}_{\mathrm{s}}^{\mathrm{p}}=0
\end{aligned}
\tag{8.56}
$$

其中的未知量为：流相体积分数 $n^f\,(f=\mathrm{w,g})$、温度 T、各相密度 ρ_α、流相压力 p^f，其中的应变可以通过式（8.54）转换为固相位移 $\boldsymbol{u}_{\mathrm{s}}$。

至此，描述非饱和土弹性变形-渗流-传热耦合的数学方程均已建立，闭合的场方程系统包括 10 个方程，分别为：固相质量守恒方程式（8.41）（1 个），流相质量守恒方程式（8.48）（2 个），总动量守恒方程式（8.51）和相应的几何方程式（8.54）（合并为 1 个），总能量守恒方程式（8.56）（1 个），以及本构方程式（8.20）（1 个）、式（8.21）（2 个）、式（8.38）（2 个）。未知量共 10 个，分别为：温度 T（1 个）、流相体积分数 n^f（2 个）、各相密度 ρ_α（3 个）、固相骨架的位移 $\boldsymbol{u}_{\mathrm{s}}$（1 个）、各相压力 p^α（3 个），其中 $\alpha=\mathrm{s,w,g}$，$f=\mathrm{w,g}$。方程数与未知量的数目相同，形成可求解的闭合系统。

8.4 本 章 小 结

基于土体多场耦合理论模型框架，认为非饱和土是由固相（s）、液相（w）、气相（g）三相组成，选取适当的自由能函数和耗散函数，并对其进行 Taylor 级数展开，从而得到了耦合弹塑性变形-渗流-传热作用的本构方程式，即描述固相骨架变形的本构方程式（8.27）和式（8.28）、描述系统熵变化的本构方程式（8.31）、描述渗流的本构方程式（8.36）、描述热传导的本构方程式（8.37）以及描述流-固界面动力相容条件的本构方程式（8.38）。在此基础上，进一步推导得到了非饱和土变形-渗流-传热耦合数学模型，该理论模型可作为下一步进行数值计算的基础。需要指出的是，目前对变形-渗流-传热耦合的实验研究相对缺乏，给模型参数的确定带来很大困难，因此，需要开展相应的实验研究，对模型参数加以确定，并在此基础上进一步对本章模型进行数值计算分析。

第 9 章　土体本构模型的框架

连续孔隙介质土力学从基本的物理守恒或平衡定律和热力学基本定律出发，可以考虑和分析各种环境和外力的作用。但是仅利用普适性的平衡方程还不足以得到唯一的解，还必须补充反映材料具体性质的本构方程，才能使问题得到解答，这就是所谓的闭合问题。非饱和土是土中最复杂的一种土，因此基于多相孔隙介质理论对非饱和土进行研究是最具有挑战性的。把非饱和土作为一种三相多孔介质，运用体积分数的概念，结合实际情况做出各种假设，使模型尽量简化，利用这种方法建立非饱和土的本构模型将会是一个很有前途的研究方向。以下就是在这方面探求的一种新的尝试。

9.1　热力学方法建模的基本思想

目前建立土的本构模型大多都是采用经典塑性力学的方法，即根据实验观测结果，建立宏观、唯象的土的本构关系。但塑性势面并不总是存在的，即使存在也很难给出它的具体形式，这样一来就为建立本构关系带来了困难。所以很多模型都假定采用相关联流动法则，即认为屈服面和塑性势面相同来建立方程。研究表明，这种做法对于金属材料是适用的，但是对于岩土材料并不完全合适。近期发展起来的热力学方法，因在耗散应力空间中采用相关联流动法则，而在实际应力空间中则是不相关联流动的，可以使这一问题得到较好的解决。

热力学方法建模思想主要来源于 Ziegler 和 Wehrli（1987），他们提出了利用热力学理论即能量势函数和耗散势函数建立一般材料本构方程的方法。Collins 和 Houlsby（2001）把这种建立本构方程的方法推广并用于岩土或摩擦材料中。但上述方法都是针对单相介质材料，Houlsby（1997）和 Li（2007b）基于热动力学的理论用岩土工程界熟悉的符号、术语推导出便于工程应用的具体的功和能量平衡方程的表达式。但他们的理论不是基于严格的多相孔隙介质理论而建立的，其基本前提并不十分清楚和严密。韦昌富（2011）利用多相孔隙介质理论，从热力学一般方程出发，描述了非饱和土在多场耦合作用下平衡态和近平衡态下的行为，建立了一系列本构方程来描述非饱和土的一些重要行为，并对非饱和土中一些重要问题进行了探讨。非饱和土由于具有多相性，其问题比单相介质复杂许多，以上工作为热力学在非饱和土中的应用提供了重要参考，但仍有很多问题没有得到很好的解决，例如，如何合理选取内变量，如何针对不同问题建立耗散方程，如何考虑更复杂的多场耦合问题等。也就是说，目前对于非饱和土的描述还没有成熟的基于热力学的理论，因此还处于探索阶段。

在利用多相孔隙介质理论研究和建立非饱和土的本构模型时，其基础和出发点是功和能量平衡方程以及热力学第二定律（赵成刚等, 2006）。如何在清晰的前提和假定条件下，用岩土工程界熟悉的符号、术语推导出便于工程应用的功和能量平衡方程，由此建立相应的非饱和土的本构方程，是非饱和土理论研究者一直在研究和探讨的问题。热力学方法建模的关键是要给出自由能方程和耗散增量方程（Collins and Hilder, 2002），一方面利用自由能方程可以得到所需的弹性增量关系，并可以求出转换应力（或者叫背应力）；另一方面利用耗散增量方程可以得到耗散空间的屈服面，利用转换应力可以将其转换到真实应力空间，得到所需的塑性增量关系，最终给出总的应力应变关系。按照这个思想，可以建立非饱和土的本构方程，具体步骤见图 9.1。

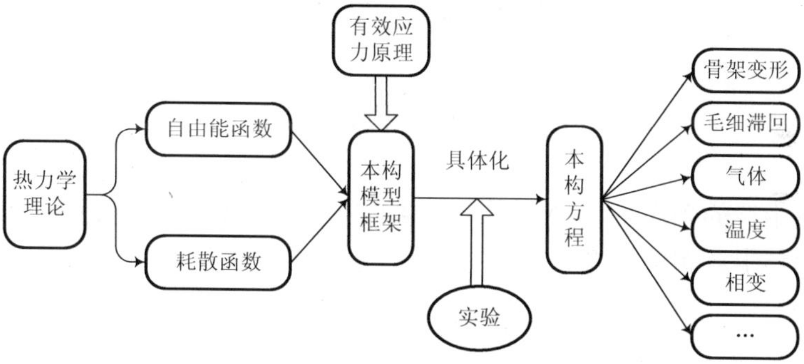

图 9.1　热力学建模的基本思想

9.2　应力状态变量的选择

非饱和土的应力状态直接影响土的力学行为，选择合适的应力变量，对于建立非饱和土本构模型有着重要的意义。但目前非饱和土应力状态变量的选择并不统一，7.2 节已对非饱和土有效应力进行了讨论，主要有以下观点：一是类似饱和土中的有效应力采用单应力变量（Bishop 应力）；二是采用两个独立的应力变量（净应力和吸力）；三是根据非饱和土变形功来选择适当的应力变量及其相共轭的变形量（Zhao et al., 2010）。描述具有三相介质的非饱和土的应力状态，一般要用三个独立的应力状态变量，如总应力、孔隙水压和孔隙气压。Fredlund 和 Morgenstern（1997）通过考虑一点的应力状态对非饱和土的应力平衡进行了分析，得出结论：可以采用三个独立的应力变量描述非饱和土的行为，即净应力、基质吸力和气压。为了简化，他们采用了前两个独立的应力变量对非饱和土的行为进行描述，并且通过零位实验验证了其合理性。但是这只是一种简化的做法，Tarantino 和 Mongiovì（2000）指出：零位实验所采用的轴平移技术在气相封闭的条件下不再适用，此时就必须使用三个而不是两个独立的应力变量来描述土的行为。Zhang 和 Lytton（2006）也认为净应力和基质吸力两个应力状态变量并不足以描述非饱和土的行为，因为在净应力和吸力保持不变的情况下，土的状态仍然可以由于气体压缩而发生改变。仅仅依靠净应力和吸力这两个量无法确定土中某点的三个应力（即该点的总应力、孔隙水压和孔隙气压）。所以从完备性的角度，应该用三个独立的应力状态变量描述土的行为。

基于多相孔隙介质理论，根据 7.2 节对非饱和土广义有效应力原理的讨论，得到结论，建立非饱和土的本构方程应当以有效应力、基质吸力和气相压力作为三个独立的应力状态变量。因此接下来建模所采用的应力及其相对应的变形相为

$$\boldsymbol{\sigma}^{\alpha}=\begin{cases}\tilde{\boldsymbol{\sigma}}, & \alpha=\mathrm{s}\\ \tilde{s}, & \alpha=\mathrm{w}\\ p_{\mathrm{g}}, & \alpha=\mathrm{g}\end{cases},\quad \boldsymbol{\varepsilon}^{\alpha}=\begin{cases}\dot{\boldsymbol{\varepsilon}}, & \alpha=\mathrm{s}\\ \dot{S}_{\mathrm{r}}, & \alpha=\mathrm{w}\\ \dot{\varepsilon}_{\mathrm{g}}, & \alpha=\mathrm{g}\end{cases}$$

9.3　弹性增量关系

在给定自由能的条件下，可以利用表 4.1 来确定土体的弹性关系。利用 Gibbs 自由能，假定土体中三相的温度相等，可以得到如下关系：

$$\boldsymbol{\varepsilon}=\frac{\partial g^{\mathrm{s}}(\tilde{\boldsymbol{\sigma}},\xi^{\mathrm{s}},T)}{\partial\tilde{\boldsymbol{\sigma}}}\tag{9.1}$$

$$S_{\mathrm{r}}=\frac{\partial g^{\mathrm{w}}(\tilde{s},\xi^{\mathrm{w}},T)}{\partial\tilde{s}}\tag{9.2}$$

$$\varepsilon_{\mathrm{g}}=\frac{\partial g^{\mathrm{g}}(p^{\mathrm{g}},\xi^{\mathrm{g}},T)}{\partial p^{\mathrm{g}}}\tag{9.3}$$

$$s^{\alpha}=-\frac{\partial g^{\alpha}}{\partial T}\quad(\alpha=\mathrm{s,w,g})\tag{9.4}$$

9.3.1　固相

对式（9.1）求导，可以给出增量关系：

$$\mathrm{d}\boldsymbol{\varepsilon}=\frac{\partial^2 g^{\mathrm{s}}(\tilde{\boldsymbol{\sigma}},\xi^{\mathrm{s}},T)}{\partial\tilde{\boldsymbol{\sigma}}\otimes\partial\tilde{\boldsymbol{\sigma}}}:\mathrm{d}\tilde{\boldsymbol{\sigma}}+\frac{\partial^2 g^{\mathrm{s}}(\tilde{\boldsymbol{\sigma}},\xi^{\mathrm{s}},T)}{\partial\tilde{\boldsymbol{\sigma}}\otimes\partial\xi^{\mathrm{s}}}:\mathrm{d}\xi^{\mathrm{s}}+\frac{\partial^2 g^{\mathrm{s}}(\tilde{\boldsymbol{\sigma}},\xi^{\mathrm{s}},T)}{\partial\tilde{\boldsymbol{\sigma}}\partial T}\mathrm{d}T\tag{9.5}$$

注意与 7.3.4 节类似，为了书写方便，式（9.5）用自由能对内变量的偏导数来表示内变量改变而引起的自由能增量，而实际中自由能对内变量的偏导数在数学上可能并不存在，这只是一个概念式，下文也采用了同样的表示方法。

式（9.5）中第一项表示仅仅由于应力改变而引起的应变增量；第二项表示由于内变量改变引起的应变增量；第三项是由温度变化引起的应变增量。如果假设塑性

应变仅由内变量的改变导致，式中第二项即为材料的塑性应变，而余下部分为弹性应变，即

$$\mathrm{d}\boldsymbol{\varepsilon}^{\mathrm{p}} = \frac{\partial^2 g^{\mathrm{s}}(\tilde{\boldsymbol{\sigma}}, \xi^{\mathrm{s}}, T)}{\partial \tilde{\boldsymbol{\sigma}} \otimes \partial \xi^{\mathrm{s}}} : \mathrm{d}\xi^{\mathrm{s}} \tag{9.6}$$

$$\mathrm{d}\boldsymbol{\varepsilon}^{\mathrm{e}} = \mathrm{d}\boldsymbol{\varepsilon} - \mathrm{d}\boldsymbol{\varepsilon}^{\mathrm{p}} = \frac{\partial^2 g^{\mathrm{s}}(\tilde{\boldsymbol{\sigma}}, H_{\mathrm{s}})}{\partial \tilde{\boldsymbol{\sigma}} \otimes \partial \tilde{\boldsymbol{\sigma}}} : \mathrm{d}\tilde{\boldsymbol{\sigma}} + \frac{\partial^2 g^{\mathrm{s}}(\tilde{\boldsymbol{\sigma}}, \xi^{\mathrm{s}}, T)}{\partial \tilde{\boldsymbol{\sigma}} \partial T} \mathrm{d}T \tag{9.7}$$

令

$$\boldsymbol{M}_{\mathrm{s}} = \frac{\partial^2 g^{\mathrm{s}}(\tilde{\boldsymbol{\sigma}}, H_{\mathrm{s}})}{\partial \tilde{\boldsymbol{\sigma}} \otimes \partial \tilde{\boldsymbol{\sigma}}}, \quad \boldsymbol{M}_{\mathrm{s}T} = \frac{\partial^2 g^{\mathrm{s}}(\tilde{\boldsymbol{\sigma}}, \xi^{\mathrm{s}}, T)}{\partial \tilde{\boldsymbol{\sigma}} \partial T} \tag{9.8}$$

式中，$\boldsymbol{M}_{\mathbf{s}}$ 是一个四阶张量，而 $\boldsymbol{M}_{\mathbf{s}T}$ 是一个二阶张量。

固相的弹性增量关系可以表示为

$$\mathrm{d}\boldsymbol{\varepsilon}^{\mathrm{e}} = \boldsymbol{M}_{\mathrm{s}} : \mathrm{d}\tilde{\boldsymbol{\sigma}} + \boldsymbol{M}_{\mathrm{s}T} \mathrm{d}T \tag{9.9}$$

9.3.2　液相

与固相类似，对式（9.2）求导，得到增量关系：

$$\mathrm{d}S_{\mathrm{r}} = \frac{\partial^2 g^{\mathrm{w}}(\tilde{s}, \xi^{\mathrm{w}}, T)}{\partial \tilde{s}^2} \mathrm{d}\tilde{s} + \frac{\partial g^{\mathrm{w}}(\tilde{s}, \xi^{\mathrm{w}}, T)}{\partial \xi^{\mathrm{w}}} \mathrm{d}\xi^{\mathrm{w}} + \frac{\partial g^{\mathrm{w}}(\tilde{s}, \xi^{\mathrm{w}}, T)}{\partial T} \mathrm{d}T \tag{9.10}$$

由于内变量变化而引起的液相塑性变形为

$$\mathrm{d}S_{\mathrm{r}}^{\mathrm{p}} = \frac{\partial g^{\mathrm{w}}(\tilde{s}, \xi^{\mathrm{w}}, T)}{\partial \xi^{\mathrm{w}}} \mathrm{d}\xi^{\mathrm{w}} \tag{9.11}$$

因此，弹性变形可以表示为

$$\mathrm{d}S_{\mathrm{r}}^{\mathrm{e}} = \mathrm{d}S_{\mathrm{r}} - \mathrm{d}S_{\mathrm{r}}^{\mathrm{p}} = \frac{\partial^2 g^{\mathrm{w}}(\tilde{s}, \xi^{\mathrm{w}}, T)}{\partial \tilde{s}^2} \mathrm{d}\tilde{s} + \frac{\partial g^{\mathrm{w}}(\tilde{s}, \xi^{\mathrm{w}}, T)}{\partial T} \mathrm{d}T \tag{9.12}$$

令

$$M_{\mathrm{w}} = \frac{\partial^2 g^{\mathrm{w}}(\tilde{s}, \xi^{\mathrm{w}}, T)}{\partial \tilde{s}^2}, \quad M_{\mathrm{w}T} = \frac{\partial g^{\mathrm{w}}(\tilde{s}, \xi^{\mathrm{w}}, T)}{\partial T} \tag{9.13}$$

液相弹性关系可以表示为

$$\mathrm{d}S_{\mathrm{r}}^{\mathrm{e}} = M_{\mathrm{w}} \mathrm{d}\tilde{s} + M_{\mathrm{w}T} \mathrm{d}T \tag{9.14}$$

9.3.3　气相

对式（9.3）求导，可得到气相增量关系：

$$\mathrm{d}\varepsilon_{\mathrm{g}} = \frac{\partial g^{\mathrm{g}}(p^{\mathrm{g}}, \xi^{\mathrm{g}}, T)}{\partial p^{\mathrm{g}}} \mathrm{d}p^{\mathrm{g}} + \frac{\partial g^{\mathrm{g}}(p^{\mathrm{g}}, \xi^{\mathrm{g}}, T)}{\partial \xi^{\mathrm{g}}} \mathrm{d}\xi^{\mathrm{g}} + \frac{\partial g^{\mathrm{g}}(p^{\mathrm{g}}, \xi^{\mathrm{g}}, T)}{\partial T} \mathrm{d}T \tag{9.15}$$

塑性变形由内变量变化而引起，因此有

$$d\varepsilon_{g}^{p}=\frac{\partial g^{g}(p^{g},\xi^{g},T)}{\partial \xi^{g}}d\xi^{g} \tag{9.16}$$

因此，弹性变形可以表示为

$$d\varepsilon_{g}^{e}=\frac{\partial g^{g}(p^{g},\xi^{g},T)}{\partial p^{g}}dp^{g}+\frac{\partial g^{g}(p^{g},\xi^{g},T)}{\partial T}dT \tag{9.17}$$

令

$$M_{g}=\frac{\partial g^{g}(p^{g},\xi^{g},T)}{\partial p^{g}},\quad M_{gT}=\frac{\partial g^{g}(p^{g},\xi^{g},T)}{\partial T} \tag{9.18}$$

气相弹性关系可以表示为

$$d\varepsilon_{g}^{e}=M_{g}dp^{g}+M_{gT}dT \tag{9.19}$$

9.3.4 弹性方程

综合式（9.9）、式（9.14）和式（9.19），得到土体的弹性方程为

$$\begin{Bmatrix} d\boldsymbol{\varepsilon}^{e} \\ dS_{r}^{e} \\ d\varepsilon_{g}^{e} \end{Bmatrix}=\begin{bmatrix} \boldsymbol{M}_{s} & 0 & 0 & \boldsymbol{M}_{sT} \\ 0 & M_{w} & 0 & M_{wT} \\ 0 & 0 & M_{g} & M_{gT} \end{bmatrix}\begin{Bmatrix} d\tilde{\boldsymbol{\sigma}} \\ d\tilde{s} \\ dp^{g} \\ dT \end{Bmatrix} \tag{9.20}$$

如果不考虑温度的影响，上述方程可简化为

$$\begin{Bmatrix} d\boldsymbol{\varepsilon}^{e} \\ dS_{r}^{e} \\ d\varepsilon_{g}^{e} \end{Bmatrix}=\begin{bmatrix} \boldsymbol{M}_{s} & 0 & 0 \\ 0 & M_{w} & 0 \\ 0 & 0 & M_{g} \end{bmatrix}\begin{Bmatrix} d\tilde{\boldsymbol{\sigma}} \\ d\tilde{s} \\ dp^{g} \end{Bmatrix} \tag{9.21}$$

弹性关系中没有考虑不同相之间的相互影响，各相变形与各相的驱动力直接相关。

9.4 耗散势与屈服面

9.4.1 耗散势函数

非饱和土的耗散势增量函数由式（7.82）表示，每一相的耗散可以表示为

$$\left.\begin{aligned} D^{s}&=\zeta^{s}\dot{\xi}^{s} \\ D^{w}&=\zeta^{w}\dot{\xi}^{w} \\ D^{g}&=\zeta^{g}\dot{\xi}^{g} \end{aligned}\right\} \tag{9.22}$$

式中，$\dot{\xi}^{\alpha}$ 表示 α 相 $(\alpha = \mathrm{s,w,g})$ 的内变量的演化情况，ζ^{α} 为 α 相与 $\dot{\xi}^{\alpha}$ 相对偶的热力学力，它是状态变量和结构变化历史的函数。$\dot{\xi}^{\alpha}$ 和 ζ^{α} 均与结构内部重排有关，说明能量耗散是由于土的内部结构重新组构或变化引起的（Li, 2007a）。

假设非饱和土中内部结构的重新排列和变化包含三个部分，即固液气三相的变化，可以表示为

$$H = H(H_{\mathrm{s}}, H_{\mathrm{w}}, H_{\mathrm{g}}) \tag{9.23}$$

式中，

$$\left.\begin{aligned} H_{\mathrm{s}} &= H_{\mathrm{s}}[H'_{\mathrm{s}}, H''_{\mathrm{s}}(H'_{\mathrm{s}}, \tilde{s}, S_{\mathrm{r}}), H'''_{\mathrm{s}}(H'_{\mathrm{s}}, p^{\mathrm{g}}, \varepsilon_{\mathrm{g}}), T] \\ H_{\mathrm{w}} &= H_{\mathrm{w}}[H'_{\mathrm{w}}, H''_{\mathrm{w}}(H'_{\mathrm{w}}, \tilde{\boldsymbol{\sigma}}, \boldsymbol{\varepsilon}), H'''_{\mathrm{w}}(H'_{\mathrm{w}}, p^{\mathrm{g}}, \varepsilon_{\mathrm{g}}), T] \\ H_{\mathrm{g}} &= H_{\mathrm{g}}[H'_{\mathrm{g}}, H''_{\mathrm{g}}(H'_{\mathrm{g}}, \tilde{\boldsymbol{\sigma}}, \boldsymbol{\varepsilon}), H'''_{\mathrm{g}}(H'_{\mathrm{g}}, \tilde{s}, S_{\mathrm{r}}), T] \end{aligned}\right\} \tag{9.24}$$

H'_{α} 代表了 α 相结构重排对自身的影响，$H''_{\alpha}, H'''_{\alpha}$ 则是其他两相结构变化对 α 相的影响。假定非饱和土各相之间没有熵的互相变换，所以式（9.24）表明影响组分耗散的结构间相互作用受到组分自身的内部结构和状态的影响，而没有直接受其他相内部结构影响。

$\dot{\xi}_{\mathrm{i}}^{\alpha}$ 反映内变量演化情况，它可以表示为相结构重排的各向同性函数（Li, 2007a），即有

$$\delta\xi_{\mathrm{i}}^{\alpha} \propto \delta H'_{\alpha} \quad (\alpha = \mathrm{s,w,g}) \tag{9.25}$$

$\zeta_{\mathrm{i}}^{\alpha}$ 为 α 相与 $\delta\xi_{\mathrm{i}}^{\alpha}$ 相对偶的热力学力，它是状态变量和结构变化历史的函数，它可以表示为

$$\left.\begin{aligned} \zeta_{\mathrm{i}}^{\mathrm{s}} &= \zeta^{\mathrm{s}}(\boldsymbol{\varepsilon}, H'_{\mathrm{s}}, H''_{\mathrm{s}}, H'''_{\mathrm{s}}, T) \\ \zeta_{\mathrm{i}}^{\mathrm{w}} &= \zeta^{\mathrm{w}}(S_{\mathrm{r}}, H'_{\mathrm{w}}, H''_{\mathrm{w}}, H'''_{\mathrm{w}}, T) \\ \zeta_{\mathrm{i}}^{\mathrm{g}} &= \zeta^{\mathrm{g}}(\varepsilon_{\mathrm{g}}, H'_{\mathrm{g}}, H''_{\mathrm{g}}, H'''_{\mathrm{g}}, T) \end{aligned}\right\} \tag{9.26}$$

式（9.24）表明非饱和土的三相都存在着耗散，某一相发生变形可能导致土体整个内部结构重排或变化，继而影响其他两相的变形。也就是说，非饱和土三项之间是相互影响的，这种相互影响可以通过式（9.24）来反映。耗散方程之间的相互影响使得最终得到各相的能量方程之间也是相互影响的，所以由此推导得到非饱和土的本构模型可以考虑固液气三相的耦合效应。

9.4.2　屈服面方程

利用耗散势方程，可以确定屈服面表达式，根据 7.3.5 节的描述，利用 Legendre 转换可以得到耗散应力空间中的屈服面方程（7.83），对于固液气每一相而言，可以表示为

$$\left.\begin{aligned}\tilde{\boldsymbol{\sigma}}_{\mathrm{d}}:\mathrm{d}\boldsymbol{\varepsilon}^{\mathrm{p}}-\zeta^{\mathrm{s}}\mathrm{d}\xi^{\mathrm{s}}=0\\ \tilde{s}_{\mathrm{d}}\mathrm{d}S_{\mathrm{r}}^{\mathrm{p}}-\zeta^{\mathrm{w}}\mathrm{d}\xi^{\mathrm{w}}=0\\ p_{\mathrm{d}}^{\mathrm{g}}\mathrm{d}\varepsilon_{\mathrm{g}}^{\mathrm{p}}-\zeta^{\mathrm{g}}\mathrm{d}\xi^{\mathrm{g}}=0\end{aligned}\right\}\tag{9.27}$$

式中，左端第一项表示耗散的塑性功，$\tilde{\boldsymbol{\sigma}}_{\mathrm{d}}$、$\tilde{s}_{\mathrm{d}}$、$p_{\mathrm{d}}^{\mathrm{g}}$分别表示固液气三相的耗散应力，该式假设耗散塑性功全部用于土的内部结构的重新排列或重组。

根据 Collins(2005)的讨论，总塑性功可分为蓄藏功和耗散的塑性功，即有式(9.28)成立：

$$\left.\begin{aligned}W_{\mathrm{s}}^{\mathrm{p}}&=\tilde{\boldsymbol{\sigma}}:\mathrm{d}\boldsymbol{\varepsilon}^{\mathrm{p}}=\tilde{\boldsymbol{\sigma}}_{\mathrm{b}}:\mathrm{d}\boldsymbol{\varepsilon}^{\mathrm{p}}+\tilde{\boldsymbol{\sigma}}_{\mathrm{d}}:\mathrm{d}\boldsymbol{\varepsilon}^{\mathrm{p}}\\ W_{\mathrm{w}}^{\mathrm{p}}&=\tilde{s}\mathrm{d}S_{\mathrm{r}}^{\mathrm{p}}=\tilde{s}_{\mathrm{b}}\mathrm{d}S_{\mathrm{r}}^{\mathrm{p}}+\tilde{s}_{\mathrm{d}}\mathrm{d}S_{\mathrm{r}}^{\mathrm{p}}\\ W_{\mathrm{g}}^{\mathrm{p}}&=p^{\mathrm{g}}\mathrm{d}\varepsilon_{\mathrm{g}}^{\mathrm{p}}=p_{\mathrm{b}}^{\mathrm{g}}\mathrm{d}\varepsilon_{\mathrm{g}}^{\mathrm{p}}+p_{\mathrm{d}}^{\mathrm{g}}\mathrm{d}\varepsilon_{\mathrm{g}}^{\mathrm{p}}\end{aligned}\right\}\tag{9.28}$$

$\tilde{\boldsymbol{\sigma}}_{\mathrm{b}}$、$\tilde{s}_{\mathrm{b}}$、$p_{\mathrm{b}}^{\mathrm{g}}$称为转换应力或者背应力，满足关系式（7.81），即

$$\tilde{\boldsymbol{\sigma}}_{\mathrm{b}}=\tilde{\boldsymbol{\sigma}}-\tilde{\boldsymbol{\sigma}}_{\mathrm{d}},\quad \tilde{s}_{\mathrm{b}}=\tilde{s}-\tilde{s}_{\mathrm{d}},\quad p_{\mathrm{b}}^{\mathrm{g}}=p^{\mathrm{g}}-p_{\mathrm{d}}^{\mathrm{g}}\tag{9.29}$$

背应力对于运动硬化的模型有重要作用，因为它代表了转换屈服面中心的应力，它把屈服面从耗散空间转换到真实应力空间，而不改变屈服面的形状。对于发生塑性变形的一个宏观介质单元，其内部的某些微观单元可能没有发生屈服，只有弹性变形。也就是说塑性变形只是这个单元的宏观表现，并不意味着其内部所有的微观单元都发生了塑性变形，因此有一部分可恢复的能量被储存在未发生塑性变形的微观单元中，所以在这个宏观的塑性变形单元中产生了蓄藏能。蓄藏能的存在并没有增加或者减少能量，但它对耗散的多少有影响。

9.4.3 线性化

对于塑性增量，采用与 Li（2007b）相同的做法，对其进行线性化处理，则有

$$\mathrm{d}\boldsymbol{\varepsilon}^{\mathrm{p}}=\boldsymbol{m}\langle L_{\mathrm{s}}\rangle,\quad \mathrm{d}S_{\mathrm{r}}^{\mathrm{p}}=\mathrm{sgn}(\mathrm{d}S_{\mathrm{r}}^{\mathrm{p}})\langle L_{\mathrm{w}}\rangle,\quad \mathrm{d}\varepsilon_{\mathrm{g}}^{\mathrm{p}}=\mathrm{sgn}(\mathrm{d}\varepsilon_{\mathrm{g}}^{\mathrm{p}})\langle L_{\mathrm{g}}\rangle\tag{9.30}$$

式中，$\boldsymbol{m}$ 是一个二阶张量，代表了塑性应变增量的方向；L_α 为 α 相的加载系数，$\langle\ \rangle$ 是 McCauley 符号，因此$\langle L_\alpha\rangle$是非负的；sgn( )表示变量的符号，正数取 1，负数取–1，零取 0。

固液气三相的塑性增量均由内部结构的重排而引起，为 $\mathrm{d}H_\alpha$ 的函数。根据 9.4.1 节的描述，$\mathrm{d}H_\alpha$ 不仅与 α 相自身 H'_α 有关，还与其他相的影响 H''_α、H'''_α 有关。假设它们与各自的塑性增量有关，即

$$\left.\begin{aligned}&\mathrm{d}H'_{\mathrm{s}}\propto\langle L_{\mathrm{s}}\rangle,\ \mathrm{d}H''_{\mathrm{s}}\propto\mathrm{d}S_{\mathrm{r}},\ \mathrm{d}H'''_{\mathrm{s}}\propto\mathrm{d}\varepsilon_{\mathrm{g}}\\ &\mathrm{d}H'_{\mathrm{w}}\propto\langle L_{\mathrm{w}}\rangle,\ \mathrm{d}H''_{\mathrm{w}}\propto\mathrm{d}\boldsymbol{\varepsilon},\ \mathrm{d}H'''_{\mathrm{w}}\propto\mathrm{d}\varepsilon_{\mathrm{g}}\\ &\mathrm{d}H'_{\mathrm{g}}\propto\langle L_{\mathrm{g}}\rangle,\ \mathrm{d}H''_{\mathrm{g}}\propto\mathrm{d}\boldsymbol{\varepsilon},\ \mathrm{d}H'''_{\mathrm{g}}\propto\mathrm{d}S_{\mathrm{r}}\end{aligned}\right\}\tag{9.31}$$

因此利用式（9.25）和式（9.31），可以将 $\mathrm{d}\xi^{\alpha}$ 线性化表示为

$$\mathrm{d}\xi^{\alpha}=r^{\alpha}\left\langle L_{\alpha}\right\rangle \quad (\alpha=\mathrm{s,w,g}) \tag{9.32}$$

将式（9.27）各增量线性化，即把式（9.30）和式（9.32）代入式（9.27）有

$$\left.\begin{aligned}&\tilde{\boldsymbol{\sigma}}_{\mathrm{d}}:\boldsymbol{m}\left\langle L_{\mathrm{s}}\right\rangle-\zeta^{\mathrm{s}}r^{\mathrm{s}}\left\langle L_{\mathrm{s}}\right\rangle=0\\&\tilde{s}_{\mathrm{d}}\operatorname{sgn}(\mathrm{d}S_{\mathrm{r}}^{\mathrm{p}})\left\langle L_{\mathrm{w}}\right\rangle-\zeta^{\mathrm{w}}r^{\mathrm{w}}\left\langle L_{\mathrm{w}}\right\rangle=0\\&p_{\mathrm{d}}^{\mathrm{g}}\operatorname{sgn}(\mathrm{d}\varepsilon_{\mathrm{g}}^{\mathrm{p}})\left\langle L_{\mathrm{g}}\right\rangle-\zeta^{\mathrm{g}}r^{\mathrm{g}}\left\langle L_{\mathrm{g}}\right\rangle=0\end{aligned}\right\} \tag{9.33}$$

由式（9.33）得到了耗散空间的屈服面方程可以表示为

$$\left.\begin{aligned}&\mathscr{f}_{\mathrm{s}}=\mathscr{f}_{\mathrm{s}}(\tilde{\boldsymbol{\sigma}}_{\mathrm{d}},\tilde{\boldsymbol{\sigma}},H_{\mathrm{s}},T)=\tilde{\boldsymbol{\sigma}}_{\mathrm{d}}:\boldsymbol{m}-\zeta^{\mathrm{s}}r^{\mathrm{s}}=\tilde{\boldsymbol{\sigma}}_{\mathrm{d}}:\boldsymbol{m}-\varpi_{\mathrm{s}}=0\\&\mathscr{f}_{\mathrm{w}}=\mathscr{f}_{\mathrm{w}}(\tilde{s}_{\mathrm{d}},\tilde{s},H_{\mathrm{w}},T)=\tilde{s}_{\mathrm{d}}\operatorname{sgn}(\mathrm{d}S_{\mathrm{r}}^{\mathrm{p}})-\zeta^{\mathrm{w}}r^{\mathrm{w}}=\tilde{s}_{\mathrm{d}}\operatorname{sgn}(\mathrm{d}S_{\mathrm{r}}^{\mathrm{p}})-\varpi_{\mathrm{w}}=0\\&\mathscr{f}_{\mathrm{g}}=\mathscr{f}_{\mathrm{g}}(p_{\mathrm{d}}^{\mathrm{g}},p^{\mathrm{g}},H_{\mathrm{g}},T)=p_{\mathrm{d}}^{\mathrm{g}}\operatorname{sgn}(\mathrm{d}\varepsilon_{\mathrm{g}}^{\mathrm{p}})-\zeta^{\mathrm{g}}r^{\mathrm{g}}=p_{\mathrm{gd}}\operatorname{sgn}(\mathrm{d}\varepsilon_{\mathrm{g}}^{\mathrm{p}})-\varpi_{\mathrm{g}}=0\end{aligned}\right\} \tag{9.34}$$

利用转换应力，可以将式（9.34）给出的耗散空间中的屈服面方程转换成真实应力空间中的屈服面方程，从而有

$$\left.\begin{aligned}&f_{\mathrm{s}}(\tilde{\boldsymbol{\sigma}},H_{\mathrm{s}},T)=\mathscr{f}_{\mathrm{s}}\left(\tilde{\boldsymbol{\sigma}}-\tilde{\boldsymbol{\sigma}}_{\mathrm{b}}(\tilde{\boldsymbol{\sigma}},H_{\mathrm{s}}),\tilde{\boldsymbol{\sigma}},H_{\mathrm{s}},T\right)=(\tilde{\boldsymbol{\sigma}}-\tilde{\boldsymbol{\sigma}}_{\mathrm{b}}):\boldsymbol{m}-\varpi_{\mathrm{s}}=0\\&f_{\mathrm{w}}(\tilde{s},H_{\mathrm{w}},T)=\mathscr{f}_{\mathrm{w}}\left(\tilde{s}-\tilde{s}_{\mathrm{b}}(\tilde{s},H_{\mathrm{w}}),\tilde{s},H_{\mathrm{w}},T\right)=(\tilde{s}-\tilde{s}_{\mathrm{b}})\operatorname{sgn}(\mathrm{d}S_{\mathrm{r}}^{\mathrm{p}})-\varpi_{\mathrm{w}}=0\\&f_{\mathrm{g}}(p^{\mathrm{g}},H_{\mathrm{g}},T)=\mathscr{f}_{\mathrm{g}}[p^{\mathrm{g}}-p_{\mathrm{b}}^{\mathrm{g}}(p^{\mathrm{g}},H_{\mathrm{g}}),p^{\mathrm{g}},H_{\mathrm{g}},T]=(p^{\mathrm{g}}-p_{\mathrm{b}}^{\mathrm{g}})\operatorname{sgn}(\mathrm{d}\varepsilon_{\mathrm{g}}^{\mathrm{p}})-\varpi_{\mathrm{g}}=0\end{aligned}\right\} \tag{9.35}$$

9.5 本 构 方 程

9.5.1 固相的本构方程

对真实应力空间屈服面式（9.35）的第一式，采用一致性条件有

$$\mathrm{d}f_{\mathrm{s}}=\frac{\partial f_{\mathrm{s}}}{\partial\tilde{\boldsymbol{\sigma}}}:\mathrm{d}\tilde{\boldsymbol{\sigma}}+\frac{\partial f_{\mathrm{s}}}{\partial H_{\mathrm{s}}}:\mathrm{d}H_{\mathrm{s}}+\frac{\partial f_{\mathrm{s}}}{\partial T}\mathrm{d}T \tag{9.36}$$

同样地，对耗散空间屈服面式（9.34）的第一式，采用一致性条件有

$$\begin{aligned}\mathrm{d}\mathscr{f}_{\mathrm{s}}&=\frac{\partial\mathscr{f}_{\mathrm{s}}}{\partial\tilde{\boldsymbol{\sigma}}_{\mathrm{d}}}:\mathrm{d}\tilde{\boldsymbol{\sigma}}_{\mathrm{d}}+\frac{\partial\mathscr{f}_{\mathrm{s}}}{\partial\tilde{\boldsymbol{\sigma}}}:\mathrm{d}\tilde{\boldsymbol{\sigma}}+\frac{\partial\mathscr{f}_{\mathrm{s}}}{\partial H_{\mathrm{s}}}:\mathrm{d}H_{\mathrm{s}}+\frac{\partial\mathscr{f}_{\mathrm{s}}}{\partial T}:\mathrm{d}T\\&=\frac{\partial\mathscr{f}_{\mathrm{s}}}{\partial\tilde{\boldsymbol{\sigma}}_{\mathrm{d}}}:\mathrm{d}\tilde{\boldsymbol{\sigma}}-\frac{\partial\mathscr{f}_{\mathrm{s}}}{\partial\tilde{\boldsymbol{\sigma}}_{\mathrm{d}}}:\mathrm{d}\tilde{\boldsymbol{\sigma}}_{\mathrm{b}}+\frac{\partial\mathscr{f}_{\mathrm{s}}}{\partial\tilde{\boldsymbol{\sigma}}}:\mathrm{d}\tilde{\boldsymbol{\sigma}}+\frac{\partial\mathscr{f}_{\mathrm{s}}}{\partial H_{\mathrm{s}}}:\mathrm{d}H_{\mathrm{s}}+\frac{\partial\mathscr{f}_{\mathrm{s}}}{\partial T}:\mathrm{d}T\\&=\frac{\partial\mathscr{f}_{\mathrm{s}}}{\partial\tilde{\boldsymbol{\sigma}}_{\mathrm{d}}}:\mathrm{d}\tilde{\boldsymbol{\sigma}}-\frac{\partial\mathscr{f}_{\mathrm{s}}}{\partial\tilde{\boldsymbol{\sigma}}_{\mathrm{d}}}:\left(\frac{\partial\tilde{\boldsymbol{\sigma}}_{\mathrm{b}}}{\partial\tilde{\boldsymbol{\sigma}}}:\mathrm{d}\tilde{\boldsymbol{\sigma}}+\frac{\partial\tilde{\boldsymbol{\sigma}}_{\mathrm{b}}}{\partial H_{\mathrm{s}}}:\mathrm{d}H_{\mathrm{s}}\right)+\frac{\partial\mathscr{f}_{\mathrm{s}}}{\partial\tilde{\boldsymbol{\sigma}}}:\mathrm{d}\tilde{\boldsymbol{\sigma}}+\frac{\partial\mathscr{f}_{\mathrm{s}}}{\partial H_{\mathrm{s}}}:\mathrm{d}H_{\mathrm{s}}+\frac{\partial\mathscr{f}_{\mathrm{s}}}{\partial T}:\mathrm{d}T\\&=\left(\boldsymbol{m}-\boldsymbol{m}:\frac{\partial\tilde{\boldsymbol{\sigma}}_{\mathrm{b}}}{\partial\tilde{\boldsymbol{\sigma}}}+\frac{\partial\mathscr{f}_{\mathrm{s}}}{\partial\tilde{\boldsymbol{\sigma}}}\right):\mathrm{d}\tilde{\boldsymbol{\sigma}}+\left(\frac{\partial\mathscr{f}_{\mathrm{s}}}{\partial H_{\mathrm{s}}}-\boldsymbol{m}:\frac{\partial\tilde{\boldsymbol{\sigma}}_{\mathrm{b}}}{\partial H_{\mathrm{s}}}\right):\mathrm{d}H_{\mathrm{s}}+\frac{\partial\mathscr{f}_{\mathrm{s}}}{\partial T}:\mathrm{d}T\end{aligned} \tag{9.37}$$

对比式（9.36）和式（9.37），可以得到

$$\frac{\partial f_s}{\partial \tilde{\boldsymbol{\sigma}}} = \boldsymbol{m} - \boldsymbol{m} : \frac{\partial \tilde{\boldsymbol{\sigma}}_b}{\partial \tilde{\boldsymbol{\sigma}}} + \frac{\partial \mathscr{f}_s}{\partial \tilde{\boldsymbol{\sigma}}}$$

$$\frac{\partial f_s}{\partial H_s} = \frac{\partial \mathscr{f}_s}{\partial H_s} - \boldsymbol{m} : \frac{\partial \tilde{\boldsymbol{\sigma}}_b}{\partial H_s}$$

式（9.36）中，令

$$\boldsymbol{\mu}_s = \frac{\partial \mathscr{f}_s}{\partial \tilde{\boldsymbol{\sigma}}} \tag{9.38}$$

由式（9.30）的第一式可知塑性应变 $\delta \boldsymbol{\varepsilon}^p = \boldsymbol{m}\langle L_s \rangle$，由于 $\boldsymbol{\mu}_s \neq \boldsymbol{m}$ 说明塑性体变增量与屈服面 f_s 不正交，即流动法则是非相关联的。

在式（9.37）中，背应力和屈服面 $\mathscr{f}_s$ 的发展与变化是由内部结构的微小变化引起的（保持其他的自由变量不变），因此根据式（9.31），背应力由于内部结构的微小变化而引起的增量方程可表示为

$$\begin{aligned} \frac{\partial \tilde{\boldsymbol{\sigma}}_b}{\partial H_s} : \mathrm{d}H_s &= \tilde{\boldsymbol{\sigma}}_b(\tilde{\boldsymbol{\sigma}}, H_s + \delta H_s) - \tilde{\boldsymbol{\sigma}}_b(\tilde{\boldsymbol{\sigma}}, H_s) \\ &= \chi_s \boldsymbol{\delta} \langle L_s \rangle + \chi_{sw} \boldsymbol{\delta} \mathrm{d}S_r + \chi_{sg} \boldsymbol{\delta} \mathrm{d}\varepsilon_g \end{aligned} \tag{9.39}$$

式中，$\chi_s, \chi_{sw}, \chi_{sg}$ 为线性化的系数。

类似地，屈服面 $\mathscr{f}_s$ 由内部结构的发展变化引起的增量方程为

$$\frac{\partial \mathscr{f}_s}{\partial H_s} : \mathrm{d}H_s = \chi'_s \langle L_s \rangle + \chi'_{sw} \mathrm{d}S_r + \chi'_{sg} \mathrm{d}\varepsilon_g \tag{9.40}$$

把式（9.39）和式（9.40）代入式（9.36）后得到

$$\mathrm{d}f_s = \boldsymbol{\mu}_s : \mathrm{d}\tilde{\boldsymbol{\sigma}} - K'_{ps} \langle L_s \rangle - K''_{ps} \mathrm{d}S_r - K'''_{ps} \mathrm{d}\varepsilon_g + K_{Ts} \mathrm{d}T = 0 \tag{9.41}$$

式中，$K'_{ps} = \boldsymbol{m} : (\chi_s \boldsymbol{\delta}) - \chi'_s$；$K''_{ps} = \boldsymbol{m} : \chi_{sw} \boldsymbol{\delta} - \chi'_{sw}$；$K'''_{ps} = \boldsymbol{m} : \chi_{sg} \boldsymbol{\delta} - \chi'_{sg}$；$K_{Ts} = \dfrac{\partial f_s}{\partial T}$。

把式（9.41）中的 L_s 解出，得到相应的表达式为

$$L_s = \frac{\boldsymbol{\mu}}{K'_{ps}} : \mathrm{d}\tilde{\boldsymbol{\sigma}} - \frac{K''_{ps}}{K'_{ps}} \mathrm{d}S_r - \frac{K'''_{ps}}{K'_{ps}} \mathrm{d}\varepsilon_g + \frac{K_{Ts}}{K'_{ps}} \mathrm{d}T \tag{9.42}$$

然后利用式（9.30）的第一式可以求出塑性应变增量为

$$\mathrm{d}\boldsymbol{\varepsilon}^p = \boldsymbol{m}\langle L_s \rangle = h(L_s) \left(\frac{\boldsymbol{m} \otimes \boldsymbol{\mu}}{K'_{ps}} : \mathrm{d}\tilde{\boldsymbol{\sigma}} - \boldsymbol{m} \frac{K''_{ps}}{K'_{ps}} \mathrm{d}S_r - \boldsymbol{m} \frac{K'''_{ps}}{K'_{ps}} \mathrm{d}\varepsilon_g + \frac{K_{Ts}}{K'_{ps}} \mathrm{d}T \right) \tag{9.43}$$

利用式（9.7）和式（9.43），可以得到总应变为

$$
\begin{aligned}
\mathrm{d}\boldsymbol{\varepsilon} = & \left[\boldsymbol{M}_{\mathrm{s}} + h(L_{\mathrm{s}})\frac{\boldsymbol{m}\otimes\boldsymbol{\mu}}{K'_{\mathrm{ps}}}\right]:\mathrm{d}\tilde{\boldsymbol{\sigma}} - h(L_{\mathrm{s}})\frac{K''_{\mathrm{ps}}}{K'_{\mathrm{ps}}}\boldsymbol{m}\mathrm{d}S_{\mathrm{r}} \\
& - h(L_{\mathrm{s}})\frac{K'''_{\mathrm{ps}}}{K'_{\mathrm{ps}}}\boldsymbol{m}\mathrm{d}\varepsilon_{\mathrm{g}} + \left(\boldsymbol{M}_{\mathrm{s}T} + \frac{K_{T\mathrm{s}}}{K'_{\mathrm{ps}}}\right)\mathrm{d}T
\end{aligned} \tag{9.44}
$$

令

$\Upsilon_{\mathrm{s}}(\boldsymbol{E},\boldsymbol{m},\boldsymbol{\mu},K'_{\mathrm{ps}}) = \left[\boldsymbol{M}_{\mathrm{s}} + h(L_{\mathrm{s}})\dfrac{\boldsymbol{m}\otimes\boldsymbol{\mu}}{K'_{\mathrm{ps}}}\right]$；　$\Upsilon_{\mathrm{sw}}(\boldsymbol{E},\boldsymbol{m},\boldsymbol{\mu},K'_{\mathrm{ps}},K''_{\mathrm{ps}}) = \dfrac{h(L_{\mathrm{s}})K''_{\mathrm{ps}}}{K'_{\mathrm{ps}}}$；

$\Upsilon_{\mathrm{sg}}(\boldsymbol{E},\boldsymbol{m},\boldsymbol{\mu},K'_{\mathrm{ps}},K'''_{\mathrm{ps}}) = \dfrac{K'''_{\mathrm{ps}}}{K'_{\mathrm{ps}}}$；　$\Upsilon_{\mathrm{s}T} = \boldsymbol{M}_{\mathrm{s}T} + \dfrac{K_{T\mathrm{s}}}{K'_{\mathrm{ps}}}$。

式（9.44）可以写成如下的形式：

$$
\mathrm{d}\boldsymbol{\varepsilon} = \Upsilon_{\mathrm{s}}:\mathrm{d}\tilde{\boldsymbol{\sigma}} + \Upsilon_{\mathrm{sw}}\mathrm{d}S_{\mathrm{r}} + \Upsilon_{\mathrm{sg}}\mathrm{d}\varepsilon_{\mathrm{g}} + \Upsilon_{\mathrm{s}T}\mathrm{d}T \tag{9.45}
$$

9.5.2　液相的本构方程

对真实应力空间屈服面式（9.35）的第二式，采用一致性条件有

$$
\mathrm{d}f_{\mathrm{w}} = \frac{\partial f_{\mathrm{w}}}{\partial\tilde{s}}\mathrm{d}\tilde{s} + \frac{\partial f_{\mathrm{w}}}{\partial H_{\mathrm{w}}}:\mathrm{d}H_{\mathrm{w}} + \frac{\partial f_{\mathrm{w}}}{\partial T}:\mathrm{d}T \tag{9.46}
$$

对耗散空间屈服面式（9.34）的第二式，采用一致性条件有

$$
\begin{aligned}
\mathrm{d}\mathscr{f}_{\mathrm{w}} &= \frac{\partial\mathscr{f}_{\mathrm{w}}}{\partial\tilde{s}_{\mathrm{d}}}\mathrm{d}\tilde{s}_{\mathrm{d}} + \frac{\partial\mathscr{f}_{\mathrm{w}}}{\partial\tilde{s}}\mathrm{d}\tilde{s} + \frac{\partial\mathscr{f}_{\mathrm{w}}}{\partial H_{\mathrm{w}}}:\mathrm{d}H_{\mathrm{w}} + \frac{\partial\mathscr{f}_{\mathrm{w}}}{\partial T}:\mathrm{d}T \\
&= \frac{\partial\mathscr{f}_{\mathrm{w}}}{\partial\tilde{s}_{\mathrm{d}}}\mathrm{d}\tilde{s} - \frac{\partial\mathscr{f}_{\mathrm{w}}}{\partial\tilde{s}_{\mathrm{d}}}d\tilde{s}_{\mathrm{b}} + \frac{\partial\mathscr{f}_{\mathrm{w}}}{\partial\tilde{s}}\mathrm{d}\tilde{s} + \frac{\partial\mathscr{f}_{\mathrm{w}}}{\partial H_{\mathrm{w}}}:\mathrm{d}H_{\mathrm{w}} + \frac{\partial\mathscr{f}_{\mathrm{w}}}{\partial T}:\mathrm{d}T \\
&= \frac{\partial\mathscr{f}_{\mathrm{w}}}{\partial\tilde{s}_{\mathrm{d}}}\mathrm{d}\tilde{s} - \frac{\partial\mathscr{f}_{\mathrm{w}}}{\partial\tilde{s}_{\mathrm{d}}}\left(\frac{\partial\tilde{s}_{\mathrm{b}}}{\partial\tilde{s}}\mathrm{d}\tilde{s} + \frac{\partial\tilde{s}_{\mathrm{b}}}{\partial H_{\mathrm{w}}}\mathrm{d}H_{\mathrm{w}}\right) + \frac{\partial\mathscr{f}_{\mathrm{w}}}{\partial\tilde{s}}\mathrm{d}\tilde{s} + \frac{\partial\mathscr{f}_{\mathrm{w}}}{\partial H_{\mathrm{w}}}:\mathrm{d}H_{\mathrm{w}} + \frac{\partial\mathscr{f}_{\mathrm{w}}}{\partial T}:\mathrm{d}T \\
&= \left[\mathrm{sgn}(\mathrm{d}S_{\mathrm{r}}^{\mathrm{p}})\left(1 + \frac{\partial\tilde{s}_{\mathrm{b}}}{\partial\tilde{s}}\right) + \frac{\partial\mathscr{f}_{\mathrm{w}}}{\partial\tilde{s}}\right]\mathrm{d}\tilde{s} + \left(\frac{\partial\mathscr{f}_{\mathrm{w}}}{\partial H_{\mathrm{w}}} - \mathrm{sgn}(\mathrm{d}S_{\mathrm{r}}^{\mathrm{p}})\frac{\partial\tilde{s}_{\mathrm{b}}}{\partial H_{\mathrm{w}}}\right):\mathrm{d}H_{\mathrm{w}} + \frac{\partial\mathscr{f}_{\mathrm{w}}}{\partial T}:\mathrm{d}T
\end{aligned} \tag{9.47}
$$

通过线性化，可以将由内部结构变化引起的增量的方程可以表示为

$$
\begin{aligned}
\frac{\partial\tilde{s}_{\mathrm{b}}}{\partial H_{\mathrm{w}}}:\mathrm{d}H_{w} &= \tilde{s}_{\mathrm{b}}(\tilde{s},H_{\mathrm{w}} + \delta H_{\mathrm{w}}) - \tilde{s}_{\mathrm{b}}(\tilde{s},H_{\mathrm{w}}) \\
&= \chi_{\mathrm{w}}\langle L_{\mathrm{w}}\rangle + \chi_{\mathrm{ws}}\boldsymbol{\delta}:\mathrm{d}\boldsymbol{\varepsilon} + \chi_{\mathrm{wg}}\mathrm{d}\varepsilon_{\mathrm{g}}
\end{aligned} \tag{9.48}
$$

$$\frac{\partial f_{\mathrm{w}}}{\partial H_{\mathrm{w}}}:\mathrm{d}H_{w}=f_{\mathrm{w}}(\tilde{s},H_{\mathrm{w}}+\delta H_{\mathrm{w}})-f_{\mathrm{w}}(\tilde{s},H_{\mathrm{w}})=\chi_{\mathrm{w}}'\left\langle L_{\mathrm{w}}\right\rangle+\chi_{\mathrm{ws}}'\boldsymbol{\delta}:\mathrm{d}\boldsymbol{\varepsilon}+\chi_{\mathrm{wg}}'\mathrm{d}\varepsilon_{\mathrm{g}} \tag{9.49}$$

令

$$\mu_{\mathrm{w}}=\mathrm{sgn}(\mathrm{d}S_{\mathrm{r}}^{\mathrm{p}})\left(1-\frac{\partial\tilde{s}_{\mathrm{b}}}{\partial\tilde{s}}\right)+\frac{\partial f_{\mathrm{w}}}{\partial\tilde{s}} \tag{9.50}$$

把式（9.50）、式（9.48）和式（9.49）代入式（9.46）有

$$\mathrm{d}f_{\mathrm{w}}=\mu_{\mathrm{w}}\mathrm{d}\tilde{s}+K_{\mathrm{pw}}'\left\langle L_{\mathrm{w}}\right\rangle+K_{\mathrm{pw}}'':\mathrm{d}\boldsymbol{\varepsilon}+K_{\mathrm{pw}}'''\mathrm{d}\varepsilon_{\mathrm{g}}+K_{T\mathrm{w}}\mathrm{d}T=0 \tag{9.51}$$

式中，

$$K_{\mathrm{pw}}'=\chi_{\mathrm{w}}'-\mathrm{sgn}(\mathrm{d}S_{\mathrm{r}}^{\mathrm{p}})\chi_{\mathrm{w}}$$

$$K_{\mathrm{pw}}''=[\chi_{\mathrm{ws}}'-\mathrm{sgn}(\mathrm{d}S_{\mathrm{r}}^{\mathrm{p}})\chi_{\mathrm{ws}}]\boldsymbol{\delta}$$

$$K_{\mathrm{pw}}'''=\chi_{\mathrm{wg}}'-\mathrm{sgn}(\mathrm{d}S_{\mathrm{r}}^{\mathrm{p}})\chi_{\mathrm{wg}}$$

利用式（9.51），可以求解出加载系数：

$$L_{\mathrm{w}}=\frac{\mu_{\mathrm{w}}}{K_{\mathrm{pw}}'}\mathrm{d}\tilde{s}+\frac{K_{\mathrm{pw}}''}{K_{\mathrm{pw}}'}:\mathrm{d}\boldsymbol{\varepsilon}+\frac{K_{\mathrm{pw}}'''}{K_{\mathrm{pw}}'}\mathrm{d}\varepsilon_{\mathrm{g}}+\frac{K_{T\mathrm{w}}}{K_{\mathrm{pw}}'}\mathrm{d}T \tag{9.52}$$

根据式（9.30）的第二式可以求出塑性应变增量为

$$\mathrm{d}S_{\mathrm{r}}^{\mathrm{p}}=\mathrm{sgn}(\mathrm{d}S_{\mathrm{r}}^{\mathrm{p}})h(L_{\mathrm{w}})\left(\frac{\mu_{\mathrm{w}}}{K_{\mathrm{pw}}'}\mathrm{d}\tilde{s}+\frac{K_{\mathrm{pw}}''}{K_{\mathrm{pw}}'}:\mathrm{d}\boldsymbol{\varepsilon}+\frac{K_{\mathrm{pw}}'''}{K_{\mathrm{pw}}'}\mathrm{d}\varepsilon_{\mathrm{g}}+\frac{K_{T\mathrm{w}}}{K_{\mathrm{pw}}'}\mathrm{d}T\right) \tag{9.53}$$

利用式（9.12）和式（9.53）可以得到

$$\begin{aligned}\mathrm{d}S_{\mathrm{r}}&=\mathrm{d}S_{\mathrm{r}}^{\mathrm{e}}+\mathrm{d}S_{\mathrm{r}}^{\mathrm{p}}\\&=\left(M_{\mathrm{w}}+\mathrm{sgn}(\mathrm{d}S_{\mathrm{r}}^{\mathrm{p}})h(L_{\mathrm{w}})\frac{\mu_{\mathrm{w}}}{K_{\mathrm{pw}}'}\right)\mathrm{d}\tilde{s}+\mathrm{sgn}(\mathrm{d}S_{\mathrm{r}}^{\mathrm{p}})h(L_{\mathrm{w}})\frac{K_{\mathrm{pw}}''}{K_{\mathrm{pw}}'}:\mathrm{d}\boldsymbol{\varepsilon}\\&\quad+\mathrm{sgn}(\mathrm{d}S_{\mathrm{r}}^{\mathrm{p}})h(L_{\mathrm{w}})\frac{K_{\mathrm{pw}}'''}{K_{\mathrm{pw}}'}\mathrm{d}\varepsilon_{\mathrm{g}}+\left(M_{\mathrm{w}T}+\mathrm{sgn}(\mathrm{d}S_{\mathrm{r}}^{\mathrm{p}})h(L_{\mathrm{w}})\frac{K_{T\mathrm{w}}}{K_{\mathrm{pw}}'}\right)\mathrm{d}T\end{aligned} \tag{9.54}$$

令

$$\varUpsilon_{\mathrm{w}}=M_{\mathrm{w}}+\mathrm{sgn}(\delta S_{\mathrm{r}}^{\mathrm{p}})h(L_{\mathrm{w}})\frac{\mu_{\mathrm{w}}}{K_{\mathrm{pw}}'};\quad \varUpsilon_{\mathrm{ws}}=\mathrm{sgn}(\delta S_{\mathrm{r}}^{\mathrm{p}})h(L_{\mathrm{w}})\frac{K_{\mathrm{pw}}''}{K_{\mathrm{pw}}'};$$

$$\varUpsilon_{\mathrm{wg}}=\mathrm{sgn}(\delta S_{\mathrm{r}}^{\mathrm{p}})h(L_{\mathrm{w}})\frac{K_{\mathrm{pw}}'''}{K_{\mathrm{pw}}'};\quad \varUpsilon_{\mathrm{w}T}=M_{\mathrm{w}T}+\mathrm{sgn}(\delta S_{\mathrm{r}}^{\mathrm{p}})h(L_{\mathrm{w}})\frac{K_{T\mathrm{w}}}{K_{\mathrm{pw}}'}$$

式（9.54）可以表示为

$$\mathrm{d}S_{\mathrm{r}} = \varUpsilon_{\mathrm{w}}\mathrm{d}\tilde{s} + \varUpsilon_{\mathrm{ws}} : \mathrm{d}\boldsymbol{\varepsilon} + \varUpsilon_{\mathrm{wg}}\mathrm{d}\varepsilon_{\mathrm{g}} + \varUpsilon_{\mathrm{w}T}\mathrm{d}T \tag{9.55}$$

9.5.3 气相的本构方程

目前大多模型在考虑气相的时候都采用理想气体方程，认为气相的变化是完全弹性的。实际上从功的表达式中可以发现气体压缩同样会引起变形功的变化，耗散方程也表明土体内部结构重排引起能量耗散包含气相耗散部分，因此把气相完全按照弹性来处理是不完善的。模型中应当要考虑气相耗散所带来的影响，建立气相的弹塑性本构关系。

对真实应力空间屈服面式（9.35）的第三式，采用一致性条件有

$$\mathrm{d}f_{\mathrm{g}} = \frac{\partial f_{\mathrm{g}}}{\partial p_{\mathrm{g}}}\mathrm{d}p_{\mathrm{g}} + \frac{\partial f_{\mathrm{g}}}{\partial H_{\mathrm{g}}} : \mathrm{d}H_{\mathrm{g}} + \frac{\partial f_{\mathrm{g}}}{\partial T} : \mathrm{d}T \tag{9.56}$$

对耗散空间屈服面式（9.34）的第三式，采用一致性条件有

$$\begin{aligned}
\mathrm{d}\mathscr{f}_{\mathrm{g}} &= \frac{\partial \mathscr{f}_{\mathrm{g}}}{\partial p_{\mathrm{d}}^{\mathrm{g}}}\mathrm{d}p_{\mathrm{d}}^{\mathrm{g}} + \frac{\partial \mathscr{f}_{\mathrm{g}}}{\partial p^{\mathrm{g}}}\mathrm{d}p^{\mathrm{g}} + \frac{\partial \mathscr{f}_{\mathrm{g}}}{\partial H_{\mathrm{g}}} : \mathrm{d}H_{\mathrm{g}} + \frac{\partial \mathscr{f}_{\mathrm{g}}}{\partial T} : \mathrm{d}T \\
&= \frac{\partial \mathscr{f}_{\mathrm{g}}}{\partial p_{\mathrm{d}}^{\mathrm{g}}}\mathrm{d}\tilde{s} - \frac{\partial \mathscr{f}_{\mathrm{g}}}{\partial p_{\mathrm{d}}^{\mathrm{g}}}\mathrm{d}p_{\mathrm{b}}^{\mathrm{g}} + \frac{\partial \mathscr{f}_{\mathrm{g}}}{\partial p^{\mathrm{g}}}\mathrm{d}p^{\mathrm{g}} + \frac{\partial \mathscr{f}_{\mathrm{g}}}{\partial H_{\mathrm{g}}} : \mathrm{d}H_{\mathrm{g}} + \frac{\partial \mathscr{f}_{\mathrm{g}}}{\partial T} : \mathrm{d}T \\
&= \frac{\partial \mathscr{f}_{\mathrm{g}}}{\partial p_{\mathrm{d}}^{\mathrm{g}}}\mathrm{d}\tilde{s} - \frac{\partial \mathscr{f}_{\mathrm{g}}}{\partial p_{\mathrm{d}}^{\mathrm{g}}}\left(\frac{\partial p_{\mathrm{b}}^{\mathrm{g}}}{\partial p^{\mathrm{g}}}\mathrm{d}p^{\mathrm{g}} + \frac{\partial p_{\mathrm{b}}^{\mathrm{g}}}{\partial H_{\mathrm{g}}}\mathrm{d}H_{\mathrm{g}}\right) + \frac{\partial \mathscr{f}_{\mathrm{g}}}{\partial p^{\mathrm{g}}}\mathrm{d}p^{\mathrm{g}} + \frac{\partial \mathscr{f}_{\mathrm{g}}}{\partial H_{\mathrm{g}}} : \mathrm{d}H_{\mathrm{g}} + \frac{\partial \mathscr{f}_{\mathrm{g}}}{\partial T} : \mathrm{d}T \\
&= \left[\mathrm{sgn}(\mathrm{d}\varepsilon_{\mathrm{g}}^{\mathrm{p}})\left(1 - \frac{\partial p_{\mathrm{b}}^{\mathrm{g}}}{\partial p^{\mathrm{g}}}\right) + \frac{\partial \mathscr{f}_{\mathrm{g}}}{\partial p^{\mathrm{g}}}\right]\mathrm{d}p^{\mathrm{g}} + \left(\frac{\partial \mathscr{f}_{\mathrm{g}}}{\partial H_{\mathrm{g}}} - \mathrm{sgn}(\mathrm{d}\varepsilon_{\mathrm{g}}^{\mathrm{p}})\frac{\partial p_{\mathrm{b}}^{\mathrm{g}}}{\partial H_{\mathrm{g}}}\right) : \mathrm{d}H_{\mathrm{g}} + \frac{\partial \mathscr{f}_{\mathrm{g}}}{\partial T} : \mathrm{d}T
\end{aligned} \tag{9.57}$$

由内部结构变化引起的增量的方程可以表示为

$$\frac{\partial p_{\mathrm{b}}^{\mathrm{g}}}{\partial H_{\mathrm{g}}} : \mathrm{d}H_{g} = p_{\mathrm{b}}^{\mathrm{g}}(p^{\mathrm{g}}, H_{\mathrm{g}} + \delta H_{\mathrm{g}}) - p_{\mathrm{b}}^{\mathrm{g}}(p^{\mathrm{g}}, H_{\mathrm{g}}) = \chi_{\mathrm{g}}\left\langle L_{\mathrm{g}}\right\rangle + \chi_{\mathrm{gs}}\boldsymbol{\delta} : \mathrm{d}\boldsymbol{\varepsilon} + \chi_{\mathrm{gw}}\mathrm{d}S_{\mathrm{r}} \tag{9.58}$$

$$\frac{\partial \mathscr{f}_{\mathrm{g}}}{\partial H_{\mathrm{g}}} : \mathrm{d}H_{g} = \mathscr{f}_{\mathrm{g}}(\tilde{s}, H_{\mathrm{g}} + \mathrm{d}H_{\mathrm{g}}) - \mathscr{f}_{\mathrm{g}}(s, H_{\mathrm{g}}) = \chi_{\mathrm{g}}'\left\langle L_{\mathrm{g}}\right\rangle + \chi_{\mathrm{gs}}'\boldsymbol{\delta} : \mathrm{d}\boldsymbol{\varepsilon} + \chi_{\mathrm{gw}}'\mathrm{d}S_{\mathrm{r}} \tag{9.59}$$

令

$$\mu_{\mathrm{g}} = \mathrm{sgn}(\mathrm{d}\varepsilon_{\mathrm{g}}^{\mathrm{p}})\left(1 - \frac{\partial p_{\mathrm{b}}^{\mathrm{g}}}{\partial p^{\mathrm{g}}}\right) + \frac{\partial \mathscr{f}_{\mathrm{g}}}{\partial p^{\mathrm{g}}} \tag{9.60}$$

把式（9.60）、式（9.58）和式（9.59）代入式（9.56）有

$$\mathrm{d}f_{\mathrm{g}} = \mu_{\mathrm{g}}\mathrm{d}\tilde{s} + K_{\mathrm{pg}}'\left\langle L_{\mathrm{g}}\right\rangle + K_{\mathrm{pg}}'' : \mathrm{d}\boldsymbol{\varepsilon} + K_{\mathrm{pg}}'''\mathrm{d}S_{\mathrm{r}} + K_{T\mathrm{g}}\mathrm{d}T_{\mathrm{r}} = 0 \tag{9.61}$$

式中，

$$K'_{\rm pg}=\chi'_{\rm g}-{\rm sgn}(\delta\varepsilon_{\rm g}^{\rm p})\chi_{\rm g},\quad K''_{\rm pg}=[\chi'_{\rm gs}-{\rm sgn}(\delta\varepsilon_{\rm g}^{\rm p})\chi_{\rm gs}]\delta,\quad K'''_{\rm pg}=\chi'_{\rm gw}-{\rm sgn}(\delta\varepsilon_{\rm g}^{\rm p})\chi_{\rm gw}$$

利用式（9.61），可以求解出加载系数：

$$L_{\rm g}=\frac{\mu_{\rm g}}{K'_{\rm pg}}{\rm d}p^{\rm g}+\frac{K''_{\rm pg}}{K'_{\rm pg}}:{\rm d}\boldsymbol{\varepsilon}+\frac{K'''_{\rm pg}}{K'_{\rm pg}}{\rm d}S_{\rm r}+\frac{K_{T{\rm g}}}{K'_{\rm pg}}{\rm d}T \tag{9.62}$$

根据式（9.30）的第三式可以求出塑性应变增量为

$${\rm d}\varepsilon_{\rm g}^{\rm p}={\rm sgn}({\rm d}\varepsilon_{\rm g}^{\rm p})h(L_{\rm g})\left(\frac{\mu_{\rm g}}{K'_{\rm pg}}{\rm d}\tilde{s}-\frac{K''_{\rm pg}}{K'_{\rm pg}}:{\rm d}\boldsymbol{\varepsilon}-\frac{K'''_{\rm pg}}{K'_{\rm pg}}{\rm d}\varepsilon_{\rm g}+\frac{K_{T{\rm g}}}{K'_{\rm pg}}{\rm d}T\right) \tag{9.63}$$

利用式（9.16）和式（9.63）可以得到

$$\begin{aligned}{\rm d}\varepsilon_{\rm g}=&\left(M_{\rm g}+{\rm sgn}({\rm d}\varepsilon_{\rm g}^{\rm p})h(L_{\rm g})\frac{\mu_{\rm g}}{K'_{\rm pg}}\right){\rm d}p^{\rm g}+{\rm sgn}({\rm d}\varepsilon_{\rm g}^{\rm p})h(L_{\rm g})\frac{K''_{\rm pg}}{K'_{\rm pg}}:{\rm d}\boldsymbol{\varepsilon}\\&+{\rm sgn}({\rm d}\varepsilon_{\rm g}^{\rm p})h(L_{\rm g})\frac{K'''_{\rm pg}}{K'_{\rm pg}}{\rm d}S_{\rm r}+\left(M_{{\rm g}T}+{\rm sgn}({\rm d}\varepsilon_{\rm g}^{\rm p})h(L_{\rm g})\frac{K_{T{\rm g}}}{K'_{\rm pg}}\right){\rm d}T\end{aligned} \tag{9.64}$$

令

$$\Upsilon_{\rm g}=M_{\rm g}+{\rm sgn}({\rm d}\varepsilon_{\rm g}^{\rm p})h(L_{\rm g})\frac{\mu_{\rm g}}{K'_{\rm pg}}；\quad \Upsilon_{\rm gs}={\rm sgn}({\rm d}\varepsilon_{\rm g}^{\rm p})h(L_{\rm g})\frac{K''_{\rm pg}}{K'_{\rm pg}}；$$

$$\Upsilon_{\rm gw}={\rm sgn}({\rm d}\varepsilon_{\rm g}^{\rm p})h(L_{\rm g})\frac{K'''_{\rm pg}}{K'_{\rm pg}}；\quad \Upsilon_{{\rm g}T}=M_{{\rm g}T}+{\rm sgn}({\rm d}\varepsilon_{\rm g}^{\rm p})h(L_{\rm g})\frac{K_{T{\rm g}}}{K'_{\rm pg}}。$$

式（9.64）可以表示为

$${\rm d}\varepsilon_{\rm g}=\Upsilon_{\rm g}{\rm d}p^{\rm g}+\Upsilon_{\rm gs}:{\rm d}\varepsilon+\Upsilon_{\rm gw}{\rm d}S_{\rm r}+\Upsilon_{{\rm g}T}{\rm d}T \tag{9.65}$$

9.6　非饱和土增量本构方程

利用多孔介质理论，经过一系列推导，可以得到非饱和土的增量本构方程，即式（9.45）、式（9.55）和式（9.65），将它们汇总后可以表示为

$$\begin{Bmatrix}{\rm d}\boldsymbol{\varepsilon}\\{\rm d}S_{\rm r}\\{\rm d}\varepsilon_{\rm g}\end{Bmatrix}=\begin{bmatrix}\Upsilon_{\rm s}&\Upsilon_{\rm sw}&\Upsilon_{\rm sg}&\Upsilon_{{\rm s}T}\\\Upsilon_{\rm ws}&\Upsilon_{\rm w}&\Upsilon_{\rm wg}&\Upsilon_{{\rm w}T}\\\Upsilon_{\rm gs}&\Upsilon_{\rm gw}&\Upsilon_{\rm g}&\Upsilon_{{\rm g}T}\end{bmatrix}\begin{Bmatrix}{\rm d}\tilde{\boldsymbol{\sigma}}\\{\rm d}\tilde{s}\\{\rm d}p^{\rm g}\\{\rm d}T\end{Bmatrix} \tag{9.66}$$

从本构方程（9.66）中可以看到，非饱和土中固液气三相是相互影响耦合在一起的。这个模型虽然很复杂，但是它能很好地反映非饱和土的实际情况，尤其是它可以反映气体的耗散和塑性变形对非饱和土的影响，这是目前其他很多模型都办不到的。

此外模型还考虑了温度的影响，可以反映温度与变形的耦合效应。如果忽略温度效应，假设材料变形过程中，温度保持不变，此时本构方程（9.66）简化为

$$\begin{Bmatrix} \mathrm{d}\boldsymbol{\varepsilon} \\ \mathrm{d}S_{\mathrm{r}} \\ \mathrm{d}\varepsilon_{\mathrm{g}} \end{Bmatrix} = \begin{bmatrix} \Upsilon_{\mathrm{s}} & \Upsilon_{\mathrm{sw}} & \Upsilon_{\mathrm{sg}} \\ \Upsilon_{\mathrm{ws}} & \Upsilon_{\mathrm{w}} & \Upsilon_{\mathrm{wg}} \\ \Upsilon_{\mathrm{gs}} & \Upsilon_{\mathrm{gw}} & \Upsilon_{\mathrm{g}} \end{bmatrix} \begin{Bmatrix} \mathrm{d}\tilde{\boldsymbol{\sigma}} \\ \mathrm{d}\tilde{s} \\ \mathrm{d}p^{\mathrm{g}} \end{Bmatrix} \tag{9.67}$$

采用类似的方法，利用非饱和土多相的热力学系统中能量-功-耗散之间的关系，可以建立适用于具有多尺度孔隙结构特征的非饱和土的本构模型理论框架（李舰，2014）。双孔隙结构指的就是结构内部存在宏观和微观两种孔隙结构，宏观孔隙是指集聚体间的孔隙，微观孔隙是指集聚体内的孔隙。许多土，如膨胀土、原状黏土、较低含水量的压实黏土等均具有明显的双孔隙结构，这类土体在外荷载作用下其微观结构和宏观结构具有不同的力学特性，宏观孔隙易被压缩。另外在浸润-干燥循环条件下，集聚体本身具有湿胀、干缩的特性，变形可恢复，而宏观结构的变形与土体密实程度、外荷载大小及基质吸力变化范围等相关，大部分变形不可恢复。也就是说在不同应力路径下，双孔隙结构土体的微观和宏观结构都具有不同的变化特性，导致其行为特性更加复杂，其本构模型也比一般非膨胀非饱和土更加复杂。基于热力学方法来建立双孔隙结构土体的本构理论框架，可以更好地考虑土中各相间的相互作用，尤其是微观结构的变化对土体宏观结构的影响。

9.7　本 章 小 结

近一、二十年来，利用多相孔隙介质理论对土的工程性质进行研究已经出现，但多处于建立基本控制方程和一般性理论的探讨阶段。最近几年，开始出现了基于多相孔隙介质理论建立土的具体本构方程。这主要归功于内变量理论的引入，使得利用热动力学理论建立土的具体本构方程成为可能。本章利用连续孔隙介质土力学的理论基础建立非饱和土本构关系的理论框架。连续孔隙介质土力学结合了多相孔隙介质理论、热动力学和内变量理论，为土力学的研究和发展提供了又一新的研究思路，并为土力学奠定了统一和一致的理论基础。在建立非饱和土本构关系的理论框架中，其关键是要给出两个热力学势函数即自由能势函数和耗散势函数。假设能量耗散是由于土的内部结构重新组构或变化引起的，并引入内变量用于反映内部结构的变化，给出了自由能表达式。然后将自由能分解成三部分，并分别对非饱和土中三相进行了分析，得到了非饱和土各相的本构方程。从其本构方程中可以看到，在非饱和土中，固、液、气三相是相互影响并耦合在一起的。

从多相孔隙介质理论基本的物理规律出发，针对问题的具体情况进行数学演绎，可以构建出非饱和土本构理论框架。在该理论框架下所建立的本构方程都可以按一定的规则提出，所考虑的多相介质的物理性质，物理规律的限制、分析、演绎中的具体

假定和简化都有清楚的表述，所以这种本构方程具有系统性，对各种因素的考虑也具有一致性，可以避免得出不协调的结论。把非饱和土作为一种三相多孔介质，运用体积分数的概念，结合实际情况做出假设，使模型尽量简化，利用这种方法建立非饱和土的本构模型将会是一个很有前途的研究方向。

当然用孔隙介质力学理论作为土力学的严格、统一和完备的理论基础还有很多工作要做，例如如何用多相孔隙介质理论对现有的土力学成果（在一定的假设和前提条件下）给予解释和说明。另外，如何用这一理论作为指导，研究和探索土力学中的一些新的、更复杂的现象，例如对非饱和土和冻土行为的分析和研究。实际上已有的研究成果表明，从多相孔隙介质理论出发，在一些假定下就可以推导出 Biot 动力或静力方程；同样也可以推导出各种渗流和扩散方程。另外，它还可以作为岩土材料多场耦合现象描述的理论基础。多相孔隙介质理论为土力学的研究和发展提供了又一新的研究方法和思路。这种研究方法很可能成为今后土力学研究的一个重要方面。

第 10 章　非饱和土本构模型

土力学的发展与多场耦合过程的研究密切相关，分析多场耦合问题需要建立多场耦合条件下土体的数学模型，一般由控制方程、边界条件和初始条件构成。在控制方程中最关键的就是本构方程，它反映了材料的特征属性，真正的土力学必须建立在符合土本身特性的本构模型基础上。所以非饱和土力学发展的核心问题之一就是本构关系问题。

非饱和土是一种典型的弹塑性材料。在不考虑时间效应时，土的本构关系主要是研究土的弹塑性变形关系。非饱和土作为一种三相多孔介质材料，比饱和土复杂得多，为了考虑不同因素的影响，可以建立不同的本构模型，如线性和非线性弹性本构模型、弹塑性模型、结构性模型、多种因素耦合模型等。本章主要介绍非饱和土的本构模型建模的一般方法，给出水力-力学耦合弹塑性模型，利用类似的方法，在此基础上可以发展更多复杂的本构模型，如高饱和度模型、热-水-力耦合模型。

10.1　非饱和土本构模型发展

非饱和土有效应力原理是建立非饱和土本构模型的前提，7.2 节已对有效应力进行了分析。单应力变量的有效应力原理简单、易于接受和掌握，可以用来建立非饱和土本构模型。例如，Khalili（2004）认为单应力变量的有效应力原理可以描述非饱和土的强度和变形，并给出了一些说明与证据。但是正如前文所述，单应力变量自身的缺陷使得其建立的模型也具有局限性，所以目前大部分做法都是采用两个应力状态变量来建立模型，接下来主要对这类模型进行简单的介绍。

10.1.1　基于净应力和基质吸力建立的弹塑性模型

Roscoe 等建立了饱和土的临界状态弹塑性模型以后，如何把它拓广到非饱和土中，一直困扰着土力学的研究者。Alonso 等（1990）最早提出了非饱和土弹塑性模型，称为 BBM（barcelona basic model）模型。在该模型的影响下，20 世纪 90 年代以后非饱和土弹塑性本构模型的研究已经成为土力学的热点之一。

BBM 模型是基于净应力和基质吸力建立的弹塑性模型的典型代表，其优点是：①提供一个一致的理论框架从总体上认识和理解非饱和土的不同性质和特性；②有助于确定非饱和土的基本参数以及控制非饱和土行为的参考状态；③为进一步发展描述更加复杂现象的本构模型提供理论基础；④为用于工程实际问题的数值分析方法提供理论模型和本构方程。

BBM 模型最重要的贡献在于它提出了加载湿化（loading collapse）屈服曲线（简称 LC 屈服线）的概念并给出了其数学表达式，可反映非饱和土的屈服应力随吸力的变化情况。通过引入 LC 屈服线，模型可预测非饱和土的最重要的变形特性——湿化变形。在含水量单调变化的条件下，基于 LC 曲线建立的本构模型可以很好地描述非饱和土的变形及强度特性。LC 屈服面的成功应用使得它成为当前非饱和土模型的一个重要部分并被广大的研究者所认可。但已有的研究表明 LC 屈服线也存在一些缺点：①无法有效地用来描述土体在饱和与非饱和状态转换时的力学特性；②不能考虑饱和度及其变化的影响；③没有考虑前期饱和度或含水量变化历史的影响；④模型中没有考虑土水特征关系的循环滞回特性，即毛细循环滞回特性；⑤没有考虑饱和度循环变化和土的变形及强度变化之间的耦合效应。因此，很多学者都对 BBM 模型进行了修正和改进（Sheng et al., 2008; 周建, 2006）。

针对 BBM 模型的修正并没有从根本上改变 BBM 模型的缺点，这是因为仅采用双应力状态变量而不考虑其他因素的影响导致模型本身的缺陷。基于双应力变量建立的弹塑性模型，虽然可以考虑吸力对土体的影响，但却无法反映饱和度的作用。吸力的存在既会改变土体的有效应力发生，还会改变土体的结构和屈服应力。且吸力的这两种作用受饱和度的影响很大，即使吸力相同，非饱和土也会因饱和度的不同而使土颗粒之间毛细连接的数目和强度发生较大的变化，从而导致非饱和土的强度、刚度甚至渗透性也随之产生较大的变化。因此，要克服 BBM 模型的缺点，建立水力-力学耦合的弹塑性模型，就必须要考虑饱和度的影响。

10.1.2　基于 Bishop 应力和基质吸力建立的弹塑性模型

非饱和土在受到外力的作用时，会同时产生力学方面（如变形和强度）和水力方面（如饱和度）的变化。一方面饱和度循环变化及其变化的历史会改变非饱和土的变形及强度特性。即使饱和度或含水率相同，但由于干湿变化路径不同也会导致土的力学性质和渗流性质不同。因为加湿或干燥会使孔隙水具有不同分布形态，而孔隙水分布形态对非饱和土的宏观力学行为会产生重要影响。另一方面土骨架变形也会反过来影响非饱和土的土水特征行为，例如，在控制吸力不变的加载实验中，当土体出现塑性体变，尽管此时吸力没有变化，饱和度也会有明显的增加，这种现象用一般的 SWCC 是无法描述的。所以非饱和土的力学行为既与应力历史有关，还与加湿-脱湿路径有关，这一点使得非饱和土模拟与饱和土模拟存在明显不同。一般分别用弹塑性模型和 SWCC 描述非饱和土的力学性质和毛细特性，非饱和土的这两种性质被分别考虑、不相关联。因而不能考虑变形引起毛细特性的变化，也不能考虑饱和度的变化对非饱和土力学性质的影响。针对这种状况，如何用弹塑性力学的方法建立可以同时预测非饱和土的水力性状和力学性状的耦合数学模型成为研究的热点。

为了考虑饱和度及其变化历史对非饱和土力学性质的影响，首先要选择适当的变量来考虑饱和度的作用，目前使用最多的是采用 Bishop 有效应力和吸力作为应力状态变量。当然也有其他做法，如 Gallipoli 等（2003）提出了毛细作用的概念，并将其表示为饱和度和吸力的函数。Zhou 等（2012a; 2012b）用饱和度替换吸力，在应力与饱和度空间中建立了耦合本构模型。其次为了考虑饱和度循环变化的历史对力学特性影响，通常把塑性饱和度或塑性含水量作为硬化参数，利用硬化方程来反映。Wheeler 等（2003）正是采用以上两种方法提出了一个简单的耦合模型，该模型应该是最早一个可以反映水力和力学相互影响的模型，在他之前虽然也有考虑水力力学耦合的模型，如 Vaunat 模型（Vaunat et al., 2000b），但 Vaunat 模型中并未考虑饱和度的影响。Wheeler 等（2003）的模型提供了一个简单的方法将水力与力学行为耦合起来，固液两相的相互影响通过屈服面之间的耦合来建立，但该模型只适用于等向固结状态，过于简单不能模拟实际情况；在平均净应力-吸力的平面上该模型投射出一条垂直的 LC 曲线，这也与实验观测不相符合。Sheng 等（2004）采用了与 Wheeler 模型相同的变量建立模型，区别在于其模型对吸力的两个屈服面采用了非相关联流动法则，因而可以预测塑性的体积膨胀。还有不少学者针对其硬化函数进行了修正（Buscarnera et al., 2009; Tamagnini, 2004）。这种将饱和度引入硬化方程中以考虑干湿循环变化的历史对力学特性影响的做法，得到了广泛的认可，已被广泛应用于水力-力学耦合的本构模型当中。

为了考虑固相变形对毛细特性的影响，需要研究变形对 SWCC 的影响。SWCC 定义了土中基质吸力与含水量之间的关系。变形会改变土中的孔隙结构，这将影响到 SWCC 的位置和形状。对于确定的土样并且温度变化不大时，SWCC 受矿物成分和温度的影响可以不考虑，此时孔隙结构和密实程度的影响起主要作用。在孔隙结构变化不太大的土体变形过程中，可以用孔隙比变化表示孔隙结构和密实程度的变化。而应力历史和应力路径对 SWCC 的影响，可通过最终的耦合弹塑性模型来反映。目前 SWCC 的模型有很多，最简单的做法是将其简化成双线性形式，假设在扫描线上只有弹性变形，边界线上发生弹塑性变形，并且将扫描线与边界线均表示为孔隙比的函数（Sun et al., 2007b），有很多模型也将孔隙比替换为比体积或体应变。双线性形式的 SWCC 虽然可以简单地应用于非饱和土本构模型中，但是与实际情况相比有较大的误差，因此可以用经验的 SWCC 方程来替代其边界面，如用 Genuchten（1980）方程作为边界面方程，可以较好地拟合实验数据。此外也可采用边界面模型来建立 SWCC 方程，或域模型来建立液相方程，所得结果也能很好地反映实际情况。

同时考虑以上两方面的影响，才能建立非饱和土的水力-力学耦合的本构模型，近些年已发展了很多考虑非饱和土的这两方面性质的耦合模型。此类模型大多采用了 Bishop 形式有效应力和吸力作为应力状态变量，因此可以在饱和与非饱和状态之间连续和光滑的变换。以水力-力学耦合为基础，可以进一步发展出考虑更多复杂因素的模型，如考虑温度变化的模型（蔡国庆等, 2011b; 姚仰平等, 2011）、考虑化学影响的模型（刘泽佳和李锡夔, 2008; 周雷和张洪武, 2009）、双孔隙结构模型（李舰, 2014）等。

10.1.3　热力学和多孔介质理论在本构建模中的应用

近些年来，越来越多的学者开始利用热力学原理来建立一般材料和岩土材料的本构模型。Ziegler 和 Wehrli（1987）最早提出了利用热力学理论建立材料本构方程的方法，其关键是确定材料的能量势函数和耗散势函数。Collins 和 Houlsby（1997）把这种方法进行推广并用于饱和土，对剑桥模型进行了推导。Houlsby（1997）基于热动力学理论推导了非饱和土的功和能量平衡方程的表达式。Wheeler 等（2003）、Sheng 等（2004）通过功的表达式来选择应力状态变量，建立水力-力学耦合的本构模型。Li（2007a; 2007b）给出了热力学方法建模的理论框架，并最终建立了非饱和土弹塑性本构模型。秦理曼等（2005; 2007）基于能量耗散原理研究土体各向同性模型和各向异性模型，建立了砂土的本构模型。郭晓霞（2009）讨论了土体能量势函数和耗散函数的构造方法以及土的能量耗散特性，用热力学方法对多种土体模型进行了研究。Hu 等（2015）也采用热力学方法建立了水力-力学耦合的本构模型。近年来赵成刚团队在此方面做了大量工作，通过热力学方法建立了非饱和土模型的理论框架，给出了非饱和土临界状态的必要条件，并针对不同类型的土建立了相应的本构方程，包括非饱和黏土、非饱和砂土和膨胀土等，并开始考虑多场耦合效应的影响，如应力场、温度场、化学场等。

非饱和土作为一种三相多孔介质，内部结构极为复杂，用传统方法很难对其进行精确的描述。此外，由于非饱和土并不是孤立地存在于自然界中，它会在各种环境条件改变时，发生复杂的耦合效应，如应力场、渗流场、温度场、化学场以及电磁场等不同场的耦合过程。在上述各场的耦合作用过程中，土骨架将发生变形，土中流体将发生流动，热量在土骨架和流体中会发生热传导和热对流，某些情况下土体内还会发生化学以及电磁作用等。并且上述作用和变化过程并不是相互独立的，而是相互作用、相互影响着的。为了描述非饱和土的这种多场耦合行为，多相孔隙介质理论开始应用到土力学中，为分析非饱和土的复杂行为提供了理论基础。

为适应实际多场耦合工程问题的需要，一些具体的多场耦合模型得到发展，代表性的有：两场耦合如水力-力学耦合模型、水力-化学耦合模型以及热-水力耦合模型；多场耦合如水力-化学-力学耦合模型、热-水力-化学-力学耦合模型、热-水力-力学-传质耦合模型以及水力-电化学-力学多场耦合输运模型等。上述模型大都是在宏观、经验性的基础上建立的，尽管各能量守恒方程中都相应地增加了其他场的耦合作用项以及各场之间的界面效应项，但所采用的本构方程一般很少考虑多场耦合的作用；模型中通常假定渗流过程服从经典达西定律，质量扩散过程服从经典菲克定律，热传导过程服从经典傅里叶定律；这些定律都是基于线性假定而建立的，难以考虑非线性。对于输运过程材料发生变形的情况，通常采用 Terzaghi 固结理论或者 Biot 固结理论与输运过程相耦合而进行简化处理，很少做到真正的多场耦合。

通过宏观唯象方法建立的多场耦合理论难以解决复杂的非饱和土多场耦合问题，而基于热力学的多孔介质理论则为发展非饱和土多场耦合理论提供了可行的思路。多孔介质理论可以统一地描述多相孔隙介质中复杂的相互作用以及它在外力和环境作用下的响应，为非饱和土多场耦合理论的建立奠定了基础。

10.2　水力-力学耦合弹塑性模型

水力-力学耦合是土力学的基本问题，土中渗流场与应力场之间会相互作用、相互影响。一方面外力作用下土体的变形会引起孔隙通道的改变，使流体渗流路径发生变化，影响渗透性；另一方面流体的流动也会引起土体结构的改变，在土中产生了渗透作用力，改变土体内的应力场分布。Terzaghi 最早研究了饱和多孔介质中流体流动和固体变形之间的耦合现象，提出饱和土体的有效应力原理，并建立了饱和土体一维固结理论，标志着土力学这一学科的诞生。Biot（1941）从连续介质力学的基本方程出发，根据弹性理论建立了较为完善的可以反映孔压消散与骨架变形相互关系的三维固结理论。Fredlund 于 1979 年提出了非饱和土一维固结理论，并在 1993 年给出了包含五个变量的非饱和土三维固结方程。

固结理论的发展为研究土的水力耦合问题提供了基本思路，基于流体质量守恒和动量守恒、达西定律和土体本构模型，推导可得渗流和变形的耦合控制方程，本构模型对控制方程起关键作用。为了得到一般条件下的模型框架，可在多相孔隙介质理论的基础上，利用热力学方法，借助自由能和耗散函数来构建流固耦合的基本模型框架。在所得框架基础上建立非饱和土的水力耦合本构模型，基本的做法是选择合适的应力变量，将剑桥模型扩展至可以考虑吸力的影响，引入加载湿陷屈服面构成三维屈服面；通过合理的硬化机制，来反映饱和度等其他因素对土体的影响；利用土水特征曲线反映饱和度与吸力之间的关系，并考虑变形对土水特征曲线的影响。

10.2.1　本构模型建立

1. 弹性增量关系

非饱和土中固相和液相都可能发生不可恢复的变形，两者的变形机制并不相同。对于固相，土骨架在外力作用下发生弹性变形，随着外力增大土颗粒可能发生滑移，使得土骨架发生不可恢复的塑性变形。而液相的弹塑性变形主要是由于孔隙中水的体积变化造成的。就某个孔隙而言，干燥时吸力增加，孔隙中水气交界面的曲率会逐渐减小，由此引起的孔隙内饱和度的变化是可恢复的。但是当吸力继续增加超过某一临界值时，交界面曲率已无法再继续减小，因而无法提供足够大的张力来抵抗这一吸力，气体就会冲破水膜而进入到孔隙中，由此使得该孔隙的水气交界面发生移动，并无法再恢复到先前的位置，导致孔隙水或饱和度发生不可恢复的变化；反之湿化过程也类似，当吸力减小并低于某一临界值时水冲破水膜而进入到原先充满气体的孔隙中，也会导致孔隙内的孔隙水和饱和度发生不可恢复的变化（Wheeler et al., 2003）。这种不可恢复的孔隙水和饱和度的变化就定义为孔隙水和饱和度的塑性变化。因此，在建立弹塑性模型时可以把固-液-气三部分对应的变形均分解成弹塑性两部分，即

$$d\boldsymbol{\varepsilon} = d\boldsymbol{\varepsilon}^{e} + d\boldsymbol{\varepsilon}^{p}, \quad dS_{r} = dS_{r}^{e} + dS_{r}^{p} \tag{10.1}$$

其中上标 e 代表弹性部分，p 代表塑性部分。

若不考虑弹塑性耦合，认为弹性模量与塑性应变没有关系，则固相弹性关系采用与剑桥模型相同的形式，即可以表示为

$$\left.\begin{aligned} d\varepsilon_{v}^{e} &= \frac{\kappa}{v\tilde{p}} d\tilde{p} = \frac{1}{K} d\tilde{p} \\ d\varepsilon_{s}^{e} &= \frac{2\kappa(1+\upsilon)}{9v\tilde{p}(1-2\upsilon)} dq = \frac{1}{3G} dq \end{aligned}\right\} \tag{10.2}$$

式中，$\tilde{p},q$ 为三轴应力条件下固相的应力变量（$\tilde{p}=(\tilde{\sigma}_{a}+2\tilde{\sigma}_{r})/3$，$q=\tilde{\sigma}_{a}-\tilde{\sigma}_{r}$，其中 $\tilde{\sigma}_{a},\tilde{\sigma}_{r}$ 分别为竖向和横向非饱和土有效应力）；$d\varepsilon_{v}^{e},d\varepsilon_{s}^{e}$ 为与 $\tilde{p},q$ 相对应的体应变和剪应变；K，G 分别为弹性的体积模量和剪切模量，v 为比体积，κ 为弹性常数，υ 为泊松比。

类似地，对于液相的弹性关系可以表示为

$$dS_{r}^{e} = -\frac{1}{K_{w}^{e}} \frac{d\tilde{s}}{\tilde{s}} \tag{10.3}$$

式中 K_{w}^{e} 为液相的弹性模量，它的形式与所选择的 SWCC 模型有关系。如对双线性形式的 SWCC，$K_{w}^{e}=1/\kappa_{w}$，κ_{w} 是扫描线斜率。

2. *屈服面方程*

由弹性状态过渡到塑性状态的分界面就是屈服面，屈服面方程对于土体的塑性行为非常关键。简单的模型中只需要考虑应力变化而引起的屈服，如剑桥模型。但对于水力-力学耦合模型，液相本身有塑性变形，同时其变化也会使土体出现屈服，此时需要给出与液相相关的屈服面。

固相屈服面方程可按 7.3.5 节方法给出，利用耗散函数的具体表达式，可以得到耗散空间中屈服方程（7.95），表示为

$$g_{s}(\tilde{\pi},\tau) = \frac{B^{2}}{A^{2}}\tilde{\pi}^{2} + \tau^{2} - B^{2} = 0 \tag{10.4}$$

利用背应力得到真实应力空间中的屈服方程（7.99）为

$$f_{s}(\tilde{p},q,\tilde{p}_{c}) = \frac{B^{2}}{A^{2}}(\tilde{p}-\gamma\tilde{p}_{c}/2)^{2} + q^{2} - B^{2} = 0 \tag{10.5}$$

对于黏土材料，$\gamma=1$，此时屈服面方程可以表示为

$$f_s(\tilde{p},q,\tilde{p}_c)=M^2R^2(\tilde{p}-\tilde{p}_c/2)^2+q^2-M^2R^2(\tilde{p}_c/2)^2=0 \tag{10.6}$$

式中，$R=2(1-\alpha)\tilde{p}/\tilde{p}_c+\alpha$；$\tilde{p}_c$是屈服应力；$\alpha$是材料参数，当$\alpha=1$时该方程退化为修正剑桥模型。

液相方程可以用 SWCC 进行描述，采用图 10.1 所示的线性 SWCC 模型，其中主干燥线和主浸润线的斜率为λ_w，扫描线的斜率为κ_w。假设在扫描线上只有弹性饱和度的变化，在主干燥线和主浸润线即边界线上才会产生塑性饱和度的变化。液相屈服方程可以表示为

$$f_w=\tilde{s}-\tilde{s}_y \quad (y=I,D) \tag{10.7}$$

式中，$\tilde{s}_y$为液相屈服应力，当 $y=I$ 时表示吸力增加产生的屈服；当 $y=D$ 时表示吸力降低产生的屈服。

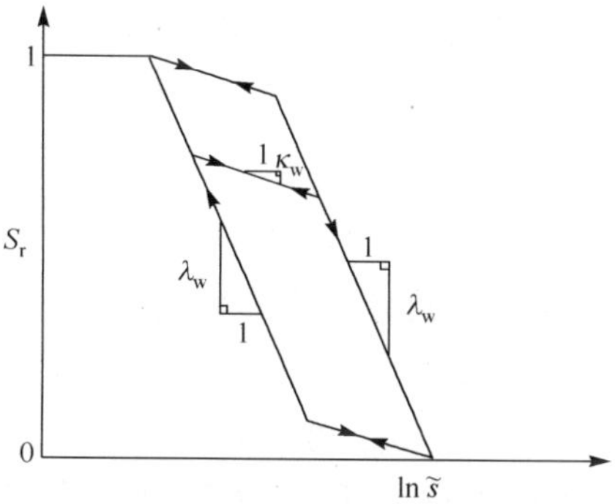

图 10.1　土水特征曲线示意图

液相的饱和度的弹性变化由式（10.3）给出，吸力变化引起的饱和度塑性变化可以表示为

$$\mathrm{d}S_r^p=-\frac{1}{K_w^p}\frac{\mathrm{d}\tilde{s}_y}{\tilde{s}_y} \tag{10.8}$$

式中，$K_w^p=1/(\lambda_w-\kappa_w)$为液相的塑性模量，$\lambda_w$是边界线斜率。

以上给出了固液和液相各自的屈服面，而水力-力学耦合最关键的是固液两相之间会相互影响，这种影响可以用 LC 屈服面来反映。LC 屈服面描述了屈服应力与吸力的关系，最早由 Alonso 等（1990）给出，目前有很多不同的形式，此处采用如下形式：

$$\tilde{p}_{cm}(s)=\begin{cases}\tilde{p}_0, & \tilde{s}<s_{se}\\ \tilde{p}_0\left\{1+k_m\left[\left(\dfrac{\tilde{s}}{s_{se}}\right)^{\theta}-1\right]\right\}, & \tilde{s}>s_{se}\end{cases} \tag{10.9}$$

式中，$\tilde{p}_0$为饱和土的先期固结压力；k_m,θ为材料参数。在进气值之前屈服应力等于饱和屈服应力，进气值之后屈服应力随着吸力增加而增加，见图 10.2。

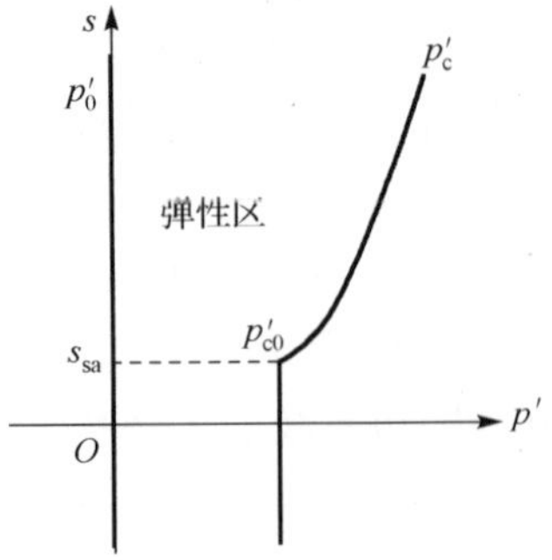

图 10.2　LC 屈服面示意图

3. 硬化方程

硬化规律主要反映屈服面的变化规律，根据 7.3.6 节，非饱和土的硬化方程可按式（7.109）计算。此处仅考虑水力-力学耦合，忽略温度、浓度等其他因素的影响，因此有

$$\tilde{p}_{c}(X,s)=\tilde{p}_{cX}(X)p_{cm}(s) \tag{10.10}$$

式中，$p_{cm}(s)$ 表示吸力的屈服应力的影响，按 LC 屈服面式（10.9）计算，此处需要确定的硬化方程是与硬化参数 X 相关的 $\tilde{p}_{cX}(X)$。

由于模型中非饱和土的固-液两相之间相互影响，所以固相屈服应力不仅仅与其塑性变形有关系，而且受到液相影响。LC 屈服面反映了吸力对固相屈服应力的影响，但它无法考虑干湿循环出现的滞回效应。土体的行为依赖于交界面的位置，而交界面的分布情况是由饱和度而不是吸力反映的，塑性饱和度更能直接反映孔隙中流体的变化情况，它对弯液面的影响比吸力更加重要。所以应当选择塑性饱和度作为硬化参数考虑液相硬化的作用。为了反映这些因素，除了选择塑性体应变 ε_{v}^{p} 作为硬化参数之外，还选择能够反映液相饱和度变化历史的塑性饱和度 S_{r}^{p} 作为硬化参数。参考剑桥模型硬化方程（7.106），一般可采用指数形式，假定硬化方程表示为

$$\tilde{p}_{cX}(\varepsilon_{v}^{p},S_{r}^{p})=p_{0}\exp(K_{s}^{p}\varepsilon_{v}^{p})\cdot\exp[k_{sw}K_{w}^{p}(1-S_{r}^{p})] \tag{10.11}$$

式中，$K_{s}^{p}=v/(\lambda-\kappa)$ 是固相的塑性模量，λ 为饱和土正常固结曲线的斜率；k_{sw} 为耦合系数，反映了液相发生屈服时固相屈服面移动的幅度。

增量形式可以表示为两相的叠加：

$$\frac{d\tilde{p}_{cX}}{\tilde{p}_{c}}=K_{s}^{p}d\varepsilon_{v}^{p}-k_{sw}K_{w}^{p}dS_{r}^{p} \tag{10.12}$$

液相的硬化规律，必须考虑固体变形对 SWCC 的影响。液相的硬化方程采用如下形式：

$$\frac{\mathrm{d}\tilde{s}_y}{\tilde{s}_y}=-K_{\mathrm{w}}^{\mathrm{p}}\mathrm{d}S_{\mathrm{r}}^{\mathrm{p}}+k_{\mathrm{ws}}K_{\mathrm{s}}^{\mathrm{p}}\mathrm{d}\varepsilon_{\mathrm{v}}^{\mathrm{p}} \tag{10.13}$$

综上所述，式（10.12）和式（10.13）即为本模型的硬化定律。这些方程中共有两个耦合系数，即 k_{sw} 和 k_{ws}。耦合系数 k_{sw} 反映了液相发生屈服时固相屈服面移动的幅度，k_{ws} 反映了固相屈服时液相屈服面发生移动的幅度，它们控制着应力空间中两屈服面的交点位置，通常假定为常数，可以通过实验或经验确定。

4. 塑性应变增量

用流动法则可以确定塑性应变增量的大小。由于非饱和土三相之间存在相互影响，某一相发生屈服，不仅会引起自身的塑性变形，还可能使其他两相也发生塑性变形。因此塑性应变增量可以表示为

$$\begin{cases}\mathrm{d}\varepsilon_{\mathrm{v}}^{\mathrm{p}}=\Lambda_{\mathrm{s}}\dfrac{\partial g_{\mathrm{s}}}{\partial\tilde{p}_{\mathrm{d}}}+\Lambda_{\mathrm{w}}\dfrac{\partial g_{\mathrm{w}}}{\partial\tilde{p}}\\ \mathrm{d}\varepsilon_{\mathrm{s}}^{\mathrm{p}}=\Lambda_{\mathrm{s}}\dfrac{\partial g_{\mathrm{s}}}{\partial q}+\Lambda_{\mathrm{w}}\dfrac{\partial g_{\mathrm{w}}}{\partial q}\\ -\mathrm{d}S_{\mathrm{r}}^{\mathrm{p}}=\Lambda_{\mathrm{s}}\dfrac{\partial g_{\mathrm{s}}}{\partial\tilde{s}}+\Lambda_{\mathrm{w}}\dfrac{\partial g_{\mathrm{w}}}{\partial\tilde{s}}\end{cases} \tag{10.14}$$

式中，$g_{\mathrm{s}},g_{\mathrm{w}}$ 分别为固液两相的塑性势函数。

由于硬化方程（10.12）和方程（10.13）中已经考虑了耦合效应，某一相发生屈服，引起其他两相屈服面发生移动，从而影响其他两相的塑性变形。因此为了简化，不需要在流动法则中再考虑这种影响，式（10.14）中塑性应变增量可以简化计算（Wheeler et al., 2003）：

$$\mathrm{d}\varepsilon_{\mathrm{v}}^{\mathrm{p}}=\Lambda_{\mathrm{s}}\frac{\partial g_{\mathrm{s}}}{\partial\tilde{p}_{\mathrm{d}}},\quad \mathrm{d}\varepsilon_{\mathrm{s}}^{\mathrm{p}}=\Lambda_{\mathrm{s}}\frac{\partial g_{\mathrm{s}}}{\partial q},\quad -\mathrm{d}S_{\mathrm{r}}^{\mathrm{p}}=\Lambda_{\mathrm{w}}\frac{\partial g_{\mathrm{w}}}{\partial\tilde{s}} \tag{10.15}$$

可以发现固相屈服面方程采用了非相关联流动法则，塑性势函数 g_{s} 可由式（10.4）给出。对于液相和气相，假设采用相关联的流动法则，即

$$g_{\mathrm{w}}=f_{\mathrm{w}} \tag{10.16}$$

根据三相的屈服面方程（10.6）和方程（10.7），一致性条件如下：

$$\begin{cases}\mathrm{d}f_{\mathrm{s}}=\dfrac{\partial f_{\mathrm{s}}}{\partial\tilde{p}}\mathrm{d}\tilde{p}+\dfrac{\partial f_{\mathrm{s}}}{\partial q}\mathrm{d}q+\dfrac{\partial f_{\mathrm{s}}}{\partial\tilde{p}_{\mathrm{c}}}\mathrm{d}\tilde{p}_{\mathrm{c}}=0\\ \mathrm{d}f_{\mathrm{w}}=\dfrac{\partial f_{\mathrm{w}}}{\partial\tilde{s}}\mathrm{d}\tilde{s}+\dfrac{\partial f_{\mathrm{w}}}{\partial\tilde{s}_y}\mathrm{d}\tilde{s}_y=0\end{cases} \tag{10.17}$$

将硬化方程（10.12）、方程（10.13）和流动法则（10.15）分别代入式（10.17）中，有

$$\begin{cases}\dfrac{\partial f_{\mathrm{s}}}{\partial \tilde{p}}\mathrm{d}\tilde{p}+\dfrac{\partial f_{\mathrm{s}}}{\partial q}\mathrm{d}q+\dfrac{\partial f_{\mathrm{s}}}{\partial p_{\mathrm{c}}}\left(\dfrac{\partial p_{\mathrm{c}}}{\partial \varepsilon_{\mathrm{v}}^{\mathrm{p}}}\dfrac{\partial g_{\mathrm{s}}}{\partial \tilde{p}_{\mathrm{d}}}\Lambda_{\mathrm{s}}-\dfrac{\partial p_{\mathrm{c}}}{\partial S_{\mathrm{r}}^{\mathrm{p}}}\dfrac{\partial g_{\mathrm{w}}}{\partial \tilde{s}}\Lambda_{\mathrm{w}}\right)=0\\[2ex] \dfrac{\partial f_{\mathrm{w}}}{\partial \tilde{s}}\mathrm{d}\tilde{s}+\dfrac{\partial f_{\mathrm{w}}}{\partial \tilde{s}_y}\left(\dfrac{\partial \tilde{s}_y}{\partial \varepsilon_{\mathrm{v}}^{\mathrm{p}}}\dfrac{\partial g_{\mathrm{s}}}{\partial \tilde{p}_{\mathrm{d}}}\Lambda_{\mathrm{s}}-\dfrac{\partial \tilde{s}_y}{\partial S_{\mathrm{r}}^{\mathrm{p}}}\dfrac{\partial g_{\mathrm{w}}}{\partial \tilde{s}}\Lambda_{\mathrm{w}}\right)=0\end{cases}\tag{10.18}$$

解方程（10.18）可以得到 $\Lambda_{\mathrm{s}},\Lambda_{\mathrm{w}}$ 分别为

$$\begin{cases}\Lambda_{\mathrm{s}}=\dfrac{1}{\Pi K_{\mathrm{s}}^{\mathrm{p}}}\left(\dfrac{\partial f_{\mathrm{s}}}{\partial \tilde{p}}\mathrm{d}\tilde{p}+\dfrac{\partial f_{\mathrm{s}}}{\partial q}\mathrm{d}q+\dfrac{\partial f_{\mathrm{s}}}{\partial p_{\mathrm{c}}}\dfrac{k_{\mathrm{sw}}\tilde{p}_{\mathrm{c}}}{\tilde{s}_y}\mathrm{d}\tilde{s}\right)\\[2ex] \Lambda_{\mathrm{w}}=-\dfrac{1}{\Pi K_{\mathrm{w}}^{\mathrm{p}}}\left[k_{\mathrm{ws}}\dfrac{\partial g_{\mathrm{s}}}{\partial \tilde{p}_{\mathrm{d}}}\left(\dfrac{\partial f_{\mathrm{s}}}{\partial \tilde{p}}\mathrm{d}\tilde{p}+\dfrac{\partial f_{\mathrm{s}}}{\partial q}\mathrm{d}q\right)+\dfrac{\partial g_{\mathrm{s}}}{\partial \tilde{p}_{\mathrm{d}}}\dfrac{\partial f_{\mathrm{s}}}{\partial p_{\mathrm{c}}}\dfrac{\tilde{p}_{\mathrm{c}}}{\tilde{s}_y}\mathrm{d}\tilde{s}\right]\end{cases}\tag{10.19}$$

式中，$\Pi=-\dfrac{\partial f_{\mathrm{s}}}{\partial p_{\mathrm{c}}}\dfrac{\partial g_{\mathrm{s}}}{\partial \tilde{p}_{\mathrm{d}}}p_{\mathrm{c}}k$，且 $k=(1-k_{\mathrm{sw}}k_{\mathrm{sw}})$。求出 $\Lambda_{\mathrm{s}},\Lambda_{\mathrm{w}}$，然后再利用式（10.15）就可以计算出固液气三相的塑性应变增量大小。

5. *增量本构方程*

非饱和土应变增量可以表示为

$$\begin{cases}\mathrm{d}\varepsilon_{\mathrm{v}}=\mathrm{d}\varepsilon_{\mathrm{v}}^{\mathrm{e}}+\mathrm{d}\varepsilon_{\mathrm{v}}^{\mathrm{p}}\\ \mathrm{d}\varepsilon_{\mathrm{s}}=\mathrm{d}\varepsilon_{\mathrm{s}}^{\mathrm{e}}+\mathrm{d}\varepsilon_{\mathrm{s}}^{\mathrm{p}}\\ \mathrm{d}S_{\mathrm{r}}=\mathrm{d}S_{\mathrm{r}}^{\mathrm{e}}+\mathrm{d}S_{\mathrm{r}}^{\mathrm{p}}\end{cases}\tag{10.20}$$

将弹性关系式（10.2）、式（10.3），以及塑性增量关系式（10.15）代入式（10.20），即可求出总的应变增量，得到所需的本构方程。

将所得到的本构关系汇总如下：

$$\begin{Bmatrix}\mathrm{d}\varepsilon_{\mathrm{v}}\\ \mathrm{d}\varepsilon_{\mathrm{s}}\\ \mathrm{d}S_{\mathrm{r}}\end{Bmatrix}=\begin{bmatrix}\dfrac{1}{K}+\dfrac{1}{\Pi K_{\mathrm{s}}^{\mathrm{p}}}\dfrac{\partial g}{\partial \tilde{p}_{\mathrm{d}}}\dfrac{\partial f}{\partial \tilde{p}} & \dfrac{1}{\Pi K_{\mathrm{s}}^{\mathrm{p}}}\dfrac{\partial g}{\partial \tilde{p}_{\mathrm{d}}}\dfrac{\partial f}{\partial q} & -\dfrac{k_{\mathrm{sw}}}{kK_{\mathrm{s}}^{\mathrm{p}}\tilde{s}_y}\\[2ex] \dfrac{1}{\Pi K_{\mathrm{s}}^{\mathrm{p}}}\dfrac{\partial g}{\partial q}\dfrac{\partial f_{\mathrm{s}}}{\partial \tilde{p}} & \dfrac{1}{3G}+\dfrac{1}{\Pi K_{\mathrm{s}}^{\mathrm{p}}}\dfrac{\partial g}{\partial q}\dfrac{\partial f}{\partial q} & -\dfrac{k_{\mathrm{sw}}}{kK_{\mathrm{s}}^{\mathrm{p}}\tilde{s}_y}\dfrac{\partial g_{\mathrm{s}}/\partial q}{\partial g_{\mathrm{s}}/\partial \tilde{p}_{\mathrm{d}}}\\[2ex] \dfrac{k_{\mathrm{ws}}}{\Pi K_{\mathrm{w}}^{\mathrm{p}}}\dfrac{\partial g_{\mathrm{s}}}{\partial \tilde{p}_{\mathrm{d}}}\dfrac{\partial f_{\mathrm{s}}}{\partial \tilde{p}} & \dfrac{k_{\mathrm{ws}}}{\Pi K_{\mathrm{w}}^{\mathrm{p}}}\dfrac{\partial g_{\mathrm{s}}}{\partial \tilde{p}_{\mathrm{d}}}\dfrac{\partial f_{\mathrm{s}}}{\partial q} & -\dfrac{1}{K_{\mathrm{w}}^{\mathrm{e}}\tilde{s}}-\dfrac{1}{kK_{\mathrm{w}}^{\mathrm{p}}\tilde{s}_y}\end{bmatrix}\begin{Bmatrix}\mathrm{d}\tilde{p}\\ \mathrm{d}q\\ \mathrm{d}\tilde{s}\end{Bmatrix}\tag{10.21}$$

方程（10.21）中的应变增量为 $\mathrm{d}\varepsilon_{\mathrm{v}},\mathrm{d}\varepsilon_{\mathrm{s}},\mathrm{d}S_{\mathrm{r}}$，应力增量为 $\mathrm{d}\tilde{p},\mathrm{d}q,\mathrm{d}\tilde{s}$。由于在实际应用的过程中，一般已知的是外界的总应力、水压和气压，因此还需要将其中的应力变量利用如下关系进行转换，根据有效应力和修正吸力的定义可以得到：

$$\mathrm{d}\tilde{p}=\mathrm{d}\overline{p}+S_{\mathrm{r}}\mathrm{d}s+s\mathrm{d}S_{\mathrm{r}}\tag{10.22}$$

$$\mathrm{d}\tilde{s}=n\mathrm{d}s+s(n-1)\mathrm{d}\varepsilon_{\mathrm{v}} \tag{10.23}$$

将式（10.22）和式（10.23）代入到式（10.21）中，经过整理后，方程中应力增量变为 $\mathrm{d}\bar{p},\mathrm{d}q,\mathrm{d}s$，应变变量就变成了应力增量 $\mathrm{d}\bar{p},\mathrm{d}q,\mathrm{d}s$ 的函数。这些量在三轴试验中是可以直接控制或确定的，利用式（10.21）就可以根据条件求得所需的应力或应变增量。

利用弹性关系（10.2）和式（10.3）、屈服面方程（10.6）和方程（10.7）、硬化方程（10.12）和方程（10.13）、流动法则（10.15），可推导得到本构方程（10.21）。模型中共有 11 个参数，包括传统的饱和模型参数（$\lambda,\kappa,M,\upsilon,\alpha$），LC 屈服面参数（$k_{\mathrm{m}},\theta$），耦合系数（$k_{\mathrm{sw}},k_{\mathrm{ws}}$），流体的弹塑性参数（$\lambda_{\mathrm{w}},\kappa_{\mathrm{w}}$）。利用饱和土的三轴试验可以确定饱和土的相关参数，根据非饱和土的等向固结试验可以确定 LC 屈服参数和耦合系数。利用干湿循化试验可以确定流体的弹塑性参数。确定耦合系数则需要用到各种不同的应力路径的非饱和土三轴试验，可以参考相关文献（Raveendiraraj, 2009）。

10.2.2　土水特征曲线的改进

以上建模过程，SWCC 采用了简化形式，为了更好地描述液相的行为，可以利用边界面塑性理论来建立液相方程。根据 7.4.3 节，扫描线塑性模量与边界线塑性模量之间的关系如下：

$$K_{\mathrm{w}}^{\mathrm{p}}=\widehat{K}_{\mathrm{w}}^{\mathrm{p}}+\theta\frac{\delta}{r} \tag{10.24}$$

式中，$K_{\mathrm{w}}^{\mathrm{p}}$ 是扫描线的塑性模量；$\widehat{K}_{\mathrm{w}}^{\mathrm{p}}$ 是边界面的塑性模量；θ 为材料参数；r 是两边界线之间的吸力差（即图 7-9 中 $O\overline{S}$ 段）。

只要已知边界面方程，求出边界面的塑性模量后，利用式（10.24）可以求出扫描线的塑性模量。然后根据式（10.8）即可得到液相的塑性增量关系。研究表明，孔隙比对 SWCC 有很大的影响，可以将边界面曲线表示为塑性体变的函数，因此类似于式（10.13），边界面的硬化方程可以表示为

$$\frac{\mathrm{d}\widehat{s}}{\widehat{s}}=-\widehat{K}_{\mathrm{w}}^{\mathrm{p}}\mathrm{d}S_{\mathrm{r}}^{\mathrm{p}}+\widehat{k}_{\mathrm{ws}}K_{\mathrm{s}}^{\mathrm{p}}\mathrm{d}\varepsilon_{\mathrm{v}}^{\mathrm{p}} \tag{10.25}$$

式中，$\widehat{s}$ 是边界面上的吸力，扫描线的硬化法则可以表示为

$$\frac{\mathrm{d}\tilde{s}}{\tilde{s}}=-K_{\mathrm{w}}^{\mathrm{p}}\mathrm{d}S_{\mathrm{r}}^{\mathrm{p}}+\widehat{k}_{\mathrm{ws}}K_{\mathrm{s}}^{\mathrm{p}}\mathrm{d}\varepsilon_{\mathrm{v}}^{\mathrm{p}} \tag{10.26}$$

用式（10.26）替换式（10.13）作为液相的硬化方程，即可将边界面模型引入到非饱和土本构方程中。

在实际应用过程中，采用塑性边界面理论的关键是要给出边界面的表达式，可以根据经验选择合适的 SWCC 边界面方程。Pham 等（2005）对 SWCC 模型进行了总结，可以采用如下方程：

$$S_{\mathrm{r}}=\frac{S_{\mathrm{u}}+c(\tilde{s}/b)^{\lambda_{\mathrm{w}}}}{1+(\tilde{s}/b)^{\lambda_{\mathrm{w}}}} \tag{10.27}$$

式中，S_{u}是零吸力时的饱和度，通常由于气体的存在它并不等于 1；b,c,λ_{w} 均为材料参数。对于干燥边界和湿化边界，S_{u},c 一般可以取相同的值，但参数b,λ_{w}的取值通常不同。参数 b 实际上是与进气值有关的，进气值会随着孔隙比的增加而降低，故可将进气值表示为体应变的函数，假设将参数 b 表示为塑性体应变的函数，即$b=b_1+b_0\varepsilon_{\mathrm{v}}^{\mathrm{p}}$，由于干燥和湿化时 b 的取值不相同，因此材料参数b_0,π在干燥和湿化时也将取不同的值。

首先可以利用边界面方程确定扫描线塑性模量，对式（10.27）求偏微分，有

$$\mathrm{d}S_{\mathrm{r}}=(c-S_{\mathrm{r}})\frac{(s/b)^{\lambda_{\mathrm{w}}}\lambda_{\mathrm{w}}}{1+(s/b)^{\lambda_{\mathrm{w}}}}\left(\frac{\mathrm{d}\tilde{s}}{\tilde{s}}-\frac{\mathrm{d}b}{b}\right)=-\lambda_{\mathrm{w}}(S_{\mathrm{r}}-c)\frac{(S_{\mathrm{u}}-S_{\mathrm{r}})}{(S_{\mathrm{u}}-c)}\left(\frac{\mathrm{d}\tilde{s}}{\tilde{s}}-\frac{b_0}{b}\mathrm{d}\varepsilon_{\mathrm{v}}^{\mathrm{p}}\right)\tag{10.28}$$

假设弹性常数为κ_{w}，则弹性关系可以表示为

$$\mathrm{d}S_{\mathrm{r}}^{\mathrm{e}}=-\frac{\kappa_{\mathrm{w}}}{S_x}\frac{\mathrm{d}\tilde{s}}{\tilde{s}}\tag{10.29}$$

式中，

$$S_x=\frac{S_{\mathrm{u}}-c}{(S_{\mathrm{r}}-c)(S_{\mathrm{u}}-S_{\mathrm{r}})}\tag{10.30}$$

假设扫描线的弹性增量与边界面相同，所以式（10.3）中的弹性模量变为

$$K_{\mathrm{w}}^{\mathrm{e}}=\frac{S_x}{\kappa_{\mathrm{w}}}\tag{10.31}$$

利用式（10.28）减去式（10.29），边界线上的塑性关系可以表示为

$$\mathrm{d}S_{\mathrm{r}}^{\mathrm{p}}=-\frac{(\lambda_{\mathrm{w}}-\kappa_{\mathrm{w}})}{S_x}\frac{\mathrm{d}\tilde{s}}{\tilde{s}}+\frac{\lambda_{\mathrm{w}}}{S_x}\frac{b_0}{b}\mathrm{d}\varepsilon_{\mathrm{v}}^{\mathrm{p}}\tag{10.32}$$

根据边界面方程，可以确定固相对液相影响系数，对式（10.32）进行变换有

$$\frac{\mathrm{d}\tilde{s}}{\tilde{s}}=-\frac{S_x}{(\lambda_{\mathrm{w}}-\kappa_{\mathrm{w}})}\mathrm{d}S_{\mathrm{r}}^{\mathrm{p}}+\frac{\lambda_{\mathrm{w}}}{(\lambda_{\mathrm{w}}-\kappa_{\mathrm{w}})}\frac{b_0}{b}\mathrm{d}\varepsilon_{\mathrm{v}}^{\mathrm{p}}\tag{10.33}$$

对比式（10.25）和式（10.33），可知边界面的塑性模量$\widehat{K}_{\mathrm{w}}^{\mathrm{p}}$和耦合系数$\widehat{k}_{\mathrm{ws}}$分别为

$$\widehat{K}_{\mathrm{w}}^{\mathrm{p}}=\frac{S_x}{(\lambda_{\mathrm{w}}-\kappa_{\mathrm{w}})}\tag{10.34}$$

$$\widehat{k}_{\mathrm{ws}}=\frac{1}{K_{\mathrm{s}}^{\mathrm{p}}}\frac{\lambda_{\mathrm{w}}}{(\lambda_{\mathrm{w}}-\kappa_{\mathrm{w}})}\frac{b_0}{b}=\frac{\lambda_{\mathrm{w}}(\lambda-\kappa)}{v(\lambda_{\mathrm{w}}-\kappa_{\mathrm{w}})}\frac{b_0}{b}\tag{10.35}$$

有了边界面的塑性模量$\widehat{K}_{\mathrm{w}}^{\mathrm{p}}$，利用式（10.24）即可求出扫描线的塑性模量$K_{\mathrm{w}}^{\mathrm{p}}$，此时耦合系数$\widehat{k}_{\mathrm{ws}}$不是一个简单常数，需根据 SWCC 来确定。

至此硬化方程（10.26）就可以完全确定了。选择不同的 SWCC 边界方程，均可

按照该方法计算，区别在于 S_x 的形式会有所不同，如采用 Brooks 和 Corey（1964）的方程，则有 $S_x = 1/(S_r - S_r^{irr})$（其中 S_r^{irr} 为残余饱和度）。当 $S_x = 1, \lambda = 0$ 时，液相方程可以退化为图 10.2 的简化土水特征曲线形式。

10.2.3　数值求解

非饱和土的有限元分析中，通常需利用已知的应变和吸力增量来计算每个高斯点的应力增量，因此需要对非饱和土本构关系进行数值积分，使其可以用于求解边值问题。本构积分算法不仅影响着应力计算的精度，同时其精度和收敛性将直接影响到整体非线性数值分析的性态，本构方程的积分算法一般可分为隐式积分和显式积分两类。

显式算法利用增量步起始点的应力来计算屈服面和塑性势梯度，从而本构矩阵可以直接给出，然后求解本构方程，得到当前步的应力增量。由此计算出的应力通常不太精确，应力点会偏离屈服面。因此，显式算法需要将增量步划分为更小的子步，并采用适当的误差控制技术以确保误差在允许范围内。Sloan（2001），Sheng 等（2003a; 2003b），Sanchez 等（2008），Sołowski 和 Gallipoli（2010a; 2010b）等均采用了显式算法对非饱和土进行分析。

隐式算法需要利用当前步未知的应力来计算屈服面和塑性势梯度，其本构矩阵也是未知的，需要进行数值迭代来求解本构方程。Sheng（2011）指出，隐式算法最大的问题在于它不能很好地处理从饱和到非饱和状态过渡时屈服面出现的非凸性问题。为了解决这一问题，Borja（2004）指出在隐式计算中，必须保证步长足够小来避免计算出的弹性试应力穿过屈服面的非凸点。Vaunat 等（2000a），Zhang 等（2001），Borja（2004），Hoyos 和 Arduino（2008），Zhang 和 Zhou（2008），Tamagnini 等（2011）采用了隐式算法来对非饱和土进行分析。

Gonzalez 和 Gens（2010），Sołowski 等（2012）根据以上两种不同算法对非饱和土进行了分析与对比。显式积分算法的代码相对更易编写，而隐式算法收敛速度能更快。总体上，在小应变条件下，两种算法有较好的收敛性，并能获得较好的精度。本节将采用隐式算法对水力-力学耦合方程进行求解。

1. 本构方程的简化

前文给出的本构方程虽然可以考虑多种因素的影响，但这也为数值计算实施增加了困难，因此本章将对本构方程进行适当简化，然后用于数值计算。硬化方程中的耦合部分，用总的饱和度变形来替换不可恢复饱和度，即

$$\frac{d\tilde{p}_c}{\tilde{p}_c} = K_s^p d\varepsilon_v^p - k'_{sw} dS_r \tag{10.36}$$

SWCC 仍然采用简单的双线性形式，同样用总的体变替换塑性体变，整理后可以得到

$$dS_r = -\omega \frac{ds}{s} + k'_{ws} d\varepsilon_v \tag{10.37}$$

式中，ω 为 SWCC 的斜率，扫描线上 $\omega = \kappa_w$，边界线上 $\omega = \lambda_w$。注意式（10.36）和式（10.37）中，耦合系数 k'_{sw} 和 k'_{ws} 与 k_{sw}、k_{ws} 有所不同。

流动法则在耗散应力空间中相关联，真实应力空间中非关联：

$$\left.\begin{aligned} d\varepsilon_v^p &= \delta\phi \frac{\partial g_s}{\partial \tilde{p}_d} = 2\delta\phi M^2 \Pi^2 \tilde{p}_d = \delta\phi M^2 \Pi^2 (2\tilde{p} - p_c) \\ d\varepsilon_s^p &= \delta\phi \frac{\partial g_s}{\partial q} = 2\delta\phi q \end{aligned}\right\} \tag{10.38}$$

将硬化方程和流动法则代入到一致性条件中可以求出 $\delta\phi$：

$$df = \frac{\partial f}{\partial \tilde{p}} d\tilde{p} + \frac{\partial f}{\partial q} dq + \frac{\partial f}{\partial p_c} dp_c = 0$$

$$\delta\phi = \frac{\left(\dfrac{\partial f}{\partial \tilde{\boldsymbol{\sigma}}}\right)^{\mathrm{T}} \boldsymbol{D}^e d\boldsymbol{\varepsilon} + \dfrac{\partial f}{\partial p_c}\dfrac{\partial p_c}{\partial S_r}\dfrac{\partial S_r}{\partial \varepsilon_v} d\varepsilon_v + \dfrac{\partial f}{\partial p_c}\dfrac{\partial p_c}{\partial S_r}\dfrac{\partial S_r}{\partial s} ds}{\left(\dfrac{\partial f}{\partial \tilde{\boldsymbol{\sigma}}}\right)^{\mathrm{T}} \boldsymbol{D}^e \dfrac{\partial g}{\partial \tilde{\boldsymbol{\sigma}}_d} - \dfrac{\partial f}{\partial p_c}\dfrac{\partial p_c}{\partial \varepsilon_v^p}\dfrac{\partial g}{\partial \tilde{p}_d}} \tag{10.39}$$

增量本构关系可以表示为

$$d\boldsymbol{\sigma} = \boldsymbol{D}^{ep} : d\boldsymbol{\varepsilon} + \boldsymbol{W}^{ep} ds \tag{10.40}$$

式（10.40）中的弹塑性矩阵可以表示为

$$\boldsymbol{D}^{ep} = \boldsymbol{D}^e - \frac{\boldsymbol{D}^e \dfrac{\partial g}{\partial \tilde{\boldsymbol{\sigma}}_d} \otimes \left(\dfrac{\partial f}{\partial \tilde{\boldsymbol{\sigma}}}\right)^{\mathrm{T}} \boldsymbol{D}^e + \dfrac{\partial f}{\partial p_c}\dfrac{\partial p_c}{\partial S_r}\dfrac{\partial S_r}{\partial \varepsilon_v} \boldsymbol{D}^e \dfrac{\partial g}{\partial \tilde{\boldsymbol{\sigma}}_d} \otimes \boldsymbol{\delta}}{\left(\dfrac{\partial f}{\partial \tilde{\boldsymbol{\sigma}}}\right)^{\mathrm{T}} \boldsymbol{D}^e \dfrac{\partial g}{\partial \tilde{\boldsymbol{\sigma}}_d} - \dfrac{\partial f}{\partial p_c}\dfrac{\partial p_c}{\partial \varepsilon_v^p}\dfrac{\partial g}{\partial \tilde{p}_d}}$$

$$\boldsymbol{W}^{ep} = -\frac{\boldsymbol{D}^e \dfrac{\partial g}{\partial \tilde{\boldsymbol{\sigma}}_d}\dfrac{\partial f}{\partial p_c}\dfrac{\partial p_c}{\partial S_r}\dfrac{\partial S_r}{\partial s}}{\left(\dfrac{\partial f}{\partial \tilde{\boldsymbol{\sigma}}}\right)^{\mathrm{T}} \boldsymbol{D}^e \dfrac{\partial g}{\partial \tilde{\boldsymbol{\sigma}}_d} - \dfrac{\partial f}{\partial p_c}\dfrac{\partial p_c}{\partial \varepsilon_v^p}\dfrac{\partial g}{\partial \tilde{p}_d}}$$

2. 本构积分算法

对于一个非线性问题，在采用 Newton-Raphson 迭代计算时，需要对应力进行更新：

$$\tilde{\boldsymbol{\sigma}}_{n+1}^k = \tilde{\boldsymbol{\sigma}}_n^k + \Delta\tilde{\boldsymbol{\sigma}}_n^k \tag{10.41}$$

利用增量应力应变关系，应力积分可以表示为

$$\tilde{\boldsymbol{\sigma}}_{n+1}^{k}=\tilde{\boldsymbol{\sigma}}_{n}+\int_{0}^{\Delta\varepsilon_{n}^{k}}\boldsymbol{D}^{\mathrm{ep}}\mathrm{d}\boldsymbol{\varepsilon}++\int_{0}^{\Delta s_{n}^{k}}\boldsymbol{W}^{\mathrm{ep}}\mathrm{d}s \tag{10.42}$$

可以采用隐式算法对式(10.42)进行积分，每一次迭代 k，应力增量可以按式(10.43)计算：

$$\Delta\boldsymbol{\sigma}_{n+1}^{k}=[(1-\theta)\boldsymbol{D}_{n}^{*}+\theta\boldsymbol{D}_{n+1}^{*k}]:\Delta\boldsymbol{\varepsilon}_{n+1}^{k}+[(1-\theta)\boldsymbol{W}_{n}^{*}+\theta\boldsymbol{W}_{n+1}^{*k}]\Delta s_{n+1}^{k} \tag{10.43}$$

式中，$\boldsymbol{D}_{n}^{*},\boldsymbol{W}_{n}^{*}$ 表示在时间步开始时的切线刚度矩阵，$\boldsymbol{D}_{n+1}^{*k},\boldsymbol{W}_{n+1}^{*k}$ 表示在时间步结束时的当前估算值。

应力更新算法主要通过弹性预测和塑性修正两个步骤来实现，计算过程如下。

1）弹性预测

已知当前的应变增量 $\Delta\boldsymbol{\varepsilon}_{n+1}^{k}$ 和吸力增量 Δs_{n+1}^{k}，可知当前应变和吸力为

$$\boldsymbol{\varepsilon}_{n+1}^{k}=\boldsymbol{\varepsilon}_{n}+\Delta\boldsymbol{\varepsilon}_{n+1}^{k} \tag{10.44}$$

$$s_{n+1}^{k}=s_{n}+\Delta s_{n+1}^{k} \tag{10.45}$$

已知应变和吸力，可以对式（10.37）积分求出此时的饱和度增量：

$$\Delta S_{\mathrm{r},n+1}^{k}=-\omega\ln(s_{n+1}^{k}/s_{n})+k_{\mathrm{ws}}'\Delta\varepsilon_{\mathrm{v},n+1}^{k} \tag{10.46}$$

利用已知增量计算弹性试应力和屈服应力：

$$\tilde{\boldsymbol{\sigma}}_{n+1}^{\mathrm{tr}}=\tilde{\boldsymbol{\sigma}}_{n}+\bar{\boldsymbol{D}}_{n+1}^{k}:\Delta\boldsymbol{\varepsilon}_{n+1}^{k} \tag{10.47}$$

$$p_{\mathrm{c},n+1}^{\mathrm{tr}}=p_{\mathrm{c},n}\exp[-k_{\mathrm{sw}}\Delta S_{\mathrm{r},n+1}^{k}] \tag{10.48}$$

从式（10.47）和式（10.48）可以看到液相对土体弹性变形没有直接影响，只会引起屈服应力改变。式（10.47）中 $\bar{\boldsymbol{D}}$ 为切线弹性模量：

$$\bar{\boldsymbol{D}}_{n+1}^{k}=\bar{K}_{n+1}^{k}\mathbf{1}\otimes\mathbf{1}+2\bar{G}_{n+1}^{k}\left(\boldsymbol{I}-\frac{1}{3}\mathbf{1}\otimes\mathbf{1}\right) \tag{10.49}$$

根据文献（Broja，1991），切线体积弹性模量和切线剪切模量计算如下：

$$\bar{K}_{n+1}^{k}=\frac{\tilde{p}_{n}}{\Delta\varepsilon_{\mathrm{v}}^{\mathrm{e}}}\left[\exp\left(\frac{1+e}{\kappa}\Delta\varepsilon_{\mathrm{v}}^{\mathrm{e}}\right)-1\right],\quad \bar{G}_{n+1}^{k}=\frac{3\bar{K}(1-2\nu)}{2(1+\nu)}=\bar{K}r \tag{10.50}$$

2）塑性修正

将计算出的试应力代入屈服面方程中，计算 f_{n+1}^{tr}：

$$f_{n+1}^{\mathrm{tr}}=f(\tilde{p}_{n+1}^{\mathrm{tr}},q_{n+1}^{\mathrm{tr}},p_{\mathrm{c},n+1}^{\mathrm{tr}})\begin{cases}\leqslant 0,\text{弹性}\\>0,\text{塑性}\end{cases} \tag{10.51}$$

如果计算表明处于弹性状态，则直接用试应力更新为当前步的应力值。如果计算表明土体发生屈服，则需要对应力进行修正，修正应力可按式（10.52）计算：

$$\Delta\tilde{\boldsymbol{\sigma}}_{n+1}^{k}=\tilde{\boldsymbol{\sigma}}_{n+1}^{k}-\tilde{\boldsymbol{\sigma}}_{n+1}^{\mathrm{tr}}=-\bar{\boldsymbol{D}}_{n+1}^{k}:\Delta\boldsymbol{\varepsilon}_{n+1}^{p\ k} \tag{10.52}$$

利用图形返回算法，可以计算出塑性修正量。首先根据流动法则，积分可以得到塑性应变：

$$\Delta\boldsymbol{\varepsilon}_{n+1}^{\mathrm{p}\ k}=\Delta\phi_{n+1}[(1-\theta)g_{,\tilde{\boldsymbol{\sigma}}}|_{n}+\theta g_{,\tilde{\boldsymbol{\sigma}}}|_{n+1}^{k}]=\Delta\phi_{n+1}\bar{g}_{,\tilde{\boldsymbol{\sigma}}}|_{n+1} \tag{10.53}$$

式中，$g_{,\tilde{\boldsymbol{\sigma}}}$ 表示塑性势对应力的导数，即 $g_{,\tilde{\boldsymbol{\sigma}}}=\dfrac{\partial g}{\partial\tilde{\boldsymbol{\sigma}}}$，一般情况下求解过程中可取 $\theta=1$，即采用向后欧拉算法。

此外根据硬化法则，积分可以得到屈服应力的增量：

$$p_{\mathrm{c},n+1}^{k}=p_{\mathrm{c},n}\exp\left(K_{\mathrm{s}}^{\mathrm{p}}\Delta\varepsilon_{\mathrm{v}}^{\mathrm{p}}\Big|_{n+1}^{k}-k_{\mathrm{sw}}'\Delta S_{\mathrm{r}}\Big|_{n+1}^{k}\right)=p_{\mathrm{c},n+1}^{\mathrm{tr}}\exp\left(K_{\mathrm{s}}^{\mathrm{p}}\Delta\phi_{n+1}\bar{g}_{,\tilde{p}}\Big|_{n+1}^{k}\right) \tag{10.54}$$

修正后必须满足约束条件，即屈服面等于 0：

$$f_{n+1}^{k}=f\left(\tilde{p}_{n+1}^{k},q_{n+1}^{k},p_{\mathrm{c},n+1}^{k}\right)=0 \tag{10.55}$$

因此需要对式（10.53），式（10.54）和式（10.55）联立求解，将式（10.52）代入式（10.53）中。为了书写方便，以下将下标 n+1 省略，因此可以得到如下方程组：

$$\begin{cases}r_{1}^{k}=-\Delta\boldsymbol{\varepsilon}^{\mathrm{p},k}+\Delta\phi^{k}\bar{g}_{,\tilde{\boldsymbol{\sigma}}_{\mathrm{d}}}^{k}=[\bar{\boldsymbol{D}}^{k}]^{-1}:\Delta\tilde{\boldsymbol{\sigma}}^{k}+\Delta\phi^{k}\bar{g}_{,\tilde{\boldsymbol{\sigma}}_{\mathrm{d}}}^{k}=0\\ r_{2}^{k}=-p_{\mathrm{c}}^{k}+p_{\mathrm{c}}^{\mathrm{tr}}\exp(K_{\mathrm{s}}^{\mathrm{p}}\Delta\phi^{k}\bar{g}_{,\tilde{p}}^{k})=0\\ f^{k}=0\end{cases} \tag{10.56}$$

利用 Newton 方法求解方程，将式（10.56）线性化：

$$\begin{cases}r_{1}^{k}+[\bar{\boldsymbol{D}}^{k}]^{-1}:\Delta\tilde{\boldsymbol{\sigma}}^{k}+\Delta\phi^{k}\bar{g}_{,\tilde{\boldsymbol{\sigma}}_{\mathrm{d}}\tilde{\boldsymbol{\sigma}}}^{k}:\Delta\tilde{\boldsymbol{\sigma}}^{k}+\Delta\phi^{k}\bar{g}_{,\tilde{\boldsymbol{\sigma}}_{\mathrm{d}}p_{\mathrm{c}}}^{k}\Delta p_{\mathrm{c}}^{k}+\delta\phi^{k}\bar{g}_{,\tilde{\boldsymbol{\sigma}}_{\mathrm{d}}}^{k}=0\\ r_{2}^{k}-\Delta p_{\mathrm{c}}^{k}+K_{\mathrm{s}}^{\mathrm{p}}p_{\mathrm{c}}^{\mathrm{tr}}\exp(K_{\mathrm{s}}^{\mathrm{p}}\Delta\phi\bar{g}_{,\tilde{p}_{\mathrm{d}}}^{k})[\Delta\phi^{k}\bar{g}_{,\tilde{p}_{\mathrm{d}}\tilde{\boldsymbol{\sigma}}}^{k}:\Delta\tilde{\boldsymbol{\sigma}}^{k}+\Delta\phi^{k}\bar{g}_{,\tilde{p}_{\mathrm{d}}p_{\mathrm{c}}}^{k}\Delta p_{\mathrm{c}}^{k}+\delta\phi^{k}\bar{g}_{,\tilde{p}_{\mathrm{d}}}^{k}]=0\\ f^{k}+f_{,\tilde{\boldsymbol{\sigma}}}^{k}:\Delta\tilde{\boldsymbol{\sigma}}^{k}+f_{,p_{\mathrm{c}}}^{k}\Delta p_{\mathrm{c}}^{k}=0\end{cases} \tag{10.57}$$

整理式（10.57）前两式可以得到

$$\begin{Bmatrix}\Delta\tilde{\boldsymbol{\sigma}}^{k}\\ \Delta p_{\mathrm{c}}^{k}\end{Bmatrix}=-[\boldsymbol{A}^{k}]^{-1}\begin{Bmatrix}r_{1}^{k}\\ r_{2}^{k}\end{Bmatrix}-\delta\phi^{k}[\boldsymbol{A}^{k}]^{-1}\begin{Bmatrix}\bar{g}_{,\tilde{\boldsymbol{\sigma}}_{\mathrm{d}}}^{k}\\ K_{\mathrm{s}}^{\mathrm{p}}p_{\mathrm{c}}^{\mathrm{tr}}\exp(K_{\mathrm{s}}^{\mathrm{p}}\Delta\phi^{k}\bar{g}_{,\tilde{p}}^{k})\bar{g}_{,\tilde{p}}^{k}\end{Bmatrix} \tag{10.58}$$

式中，

$$A^{k}=\begin{bmatrix}[\bar{\boldsymbol{D}}^{k}]^{-1}+\Delta\phi^{k}\bar{g}_{,\tilde{\boldsymbol{\sigma}}_{\mathrm{d}}\tilde{\boldsymbol{\sigma}}}^{k} & \Delta\phi^{k}\bar{g}_{,\tilde{\boldsymbol{\sigma}}_{\mathrm{d}}p_{\mathrm{c}}}^{k}\\ K_{\mathrm{s}}^{\mathrm{p}}p_{\mathrm{c}}^{\mathrm{tr}}\exp(K_{\mathrm{s}}^{\mathrm{p}}\Delta\phi^{k}\bar{g}_{,\tilde{p}}^{k})\Delta\phi^{k}\bar{g}_{,\tilde{p}\tilde{\boldsymbol{\sigma}}}^{k} & -\boldsymbol{I}+K_{\mathrm{s}}^{\mathrm{p}}p_{\mathrm{c}}^{\mathrm{tr}}\exp(K_{\mathrm{s}}^{\mathrm{p}}\Delta\phi\bar{g}_{,\tilde{p}}^{k})\Delta\phi^{k}\bar{g}_{,\tilde{p}p_{\mathrm{c}}}^{k}\end{bmatrix}$$

将式（10.58）代入式（10.57）第三式，可以求出 $\delta\phi^{k}$：

$$\delta\phi^k = \frac{f^k - [f^k_{,\tilde{\sigma}}, f^k_{,p_c}][A^k]^{-1}\begin{Bmatrix} r_1^k \\ r_2^k \end{Bmatrix}}{[f^k_{,\tilde{\sigma}}, f^k_{,p_c}][A^k]^{-1}\begin{Bmatrix} \bar{g}^k_{,\tilde{\sigma}} \\ K_s^p p_c^{tr}\exp(K_s^p \Delta\phi \bar{g}^k_{,\tilde{p}})\bar{g}^k_{,\tilde{p}} \end{Bmatrix}} \tag{10.59}$$

求出 $\delta\phi^k$ 后，利用式（10.58）可以求出应力和屈服应力增量，然后可对应力和屈服应力进行更新：

$$\left.\begin{aligned} \Delta\phi^{k+1} &= \Delta\phi^k + \delta\phi^k \\ \tilde{\boldsymbol{\sigma}}^{k+1} &= \tilde{\boldsymbol{\sigma}}^k + \Delta\tilde{\boldsymbol{\sigma}}^k \\ p_c^{k+1} &= p_c^k + \Delta p_c^k \\ S_r^{k+1} &= S_r^k + \Delta S_r^k \end{aligned}\right\} \tag{10.60}$$

将更新后的值代入方程进行下一步迭代计算，直至屈服函数小于容许误差后，计算结束。计算的主要步骤见表 10.1。

表 10.1　本构积分算法主要步骤

步骤 1：初始化，将第 n 步计算收敛值作为第 n+1 步的初始值。

$$k=0,\quad \tilde{\boldsymbol{\sigma}}^0_{n+1} = \tilde{\boldsymbol{\sigma}}_n,\quad p^0_{c,n+1} = p_{c,n},\quad \Delta\phi^0 = 0,\quad \boldsymbol{\varepsilon}_{n+1} = \boldsymbol{\varepsilon}_n + \Delta\boldsymbol{\varepsilon},\quad s_{n+1} = s_n + \Delta s$$

步骤 2：弹性预测，计算弹性试应力和屈服应力。

$$\tilde{\boldsymbol{\sigma}}^{tr}_{n+1} = \tilde{\boldsymbol{\sigma}}_n + \bar{\boldsymbol{D}}^k_{n+1} : \Delta\varepsilon^k_{n+1}$$

$$\Delta S^k_{r,n+1} = -\omega\ln(s^k_{n+1}/s_n) + k'_{ws}\Delta\varepsilon^k_{v,n+1}$$

$$p^{tr}_{c,n+1} = p_{c,n}\exp[-k'_{sw}\Delta S^k_{r,n+1}]$$

步骤 3：判断屈服，将试算结果代入式（10.56），检查屈服面方程和收敛。

如果 $f^k_{n+1} <$ 容许误差值，$r = |r_1^k| + |r_2^k| <$ 容许误差值，则当前步计算结束，退出。如果不满足收敛条件，则执行以下塑性修正计算。

步骤 4：计算塑性参数增量 $\delta\phi^k$ 。

$$A^k = \begin{bmatrix} [\bar{\boldsymbol{D}}^k]^{-1} + \Delta\phi^k \bar{g}^k_{,\tilde{\sigma}_d\tilde{\sigma}} & \Delta\phi^k \bar{g}^k_{,\tilde{\sigma}_d p_c} \\ K_s^p p_c^{tr}\exp(K_s^p\Delta\phi^k \bar{g}^k_{,\tilde{p}})\Delta\phi^k \bar{g}^k_{,\tilde{p}\tilde{\sigma}} & -I + K_s^p p_c^{tr}\exp(K_s^p\Delta\phi \bar{g}^k_{,\tilde{p}})\Delta\phi^k \bar{g}^k_{,\tilde{p}p_c} \end{bmatrix}$$

$$\delta\phi^k = \frac{f^k - [f^k_{,\tilde{\sigma}}, f^k_{,p_c}][A^k]^{-1}\begin{Bmatrix} r_1^k \\ r_2^k \end{Bmatrix}}{[f^k_{,\tilde{\sigma}}, f^k_{,p_c}][A^k]^{-1}\begin{Bmatrix} \bar{g}^k_{,\tilde{\sigma}} \\ K_s^p p_c^{tr}\exp(K_s^p \Delta\phi \bar{g}^k_{,\tilde{p}})\bar{g}^k_{,\tilde{p}} \end{Bmatrix}}$$

步骤 5：计算应力和屈服应力增量。

$$\begin{Bmatrix} \Delta\tilde{\boldsymbol{\sigma}}^k \\ \Delta p_c^k \end{Bmatrix} = -[\boldsymbol{A}^k]^{-1}\begin{Bmatrix} r_1^k \\ r_2^k \end{Bmatrix} - \delta\phi^k[\boldsymbol{A}^k]^{-1}\begin{Bmatrix} \bar{g}^k_{,\tilde{\sigma}_d} \\ K_s^p p_c^{tr}\exp(K_s^p\Delta\phi^k \bar{g}^k_{,\tilde{p}})\bar{g}^k_{,\tilde{p}} \end{Bmatrix}$$

步骤 6：更新所有变量，同时令 k=k+1，转至步骤 2 计算。

续表

$\Delta\phi^{k+1}=\Delta\phi^{k}+\delta\phi^{k}$
$\tilde{\boldsymbol{\sigma}}^{k+1}=\tilde{\boldsymbol{\sigma}}^{k}+\Delta\tilde{\boldsymbol{\sigma}}^{k}$
$p_{\mathrm{c}}^{k+1}=p_{\mathrm{c}}^{k}+\Delta p_{\mathrm{c}}^{k}$
$S_{\mathrm{r}}^{k+1}=S_{\mathrm{r}}^{k}+\Delta S_{\mathrm{r}}^{k}$

3. 一致切线模量

在隐式算法中，需要给出一致切线模量来代替式（10.40）的连续弹塑性模量。这一方面可以避免材料在刚刚发生屈服由弹性行为转为塑性行为时，连续弹塑性模量引起的伪加载和卸载，另一方面也使得计算具有二阶收敛性。对于向后欧拉算法，切线模量定义为

$$\boldsymbol{D}^{\mathrm{con}}=\left(\frac{\partial\tilde{\boldsymbol{\sigma}}}{\partial\boldsymbol{\varepsilon}}\right)_{n+1},\quad W^{\mathrm{con}}=\left(\frac{\partial\tilde{\boldsymbol{\sigma}}}{\partial s}\right)_{n+1} \tag{10.61}$$

根据应力应变关系有

$$\mathrm{d}\tilde{\boldsymbol{\sigma}}=\boldsymbol{D}^{\mathrm{e}}:(\mathrm{d}\boldsymbol{\varepsilon}-\mathrm{d}\boldsymbol{\varepsilon}^{\mathrm{p}})=\boldsymbol{D}^{\mathrm{e}}:(\mathrm{d}\boldsymbol{\varepsilon}-\delta\phi g_{,\tilde{\boldsymbol{\sigma}}_{\mathrm{d}}}-\Delta\phi g_{,\tilde{\boldsymbol{\sigma}}_{\mathrm{d}}\tilde{\boldsymbol{\sigma}}}:\mathrm{d}\tilde{\boldsymbol{\sigma}}-\Delta\phi g_{,\tilde{\boldsymbol{\sigma}}_{\mathrm{d}}p_{\mathrm{c}}}\mathrm{d}p_{\mathrm{c}}) \tag{10.62}$$

根据硬化法则有

$$\mathrm{d}\tilde{p}_{\mathrm{c}}=\vartheta\tilde{p}_{\mathrm{c}}(\delta\phi g_{,\tilde{p}_{\mathrm{d}}}+\Delta\phi g_{,\tilde{p}_{\mathrm{d}}\tilde{\boldsymbol{\sigma}}}:\mathrm{d}\tilde{\boldsymbol{\sigma}}+\Delta\phi g_{,\tilde{p}_{\mathrm{d}}p_{\mathrm{c}}}\mathrm{d}\tilde{p}_{\mathrm{c}})+k_{\mathrm{sw}}p_{\mathrm{c}}\mathrm{d}S_{\mathrm{r}} \tag{10.63}$$

根据式（10.62）和式（10.63）有

$$\begin{Bmatrix}\mathrm{d}\tilde{\boldsymbol{\sigma}}\\ \mathrm{d}\tilde{p}_{\mathrm{c}}\end{Bmatrix}=\boldsymbol{A}^{-1}\begin{Bmatrix}\mathrm{d}\boldsymbol{\varepsilon}\\ -k_{\mathrm{sw}}\tilde{p}_{\mathrm{c}}\mathrm{d}S\end{Bmatrix}-\delta\phi\boldsymbol{A}^{-1}\begin{Bmatrix}g_{,\tilde{\boldsymbol{\sigma}}_{\mathrm{d}}}\\ K_{\mathrm{s}}^{\mathrm{p}}\tilde{p}_{\mathrm{c}}g_{,\tilde{p}_{\mathrm{d}}}\end{Bmatrix} \tag{10.64}$$

式中，

$$\boldsymbol{A}=\begin{bmatrix}[\boldsymbol{D}^{\mathrm{e}}]^{-1}+\Delta\phi g_{,\tilde{\boldsymbol{\sigma}}_{\mathrm{d}}\tilde{\boldsymbol{\sigma}}} & \Delta\phi g_{,\tilde{\boldsymbol{\sigma}}_{\mathrm{d}}p_{\mathrm{c}}}\\ \Delta\phi K_{\mathrm{s}}^{\mathrm{p}}p_{\mathrm{c}}g_{,\tilde{p}_{\mathrm{d}}\tilde{\boldsymbol{\sigma}}} & -\boldsymbol{I}+\Delta\phi K_{\mathrm{s}}^{\mathrm{p}}p_{\mathrm{c}}g_{,\tilde{p}_{\mathrm{d}}p_{\mathrm{c}}}\end{bmatrix},\quad \boldsymbol{A}^{-1}=\begin{bmatrix}A_{11} & A_{12}\\ A_{21} & A_{22}\end{bmatrix}$$

将式（10.64）代入一致性条件 $f_{,\tilde{\boldsymbol{\sigma}}}:\Delta\tilde{\boldsymbol{\sigma}}+f_{,p_{\mathrm{c}}}\Delta p_{\mathrm{c}}=0$，可以求出：

$$\delta\phi=\frac{[f_{,\tilde{\boldsymbol{\sigma}}},f_{,p_{\mathrm{c}}}]\boldsymbol{A}^{-1}\begin{Bmatrix}\mathrm{d}\boldsymbol{\varepsilon}\\ -k'_{\mathrm{sw}}p_{\mathrm{c}}\mathrm{d}S_{\mathrm{r}}\end{Bmatrix}}{\left[f_{,\tilde{\boldsymbol{\sigma}}},f_{,p_{\mathrm{c}}}\right]\boldsymbol{A}^{-1}\begin{Bmatrix}g_{,\tilde{\boldsymbol{\sigma}}_{\mathrm{d}}}\\ K_{\mathrm{s}}^{\mathrm{p}}\tilde{p}_{\mathrm{c}}g_{,\tilde{p}_{\mathrm{d}}}\end{Bmatrix}} \tag{10.65}$$

将式（10.65）代入式（10.64），可以得到

$$\begin{Bmatrix}\mathrm{d}\tilde{\boldsymbol{\sigma}}\\ \mathrm{d}\tilde{p}_{\mathrm{c}}\end{Bmatrix}=\boldsymbol{A}^{-1}\begin{Bmatrix}\mathrm{d}\boldsymbol{\varepsilon}\\ -k'_{\mathrm{sw}}p_{\mathrm{c}}\mathrm{d}S_{\mathrm{r}}\end{Bmatrix}-\frac{\boldsymbol{A}^{-1}\begin{Bmatrix}g_{,\tilde{\boldsymbol{\sigma}}_{\mathrm{d}}}\\ K_{\mathrm{s}}^{\mathrm{p}}\tilde{p}_{\mathrm{c}}g_{,\tilde{p}_{\mathrm{d}}}\end{Bmatrix}[f_{,\tilde{\boldsymbol{\sigma}}},f_{,p_{\mathrm{c}}}]\boldsymbol{A}^{-1}}{\left[f_{,\tilde{\boldsymbol{\sigma}}},f_{,p_{\mathrm{c}}}\right]\boldsymbol{A}^{-1}\begin{Bmatrix}g_{,\tilde{\boldsymbol{\sigma}}_{\mathrm{d}}}\\ K_{\mathrm{s}}^{\mathrm{p}}\tilde{p}_{\mathrm{c}}g_{,\tilde{p}_{\mathrm{d}}}\end{Bmatrix}}\begin{Bmatrix}\mathrm{d}\boldsymbol{\varepsilon}\\ -k'_{\mathrm{sw}}p_{\mathrm{c}}\mathrm{d}S_{\mathrm{r}}\end{Bmatrix}\tag{10.66}$$

将式（10.66）展开，可以得到一致切线模量，计算过程如下：

$$\boldsymbol{A}^{-1}\begin{Bmatrix}g_{,\tilde{\boldsymbol{\sigma}}_{\mathrm{d}}}\\ \vartheta p_{\mathrm{c}}g_{,\tilde{p}_{\mathrm{d}}}\end{Bmatrix}=\begin{Bmatrix}A_{11}g_{,\tilde{\boldsymbol{\sigma}}_{\mathrm{d}}}+A_{12}\vartheta p_{\mathrm{c}}g_{,\tilde{p}_{\mathrm{d}}}\\ A_{21}g_{,\tilde{\boldsymbol{\sigma}}_{\mathrm{d}}}+A_{22}\vartheta p_{\mathrm{c}}g_{,\tilde{p}_{\mathrm{d}}}\end{Bmatrix}=\begin{Bmatrix}B_1\\ B_2\end{Bmatrix}$$

$$[f_{,\tilde{\boldsymbol{\sigma}}},f_{,p_{\mathrm{c}}}]\boldsymbol{A}^{-1}=[A_{11}f_{,\tilde{\boldsymbol{\sigma}}}+A_{21}f_{,p_{\mathrm{c}}}\quad A_{12}f_{,\tilde{\boldsymbol{\sigma}}}+A_{22}f_{,p_{\mathrm{c}}}]=[C_1,C_2]$$

$$\boldsymbol{A}^{-1}\begin{Bmatrix}g_{,\tilde{\boldsymbol{\sigma}}_{\mathrm{d}}}\\ \vartheta\tilde{p}_{\mathrm{c}}g_{,\tilde{p}_{\mathrm{d}}}\end{Bmatrix}[f_{,\tilde{\boldsymbol{\sigma}}},f_{,p_{\mathrm{c}}}]\boldsymbol{A}^{-1}=\begin{bmatrix}B_1C_1 & B_1C_2\\ B_2C_1 & B_2C_2\end{bmatrix}$$

$$\varLambda=\left[f_{,\tilde{\boldsymbol{\sigma}}},f_{,p_{\mathrm{c}}}\right]\boldsymbol{A}^{-1}\begin{Bmatrix}g_{,\tilde{\boldsymbol{\sigma}}_{\mathrm{d}}}\\ K_{\mathrm{s}}^{\mathrm{p}}p_{\mathrm{c}}g_{,\tilde{p}_{\mathrm{d}}}\end{Bmatrix}=A_{11}f_{,\tilde{\sigma}}g_{,\tilde{\boldsymbol{\sigma}}_{\mathrm{d}}}+A_{21}f_{,p_{\mathrm{c}}}g_{,\tilde{\boldsymbol{\sigma}}_{\mathrm{d}}}+A_{12}f_{,\tilde{\boldsymbol{\sigma}}}K_{\mathrm{s}}^{\mathrm{p}}p_{\mathrm{c}}g_{,\tilde{p}_{\mathrm{d}}}+A_{22}f_{,p_{\mathrm{c}}}K_{\mathrm{s}}^{\mathrm{p}}p_{\mathrm{c}}g_{,\tilde{p}_{\mathrm{d}}}$$

将以上式子代入式（10.66）中：

$$\begin{aligned}\begin{Bmatrix}\mathrm{d}\tilde{\boldsymbol{\sigma}}\\ \mathrm{d}\tilde{p}_{\mathrm{c}}\end{Bmatrix}&=\left(\begin{bmatrix}A_{11} & A_{12}\\ A_{21} & A_{22}\end{bmatrix}-\frac{1}{\varLambda}\begin{bmatrix}B_1C_1 & B_1C_2\\ B_2C_1 & B_2C_2\end{bmatrix}\right)\begin{Bmatrix}\mathrm{d}\boldsymbol{\varepsilon}\\ -k_{\mathrm{sw}}p_{\mathrm{c}}\mathrm{d}S_{\mathrm{r}}\end{Bmatrix}\\
&=\begin{bmatrix}A_{11}-\dfrac{B_1C_1}{\varLambda} & A_{12}-\dfrac{B_1C_2}{\varLambda}\\ A_{21}-\dfrac{B_2C_2}{\varLambda} & A_{22}-\dfrac{B_2C_2}{\varLambda}\end{bmatrix}\begin{Bmatrix}\mathrm{d}\boldsymbol{\varepsilon}\\ -k'_{\mathrm{sw}}p_{\mathrm{c}}\mathrm{d}S_{\mathrm{r}}\end{Bmatrix}\\
&=\begin{Bmatrix}\left(A_{11}-\dfrac{B_1C_1}{\varLambda}\right)\mathrm{d}\boldsymbol{\varepsilon}-\left(A_{12}-\dfrac{B_1C_2}{\varLambda}\right)k'_{\mathrm{sw}}p_{\mathrm{c}}\mathrm{d}S_{\mathrm{r}}\\ \left(A_{21}-\dfrac{B_2C_2}{\varLambda}\right)\mathrm{d}\boldsymbol{\varepsilon}-\left(A_{22}-\dfrac{B_2C_2}{\varLambda}\right)k'_{\mathrm{sw}}p_{\mathrm{c}}\mathrm{d}S_{\mathrm{r}}\end{Bmatrix}\end{aligned}$$

上式计算中需要求解以下导数：

$$\frac{\partial g}{\partial\tilde{p}_{\mathrm{d}}}=M^2\left[8(1-\alpha)^2\frac{\tilde{p}^3}{p_{\mathrm{c}}^2}+4(3\alpha-1)(1-\alpha)\frac{\tilde{p}^2}{p_{\mathrm{c}}}+2\alpha(3\alpha-2)\tilde{p}-\alpha^2p_{\mathrm{c}}\right]$$

$$\frac{\partial f}{\partial\tilde{p}}=M^2\left[16(1-\alpha)^2\frac{\tilde{p}^3}{p_{\mathrm{c}}^2}+12(2\alpha-1)(1-\alpha)\frac{\tilde{p}^2}{p_{\mathrm{c}}}+2\alpha(5\alpha-4)\tilde{p}-\alpha^2p_{\mathrm{c}}\right]$$

$$\frac{\partial f}{\partial p_{\mathrm{c}}}=-M^2\left[8(1-\alpha)^2\frac{\tilde{p}^4}{p_{\mathrm{c}}^3}+4(2\alpha-1)(1-\alpha)\frac{\tilde{p}^3}{p_{\mathrm{c}}^2}+\alpha^2\tilde{p}\right]$$

$$\frac{\partial f}{\partial q}=\frac{\partial g}{\partial q}=2q$$

$$\frac{\partial \tilde{p}}{\partial \tilde{\boldsymbol{\sigma}}}=\frac{1}{3}\boldsymbol{\delta},\quad \frac{\partial q}{\partial \tilde{\boldsymbol{\sigma}}}=\frac{3(\tilde{\boldsymbol{\sigma}}-\tilde{p}\boldsymbol{\delta})}{2q}$$

$$g_{,\tilde{\sigma}_{\mathrm{d}}}=\frac{\partial g}{\partial \tilde{\boldsymbol{\sigma}}_{\mathrm{d}}}=\frac{\partial g}{\partial \tilde{p}_{\mathrm{d}}}\frac{\partial \tilde{p}_{\mathrm{d}}}{\partial \tilde{\boldsymbol{\sigma}}_{\mathrm{d}}}+\frac{\partial g}{\partial q}\frac{\partial q}{\partial \tilde{\boldsymbol{\sigma}}_{\mathrm{d}}}=\frac{1}{3}\frac{\partial g}{\partial \tilde{p}_{\mathrm{d}}}\boldsymbol{\delta}+3(\tilde{\boldsymbol{\sigma}}-\tilde{p}\boldsymbol{\delta})$$

$$f_{,\tilde{\sigma}}=\frac{\partial f}{\partial \tilde{\boldsymbol{\sigma}}}=\frac{\partial f}{\partial \tilde{p}}\frac{\partial \tilde{p}}{\partial \tilde{\boldsymbol{\sigma}}}+\frac{\partial f}{\partial q}\frac{\partial q}{\partial \tilde{\boldsymbol{\sigma}}}=\frac{1}{3}\frac{\partial f}{\partial \tilde{p}}\boldsymbol{\delta}+3(\tilde{\boldsymbol{\sigma}}-\tilde{p}\delta)$$

$$g_{,\tilde{\sigma}_{\mathrm{d}}\tilde{\sigma}}=\frac{\partial^2 g}{\partial \tilde{\boldsymbol{\sigma}}_{\mathrm{d}}\otimes\partial \tilde{\boldsymbol{\sigma}}}=M^2\left[\frac{8}{3}(1-\alpha)^2\frac{\tilde{p}^2}{p_{\mathrm{c}}^2}+\frac{8}{9}(3\alpha-1)(1-\alpha)\frac{\tilde{p}}{p_{\mathrm{c}}}+\frac{2}{9}\alpha(3\alpha-2)-\frac{1}{M^2}\right]\boldsymbol{\delta}\otimes\boldsymbol{\delta}+3\boldsymbol{I}$$

$$g_{,\tilde{\sigma}_{\mathrm{d}}p_{\mathrm{c}}}=\frac{\partial^2 g}{\partial \tilde{\boldsymbol{\sigma}}_{\mathrm{d}}\otimes\partial p_{\mathrm{c}}}=-M^2\left[\frac{16}{3}(1-\alpha)^2\frac{\tilde{p}^3}{p_{\mathrm{c}}^3}+\frac{8}{3}(3\alpha-1)(1-\alpha)\frac{\tilde{p}^2}{p_{\mathrm{c}}^2}-\frac{1}{3}\alpha^2\right]\boldsymbol{\delta}\otimes\boldsymbol{\delta}$$

因此，可以得到

$$\mathrm{d}\tilde{\boldsymbol{\sigma}}=\left(A_{11}-\frac{B_1C_1}{\varLambda}\right):\mathrm{d}\boldsymbol{\varepsilon}-\left(A_{12}-\frac{B_1C_2}{\varLambda}\right)k'_{\mathrm{sw}}p_{\mathrm{c}}\mathrm{d}S_{\mathrm{r}} \tag{10.67}$$

将饱和度表达式（10.37）代入式（10.67）中：

$$\mathrm{d}\tilde{\boldsymbol{\sigma}}=\left[\left(A_{11}-\frac{B_1C_1}{\varLambda}\right)-\left(A_{12}-\frac{B_1C_2}{\varLambda}\right)k'_{\mathrm{sw}}k'_{\mathrm{ws}}p_{\mathrm{c}}\boldsymbol{\delta}\right]:\mathrm{d}\boldsymbol{\varepsilon}+\left(A_{12}-\frac{B_1C_2}{\varLambda}\right)k'_{\mathrm{sw}}\tilde{p}_{\mathrm{c}}\frac{\omega}{s}\mathrm{d}s \tag{10.68}$$

利用式（10.68）可以给出一致切线模量表达式：

$$\boldsymbol{D}^{\mathrm{con}}=\left(A_{11}-\frac{B_1C_1}{\varLambda}\right)-\left(A_{12}-\frac{B_1C_2}{\varLambda}\right)k'_{\mathrm{sw}}k'_{\mathrm{ws}}p_{\mathrm{c}}\boldsymbol{\delta} \tag{10.69}$$

$$W^{\mathrm{con}}=\left(A_{12}-\frac{B_1C_2}{\varLambda}\right)k'_{\mathrm{sw}}p_{\mathrm{c}}\frac{\omega}{s} \tag{10.70}$$

完全隐式得到的一致切线模量表达式过于复杂，为了简化计算，可以忽略其中的二阶导数项，即采用半隐式算法。此时有

$$\boldsymbol{A}=\begin{bmatrix}[\boldsymbol{D}^{\mathrm{e}}]^{-1} & 0\\ 0 & -\boldsymbol{I}\end{bmatrix},\quad \boldsymbol{A}^{-1}=\begin{bmatrix}\boldsymbol{D}^{\mathrm{e}} & 0\\ 0 & -\boldsymbol{I}\end{bmatrix}$$

$$\delta\phi=\frac{f_{,\tilde{\sigma}}\boldsymbol{D}^{\mathrm{e}}\mathrm{d}\boldsymbol{\varepsilon}-f_{,p_{\mathrm{c}}}k'_{\mathrm{sw}}p_{\mathrm{c}}\mathrm{d}S_{\mathrm{r}}}{f_{,\tilde{\sigma}}\boldsymbol{D}^{\mathrm{e}}g_{,\tilde{\sigma}_{\mathrm{d}}}-f_{,p_{\mathrm{c}}}K_{\mathrm{s}}^{\mathrm{p}}p_{\mathrm{c}}g_{,\tilde{p}_{\mathrm{d}}}} \tag{10.71}$$

将式（10.71）代入式（10.64）中，得到式（10.67）的简化形式为

$$\mathrm{d}\tilde{\boldsymbol{\sigma}}=\left(\boldsymbol{D}^{\mathrm{e}}-\frac{(\boldsymbol{D}^{\mathrm{e}}:g_{,\tilde{\sigma}_{\mathrm{d}}})\otimes(f_{,\tilde{\boldsymbol{\sigma}}}:\boldsymbol{D}^{\mathrm{e}})}{f_{,\tilde{\boldsymbol{\sigma}}}\boldsymbol{D}^{\mathrm{e}}g_{,\tilde{\sigma}_{\mathrm{d}}}-f_{,p_{\mathrm{c}}}K_{\mathrm{s}}^{\mathrm{p}}p_{\mathrm{c}}g_{,\tilde{p}_{\mathrm{d}}}}\right):\mathrm{d}\boldsymbol{\varepsilon}+\frac{(\boldsymbol{D}^{\mathrm{e}}:g_{,\tilde{\sigma}_{\mathrm{d}}})f_{,p_{\mathrm{c}}}k'_{\mathrm{sw}}p_{\mathrm{c}}}{f_{,\tilde{\boldsymbol{\sigma}}}\boldsymbol{D}^{\mathrm{e}}g_{,\tilde{\sigma}_{\mathrm{d}}}-f_{,p_{\mathrm{c}}}K_{\mathrm{s}}^{\mathrm{p}}p_{\mathrm{c}}g_{,\tilde{p}_{\mathrm{d}}}}\mathrm{d}S_{\mathrm{r}} \tag{10.72}$$

式（10.68）可以简化为

$$\begin{aligned}\mathrm{d}\tilde{\boldsymbol{\sigma}}=&\left(\boldsymbol{D}^{\mathrm{e}}-\frac{(\boldsymbol{D}^{\mathrm{e}}:g_{,\tilde{\sigma}_{\mathrm{d}}})\otimes(f_{,\tilde{\boldsymbol{\sigma}}}:\boldsymbol{D}^{\mathrm{e}})-(\boldsymbol{D}^{\mathrm{e}}:g_{,\tilde{\sigma}_{\mathrm{d}}})\otimes\boldsymbol{\delta}f_{,p_{\mathrm{c}}}k'_{\mathrm{sw}}k'_{\mathrm{ws}}p_{\mathrm{c}}}{f_{,\tilde{\boldsymbol{\sigma}}}\boldsymbol{D}^{\mathrm{e}}g_{,\tilde{\sigma}_{\mathrm{d}}}-f_{,p_{\mathrm{c}}}K_{\mathrm{s}}^{\mathrm{p}}p_{\mathrm{c}}g_{,\tilde{p}_{\mathrm{d}}}}\right):\\&\mathrm{d}\boldsymbol{\varepsilon}-\frac{(\boldsymbol{D}^{\mathrm{e}}:g_{,\tilde{\sigma}_{\mathrm{d}}})f_{,p_{\mathrm{c}}}k'_{\mathrm{sw}}\tilde{p}_{\mathrm{c}}}{f_{,\tilde{\boldsymbol{\sigma}}}\boldsymbol{D}^{\mathrm{e}}g_{,\tilde{\sigma}_{\mathrm{d}}}-f_{,p_{\mathrm{c}}}K_{\mathrm{s}}^{\mathrm{p}}p_{\mathrm{c}}g_{,\tilde{p}_{\mathrm{d}}}}\frac{\omega}{s}\mathrm{d}s\end{aligned} \tag{10.73}$$

因此半隐式算法的一致性模量与式（10.40）相同，可以表示为

$$\boldsymbol{D}^{\mathrm{con}}=\boldsymbol{D}^{\mathrm{e}}-\frac{(\boldsymbol{D}^{\mathrm{e}}:g_{,\tilde{\sigma}_{\mathrm{d}}})\otimes(f_{,\tilde{\boldsymbol{\sigma}}}:\boldsymbol{D}^{\mathrm{e}})-(\boldsymbol{D}^{\mathrm{e}}:g_{,\tilde{\sigma}_{\mathrm{d}}})\otimes\boldsymbol{\delta}f_{,p_{\mathrm{c}}}k'_{\mathrm{sw}}k'_{\mathrm{ws}}p_{\mathrm{c}}}{f_{,\tilde{\boldsymbol{\sigma}}}\boldsymbol{D}^{\mathrm{e}}g_{,\tilde{\sigma}_{\mathrm{d}}}-f_{,p_{\mathrm{c}}}K_{\mathrm{s}}^{\mathrm{p}}p_{\mathrm{c}}g_{,\tilde{p}_{\mathrm{d}}}} \tag{10.74}$$

$$W^{\mathrm{con}}=-\frac{(\boldsymbol{D}^{\mathrm{e}}:g_{,\tilde{\sigma}_{\mathrm{d}}})f_{,p_{\mathrm{c}}}k'_{\mathrm{sw}}p_{\mathrm{c}}}{f_{,\tilde{\boldsymbol{\sigma}}}\boldsymbol{D}^{\mathrm{e}}g_{,\tilde{\sigma}_{\mathrm{d}}}-f_{,p_{\mathrm{c}}}K_{\mathrm{s}}^{\mathrm{p}}p_{\mathrm{c}}g_{,\tilde{p}_{\mathrm{d}}}}\frac{\omega}{s} \tag{10.75}$$

10.3　高饱和度非饱和土模型

饱和度是衡量土体特性的一个重要指标，它既反映了土体孔隙内部含水量的多少也反映了含气量的多少，是土体分类的一个重要因素。高饱和度通常是指饱和度大于 0.8 的土体。高饱和度时，由于土体内部的气体处于封闭状态，气体压力变化，气体的溶解、吸附和逸出以及温度都会对土层特性产生不同程度的影响。这类高饱和度的非饱和土在陆地和海洋当中都很常见，如港口平台、海底管道等工程中所遇到的海相沉积含气土，地下水面附近的高饱和土体，以及一些储气砂、污染土等。这一类土的存在可能会引发一些工程问题，如高压气体的释放可能会引起土体失稳、地层塌陷、建筑物变形破坏，诱发管涌、流土等工程灾害。

为了可以更好地解决这些工程问题，国内外很多学者对高饱和度非饱和土进行了研究，主要有以下几方面内容。

（1）固结特性。对于高饱和度土体，很多研究将其简化为具有可压缩混合流体的饱和土来研究，得到的固结方程与饱和土形式类似，区别在于固结系数取值不同。

（2）强度特性。大量研究表明封闭气体的存在会影响土体的抗剪强度，而这种强度的改变也受到多种因素的影响，如 Wheeler（1988）对土的剪切强度进行了研究，指出大气泡的存在可能提高也可能降低土体的不排水抗剪强度，主要与土体的围压和初始孔压有关；孔令伟等（2009）对储气砂土进行了不同应力路径的试验研究，指出应力路径对抗剪强度有重要影响。

（3）渗透特性。孔隙气的存在大大降低了土体的渗透性，尤其当气相封闭时，降雨入渗导致气压增加，将对土体行为有显著影响。大量理论和试验研究都表明在渗流模型中需要考虑气相的影响。

以上对于含气土的研究主要集中在其固结变形、渗透性和强度特性等方面，而关于本构模型的方面研究则比较少。Pietruszczak 和 Pande（1996）通过对孔压进行修正，将气体的影响考虑进来，给出了含封闭气泡的两种不同类型的高饱和度土体的本构关系。Grozic 等（2005）利用剑桥模型，结合气体方程，建立了高饱和度黏土的本构方程。但以上模型采用的应力变量仍然是基于太沙基有效应力，是对饱和土模型的一个修正。本节将在 10.2 节水力-力学耦合模型的基础上，建立高饱和度土体的本构模型，以更好地反映固液气三相的耦合效应。

10.3.1　高饱和度土体变形特性

土中气相体积的变化与液相体积的变化相似，也可分为弹性和塑性两部分。在等温条件下引起土中气相体积改变的因素主要有三个。①气体质量变化。自然界土层中，土体与外界有质量交换或生物作用使土中产生气体或气体溶于孔隙水中，这些都会导致土中气体的质量发生变化。②土体受外力和变形的影响。在外力作用下导致土骨架发生体积变化。土骨架的体积变化会使土中孔隙体积改变，存在于孔隙中的气体体积必然也会变化，从而影响到孔隙中气体体积的变化。③土中液体的运动。孔隙水的流入或流出，更会直接影响到处于同一孔隙中气体体积的变化。由此可见，在不考虑质量交换的条件下，土中气体体变主要是由土体中土骨架的变形或是含水量和饱和度的改变而引起的。如果土骨架在外力作用下发生了不可恢复的变形，必然会导致土中孔隙空间发生不可恢复的变形，由此引起孔隙气体体积的变化也必然是不可恢复的。另外在干湿循环过程中，由于水和气占据着同一个孔隙空间，假设孔隙体积不变，一旦孔隙水含量发生不可恢复的变化，则孔隙气体也必然会随之产生不可恢复的体积变化。由此定义这些气体体积不可恢复的变化为气体体积塑性变化，在建立弹塑性模型时可以把气相对应的变形均分解成弹塑性两部分，即

$$\mathrm{d}\varepsilon_{\mathrm{g}} = \mathrm{d}\varepsilon_{\mathrm{g}}^{\mathrm{e}} + \mathrm{d}\varepsilon_{\mathrm{g}}^{\mathrm{p}} \tag{10.76}$$

式中，上标 e 代表弹性部分，p 代表塑性部分。

气相的弹性关系可以简单的表示为

$$\mathrm{d}\varepsilon_{\mathrm{g}}^{\mathrm{e}} = \frac{1}{K_{\mathrm{g}}^{\mathrm{e}}} \frac{\mathrm{d}p^{\mathrm{g}}}{p^{\mathrm{g}}} \tag{10.77}$$

式中，$K_{\mathrm{g}}^{\mathrm{e}}$ 为气体的弹性模型量。

与液相饱和度的变化类似，也可以将气相的体积变化分解为弹性变形和塑性变形两部分。气压较小的时候，认为气体体积的变化是可恢复的，但当气压增加到一定程

度如某临界值 p_y^{g}，气体将发生不可恢复的体积变形，并对土中固液两相塑性变形产生影响。气相的屈服面方程为

$$f_{\mathrm{g}} = p^{\mathrm{g}} - p_y^{\mathrm{g}} \tag{10.78}$$

和液相方程类似，气相弹性变形可以表示为

$$\mathrm{d}\varepsilon_{\mathrm{g}}^{\mathrm{e}} = \kappa_{\mathrm{g}} \frac{\mathrm{d}p^{\mathrm{g}}}{p^{\mathrm{g}}} \tag{10.79}$$

式中，κ_{g} 为气相的弹性常数。

气压变化导致气体发生的塑性变形可以表达为

$$\mathrm{d}\varepsilon_{\mathrm{g}}^{\mathrm{p}} = \frac{1}{K_{\mathrm{g}}^{\mathrm{p}}} \frac{\mathrm{d}p_y^{\mathrm{g}}}{p_y^{\mathrm{g}}} \tag{10.80}$$

式中，$K_{\mathrm{g}}^{\mathrm{p}} = 1/(\lambda_{\mathrm{g}} - \kappa_{\mathrm{g}})$ 为气相的塑性模量。通常气体的体变可分为三部分：气体压缩，气体溶解和气体流动，即有 $\mathrm{d}V_{\mathrm{g}} = \mathrm{d}V_{\mathrm{g}}^{\mathrm{c}} + \mathrm{d}V_{\mathrm{g}}^{\mathrm{s}} + \mathrm{d}V_{\mathrm{g}}^{\mathrm{f}}$。其中，$\mathrm{d}V_{\mathrm{g}}$ 表示气体总体积变化，上标 c, s, f 分别代表由气体压缩、溶解和流动产生的体积变化。

在等温和压力不大时，气体可以认为是理想气体，此时可以用 Boyle 定律描述为

$$\frac{\mathrm{d}V_{\mathrm{g}}^{\mathrm{c}}}{V} = n(1 - S_{\mathrm{r}}) \frac{\mathrm{d}V_{\mathrm{g}}^{\mathrm{c}}}{V_{\mathrm{g}}} = -n(1 - S_{\mathrm{r}}) \frac{\mathrm{d}p^{\mathrm{g}}}{p^{\mathrm{g}}} \tag{10.81}$$

另一方面，随着土中气压的增大，气体将会溶解于水中，这种性质可以用 Henry 定律描述，即

$$\mathrm{d}V_{\mathrm{g}}^{\mathrm{s}} = hV_{\mathrm{w}} \frac{\mathrm{d}p^{\mathrm{g}}}{p^{\mathrm{g}}} \tag{10.82}$$

式中，V_{w} 为液相溶液的体积；h 是溶解系数，如果不考虑溶解性的话，则 h=0。空气的溶解系数一般为 0.02；一般情况下，h 会随着压力的增大而增大。此处为了简化，假设它等于常数，取 h=0.02。

如果气体封闭，那么土体内的气体与外界隔离，此时，气体的变形则由气体压缩和气体溶解共同引起，即 $\mathrm{d}V_{\mathrm{g}} = \mathrm{d}V_{\mathrm{g}}^{\mathrm{c}} + \mathrm{d}V_{\mathrm{g}}^{\mathrm{s}}$。所以利用式（10.81）和式（10.82）可以推导得到

$$\mathrm{d}\varepsilon_{\mathrm{g}} = -\frac{\mathrm{d}V_{\mathrm{g}}}{V} = -\frac{\mathrm{d}V_{\mathrm{g}}^{\mathrm{c}}}{V} - \frac{\mathrm{d}V_{\mathrm{g}}^{\mathrm{s}}}{V} = n(1 - S_{\mathrm{r}}) \frac{\mathrm{d}p^{\mathrm{g}}}{p^{\mathrm{g}}} + h\frac{V_{\mathrm{w}}}{V} \frac{\mathrm{d}p^{\mathrm{g}}}{p^{\mathrm{g}}} = n[(1 - S_{\mathrm{r}}) + hS_{\mathrm{r}}] \frac{\mathrm{d}p^{\mathrm{g}}}{p^{\mathrm{g}}} \tag{10.83}$$

因为 $\mathrm{d}\varepsilon_{\mathrm{g}} = \mathrm{d}\varepsilon_{\mathrm{g}}^{\mathrm{e}} + \mathrm{d}\varepsilon_{\mathrm{g}}^{\mathrm{p}}$，所以将式（10.79）和式（10.80）代入其中，与式（10.83）对比可以得出：$\lambda_{\mathrm{g}} = n(1 - S_{\mathrm{r}} + hS_{\mathrm{r}})$，表明与固相和液相的变形不同，气体的斜率 λ_{g} 不是常数，说明气体总的变形受到了固相和液相的共同影响。

10.3.2 硬化方程

Wheeler（1986）指出气泡在三轴压缩试验时会收缩，从而导致气体的体积下降，要使土体屈服则需要增加外力，故会产生功硬化效应，即封闭气体的刚度提高了土体的功硬化效应。所以气相影响应考虑以下情况：①当饱和度低于某一临界值 S_{rc} 时（通常这个临界值可以取 0.85），土中水气均处于连通状态，此时由于与大气相通，气压保持不变，气压变化的影响可以忽略；②当饱和度等于 1，土体完全饱和时，不再考虑气相影响；③当饱和度大于临界值 S_{rc} 而小于 1 时，土体中存在封闭气体或气体处于局部内部联通状态，需要考虑气体耗散对硬化的影响。此时气相变形导致固相屈服应力发生变化的表达式为

$$\mathrm{d}\tilde{p}_{cg} = r_g \eta \tilde{p}_c \mathrm{d}\varepsilon_g^p \tag{10.84}$$

式中，r_g 为材料参数，它与气相的变形有关，类似于 r_w，它可以按下式计算：$r_g = k_{sg} K_g^p$，其中 k_{sg} 为耦合系数，反映气体屈服时对固相屈服的影响程度；η 是气相影响系数，它的取值必须满足前面提到的三个条件，可以假设为

$$\eta = \begin{cases} 0, & S_r = 1 \\ \exp[-\eta_x (S_r - S_{rx})^2], & 0 \leqslant S_r < 1 \end{cases} \tag{10.85}$$

该式表明气相影响随着饱和度增加而变大，当饱和度为 S_{rx} 时，气相影响最大；随后饱和度继续增加，其影响将逐渐减小，到饱和度为 1 时，影响消失。其中 η_x 为材料参数。

考虑气相硬化式（10.84）后，对式（10.12）进行修正得到最终固相硬化定律，可以表示为

$$\frac{\mathrm{d}\tilde{p}_c}{\tilde{p}_c} = K_s^p \mathrm{d}\varepsilon_v^p - k_{sw} K_w^p \mathrm{d}S_r^p + \eta k_{sg} K_g^p \mathrm{d}\varepsilon_g^p \tag{10.86}$$

液相的硬化规律，必须考虑固体变形对 SWCC 的影响。由于 SWCC 反映了饱和度和吸力之间的关系，它不仅表征了液体的变化情况，实际上也反映了气体的变化情况。所以认为 SWCC 方程中实际上已经反映了液体和气体之间的关系，并且液-气相之间还可以通过它们所在的孔隙空间中变形协调联系起来。因此下文没有再单独考虑气相塑性体积变化对屈服吸力的影响。

类似地，气相的硬化方程简单的表示为

$$\frac{\mathrm{d}p_y^g}{p_y^g} = K_g^p \mathrm{d}\varepsilon_g^p + \eta k_{gs} K_s^p \mathrm{d}\varepsilon_v^p \tag{10.87}$$

综上所述，式（10.86）、式（10.13）和式（10.87）即为本模型的硬化定律。与水力力学耦合模型相比多了两个耦合系数 k_{sg} 和 k_{gs}，用来反映气体屈服与固相屈服的相互影响。

10.3.3　增量本构方程

高饱和度模型需要考虑气相影响，与式（10.14）类似，此时塑性应变增量可以表示为

$$\mathrm{d}\varepsilon_{\mathrm{v}}^{\mathrm{p}}=\Lambda_{\mathrm{s}}\frac{\partial g_{\mathrm{s}}}{\partial\tilde{p}_{\mathrm{d}}},\quad \mathrm{d}\varepsilon_{\mathrm{s}}^{\mathrm{p}}=\Lambda_{\mathrm{s}}\frac{\partial g_{\mathrm{s}}}{\partial q},\quad -\mathrm{d}S_{\mathrm{r}}^{\mathrm{p}}=\Lambda_{\mathrm{w}}\frac{\partial g_{\mathrm{w}}}{\partial\tilde{s}},\quad \mathrm{d}\varepsilon_{\mathrm{g}}^{\mathrm{p}}=\Lambda_{\mathrm{g}}\frac{\partial g_{\mathrm{g}}}{\partial p^{\mathrm{g}}} \tag{10.88}$$

固相采用了非相关联流动法则，塑性势函数 g_{s} 可由式（10.4）给出。对于液相和气相，假设采用相关联的流动法则，即

$$g_{\mathrm{w}}=f_{\mathrm{w}},\quad g_{\mathrm{g}}=f_{\mathrm{g}} \tag{10.89}$$

根据三相的屈服面方程式（10.6），式（10.7）和式（10.78），一致性条件由下式给出：

$$\begin{cases}\mathrm{d}f_{\mathrm{s}}=\dfrac{\partial f_{\mathrm{s}}}{\partial\tilde{p}}\mathrm{d}\tilde{p}+\dfrac{\partial f_{\mathrm{s}}}{\partial q}\mathrm{d}q+\dfrac{\partial f_{\mathrm{s}}}{\partial\tilde{p}_{\mathrm{c}}}\mathrm{d}\tilde{p}_{\mathrm{c}}=0\\[2ex] \mathrm{d}f_{\mathrm{w}}=\dfrac{\partial f_{\mathrm{w}}}{\partial\tilde{s}}\mathrm{d}\tilde{s}+\dfrac{\partial f_{\mathrm{w}}}{\partial\tilde{s}_{y}}\mathrm{d}\tilde{s}_{y}=0\\[2ex] \mathrm{d}f_{\mathrm{g}}=\dfrac{\partial f_{\mathrm{g}}}{\partial p^{g}}\mathrm{d}p^{g}+\dfrac{\partial f_{\mathrm{g}}}{\partial p_{y}^{g}}\mathrm{d}p_{y}^{g}=0\end{cases} \tag{10.90}$$

将式（10.86）、式（10.13）和式（10.87）、流动法则采用式（10.88），代入式（10.90）可以分别求出 $\Lambda_{\mathrm{s}},\Lambda_{\mathrm{w}},\Lambda_{\mathrm{g}}$：

$$\begin{cases}\Lambda_{\mathrm{s}}=\dfrac{1}{\Pi K_{\mathrm{s}}^{\mathrm{p}}}\left(\dfrac{\partial f_{\mathrm{s}}}{\partial\tilde{p}}\mathrm{d}\tilde{p}+\dfrac{\partial f_{\mathrm{s}}}{\partial q}\mathrm{d}q+\dfrac{\partial f_{\mathrm{s}}}{\partial p_{\mathrm{c}}}\dfrac{k_{\mathrm{sw}}\tilde{p}_{\mathrm{c}}}{\tilde{s}_{y}}\mathrm{d}\tilde{s}+\dfrac{\partial f_{\mathrm{s}}}{\partial p_{\mathrm{c}}}\dfrac{\eta k_{\mathrm{sg}}\tilde{p}_{\mathrm{c}}}{p_{\mathrm{gy}}}\mathrm{d}p_{\mathrm{g}}\right)\\[3ex] \Lambda_{\mathrm{w}}=-\dfrac{1}{\Pi K_{\mathrm{w}}^{\mathrm{p}}}\left[\begin{aligned}&k_{\mathrm{ws}}\dfrac{\partial g_{\mathrm{s}}}{\partial\tilde{p}_{\mathrm{d}}}\left(\dfrac{\partial f_{\mathrm{s}}}{\partial\tilde{p}}\mathrm{d}\tilde{p}+\dfrac{\partial f_{\mathrm{s}}}{\partial q}\mathrm{d}q\right)+(1-\eta^{2}k_{\mathrm{sg}}k_{\mathrm{gs}})\dfrac{\partial g_{\mathrm{s}}}{\partial\tilde{p}_{\mathrm{d}}}\dfrac{\partial f_{\mathrm{s}}}{\partial p_{\mathrm{c}}}\dfrac{\tilde{p}_{\mathrm{c}}}{\tilde{s}_{y}}\mathrm{d}\tilde{s}\\&+\eta k_{\mathrm{ws}}k_{\mathrm{sg}}\dfrac{\partial g_{\mathrm{s}}}{\partial\tilde{p}_{\mathrm{d}}}\dfrac{\partial f_{\mathrm{s}}}{\partial p_{\mathrm{c}}}\dfrac{\tilde{p}_{\mathrm{c}}}{p_{y}^{\mathrm{g}}}\mathrm{d}p_{\mathrm{g}}\end{aligned}\right]\\[3ex] \Lambda_{\mathrm{g}}=\dfrac{1}{\Pi K_{\mathrm{g}}^{\mathrm{p}}}\left[\begin{aligned}&-\eta k_{\mathrm{gs}}\dfrac{\partial g_{\mathrm{s}}}{\partial\tilde{p}_{\mathrm{d}}}\left(\dfrac{\partial f_{\mathrm{s}}}{\partial\tilde{p}}\mathrm{d}\tilde{p}+\dfrac{\partial f_{\mathrm{s}}}{\partial q}\mathrm{d}q\right)-\eta k_{\mathrm{gs}}k_{\mathrm{sw}}\dfrac{\partial g_{\mathrm{s}}}{\partial\tilde{p}_{\mathrm{d}}}\dfrac{\partial f_{\mathrm{s}}}{\partial p_{\mathrm{c}}}\dfrac{\tilde{p}_{\mathrm{c}}}{\tilde{s}_{y}}\mathrm{d}\tilde{s}\\&-(1-k_{\mathrm{sw}}k_{\mathrm{sw}})\dfrac{\partial g_{\mathrm{s}}}{\partial\tilde{p}_{\mathrm{d}}}\dfrac{\partial f_{\mathrm{s}}}{\partial p_{\mathrm{c}}}\dfrac{\tilde{p}_{\mathrm{c}}}{p_{y}^{\mathrm{g}}}\mathrm{d}p_{\mathrm{g}}\end{aligned}\right]\end{cases} \tag{10.91}$$

式中，$\Pi=-\dfrac{\partial f_{\mathrm{s}}}{\partial p_{\mathrm{c}}}\dfrac{\partial g_{\mathrm{s}}}{\partial\tilde{p}_{\mathrm{d}}}p_{\mathrm{c}}k$，且 $k=(1-k_{\mathrm{sw}}k_{\mathrm{sw}}-\eta^{2}k_{\mathrm{sg}}k_{\mathrm{gs}})$。

然后将式（10.91）代入式（10.88）就可以计算出固液气三相的塑性应变增量大

小。将弹性关系式（10.2）、式（10.3）和式（10.79），以及塑性增量求和即得到非饱和土三相应变增量分别为

$$\begin{cases} d\varepsilon_v = d\varepsilon_v^e + d\varepsilon_v^p \\ d\varepsilon_s = d\varepsilon_s^e + d\varepsilon_s^p \\ dS_r = dS_r^e + dS_r^p \\ d\varepsilon_g = d\varepsilon_g^e + d\varepsilon_g^p \end{cases} \tag{10.92}$$

利用式（10.92）可将应变增量 $\{d\varepsilon_v, d\varepsilon_s, dS_r, d\varepsilon_g\}$ 表示为应力增量 $\{d\tilde{p}, dq, d\tilde{s}, dp^g\}$ 的关系式，得到所需的本构方程。由于在实际应用的过程中，同样需利用式（10.22）和式（10.23）将方程中应力增量变转变为 dp, dq, dp^w, dp^g，这四个量在三轴试验中是可以直接控制或确定的。由于在考虑气相影响的时候气体处于封闭状态与外界不连通，此时气体的压力无法直接控制和测量，气压是未知的，使得方程多了一个未知量，必须补充一个方程来使其闭合。考虑土体孔隙内流体变形之间的协调关系，可以给出以下关系式：

$$d\varepsilon_g = -\frac{dV_g}{V} = -\frac{dV_v}{V} + \frac{dV_w}{V} = -\frac{dV_v}{V} + S_r\frac{dV_v}{V} + \frac{V_v}{V}dS_r = (1-S_r)d\varepsilon_v + n dS_r \tag{10.93}$$

式中，V 为土单元的总体积；V_v 为孔隙体积；V_g 为气体体积；V_w 为水的体积；孔隙率 $n = V_v / V$；饱和度 $S_r = V_w / V_v$；土体应变定义为 $d\varepsilon_v = -dV_v / V$。

10.3.4 高饱和度模型预测

最终推导得到的本构模型方程中共有 14 个参数，与水力-力学耦合模型相比增加了 3 个与气体相关的参数（κ_g, k_{sg}, k_{gs}）。考虑气体硬化影响后，模型在高饱和度阶段的刚度将有所变大，为了说明考虑气体影响后模型的反应，将模型与无气体硬化的情况进行对比，给出在不同应力路径的预测结果。假设土样的参数为：$\lambda = 0.15$，$\kappa = 0.02$，$\lambda_w = 0.12$，$\kappa_w = 0.02$，$\kappa_a = 0.01$，LC 屈服面参数为 $k_m = 1.1$，$\theta = 0.9$，耦合系数 $k_{sw} = 0.7$，$k_{ws} = 0.8$，$k_{sa} = 0.3$，$k_{as} = 0.3$，气体的影响系数 $\eta_x = 300$，$S_{rx} = 0.92$。土样的初始条件为 $v = 2.2$，$S_r = 0.65$，$\bar{p} = 10\text{kPa}$，$s = 200\text{kPa}$，$\tilde{p}_{c0} = 20\text{kPa}$。液相的初始屈服应力分别为 $\tilde{s}_D = 110\text{kPa}$，$\tilde{s}_I = 800\text{kPa}$，气相屈服假设在固液同时屈服时发生。对于不考虑气相硬化影响的模型，其参数 $k_{sa} = 0$，$k_{as} = 0$，气体的方程此时退化为理想气体定律。

利用模型对两种不同加载路径进行模拟，将考虑气相硬化模型与不考虑气相硬化模型的结果进行对比。一是控制吸力等向加载，吸力保持为 200kPa 对土样进行等向加载，应力路径如图 10.3 所示。首先从 A 点开始等向加载至 B 点（$\bar{p} = 200\text{kPa}$）后卸载回到 C 点（$\bar{p} = 10\text{kPa}$），随后从 C 点开始再加载至 D 点（$\bar{p} = 1000\text{kPa}$）结束，整个过程中吸力始终保持为 200kPa 不变。二是控制平均净应力分别为 $\bar{p} = 10\text{kPa}$ 进行干

湿循环试验，应力路径见图 10.4 干湿循环应力路径。首先从 *A* 点开始湿化，吸力从 $s = 200$kPa 变为 $s = 20$kPa，随后从 *B* 点再干燥至 *C* 点，吸力从 s=20kPa 变为 s=200kPa，整个过程中净应力始终保持不变。

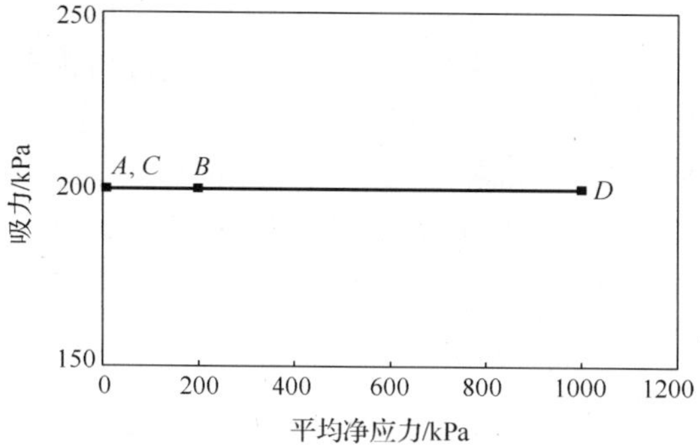

图 10.3　控制吸力等向加载应力路径

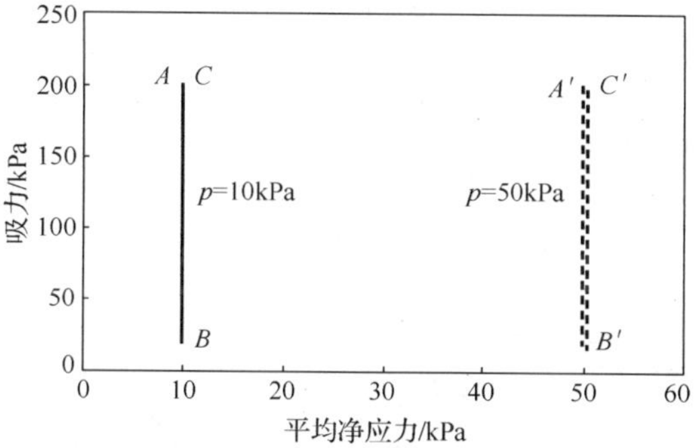

图 10.4　干湿循环应力路径

控制吸力等向加载的模型预测结果见图 10.5，其中图 10.5(a)给出了体积变化情况，图 10.5(b)给出了饱和度的变化情况。可以看到在低饱和度阶段（*A*-*X*），考虑气体硬化对土体没有影响，因为此时气相处于连通状态，认为气体与大气相通，故气体对硬化影响很小，气体影响系数η在这个阶段取值接近于 0。但是在高饱和度阶段（*X*-*D*），气体处于封闭状态，气体影响不可忽略，图中可以看到此时两曲线出现了较大的差别。考虑气体硬化的模型具有较大的刚度，封闭气体的存在使饱和度增加比较缓慢，体变也有所减缓。无气体影响的模型在 *Y* 点达到饱和阶段，而考虑气体硬化的模型在试验结束时才接近饱和状态。

图 10.6 给出的是干湿循环的预测结果。干湿循环后模型出现了不可恢复的变形，说明模型可以很好地反映液相的滞后现象。从图 10.6(a)可以看到在湿化阶段，模型只有弹性变形，此时两种模型曲线重合在一起，由于浸湿过程土体始终位于 LC 屈服面以内，所以没有出现湿陷。但在干燥阶段，由于饱和度较大，考虑了气体硬化作用的模型的屈服应力（*Y* 点）比无气相影响的屈服应力（*X* 点）更大。在图 10.6(b)中土样

在湿化试验一开始就发生了 SD（suction decrease）屈服，因此饱和度在湿化阶段有较大的塑性变形，而在随后的干燥试验中由于吸力始终小于 SI（suction increase）屈服应力，故饱和度变化为完全弹性的。此外，可以发现在饱和度较低时（Z 点之前），两个模型曲线几乎重合在一起，没有区别，但是当饱和度较大时（Z 点之后），本书模型的饱和度变化较小。因为本书模型中假设此时气体处于封闭状态，土中封闭气泡没有相互连通的通道而无法自由排出，使得饱和度变化减小。从图 10.6(b)可以看到，在湿化结束时，考虑气体硬化的模型饱和度均小于 1，表明土中仍然存在气体，这与试验观察到的土水特征曲线的情况是相符的。

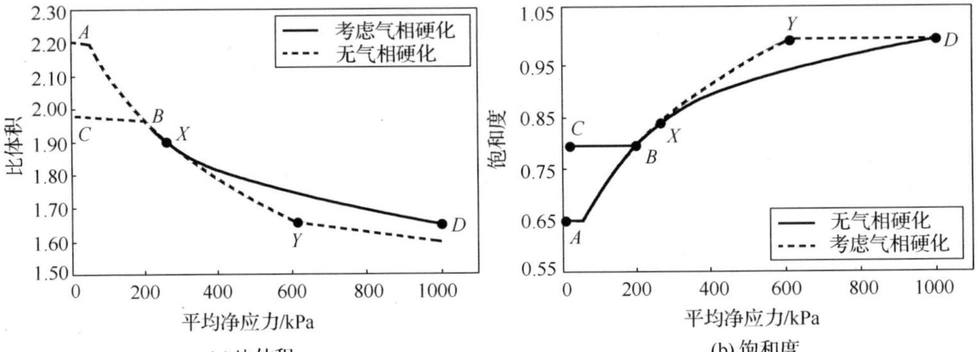

(a) 比体积　　(b) 饱和度

图 10.5　控制吸力等向加载预测结果

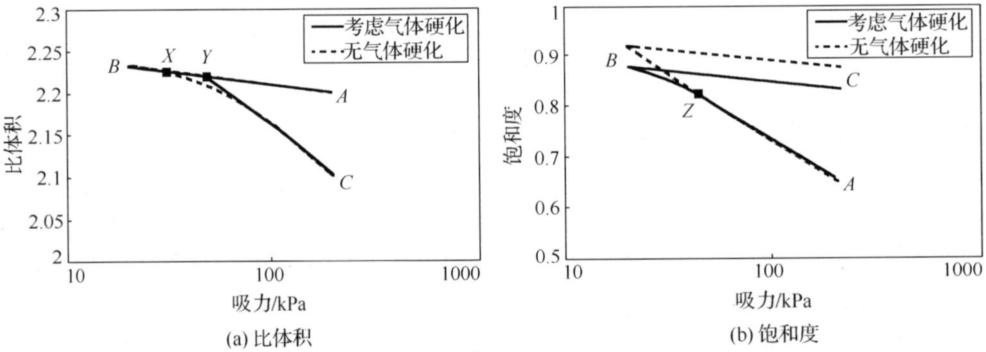

(a) 比体积　　(b) 饱和度

图 10.6　$\bar{p}=10\text{kPa}$ 干湿循环预测结果

10.4　热-水-力耦合弹塑性本构模型

非饱和土体总是处于一定的自然环境中，其变形特性自然会受到如湿度、温度等环境因素的影响。实质上，非饱和土力学本身就是在饱和土力学基础上考虑了湿度变化这一环境因素影响的结果。同样，温度对非饱和土变形和强度性质的影响也极为显著。随着温度的变化，非饱和土内部三相之间的相互作用效果也随之变化，从而造成其前期固结压力的差异，并进一步影响到变形过程中屈服面的演化规律，使得非饱和土的变形性质对温度产生一定程度的依赖性。

温度对土体力学性质的影响早已引起有关学者的重视，但由于受试验条件限制，研究进展较为缓慢。水力耦合本构关系发展较为成熟，在此基础上考虑温度影响的三场耦合本构关系得到发展。研究表明，温度对土体塑性变形的影响通常反映在屈服面的耦合上。类似于 BBM 模型引入加载湿陷屈服面来描述吸力对屈服应力的影响，Hueckel 和 Borsetto（1990）引入了热屈服面描述温度变化下土体的塑性变形，提出了第一个考虑热效应的土体弹塑性增量本构模型，随后考虑温度效应的模型得到不断发展。Cui 等（2000）基于前人的试验研究成果和 Hueckel 的热塑性理论，提出了一个考虑热屈服的 TY（thermal yield）屈服面，该屈服面与 LY（load yield）屈服面共同构成 $T-p'$ 平面内的弹性区，如图 10.7 所示。该模型对超固结土加热引发的膨胀-收缩行为、塑性体应变和剪应变以及复杂应力路径下的响应都能有很好的预测。模型的热屈服面函数更为复杂，但却没有能考虑到非饱和土中吸力的耦合作用。

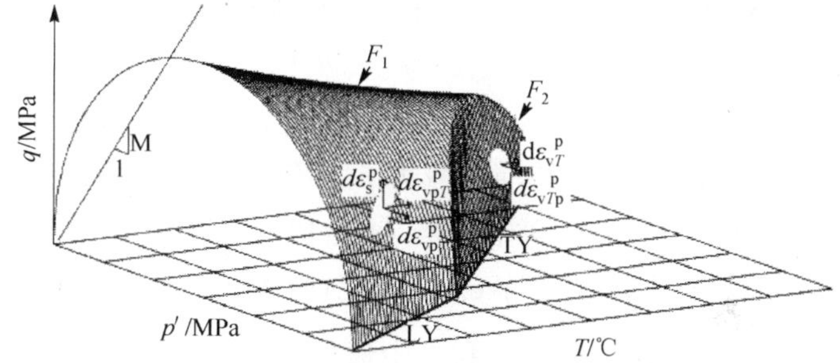

图 10.7　$q-p'-T$ 空间中的屈服面

Laloui 等（2003）提出了一个各向同性的热-力学本构模型，采用类似于 BBM 模型的方法，引入热屈服面，建立的本构模型只有一个参数，使用较为方便。但该模型仍然不能考虑吸力的耦合。Bolzon 和 Schrefler（2005）以 Bishop 应力和吸力作为应力状态变量，将 Bolzon 等（1996）关于非饱和土本构理论扩展到考虑温度影响的情况，温度升高引起了塑性体应变和弹性区的缩小，反映在该模型中屈服函数、压缩模量对温度的依赖。模型考虑了温度与吸力之间的耦合，这是第一个真正考虑温度效应的非饱和土本构模型，但该模型未考虑非饱和土中的水力滞后现象。基于热屈服面的思想，接下来将在 10.2 节水力耦合模型的基础上建立一个完整的热-水-力耦合本构模型。

10.4.1　弹性增量关系

在 10.2 节水力-力学耦合的本构模型基础上，考虑温度影响后，固相弹性关系可以表示为

$$\begin{cases} \mathrm{d}\varepsilon_{\mathrm{v}}^{\mathrm{e}} = \dfrac{1}{K}\mathrm{d}\tilde{p} + \beta_{\mathrm{s}}'\mathrm{d}T \\ \mathrm{d}\varepsilon_{\mathrm{s}}^{\mathrm{e}} = \dfrac{1}{3G}\mathrm{d}q \end{cases} \tag{10.94}$$

式中，β_{s}' 为土骨架的热膨胀系数。

对于液相的弹性关系暂不考虑温度对液相弹性变形的影响，仍可用式（10.3）计算。

10.4.2 屈服面与硬化方程

为了在 10.2 节的本构模型的基础上引入温度的影响，必须定义一个新的热-力弹性区，在该区域内的任何温度的改变、有效应力的改变或者温度和有效应力的同时改变，都仅引起可恢复的弹性变形。通过恒定塑性变形条件下的预固结压力随温度的变化，即可给出上述热-力弹性区。基于现有试验结果，在 T–p 坐标内绘出各点并连接成线，可得到该土样的 LY 屈服曲线方程为

$$\tilde{p}_{\mathrm{c}}(T) = \tilde{p}_{\mathrm{c0}}\exp[-\alpha_{T\mathrm{p}}(T - T_0)] \tag{10.95}$$

式中，$\tilde{p}_{\mathrm{c}}(T)$ 和 $\tilde{p}_{\mathrm{c0}}$ 分别为温度 T 和参考温度 T_0 下的预固结压力值；$\alpha_{T\mathrm{p}}$ 为表征温度对屈服应力影响的参数。

由于在本模型中非饱和土处于热-水-力三场耦合作用下，即需要考虑不同饱和度及温度条件下土体的屈服，所以固相屈服应力 $\tilde{p}_{\mathrm{c}}$ 不仅仅与其塑性体变有关系，而且还与液相饱和度和温度的变化有关。硬化规律（10.11）修改为

$$\tilde{p}_{\mathrm{c}}(\varepsilon_{\mathrm{v}}^{\mathrm{p}}, S_{\mathrm{r}}^{\mathrm{p}}, T) = \tilde{p}_{\mathrm{c0}}\exp(K_{\mathrm{s}}^{\mathrm{p}}\varepsilon_{\mathrm{v}}^{\mathrm{p}})\cdot\exp[k_{\mathrm{sw}}K_{\mathrm{w}}^{\mathrm{p}}(1 - S_{\mathrm{r}}^{\mathrm{p}})]\cdot\exp[-\alpha_{T\mathrm{p}}(T - T_0)] \tag{10.96}$$

对于考虑热-水-力耦合作用的非饱和土中液相的硬化规律，必须考虑固体变形和温度对土水特征曲线的影响，在液相硬化方程（10.13）基础上引入温度的影响，可得到如下硬化方程：

$$\tilde{s}_y(S_{\mathrm{r}}^{\mathrm{p}}, \varepsilon_{\mathrm{v}}^{\mathrm{p}}, T) = \tilde{s}_{y0}\exp[K_{\mathrm{w}}^{\mathrm{p}}(1 - S_{\mathrm{r}}^{\mathrm{p}})]\cdot\exp(k_{\mathrm{ws}}K_{\mathrm{s}}^{\mathrm{p}}\varepsilon_{\mathrm{v}}^{\mathrm{p}})\cdot\exp[-\alpha_{T\mathrm{s}}(T - T_0)] \tag{10.97}$$

式中，$\tilde{s}_{y0}$ 为初始屈服应力；k_{ws}、$\alpha_{T\mathrm{s}}$ 分别为反映力-水和热-水耦合的系数。

仅通过 LY 屈服面来考虑温度对土体变形的影响并不能真实描述土体受温度作用下的弹性区及屈服行为。因此，在上述弹性区内部还存在另一种形式的温度屈服机制，使得土体的温度变化路径在尚未到达热-力屈服面时，已经发生了屈服，并产生了相应的塑性变形，这一屈服被定义为 TY 屈服。耦合考虑吸力作用的 TY 屈服曲线可采用下面的表达式：

$$T_{\mathrm{CT}} = [(T_{\mathrm{c}} - T_0)\exp(-\beta_T\cdot p/p_0) + T_0]\exp[\alpha_{T\mathrm{s}}(s - s_0)] \tag{10.98}$$

式中，T_{CT} 为屈服温度；T_0 和 T_{c} 分别是初始和参考温度值；β_T 是表征应力状态 p/p_0（当前净平均应力与初始条件下的净平均应力的比值）对屈服温度影响的参数；s_0 和 s 分别是初始和当前的吸力值；$\alpha_{T\mathrm{s}}$ 是表征吸力对屈服温度影响的参数。

当应力路径激活 TY 屈服面时，TY 屈服面将随之移动，该硬化由参数 β_T 控制。Cui（2000）基于实验结果给出了塑性体变随温度变化的表达式：

$$\mathrm{d}\varepsilon_{vT}^{\mathrm{p}} = \frac{-\beta_{\mathrm{s}}'}{1-a}\left\{\exp\left[\frac{-\beta_{\mathrm{s}}'}{1-a}(T - T_{\mathrm{CT}}^0)\right] - a\right\}\mathrm{d}T \tag{10.99}$$

式中，a 为材料参数；T_{CT}^0 为初始屈服温度。

基于 Cui（2000）的研究，并忽略净应力增加引起的 TY 屈服面的移动以及吸力的影响，采用下列形式的硬化规律：

$$\mathrm{d}\beta_T = \frac{-\exp(\beta_T p)}{p(T_{\mathrm{c}} - T_0)\alpha_{\mathrm{p}}[\exp(\alpha_{\mathrm{p}}\Delta T) - a]}\mathrm{d}\varepsilon_{vT}^{\mathrm{p}} \tag{10.100}$$

式中，$\alpha_{\mathrm{p}} = \dfrac{-\beta_s'}{1-a}$。

10.4.3　增量本构方程

用流动法则可以确定塑性应变增量的大小。当考虑热-水-力耦合作用时，固相与液相之间存在相互影响，同时温度的变化对固液两相也有影响。对于固相而言，其自身的塑性变形除了来自于固相本身的屈服（LC 和 LY 屈服），还来自于液相的屈服（SI/SD 屈服）和温度的变化（TY 屈服）；同样，对于液相而言，饱和度的塑性变化除了来自于液相的屈服（SI/SD 屈服），还来自于固相的屈服（LC 和 LY 屈服）和温度的变化（TY 屈服）。因此塑性应变增量可以表示为

$$\begin{cases} \mathrm{d}\varepsilon_{\mathrm{v}}^{\mathrm{p}} = \mathrm{d}\varepsilon_{\mathrm{v(LC/LY)}}^{\mathrm{p}} + \mathrm{d}\varepsilon_{\mathrm{v(SI/SD)}}^{\mathrm{p}} + \mathrm{d}\varepsilon_{\mathrm{v(TY)}}^{\mathrm{p}} \\ \mathrm{d}\varepsilon_{\mathrm{s}}^{\mathrm{p}} = \mathrm{d}\varepsilon_{\mathrm{s(LC/LY)}}^{\mathrm{p}} + \mathrm{d}\varepsilon_{\mathrm{s(SI/SD)}}^{\mathrm{p}} + \mathrm{d}\varepsilon_{\mathrm{s(TY)}}^{\mathrm{p}} \\ -\mathrm{d}S_{\mathrm{r}}^{\mathrm{p}} = -\mathrm{d}S_{\mathrm{r(LC/LY)}}^{\mathrm{p}} - \mathrm{d}S_{\mathrm{r(SI/SD)}}^{\mathrm{p}} - \mathrm{d}S_{\mathrm{r(TY)}}^{\mathrm{p}} \end{cases} \tag{10.101}$$

式中，$\mathrm{d}\varepsilon_{\mathrm{v(LC/LY)}}^{\mathrm{p}}$、$\mathrm{d}\varepsilon_{\mathrm{v(SI/SD)}}^{\mathrm{p}}$、$\mathrm{d}\varepsilon_{\mathrm{v(TY)}}^{\mathrm{p}}$ 分别为 LC 和 LY 屈服引起的固相塑性体应变、液相的 SI/SD 屈服引起的固相塑性体应变、温度的 TY 屈服引起的固相塑性体应变；$\mathrm{d}\varepsilon_{\mathrm{s(LC/LY)}}^{\mathrm{p}}$、$\mathrm{d}\varepsilon_{\mathrm{s(SI/SD)}}^{\mathrm{p}}$、$\mathrm{d}\varepsilon_{\mathrm{s(TY)}}^{\mathrm{p}}$ 分别为 LC 和 LY 屈服引起的固相塑性剪应变、液相的 SI/SD 屈服引起的固相塑性剪应变、温度的 TY 屈服引起的固相塑性剪应变；$\mathrm{d}S_{\mathrm{r(LC/LY)}}^{\mathrm{p}}$、$\mathrm{d}S_{\mathrm{r(SI/SD)}}^{\mathrm{p}}$、$\mathrm{d}S_{\mathrm{r(TY)}}^{\mathrm{p}}$ 分别为 LC 和 LY 屈服引起的液相塑性饱和度变化、液相的 SI/SD 屈服引起的液相塑性饱和度变化、温度的 TY 屈服引起的液相塑性饱和度变化。上述水-热-力之间的相互影响可以通过屈服面之间的耦合来描述，即温度的变化或某一相的屈服，将引起另外一相的屈服面发生移动，从而影响其塑性变形，硬化方程可以反映这一点。

对于本书所研究的非膨胀性黏土而言，SI/SD 屈服线的移动本身并不引起变形，而是通过其引起的 LC 屈服曲线的移动实现对变形的影响，即 $\mathrm{d}\varepsilon_{\mathrm{v(SI/SD)}}^{\mathrm{p}} = 0, \mathrm{d}\varepsilon_{\mathrm{s(SI/SD)}}^{\mathrm{p}} = 0$。同样，LC 屈服本身并不引起饱和度的塑性变化，而是通过引起 SI/SD 屈服线的移动来实

现其对饱和度变化的影响，即 $\mathrm{d}S^{\mathrm{p}}_{\mathrm{r(LC/LY)}}=0$。暂不考虑温度屈服引起的液相塑性饱和度变化，故 $\mathrm{d}S^{\mathrm{p}}_{\mathrm{r(TY)}}=0$，同时忽略温度对剪切性能的影响，即 $\mathrm{d}\varepsilon^{\mathrm{p}}_{\mathrm{s(TY)}}=0$。

根据上述分析，式（10.101）简化为

$$\mathrm{d}\varepsilon^{\mathrm{p}}_{\mathrm{v}}=\Lambda_{\mathrm{s}}\frac{\partial g_{\mathrm{s}}}{\partial p_D}+\mathrm{d}\varepsilon^{\mathrm{p}}_{\mathrm{v}T},\quad \mathrm{d}\varepsilon^{\mathrm{p}}_{\mathrm{s}}=\Lambda_{\mathrm{s}}\frac{\partial g_{\mathrm{s}}}{\partial q},\quad -\mathrm{d}S^{\mathrm{p}}_{\mathrm{r}}=\Lambda_{\mathrm{w}}\frac{\partial g_{w}}{\partial \tilde{s}} \tag{10.102}$$

式中，g_{s}、g_{w} 分别为固、液两相的塑性势；Λ_{s}、Λ_{w} 为对应的塑性因子；$\mathrm{d}\varepsilon^{\mathrm{p}}_{\mathrm{v}T}$ 为温度变化引起的土体塑性变形，可用式（10.99）计算。

对于固相，采用非相关联流动法则，而对于液相以及温度屈服，采用相关联流动法则，将硬化方程（10.96）、方程（10.97）与流动法则（10.102）分别代入式（10.17）中，有

$$\begin{cases}\mathrm{d}f_{\mathrm{s}}=\dfrac{\partial f_{\mathrm{s}}}{\partial \tilde{p}}\mathrm{d}\tilde{p}+\dfrac{\partial f_{\mathrm{s}}}{\partial q}\mathrm{d}q+\dfrac{\partial f_{\mathrm{s}}}{\partial \tilde{p}_{\mathrm{c}}}\left(\Lambda_{s}\dfrac{\partial \tilde{p}_{\mathrm{c}}}{\partial \varepsilon^{\mathrm{p}}_{\mathrm{v}(L)}}\dfrac{\partial g_{\mathrm{s}}}{\partial p_D}-\Lambda_{\mathrm{w}}\dfrac{\partial \tilde{p}_{\mathrm{c}}}{\partial S^{\mathrm{p}}_{\mathrm{r}}}\dfrac{\partial f_{\mathrm{w}}}{\partial \tilde{s}}+\dfrac{\partial \tilde{p}_{\mathrm{c}}}{\partial T}\mathrm{d}T\right)=0\\[2ex] \mathrm{d}f_{\mathrm{w}}=\dfrac{\partial f_{\mathrm{w}}}{\partial \tilde{s}}\mathrm{d}\tilde{s}+\dfrac{\partial f_{\mathrm{w}}}{\partial \tilde{s}_y}\left(\Lambda_{s}\dfrac{\partial \tilde{s}_y}{\partial \varepsilon^{\mathrm{p}}_{\mathrm{v}(L)}}\dfrac{\partial g_{\mathrm{s}}}{\partial p_D}-\Lambda_{\mathrm{w}}\dfrac{\partial \tilde{s}_y}{\partial S^{\mathrm{p}}_{\mathrm{r}}}\dfrac{\partial f_{\mathrm{w}}}{\partial \tilde{s}}+\dfrac{\partial \tilde{s}_y}{\partial T}\mathrm{d}T\right)=0\end{cases} \tag{10.103}$$

解上述方程组，有

$$\begin{cases}\Lambda_{\mathrm{s}}=\dfrac{1}{\varPi K^{\mathrm{p}}_{\mathrm{s}}}\left(\begin{array}{l}\dfrac{\partial f_{\mathrm{s}}}{\partial \tilde{p}}\mathrm{d}\tilde{p}+\dfrac{\partial f_{\mathrm{s}}}{\partial q}\mathrm{d}q+\dfrac{\partial f_{\mathrm{s}}}{\partial \tilde{p}_{\mathrm{c}}}\dfrac{\partial \tilde{p}_{\mathrm{c}}}{\partial S^{\mathrm{p}}_{\mathrm{r}}}\dfrac{\partial S^{\mathrm{p}}_{\mathrm{r}}}{\partial \tilde{s}_y}\mathrm{d}\tilde{s}\\ +\dfrac{\partial f_{\mathrm{s}}}{\partial \tilde{p}_{\mathrm{c}}}\dfrac{\partial \tilde{p}_{\mathrm{c}}}{\partial T}\mathrm{d}T-\dfrac{\partial f_{\mathrm{s}}}{\partial \tilde{p}_{\mathrm{c}}}\dfrac{\partial \tilde{p}_{\mathrm{c}}}{\partial S^{\mathrm{p}}_{\mathrm{r}}}\dfrac{\partial S^{\mathrm{p}}_{\mathrm{r}}}{\partial \tilde{s}_y}\dfrac{\partial \tilde{s}_y}{\partial T}\mathrm{d}T\end{array}\right)\\[4ex] \Lambda_{w}=-\dfrac{k_{\mathrm{ws}}}{\varPi K^{\mathrm{p}}_{\mathrm{w}}}\dfrac{\partial g_{\mathrm{s}}}{\partial p_D}\left(\begin{array}{l}\dfrac{\partial f_{\mathrm{s}}}{\partial \tilde{p}}\mathrm{d}\tilde{p}+\dfrac{\partial f_{\mathrm{s}}}{\partial q}\mathrm{d}q+\dfrac{\partial f_{\mathrm{s}}}{\partial \tilde{p}_{\mathrm{c}}}\dfrac{\partial \tilde{p}_{\mathrm{c}}}{\partial \varepsilon^{\mathrm{p}}_{\mathrm{v}(L)}}\dfrac{\partial \varepsilon^{\mathrm{p}}_{\mathrm{v}(L)}}{\partial \tilde{s}_y}\mathrm{d}\tilde{s}\\ +\dfrac{\partial f_{\mathrm{s}}}{\partial \tilde{p}_{\mathrm{c}}}\dfrac{\partial \tilde{p}_{\mathrm{c}}}{\partial T}\mathrm{d}T-\dfrac{\partial f_{\mathrm{s}}}{\partial \tilde{p}_{\mathrm{c}}}\dfrac{\partial \tilde{p}_{\mathrm{c}}}{\partial \varepsilon^{\mathrm{p}}_{\mathrm{v}(L)}}\dfrac{\partial \varepsilon^{\mathrm{p}}_{\mathrm{v}(L)}}{\partial \tilde{s}_y}\dfrac{\partial \tilde{s}_y}{\partial T}\mathrm{d}T\end{array}\right)\end{cases} \tag{10.104}$$

式中，$\varPi=-\dfrac{\partial f_{\mathrm{s}}}{\partial \tilde{p}_{\mathrm{c}}}\dfrac{\partial g_{\mathrm{s}}}{\partial p_D}\tilde{p}_{\mathrm{c}}(1-k_{\mathrm{sw}}k_{\mathrm{ws}})$。

将式（10.104）代入式（10.102）中可计算出土体的塑性应变。利用弹性关系式（10.94）、式（10.3），以及塑性增量式（10.102）代入式（10.20），即可求出三相各自的总的应变增量，得到所需的本构方程。模型中共有 17 个参数，包括：饱和土弹塑性参数（$\lambda,\kappa,M,\nu,u,\alpha$），LC 屈服面参数（$k_{\mathrm{m}},\gamma$），耦合系数（$k_{\mathrm{sw}},k_{\mathrm{ws}},\alpha_{T\mathrm{p}},\alpha_{T\mathrm{s}}$），流体的弹塑性参数（$\lambda_{\mathrm{w}},\kappa_{\mathrm{w}}$），热膨胀系数（$\beta'_{\mathrm{s}}$），温度屈服参数（$\beta_T,a$）。利用饱和土的三轴试验可以确定饱和土的相关参数，根据非饱和土的等向固结试验可以确定 LC 屈

服参数和耦合系数 k_{sw}, k_{ws}，利用干湿循环试验可以确定流体的弹塑性参数，利用不同温度下的固结试验、干湿循环试验及热膨胀试验可以确定热膨胀系数、温度屈服参数和耦合系数 α_{Tp}, α_{Ts}。

10.5 本 章 小 结

土力学的发展与多场耦合过程的研究密切相关，分析多场耦合问题需要建立多场耦合条件下土体的数学模型，一般由控制方程、边界条件和初始条件构成。在这些控制方程中最关键的就是本构方程，它反映了材料的特征属性，真正的土力学必须建立在符合土真实特性的本构模型基础上。本章介绍了非饱和土的本构模型建模的一般方法，非饱和土是一种典型的弹塑性材料，作为一种三相多孔介质材料，其本构关系不仅要反映土骨架的变形，还要对液相的变形特征进行描述，同时还要考虑两者之间的相互耦合作用。目前非饱和土的水力-力学耦合本构模型框架已基本形成，基本的做法是选择合适的应力变量，将剑桥模型扩展至可以考虑吸力的影响，引入加载湿陷屈服面构成三维屈服面；通过合理的硬化机制，来反映饱和度等其他因素对土体的影响；利用 SWCC 反映饱和度与吸力之间的关系，并考虑变形对 SWCC 的影响。在水力-力学耦合基础之上，针对不同问题，可引入其他参数和相关方程来考虑更多的复杂因素，如气相硬化、温度、双孔隙结构、物理-化学作用等。

水力耦合本构模型的发展可为多场耦合本构模型的建立提供参考，在此基础上三场耦合本构关系得到发展，四场耦合本构关系有待研究。这种本构模型之间的耦合效应主要可以通过屈服面的耦合反映，由硬化方程的演化而表现出来。例如，BBM 模型引入加载湿陷屈服面来描述吸力对屈服应力的影响，Hueckel 和 Borsetto（1990）引入了热屈服面描述温度变化下土体的塑性变形。采用类似的方法可以建立考虑化学场的本构模型，Hueckel（1997）提出了化学软化的概念，建立了污染物流动和应力场作用下的饱和黏土弹塑性化学-力学耦合本构模型。基于化学软化的概念，国内学者刘泽佳和李锡夔（2007）、周雷和张洪武（2009）也各自建立了考虑化学作用的本构模型。以上模型大多是三场耦合的本构模型，如热水力耦合或化学水力耦合，刘泽佳等（2007）建立一个化学-热-水力-力学耦合本构模型，由于以上四场相互作用非常复杂，作用机理仍有待研究，四场本构模型仍然比较少，仍有待发展。

目前已经发展了大量的多场耦合模型，尽管各能量守恒方程中都相应地增加了其他场的耦合作用项以及各场之间的界面效应项，但所采用的本构方程一般很少考虑多场耦合的作用。而本构方程是建立耦合模型控制方程的关键所在，如何在清晰的前提和假定条件下，用岩土工程界熟悉的符号、术语推导出便于工程应用的功和能量平衡方程，发展多场耦合土体的本构方程是有待研究的重要内容。此外，由此得到的本构模型通常具有较多的参数，如何通过实验简单地获取这些参数，并使模型可以用于分析实际问题，也是非饱和土本构模型急需解决的重要问题。

参 考 文 献

艾树涛. 2009. 非平衡态热力学概论[M]. 武汉: 华中科技大学出版社.

蔡国庆. 2012. 基于多孔介质理论的土体多场耦合模型及其在非饱和土本构建模中的应用[D]. 北京: 北京交通大学.

蔡国庆, 赵成刚, 刘艳, 等. 2011a. A nonlinear multi-field coupled model for soils[J]. Science China E: Technological Sciences, 54(5): 1300-1314.

蔡国庆, 赵成刚, 刘艳, 等. 2011b. 考虑温度影响的非饱和土变形特性[J]. 科学通报, (18): 1487-1496.

陈正汉. 1993a. 非饱和土固结的混合物理论(Ⅱ)[J]. 应用数学和力学, (8): 687-698.

陈正汉, 谢定义, 刘祖典. 1993b. 非饱和土固结的混合物理论(Ⅰ)[J]. 应用数学和力学, (2): 127-137.

郭晓霞. 2009. 热力学方法在土体本构模型中的应用研究[D]. 大连: 大连理工大学.

郭晓霞, 迟世春, 林皋. 2007. 邓肯 E-B 模型弹性部分能量守恒的探讨[J]. 岩石力学与工程学报, (S1): 3114-3121.

郭振仁. 1983. 能量耗散率极值原理评述[J]. 重庆交通学院学报, (2): 95-100.

黄义, 张引科. 2003a. 非饱和土本构关系的混合物理论(Ⅰ)——非线性本构方程和场方程[J]. 应用数学和力学, (2): 111-123.

黄义, 张引科. 2003b. 非饱和土本构关系的混合物理论(Ⅱ)——线性本构方程和场方程[J]. 应用数学和力学, (2): 124-137.

黄筑平. 2003. 连续介质力学基础[M]. 北京: 高等教育出版社.

孔令伟, 钟方杰, 郭爱国, 等. 2009. 杭州湾浅层储气砂土应力路径试验研究[J]. 岩土力学, 30(8): 2209-2214.

李舰. 2014. 膨胀性非饱和土的本构模型的研究[D]. 北京: 北京交通大学.

李如生. 1986. 非平衡态热力学和耗散结构[M]. 北京: 清华大学出版社.

李相崧. 2013. 饱和土弹塑性理论的数理基础——纪念黄文熙教授[J]. 岩土工程学报, (1): 1-33.

刘艳. 2010. 非饱和土的广义有效应力原理及其本构模型研究[D]. 北京: 北京交通大学.

刘艳, 赵成刚. 2008. 土水特征曲线滞后模型的研究[J]. 岩土工程学报, (3): 399-405.

刘泽佳, 李锡夔. 2007. 非饱和多孔介质中混合元法的化学-热-渗流-力学耦合的本构模拟[J]. 计算力学学报, (4): 397-402.

刘泽佳, 李锡夔. 2008. 非饱和土化学-水力-力学耦合行为数值模拟[J]. 岩土力学, (11): 2977-2982.

苗天德, 郭力, 牛永红, 等. 1999. 正冻土中水热迁移问题的混合物理论模型[J]. 中国科学(D 辑:地球科学), (S1): 8-14.

牛永红, 苗天德. 2002. 混合物理论中的体积分数约束[J]. 中国科学(A 辑), (2): 170-176.

秦理曼, 迟世春, 林皋. 2005. 基于能量耗散的应力引起的土体各向异性模型[J]. 大连理工大学学报, (5): 700-706.

秦理曼, 迟世春, 林皋. 2007. 一种基于热力学原理的密砂模型[J]. 岩土力学, (5): 871-876, 882.

沈珠江. 2000. 理论土力学[M]. 北京: 中国水利水电出版社.

孙德安. 2009. 非饱和土的水力和力学特性及其弹塑性描述[J]. 岩土力学, (11): 3217-3231.

王季陶. 2010. 现代热力学: 基于扩展卡诺定理[M]. 上海: 复旦大学出版社.

韦昌富. 2011. 多相孔隙介质多场耦合理论 2: 化学动力学理论[R]. 中国科学院武汉岩土力学研究所, 内部报告.

杨松岩, 俞茂宏. 1998. 一种基于混合物理论的非饱和岩土类材料的弹塑性损伤模型[J]. 岩土工程学报, (5): 61-66.

杨松岩, 俞茂宏. 2000. 多相孔隙介质的本构描述[J]. 力学学报, (1): 11-24.

姚仰平, 牛雷, 杨一帆, 等. 2011. 考虑温度影响的非饱和土本构模型[J]. 岩土力学, (10): 2881-2888.

张雪东. 2010. 土水特征曲线及其在非饱和土力学中应用的基本问题研究[D]. 北京: 北京交通大学.

赵成刚, 白冰. 2009a. 土力学原理(修订本)[M]. 北京: 清华大学出版社, 北京交通大学出版社.

赵成刚, 刘艳. 2009b. 连续孔隙介质土力学及其在非饱和土本构关系中的应用[J]. 岩土工程学报, 31(9): 1324-1335.

赵成刚, 张雪东, 郭璇. 2006. 土的本构方程与热力学[J]. 力学进展, (4): 611-618.

赵凯华, 罗蔚茵. 1998. 新概念物理教程: 热学[M]. 2 版. 北京: 高等教育出版社.

郑颖人. 2003. 岩土塑性力学的新进展——广义塑性力学[J]. 岩土工程学报, (1): 1-10.

周建. 2006. 非饱和土 Barcelona 模型修正及存在问题探讨[J]. 浙江大学学报(工学版), 40(7): 1244-1252.

周雷, 张洪武. 2009. 非饱和土化学-塑性耦合本构行为的数值模拟[J]. 岩土力学, (7): 2133-2140.

Achanta S, Cushman J H. 1994. On multicomponent, multiphase thermomechanics with inter-faces[J]. International Journal of Engineering Science, 11(32): 1717-1738.

Adams B A, Wulfsohn D. 1997. Variation of the critical-state boundaries of an agricultural soil[J]. European Journal of Soil Science, 48(4): 739-748.

Adkins J E. 1963a. Non-linear diffusion I. Diffusion and flow of mixtures of fluids[J]. Philosophical Transactions of the Royal Society of London A: Mathematical, Physical and Engineering Sciences, 255(1064): 607-633.

Adkins J E. 1963b. Non-linear diffusion II. Constitutive equations for mixtures of isotropic fluids[J]. Philosophical Transactions of the Royal Society of London A: Mathematical, Physical and Engineering Sciences, 255(1064): 635-648.

Adkins J E. 1964. Non-linear diffusion III. Diffusion through isotropic highly elastic solids[J]. Philosophical Transactions of the Royal Society of London A: Mathematical, Physical and Engineering Sciences, 256(1071): 301-316.

Alonso E E, Gens A, Josa A. 1990. A constitutive model for partially saturated soils[J]. Géotechnique, 40(3): 405-430.

Atkinson C, Appleby S. 1994. Variational principles developed for and applied to porous elas-ticsolids[J].

International Journal of Engineering Science, 6(32): 955-977.

Baker R, Frydman S. 2009. Unsaturated soil mechanics: Critical review of physical foundations[J]. Engineering Geology, 106(1-2): 26-39.

Bardet J. 1990. Hypoplastic model for sands[J]. Journal of Engineering Mechanics, 116(9): 1973-1994.

Bedford A, Drumheller D S. 1983. Theories of immiscible and structured mixtures[J]. International Journal of Engineering Science, 80(21): 863-960.

Bennethum L S, Cushman J H. 1996a. Multiscale, hybrid mixture theory for swelling systems—I: Balance laws[J]. International Journal of Engineering Science, 34(2): 125-145.

Bennethum L S, Cushman J H. 1996b. Multiscale, hybrid mixture theory for swelling systems—II: Constitutive theory[J]. International Journal of Engineering Science, 34(2): 147-169.

Bennethum L, Murad M, Cushman J. 2000. Macroscale thermodynamics and the chemical potential for swelling porous media[J]. Transport in Porous Media, 39(2): 187-225.

Bennethum L, Weinstein T. 2004. Three pressures in porous media[J]. Transport in Porous Media, 54(1): 1-34.

Biot MA. 1941. General theory of three-dimensional consolidation[J]. Journal of Applied Physics 12, 155-164.

Bishop A W. 1959. The principle of effective stress[J]. Teknisk Ukeblad, 106: 859-863.

Bishop A W. Blight G E. 1963. Some aspects of the effective stress in saturated and partially saturated soils[J]. Géotechnique, 13(3): 177-197.

Bishop A W, Donald I B. 1961. The experimental study of partly saturated soils in triaxial apparatus[C]// Proceedings of 5th International Conference on Soil Mechanics and Foundation Engineering, 1: 13-21.

Blight G E. 1967. Effective stress evaluation for unsaturated soils[J]. Journal of the Soil Mechanics and Foundations Division (ASCE), 93: 125-148.

Boer R D. 1996. Highlights in the historical development of the porous media: toward a consistent macroscopic theory[J]. Applied Mechanics Reviews, 49(4): 201-262.

Boer R D, Didwania A. 2004. Two-phase flow and the capillarity phenomenon in porous solids-a continuum thermomechanical approach[J]. Transport in Porous Media, 56(2): 137-170.

Bolzon G, Schrefler B A. 2005. Thermal effects in partially saturated soils: a constitutive model[J]. International Journal for Numerical and Analytical Methods in Geomechanics, 29(9): 861-877.

Bolzon G, Schrefler B A, Zienkiewicz O C. 1996. Elastoplastic soil constitutive laws generalized to partially saturated states[J]. Géotechnique, 46(2): 279-289.

Borja R I. 1991. Cam-Clay plasticity, Part II: Implicit integration of constitutive equation based on a nonlinear elastic stress predictor[J]. Computer Methods in Applied Mechanics and Engineering, 88(2): 225-240.

Borja R I. 2004. Cam-Clay plasticity, Part V: A mathematical framework for three phase deformation and strain localization analysis of partially saturated porous media[J]. Computer Methods in Applied

Mechanics and Engineering, 193: 5301-5338.

Bowen R M. 1980. Incompressible porous media models by use of the theory of mixtures[J]. International Journal of Engineering Science, 18(9): 1129-1148.

Bowen R M. 1982. Compressible porous media models by use of the theory of mixtures[J]. International Journal of Engineering Science, 20(6): 679-735.

Bowen R M. 1983. 混合物理论，现代连续统力学丛书[M]. 董务民，译. 南京: 江苏科学技术出版社.

Brooks R H, Corey A T. 1964. Hydraulic Properties of Porous Media M, Hydrology Paper Number 3 [M]. Colorado: Colorado State University.

Buscarnera G, Nova R. 2009. An elastoplastic strainhardening model for soil allowing for hydraulic bonding-debonding effects[J]. International Journal for Numerical and Analytical Methods in Geomechanics, 33(8): 1055-1086.

Coleman B D, Noll W. 1963. The thermodynamics of elastic materials with heat conduction andviscosity[J]. Archive for Rational Mechanics and Analysis, 1(13): 167-178.

Coleman J D. 1962. Stress-strain relations for partly saturated soils [J]. Géotechnique, 12(4): 348-350.

Collins I F. 2005. The concept of stored plastic work for frozen elastic energy in soil mechanics[J]. Géotechnique, 55(5): 373-382.

Collins I F, Hilder T. 2002. A theoretical framework for constructing elastic/plastic constitutive models of triaxial tests[J]. International Journal for Numerical and Analytical Methods in Geomechanics, 26(13): 1313-1347.

Collins I F, Houlsby G T. 1997. Application of thermomechanical principles to the modelling of geotechnical materials[J]. Proceedings of the Royal Society of London A: Mathematical, Physical and Engineering Sciences, 453: 1975-2001.

Collins I F, Houlsby G T. 2001. A thermomechanical framework for rate-independent dissipative materials with internal functions[J]. International Journal of Plasticity, 17: 1147-1165.

Costa Mattos H S. 1998. A thermodynamically consistent constitutive theory for fluids[J]. International Journal of Non-Linear Mechanics, 1(33): 97-110.

Coussy O. 1995. Mechanics of Porous Media[M]. New York: Wiley.

Cross J J. 1973. Mixtures of fluids and isotropic solids[J]. Archives of Mechanics, 25: 1024-1039.

Cui Y J, Sultan N, Delage P. 2000. A thermomechanical model for saturated clays[J]. Canadian Geotechnical Journal, 37(3): 607-620.

Dafalias Y F. 1986. Bounding surface plasticity I: Mathematical foundation and hypoplasticity[J]. Journal of Engineering Mechanics, 112(9): 966-987.

Dafalias Y F, Herrmann L R. 1986. Bounding surface plasticity II: Application to isotropic cohesive soils[J]. Journal of Engineering Mechanics, 112(12): 1263-1291.

Dean E T, Houlsby G, 2005. Discussion: Editorial[J]. Géotechnique. 55: 415-417.

Einav I, Puzrin A. 2003. Pressure-dependent elasticity and energy conservation in elastoplastic models for soils[J]. Journal of Geotechnical and Geoenvironmental Engineering, 130(1): 81-92.

Eringen A C. 1994. Continuum theory of swelling porous elastic soil[J]. International Journal of Engineering Science, 8(32): 1337-1349.

Eringen A C, Ingram J D. 1965. A continuum theory of chemically reacting media I[J]. International Journal of Engineering Science, (3): 197-212.

Fischer F D, Svoboda J, Petryk H. 2014. Thermodynamic extremal principles for irreversible processes in materials science[J]. Acta Materialia, 67(0): 1-20.

Fredlund D G. 2000. The implementation of unsaturated soil mechanics into geotechnical engineering[J]. Canadian Geotechnical Journal, 37(5): 963-986.

Fredlund D G, Morgenstern N R. 1977. Stress state variables for unsaturated soils[J]. Journal of the Geotechanical Engineering Division(ASCE), 103: 447-466.

Fredlund D G, Morgenstern N R. 1997. 非饱和土力学[M]. 北京：中国建筑工业出版社.

Gallipoli D, Gens A, Sharma R, et al. 2003. An elasto-plastic model for unsaturated soil incorporating the effects of suction and degree of saturation on mechanical behaviour[J]. Géotechnique, 53(1): 123-135.

Gawin D, Baggio P, Schrefler B A. 1995. Coupled heat, water and gas flow in deformable porous media[J]. International Journal for Numerical Methods in Fluids, 8-9(20): 969-987.

Geiser F, Laloui L, Vulliet L. 2000. Modelling the behaviour of unsaturated silt[C]//Proceedings of an international workshop on unsaturated soils, Trento, Italy, Balkema:155-175.

Gens A. 2010. Soil-environment interactions in geotechnical engineering[J]. Géotechnique, 60(1): 3-74.

Genuchten M T. 1980. A closed-form equation for predicting the hydraulic conductivity of unsaturated soil[J]. Soil Science Society of America Journal, 44: 892-898.

González N, Gens A, 2010. Evaluation of a Constitutive Model for Unsaturated Soils[M/OL]. Boca Raton: CRC Press.

Gray W G. 1983. Local volume averaging of multiphase systems using a non-constant averaging volume[J]. International Journal of Multiphase Flow, 9(6): 755-761.

Gray W G, Hassanizadeh S M. 1991. Paradoxes and realities in unsaturated flow theory[J]. Water Resources Research, 27(8): 1847-1854.

Gray W, Leijnse A, Kolar R, et al. 1993. Mathematical Tools for Changing Spatial Scales in the Analysis of Physical Systems[M]. Boca Raton :CRC press.

Gray W G, Miller C T. 2005. Thermodynamically constrained averaging theory approach for modeling flow and transport phenomena in porous medium systems: 1. Motivation and overview[J]. Advances in Water Resources, 28(2): 161-180.

Gray W G, Miller C T. 2006. Thermodynamically constrained averaging theory approach for modeling flow and transport phenomena in porous medium systems: 3. Single-fluid-phase flow[J]. Advances in Water Resources, 29(11): 1745-1765.

Gray W G, Miller C T. 2009a. Thermodynamically constrained averaging theory approach for modeling flow and transport phenomena in porous medium systems: 5. Single-fluid-phase transport[J]. Advances in Water Resources, 32(5): 681-711.

Gray W G, Miller C T. 2009b. Thermodynamically constrained averaging theory approach for modeling flow and transport phenomena in porous medium systems: 7. Single-phase megascale flow models[J]. Advances in Water Resources, 32(8): 1121-1142.

Gray W G, Miller C T. 2010. Thermodynamically constrained averaging theory approach for modeling flow and transport phenomena in porous medium systems: 8. Interface and common curve dynamics[J]. Advances in Water Resources, 33(12): 1427-1443.

Green A E, Naghdi P M. 1965. A general theory of an elastic-plastic continuum[J]. Archive for Rational Mechanics and Analysis, 4(18): 251-281.

Groot S R D, Mazur P. 1981. 非平衡态热力学[M]. 陆全康, 译. 上海: 上海科学技术出版社.

Grozic J L, Imam S M R, Robertson P K, et al. 2005. Constitutive modeling of gassy sand behaviour[J]. Canadian Geotechnical Journal, 42(3): 812-829.

Gurtin M E, Penha G M. 1970. On the thermodynamics of mixtures[J]. Archive for Rational Mechanics and Analysis, 5(36): 390-410.

Gyarmati I. 1970. Non-equilibrium Thermodynamics: Field Theory and Variational Principles[M]. Berlin: Springer-Verlag.

Hansen A C, Crane R T, Damson M H, et al. 1991. Some notes on a volume fraction mixture theory and a comparison with the kinetic theory of gases[J]. International Journal of Engineering Science, 5(29): 561-573.

Hassanizadeh M, Gray W G. 1979a. General conservation equations for multi-phase systems: 1.Averaging procedure[J]. Advance in Water Resources, 2(9): 131-144.

Hassanizadeh M, Gray W G. 1979b. General conservation equations for multi-phase systems: 2. Mass, momenta, energy, and entropy equations[J]. Advance in Water Resources, 2(12): 191-203.

Hassanizadeh M, Gray W G. 1980. General conservation equations for multi-phase systems: 3. Constitutive theory for porous media flow[J]. Advance in Water Resources, 3(3): 25-40.

Hassanizadeh S M. 1986a. Derivation of basic equations of mass transport in porous media, Part 1. Macroscopic balance laws[J]. Advances in Water Resources, (9): 196-206.

Hassanizadeh S M. 1986b. Derivation of basic equations of mass transport in porous media, part 2. Generalized darcy's and fick's law [J]. Advances in Water Resources: 207-222.

Hassanizadeh S M, Gray W G. 1990. Mechanics and thermodynamics of multiphase flow in porous media including interphase boundaries[J]. Advances in Water Resources, 13(4): 169-186.

Hassanizadeh S M, Gray W G. 1993. Thermodynamic basis of capillary pressure in porous media[J]. Water Resources Research, 29(10): 3389-3405.

Houlsby G T. 1997. The work input to an unsaturated granular material[J]. Géotechnique, 47(1): 193-196.

Houlsby G T, Puzrin A M. 2000. A thermomechanical framework for constitutive models for rate-independent dissipative materials[J]. International Journal of Plasticity, 16: 1017-1047.

Houlsby G T, Puzrin A M. 2007. Principles of Hyperplasticity: An Approach to Plasticity Theory Based on Thermodynamic Principles[M]. Berlin: Springer.

Hoyos L R, Arduino P. 2008. Implicit algorithms in modeling unsaturated soil response in three-invariant stress space[J]. International Journal of Geomechanics, 8: 266-273.

Hu R, Chen Y, Liu H, et al. 2015. A coupled stress-strain and hydraulic hysteresis model for unsaturated soils: Thermodynamic analysis and model evaluation[J]. Computers and Geotechnics, 63(1): 159-170.

Hueckel T. 1997. Chemo-plasticity of clays subjected to stress and flow of a single contaminant[J]. International Journal for Numerical and Analytical Methods in Geomechanics, 21(1): 43-72.

Hueckel T, Borsetto M. 1990. Thermoplasticity of saturated soils and shales: Constitutive equations[J]. Journal of Geotechnical Engineering, 116(12): 1765-1777.

Hutter K, Jöhnk K. 2004. Continuum Methods of Physical Modeling[M]. Berlin: Springer.

Hutter K, Laloui L, Vulliet L. 1999. Thermodynamically based mixture models of saturated and unsaturated soils[J]. Mechanics of Cohesive-Frictional Materials, (4): 295-338.

Ingram J D, Eringen A C. 1967. A continuum theory of chemically reacting media II [J]. International Journal of Engineering Science, (5): 289-322.

Jackson A S, Miller C T, Gray W G. 2009. Thermodynamically constrained averaging theory approach for modeling flow and transport phenomena in porous medium systems: 6. Two-fluid-phase flow[J]. Advances in Water Resources, 32(6): 779-795.

Jennings J E B, Burland J B. 1962. Limitations to the use of effective stresses in unsaturated soils[J]. Géotechnique, 12(2): 125-144.

Jommi C. 2000. Remarks on the constitutive modelling of unsaturated soils[C]//Proceedings of an international workshop on unsaturated soils, Trento, Italy, Balkema:139-154.

Kayadelen C, Sivrikaya O, Taşkıran T, et al. 2007. Critical-state parameters of an unsaturated residual clayey soil from Turkey[J]. Engineering Geology, 94(1-2): 1-9.

Kelly P D. 1964. A reacting continuum[J]. International Journal of Engineering Science, (2): 129-153.

Khalili N, Geiser F, Blight G E. 2004. Effective stress in unsaturated soils: Review with new evidence[J]. Inernational Journal of Geomechanics, 4(2): 115-126.

Laloui L, Cekerevac C. 2003. Thermo-plasticity of clays: An isotropic yield mechanism[J]. Computers and Geotechnics, 30(8): 649-660.

Lebon G, Jou D, Casas-vazues J. 2007. Understanding Non-equilibrium Thermodynamics[M]. Berlin: Springer.

Li X S. 2005. Modelling of hysteresis response for arbitrary wetting/drying paths[J]. Computers and Geotechnics, 32(2): 133-137.

Li X S. 2007a. Thermodynamics-based constitutive framework for unsaturated soils 1: Theory[J]. Géotechnique, 57(5): 411-422.

Li X S. 2007b. Thermodynamics-based constitutive framework for unsaturated soils 2: A basic triaxial model[J]. Géotechnique, 57(5): 423-435.

Li X, Dafalias Y. 2012. Anisotropic critical state theory: Role of fabric[J]. Journal of Engineering Mechanics, 138(3): 263-275.

Loret B, Khalili N, 2000. A three-phase model for unsaturated soils[J]. International Journal for Numerical and Analytical Methods in Geomechanics, 24: 893-927.

Lu N. 2008. Is matric suction a stress variable[J]? Journal of Geotechnical and Geoenvironmental Engineering, 134(7): 899-905.

Lubliner J. 1990. Plasticity Theory [M]. New York: Macmillan Publishing Company.

Lubrada V A. 2002. Elastoplasticity Theory[M]. Boca Raton: CRC Press.

Mandel J. 1973. Thermodynamics and Plasticity[M/OL] //Domingos J, Ninas M, Whitelaw J. Foundations of Continumm Thermodynamics. New York: Wiley, 283-304.

Martyushev L. 2013. Entropy and entropy production: old misconceptions and new breakthroughs[J]. Entropy, 15(4): 1152-1170.

Martyushev L M, Seleznev V D. 2006. Maximum entropy production principle in physics, chemistry and biology[J]. Physics Reports, 426(1): 1-45.

Maugin G. 1999. The Thermomechanics of Nonlinear Irreversible Behaviors: An Introduction[M]. Singapore: World Scientific.

Miller C T, Gray W G. 2005. Thermodynamically constrained averaging theory approach for modeling flow and transport phenomena in porous medium systems: 2. Foundation[J]. Advances in Water Resources, 28(2): 181-202.

Miller C T, Gray W G. 2008. Thermodynamically constrained averaging theory approach for modeling flow and transport phenomena in porous medium systems: 4. Species transport fundamentals[J]. Advances in Water Resources, 31(3): 577-597.

Mitchell J K. 1976. Fundamentals of Soil Behavior[M]. New York: John Wiley & Sons.

Mroz Z. 1967. On the description of anisotropic workharding[J]. Journal of the Mechanics and Physics of solids, 15: 163-175.

Murad M A. 1999. Thermomechanical model of hydration swelling in smectitic clays: I two-scale mixture-theory approach[J]. International Journal for Numerical and Analytical Methods in Geomechanics, 23(7): 673-696.

Murad M A. Cushman J H. 1996. Multiscale flow and deformation in hydrophilic swelling porous media[J]. International Journal of Engineering Science, 34(3): 313-338.

Murad M A, Cushman J H. 2000. Thermomechanical theories for swelling porous media with microstructure[J]. International Journal of Engineering Science, 38(5): 517-564.

Muraleetharan K K, Wei C. 1999. Dynamic behaviour of unsaturated porous media: governing equations using the theory of mixtures with interfaces(TMI)[J]. International Journal for Numerical and

Analytical Methods in Geomechanics, 23(13): 1579-1608.

Nicolis G, Prigogine I. 1992. 探索复杂性[M]. 罗久里，陈奎宁，译. 成都: 四川教育出版社.

Nitao J J, Bear J. 1996. Potentials and their role in transport in porous media[J]. Water Resources Research, 32(2): 225-250.

Onsager L. 1931. Reciprocal relations in irreversible processes. I.[J]. Physical Review, 37(4): 405-426.

Pham H Q, Fredlund D G, Barbour S L. 2005. A study of hysteresis models for soil-water characteristic curves[J]. Canadian Geotechnical Journal, 42(6): 1548-1568.

Pietruszczak S, Pande G N. 1996. Constitutive relations for partially saturated soils containing gas inclusions[J]. Journal of Geotechnical Engineering, 122(1): 50-59.

Rampino C, Mancuso C, Vinale F. 1998. Behavior of a compacted silty sand during suction controlled tests[C]//Proceedings of the 2nd International Conference on Unsaturated Soils, Beijing, China: 108-113.

Raveendiraraj A. 2009. Coupling of Mechanical Behaviour and Water Retention Behaviour in Unsaturated Soils[D]. Glasgow: University of Glasgow.

Reeves P C, Celia M A. 1996. A functional relationship between capillary pressure, saturation, and interfacial area as revealed by a pore-scale network model[J]. Water Resources Research, 32(8): 2345-2358.

Reid C R, Jafari F. 1995. The kinematics and general field equations for continuum mixtures[J]. International Journal of Engineering Science, 3(33): 411-428.

Risnes R, Flaageng O. 1999. Mechanical properties of chalk with emphasis on chalk-fluid interactions and micromechanical aspects propriétés mécaniques de la Craie: Interactions fluide-Craie et aspects micro-mécaniques[J]. Oil & Gas Science and Technology, 54(6): 751-758.

Roscoe K H, Schofield A N. 1958. On the yielding of soils[J]. Géotechnique, 8(1): 22-53.

Samohýl I. 1997a. Thermodynamics of mixtures of reacting and non-reacting fluids with heat conduction, diffusion and viscosity[J]. International Journal of Non-Linear Mechanics, 2(32): 241-257.

Samohýl I. 1997b. Thermodynamics of non-reacting mixtures of any symmetry with heat con-duction, diffusion and viscosity[J]. International Journal of Non-Linear Mechanics, 2(32): 235-240.

SanchezM, Gens A, Guimaraes L, et al. 2008. Implementation algorihm of a generalised plasticity model for swelling clay[J]. Computers and Geotechnics, 35: 860-871.

Schofield A, Wroth C. 1968. Critical State Soil Mechanic[M]. London: McGraw-Hill.

Schrefler B A. 2002. Mechanics and thermodynamics of saturated/unsaturated porous materials and quantitative solutions[J]. Applied Mechanics reviews, 55(4): 351-388.

Schrefler B A, Alpaos L D', Zhan X Y, et al. 1994. Pollutant transport in deforming porous media[J]. European Journal of Mechanics A/Solids, 13: 175-194.

Schrefler B A, Sanavia L, Majorana C. 1996. A multiphase media model for localisation and post-localisation simulation in geomaterials[J]. Mechanics of Cohesive-Frictional Mate-rials, 1(1):

102-121.

Sheng D. 2011. Review of fundamental principles in modelling unsaturated soil behaviour[J]. Computers and Geotechnics, 38: 757-776.

Sheng D, Fredlund D G, Gens A. 2008. A new modelling approach for unsaturated soils using independent stress variables[J]. Canadian Geotechnical Journal, 45: 511-534.

Sheng D, Sloan S W, Gens A. 2004. A constitutive model for unsaturated soils: thermomechanical and computational aspects[J]. Computational Mechanics, 33(6): 453-465.

Sheng D, Sloan S, Gens A, et al. 2003a. Finite element formulation and algorithms for unsaturated soils. Part I: Theory. [J]. International Journal for Numerical and Analytical Methods in Geomechanics, 27(9): 745-765.

Sheng D, Smith D W, Sloan S W, et al. 2003b. Finite element formulation and algorithms for unsaturated soils. Part II: Verification and application[J]. International Journal for Numerical and Analytical Methods in Geomechanics, 27(9): 767-790.

Simon B R, Zienkiewicz O C, Paul D K. 1984. An analytical solution for the transient response of saturated porous elastic solids[J]. International Journal for Numerical and Analytical Methods in Geomechanics, 4(8): 381-398.

Singh P, Cushman J, Bennethum L, et al. 2003. Thermomechanics of swelling biopolymeric systems[J]. Transport in Porous Media, 53(1): 1-24.

Skempton A W. 1960. Effective stress in soils, concrete and rocks[C]//Proceeding of Conference on Pore pressure, Butterworths, London: 4-16.

Sloan S W, Abbo A J, Sheng D. 2001. Refined explicit integration of elastoplastic models with automatic error control[J]. Engineering Computations, 18(1/2): 121-194.

Sołowski W T, Gallipoli D. 2010a. Explicit stress integration with error control for the Barcelona Basic Model. Part I: Algorithms formulation [J]. Computers and Geotechnics, 37: 59-67.

Sołowski W T, Gallipoli D. 2010b. Explicit stress integration with error control for the Barcelona Basic Model. Part II: Algorithms efficiency and accuracy[J]. Computers and Geotechnics, 37: 68-81.

Sołowski W T, Hofmann M, Hofstetter G, et al. 2012. A comparative study of stress integration methods for the Barcelona basic model[J]. Computers and Geotechnics, 44: 22-33.

Sun D A, Sheng D C, Cui H B, et al. 2007a. A density-dependent elastoplastic hydro-mechanical model for unsaturated compacted soils[J]. International Journal for Numerical and Analytical Methods in Geomechanics, 31(11): 1257-1279.

Sun D A, Sheng D, Xu Y. 2007b. Collapse behaviour of unsaturated compacted soil with different initial densities[J]. Canadian Geotechnical Journal, 44: 673-686.

Svendsen B, Hutter K. 1995. On the thermodynamics of a mixture of isotropic materials with constraints[J]. International Journal of Engineering Science, 14(33): 2021-2054.

Svoboda J, Turek I, Fischer F D. 2005. Application of the thermodynamic extremal principle to modeling of thermodynamic processes in material sciences[J]. Philosophical Magazine, 85(31): 3699-3707.

Tamagnini R. 2004. An extended Cam-Clay model for unsaturated soils with hydraulic hysteresis[J]. Géotechnique, 54(3): 223-228.

Tamagnini R, Mavroulidou M, Gunn M J. 2011. Implicit integration of a constitutive model for partly saturated structured porous materials[C]. Proceedings of the fifth international conference on unsaturated soils, Barcelona, Spain: 1087-1092.

Tarantino A. 2004. Direct measurement of soil water tension[C]//Proceedings 3th International Conference on Unsaturated Soils, Recife:1005-1017.

Tarantino A, Mongiovì L. 2000. Experimental investigations on the stress variables governing unsaturated soil behaviour at medium to high degrees of saturation[C]//Proceedings of an international workshop on unsaturated soils, Trento, Italy, Balkema:1-20.

Truesdell C. 1984. Rational Thermodynamics[M]. 2nd ed. New York: Springer-Verlag.

Valanis K C. 1971. Irreversibility and existence of entropy[J]. International Journal of Non-Linear Mechanics, 6(3): 337-360.

Vaunat J, Cante J C, Ledesma A, et al. 2000a. A stress point algorithm for an elastoplastic model in unsaturated soils[J]. International Journal of Plasticity, 16: 121-141.

Vaunat J, Romero E, Jommi C. 2000b. An elastoplastic hydro-mechanical model for unsaturated soils[C]// Proceedings of an International Workshop on Unsaturated Soils, Trento, Italy, Balkema:121-138.

Vermeer P A. 1978. A double hardening model for sand[J]. Géotechnique, 28: 413-433(20).

Wang Q, Pufahl D E. Fredlund D G. 2002. A study of critical state on an unsaturated silty soil[J]. Canadian Geotechnical Journal, 39(1): 213-218.

Wei C, Dewoolkar M M. 2006a. Formulation of capillary hysteresis with internal state variables[J]. Water Resources Research, 42(7): W07405.

Wei C, Kong L, Wang J. 2006b. A comprehensive approach to modeling the constitutive behavior of unsaturated soils[C]//The 4th Asian Joint Symposium on Geotechnical and Geo-Environmental Engineering, Dalian: Dalian University of Technology Press.

Wei C, Muraleetharan K K. 2002a. A continuum theory of porous media saturated by multiple immiscible fluids: I. Linear poroelasticity[J]. International Journal of Engineering Science, 40(16): 1807-1833.

Wei C, Muraleetharan K K. 2002b. A continuum theory of porous media saturated by multiple immiscible fluids: II. Lagrangian description and variational structure[J]. International Journal of Engineering Science, 40(16): 1835-1854.

Wheeler S J. 1986. The Stress-Strain Behaviour of Soils Containing Gas Bubbles[D]. Oxford: Oxford University.

Wheeler S J. 1988. The undrained shear strength of soils containing large gas bubbles[J]. Géotechnique, 38(3): 399-413.

Wheeler S J, Sharma R S, Buisson M S R. 2003. Coupling of hydraulic hysteresis and stress-strain behaviour in unsaturated soils[J]. Géotechnique, 53(1): 41-54.

Wheeler S J, Sivakumar V. 1995. An elasto-plastic critical state framework for unsaturated soil[J]. Geotechnique, 45(1): 35-53.

Zhang H W, Heeres O M, Borst R, et al. 2001. Implicit integration of a generalized plasticity constitutive model for partially saturated soil[J]. Engineering Computations, 18(1/2): 314-336.

Zhang H W, Zhou L, 2008. Implicit integration of chemo-plastic constitutive mode for partially saturated soils[J]. International Journal for Numerical and Analytical Methods in Geomechanics, 32: 1715-1735.

Zhang X, Lytton R L. 2006. Stress state variables for saturated and unsaturated soils[C]//Proceedings of the Fourth International Conference on Unsaturated Soils, Carefree, Arizona, USA, ASCE:2380-2391.

Zhao C G, Liu Y, Gao F P. 2010. Work and energy equations and the principle of generalized effective stress for unsaturated soils[J]. International Journal for Numerical and Analytical Methods in Geomechanics, 34(9): 920-936.

Zhao C G, Zhang X. 2008. Derivation of the work expression and discussion on the effective principle and the phase separation theorem in unsaturated soil[J]. Science in China Series E: Technological Sciences, 51(9): 1530-1541.

Zhou A, Sheng D, Sloan S W, et al. 2012a. Interpretation of unsaturated soil behaviour in the stress - saturation space I: Volume change and water retention behaviour[J]. Computers and Geotechnics, 43: 178-187.

Zhou A, Sheng D, Sloan S W, et al. 2012b. Interpretation of unsaturated soil behaviour in the stress-saturation space II: Constitutive relationships and validations[J]. Computers and Geotechnics, 43: 111-123.

Ziegler H. 1983. An Introduction to Thermomechanics[M]. Amsterdam: North-Holland Publishing Company.

Ziegler H, Wehrli C. 1987. The derivation of constitutive relations from the free energy and the dissipation function[J]. Advances in Applied Mechanics, 25: 183-238.

Zienkiewicz O C, Paul D K, Chan A H C. 1988. Unconditionally stable staggered solution procedure for soil-pore fluid interaction problems[J]. International Journal for Numerical Methods in Engineering, 5(26): 1039-1055.

Zytynski M, Randolph M F, Nova R, et al. 1978. On modelling the unloading-reloading behaviour of soils[J]. International Journal for Numerical and Analytical Methods in Geomechanics, 2(1): 87-93.

附录 1 符 号 表

符号	说明
A	Helmholtz 自由能
A_α	α 相的面积
c_k	k 组分的质量分数
C_v	热容
D	耗散函数
D_q	由于热传导引起的耗散
D_i	固有耗散
$\hat{e}^\alpha$	质量交换项
$\overset{V}{\overline{f}}{}^\alpha$	体积平均算子
$\overset{V}{\overline{f_\alpha}}{}^\alpha$	本征体积平均算子
$\overset{m}{\overline{f}}{}^\alpha$	质量平均化算子
$\overset{A}{\overline{f}}{}^\alpha$	面积平均化算子
f_α	α 相真实应力空间屈服面
G	第 2 章中表示 Gibbs 自由能，其余表示剪切模量
G^f	流体的 Gibbs 自由能
G^s	固体骨架的 Gibbs 自由能
G_s	土的比重
g	比 Gibbs 自由能
H, h	焓
h^α	单位质量 α 相组分热量变化率
J	热力学流统称
J_i	流
J_k	广义流
j_j	化学反应速率
K	体积模量
K_α	α 相体积模量
K_α^p	α 相的塑性模量
$\widehat{K}_w^p$	边界面的塑性模量
K_t	导热率
K_q	渗流系数
K_m	质量扩散系数

续表

符号	说明
K_{e}	导电率
$k_{sw}, k_{sg}, k_{ws}, k_{gs}$	第 10 章本构模型中的耦合系数
L_{α}	α 相的加载系数
L_{ij}	Onsager 唯象系数（式（3.18））
L_{qq}	标量唯象系数（式（3.31））
M	临界状态应力比
n^{α}	α 相的体积分数
n^{fp}	流相体积分数的塑性部分
$\tilde{n}^{\alpha}$	α 相的面积分数
p	平均压力
$\tilde{p}$	平均有效压力
$\tilde{p}_{c}$	先期固结压力
$\tilde{p}_{c0}$	饱和时的先期固结压力
p^{s}	固相的热力学压力增量
p^{w}	孔隙水压力
p^{g}	孔隙气压力
p^{g}_{d}	气相耗散应力
p^{g}_{b}	气相背应力
q	偏应力
Q	热量
S	熵
S_{e}	可恢复过程的熵
S_{i}	不可恢复过程的熵
S_{r}	饱和度
s	基质吸力
$\tilde{s}$	修正吸力
$\tilde{s}_{d}$	液相耗散应力
$\tilde{s}_{b}$	液相背应力
$\tilde{s}_{y}$	液相屈服应力
T	温度
T_{CT}	屈服温度
T_{c}	参考温度值
U	内能
V	体积
V_{α}	α 相的体积
v_{w}	水的比体积
W	功
Y	真实空间屈服面函数
y^{*}	耗散空间屈服面函数

续表

符号	说明
$\frac{\mathrm{d}f}{\mathrm{d}t}$	某物理量的物质导数
$\boldsymbol{a}$	Euler 加速度矢量
$\boldsymbol{A}$	Lagrange 加速度矢量
$\boldsymbol{b}^k$	k 组分单位质量上的体积力
$\boldsymbol{d}^\alpha$	变形率张量，速度梯度的对称部分
$\boldsymbol{d}^{\mathrm{sp}}$	固相的塑性变形
$\boldsymbol{E}^{\mathrm{s}}$	应变张量
$\boldsymbol{E}^{\mathrm{sp}}$	土骨架塑性应变张量
$\boldsymbol{J}$	边面通量矢量
$\boldsymbol{J}_{\mathrm{m}k}$	组元相对于质心运动的扩散流（式（2.62））
$\boldsymbol{J}_s$	熵流密度
$\boldsymbol{P}^k$	压强张量
$\boldsymbol{q}$	热流矢量
$\boldsymbol{q}^\alpha$	通过边界的热流量
$\boldsymbol{u}_{\mathrm{s}}$	固相位移
$\boldsymbol{v}$	Eular 标架速度
$\boldsymbol{v}^\alpha$	α 相的质量中心的速度
$\boldsymbol{V}$	Lagrange 标架速度
$\boldsymbol{v}^{f\mathrm{s}}$	相对速度
$\boldsymbol{\mu}^\alpha$	α 相的化学势张量
$\alpha_{\mathrm{s}T}$ 、 α_{s}^T	固相骨架的热膨胀系数
$\alpha_{T\mathrm{s}}$	吸力对屈服温度影响的参数
β_{s}'	土骨架的热膨胀系数
β_T	应力状态对屈服温度影响的参数
δ_H	第 6 章中表示水力梯度作用引起的渗流，称为“广义渗透系数”
δ_M	第 6 章中表示固体骨架塑性变形对渗流场的影响
δ_M'	第 6 章中表示流体含量不可恢复变化对渗流场的影响
δ_T	第 6 章中表示温度场对渗流场的影响
δ_{ij}	Kronecker 符号
$\boldsymbol{\varepsilon}, \varepsilon_{ij}$	应变张量
$\boldsymbol{\varepsilon}^{\mathrm{p}}$	塑性应变张量
ε^{g}	气相体应变
ε_{v}	体应变
ε_{s}	剪应变
ζ	耗散应力
$\bar{\zeta}$	与内变量共轭的广义力
ζ_T	表示温度梯度引起的热量传递，称为“广义热传导系数”
ζ_M	表示固体骨架不可恢复变形过程中产生的热量

续表

符号	说明
ζ_M'	表示流体含量不可恢复变化过程中产生的热量
ζ_H	表示流体渗流过程中产生的热量
η	变形过程中的应力比
θ	土水特征曲线中材料参数
κ	弹性常数
κ_{g}	气相的弹性常数
λ	饱和土正常固结曲线的斜率
$\lambda_{\mathrm{s}}^{\rho\varepsilon}$	固相自身压缩与骨架变形之间的耦合系数
$\lambda_{\mathrm{s}}^{\rho T}$	固相自身压缩与温度变化之间的耦合系数
λ_f^{Tn}	流相中温度和变形的耦合系数
$\lambda_f^{\rho n}$	流相含量变化与自身压缩之间的耦合系数
$\lambda_f^{\rho T}$	温度变化引起的流相密度变化的耦合系数
μ_k	k 组分的热力学势
ξ	内变量
ξ_M	荷载作用引起的塑性含水量变化
ξ_H	表示渗流场对液相应力场的影响，称为液相的“渗流-力耦合系数”
ξ_T	表示温度场对液相应力场的影响，称为液相的“热-力耦合系数”
π	体积源项
ρ	密度
ρ_α	α 相的宏观密度
$\boldsymbol{\sigma},\sigma_{ij}$	应力张量
$\boldsymbol{\sigma}^\alpha$	作用在边界面上 α 相组分的应力张量
$\tilde{\boldsymbol{\sigma}},\tilde{\sigma}_{ij}$	非饱和土有效应力张量
$\tilde{\boldsymbol{\sigma}}_{\mathrm{d}}$	固相耗散应力
$\tilde{\boldsymbol{\sigma}}_{\mathrm{b}}$	固相背应力
$\tilde{\boldsymbol{\tau}}_{\mathrm{s}}$	固相有效广义应力的耗散部分
$\tilde{\tau}_{\mathrm{c}}^{\mathrm{w}}$	液相广义应力的耗散部分
$\tilde{\boldsymbol{\tau}}_q$	广义热流向量
$\tilde{\tau}_M^f$	广义渗流力
υ	泊松比
φ	比 Helmholtz 自由能
χ	Bishop 有效应力参数
ϕ	熵产
ϕ^α	α 相的熵产
ω_M	第 6 章中表示荷载引起的固体骨架应变
ω_H	第 6 章中表示渗流场对应力场的影响，称为固相的“渗流-力耦合系数”
ω_T	第 6 章中表示温度场对应力场的影响，称为固相的“热-力耦合系数”
$\mathrm{d}\Gamma$	无穷小面积单元
$\boldsymbol{\Lambda}$	弹性模量

续表

符号	说明
Λ_α	α 相的流动系数
Σ	微元体边界
Φ	耗散势
Ω	微元体体积
$\mathfrak{I}$	微元的某种材料特性
$\mathfrak{R}$	$\mathfrak{R}=A/V$ 面积与体积的比值
Θ_f^n	吸力相关系数
f_α	α 相在耗散空间中的屈服面方程
ℓ	特征尺寸

附录 2　代表性研究成果

近十年来，赵成刚带领的学术团队在理性土力学方面做了大量工作，通过热力学方法建立模型的理论框架，给出了非饱和土临界状态的必要条件，并针对不同类型的土建立了相应的本构方程，包括非饱和黏土、非饱和砂土和膨胀土等，并开始考虑多场耦合效应的影响，如应力场、温度场、化学场等。目前团队在基于热力学与多孔介质理论的非饱和土力学研究方面已取得一些进展，直接相关研究成果如下。

1. 期刊论文

[1] 赵成刚. 土的本构方程与热力学. 力学进展, 2006, 36(4): 611-618. (EI)

[2] 赵成刚, 张雪东. 非饱和土中功的表述以及有效应力与相分离原理的讨论. 中国科学 E 辑, 2008, 38(9): 1453-1463. (SCI)

[3] 赵成刚. 土力学的现状及其数值分析方法中某些问题的讨论. 岩土力学, 2008, 27(8): 1361-1365. (EI)

[4] 赵成刚, 刘艳.连续孔隙介质土力学及其在非饱和土本构关系中的应用. 岩土工程学报, 2009, 31(9): 1324-1335. (EI)

[5] 赵成刚, 蔡国庆. 非饱和土广义有效应力原理. 岩土力学, 2009, 30(11): 3232-3236. (EI)

[6] Zhao C G, Liu Y. Work and energy equations and the principle of generalized effective stress for unsaturated soils. International Journal of Numeral and Analysis Methods in Geomechanics, 2010, 34(6): 507-518. (SCI)

[7] 赵成刚, 韦昌富, 蔡国庆. 土力学理论的新发展及挑战. 岩土力学, 2011, 32(12): 3521-3540. (EI)

[8] 赵成刚. 热动力学的稳态与非饱和土的临界状态. 岩土工程学报, 2012, 34(4): 730-733. (EI)

[9] 赵成刚, 李舰, 刘艳, 等. 非饱和土力学中几个基本问题的探讨. 岩土力学, 2013, 34(7): 1825-1831. (EI)

[10] 赵成刚, 刘真真, 李舰, 等. 土力学有效应力及其作用的讨论. 力学学报, 2014, 47(2): 356-361. (EI)

[11] Zhao C G, Liu Z Z, Shi P X, et al. Average soil skeleton stress for unsaturated soils and discussion on effective stress. International Journal of Geomechanics: D4015006, 2015. (SCI)

[12] Guo X, Zhao C G. A thermomechanical damage approach to constitutive models for rate-independent dissipative geomaterials. Acta Mechanica Solida Sinica, 2008, 21(1): 73-84.(SCI)

[13] Guo X, Zhao C G. A dual-surface damage model and evaluation for natural soils within the thermomechanical framework. Acta Mechanica Solida Sinica, 2008, 21(1): 85-94. (SCI)

[14] 刘艳、赵成刚. 土水特征曲线滞后模型的研究. 岩土工程学报. 2008, 30(3): 399-405. (EI)

[15] Liu Y, Cai G Q, Huang L. Discussion on the use of the generalized effective stress in the constitutive modelling of unsaturated soils. Computers and Geotechnics, 2009, 36(8): 1360-1361. (SCI)

[16] 黄璐, 赵成刚. 基于复合混合物理论的热-水力-力学污染物输运模型. 北京交通大学学报, 2009, 33(3): 93-98.

[17] Cai G Q, Zhao C G, Qin X M. Structural bonding-breakage constitutive model for natural unsaturated clayey soils. Acta Mechanica Sinica, 2010, 26(6): 931-939. (SCI)

[18] 蔡国庆, 赵成刚, 刘艳. 非饱和土土水特征曲线的温度效应. 岩土力学, 2010, 31(4): 1055-1060. (EI)

[19] 蔡国庆, 赵成刚. 非饱和土渗流和变形强度特性的温度效应. 力学进展, 2010, 40(2): 147-156.

[20] 蔡国庆. 温度对非饱和土土水特征曲线的影响研究进展. 水利水电科技进展, 2010, 30(增1): 161-165.

[21] 张雪东, 赵成刚, 蔡国庆, 等. 土体密实状态对土水特征曲线影响规律研究. 岩土力学, 2010, 31(5): 1463-1468. (EI)

[22] 张雪东, 赵成刚, 刘艳. 变形对非饱和土渗透系数影响规律模拟研究. 工程地质学报, 2010, 18(1): 132-139.(EI)

[23] 张雪东, 赵成刚, 刘艳, 等. 土水特征曲线(SWCC)的滞回特性模拟研究. 工程地质学报, 2010, 18(6): 920-925.

[24] 金旭, 赵成刚, 陈铁林. 非饱和结构性黄土本构模型的研究. 工程地质学报, 2010, 18(4): 548-553.(EI)

[25] 金旭, 赵成刚, 刘艳, 等. 非饱和原状土的弹塑性损伤本构模型. 北京交通大学学报, 2010, 34(1): 78-88.(EI)

[26] Liu Y, Zhao C G, Constitutive modeling for unsaturated soils considering gas hardening effect. Chinese Science Bulletin, 2011, 56(16): 1-7.

[27] Cai G Q, Zhao C G, Liu Y, et al. A nonlinear multi-field coupled model for soils. Science China E: Technological Sciences, 2011, 54(5): 1300-1314. (SCI)

[28] Cai G Q, Zhao C G, Liu Y, et al. Volume change behaviour of unsaturated soils under non-isothermal conditions. Chinese Science Bulletin, 2011, 56(23): 2495-2504. (SCI)

[29] 张雪东, 赵成刚, 刘艳, 等. 变形对土水特征曲线影响规律模拟研究. 土木工程学报, 2011, 44(7): 119-126.

[30] 金旭, 赵成刚, 蔡国庆, 等. 基于扰动变量的非饱和原状土本构模型. 工程力学, 2011, 28(9): 149-156.

[31] 金旭, 赵成刚. 非饱和原状土本构模型研究. 北京工业大学学报, 2011, 37(1): 85-91.(EI)

[32] 蔡国庆, 赵成刚. 一种预测不同温度下非饱和土相对渗透系数的间接方法. 岩土力学, 2011, 32(5): 1405-1410.(EI)

[33] 蔡国庆, 黄启迪, 何旭珍. 关于"土体耗散势的不存在与不可解耦"的讨论. 岩土工程学报, 2011, 33(11): 1812-1814. (EI)

[34] 刘艳, 赵成刚, 蔡国庆, 等. 考虑气相压力变化和偏应力影响的非饱和土本构模型. 岩土工程学报, 2011, 33(5): 754-761. (EI)

[35] Huang L, Zhao C G, Liu Y, et al. 3-D Contaminant migration model with consolidation dependent transport coefficients. Acta Mechanica Sinica, 2012, 28(1): 151-163. (SCI)

[36] 刘艳, 赵成刚, 韦昌富. 非饱和土的修正SFG 模型研究. 岩土工程学报, 2012, 34(8): 1458-1463. (EI)

[37] 李舰, 赵成刚, 黄启迪. 膨胀性非饱和土的双尺度毛细–弹塑性变形耦合模型. 岩土工程学报, 2012, 34(11): 2127-2133.(EI)

[38] 李舰, 赵成刚, 蔡国庆, 等. 双孔隙结构膨胀性非饱和土功的表达式及其本构模型的理论框架. 科学通报, 2013, 58(13): 1255-1263.(EI)

[39] 刘艳, 韦昌富, 赵成刚, 等. 一个高饱和度非饱和土的本构模型. 岩土力学, 2013, 34(8): 2189-2194. (EI)

[40] 蔡国庆, 赵成刚, 田辉. 高放废物地质处置库中非饱和缓冲层的热–水–力耦合数值模拟. 岩土工程学报, 2013, 35(s1): 1-8. (EI)

[41] Li J, Zhao C G, Cai G Q, et al. The input work expression and the thermodynamics-based modelling framework for unsaturated expansive soils with double porosity. Chinese Science Bulletin. 2013, 58(27): 3422-3429. (SCI)

[42] Li J, Zhao C G, Cai G Q, et al. A model considering solid-fluid interactions stemming from capillarity and adsorption mechanisms in unsaturated expansive clays. Chinese Science Bulletin. 2014, 59(26): 3314-3324. (SCI)

[43] 刘艳, 韦昌富, 房倩, 等. 非饱和土本构模型隐式积分算法. 岩土力学, 2014, 35(2): 365-370. (EI)

[44] Cai G Q, Zhou A, Sheng D C. A permeability function for unsaturated soils with different initial densities. Canadian Geotechnical Journal, 2014, 51(12): 1456-1467. (SCI)

[45] Cai G Q, Zhao C G, Sheng D C, et al. Formulation of thermo-hydro-mechanical coupling behavior of unsaturated soils based on hybrid mixture theory. Acta Mechanica Sinica, 2014, 30(4): 559-568. (SCI)

[46] Cai G Q, Zhao C G, Liu Y, et al. A new triaxial apparatus for testing soil water retention curves of unsaturated soils under different temperatures. Journal of Zhejiang University, 2014, 15(5): 364-373. (SCI)

[47] 蔡国庆, 盛岱超, 周安楠. 考虑初始孔隙比影响的非饱和土相对渗透系数方程. 岩土工程学报, 2014, 36(5): 827-835. (EI)

[48] Cai G Q, Tian H, Li J. Numerical simulation on water absorption by MX-80 bentonite for nuclear waste disposal. Applied Mechanics and Materials, 2014, 490-491: 78-82. (SCI)

[49] 李舰, 赵成刚. 适用于吸力循环作用的膨胀性非饱和土本构模型. 岩土工程学报, 2014, 36(1): 132-139. (EI)

[50] 赵春雷, 赵成刚, 张卫华, 等. 考虑组构变化效应的饱和密砂循环本构模型. 岩土力学, 2014,

35(11): 3056-3072. (EI)

[51] 李舰, 赵成刚, ASREAZAD Saman. 适用于吸力循环作用的膨胀性非饱和土本构模型. 岩土工程学报, 2014, 36(1): 132-139.(EI)

[52] 李舰, 赵成刚, 蔡国庆, 等. 膨胀性非饱和土中固-液相间的毛细与物理-化学作用的模型. 科学通报, 2014, 59(23): 2290-2300.(EI)

[53] 赵春雷, 赵成刚, 张卫华, 等. 基于状态参量的饱和砂土剪胀性本构模型. 北京交通大学学报, 2014, 38(1): 99-102.(EI)

[54] 赵春雷, 赵成刚, 张卫华, 等. 考虑组构变化效应的饱和密砂循环本构模型. 岩土力学, 2014, 35(11): 3056-3072.(EI)

[55] 蔡国庆, 赵成刚, 盛岱超, 等. 双孔结构非饱和压实黏土的渗流-变形耦合微观机理. 水利学报, 2015, 46(s1): 135-141.

[56] 黄璐, 赵成刚, 贺俊. 基于混合物理论的水力-化学-力学污染物输运模型研究. 岩土力学, 2015, 36(1): 47-55. (EI)

[57] 刘艳, 赵成刚, 蔡国庆, 等. 非饱和土力学理论的研究进展. 力学与实践, 2015, 37(4): 457-465.

2. 学位论文

[1] 张志红. 疏浚底泥污染物在粘土防渗层中的运移规律研究[博士学位论文]. 北京: 北京交通大学, 2007.

[2] 郭璇. 率无关岩土材料本构方程与热力学框架的研究[博士学位论文]. 北京: 北京交通大学, 2007.

[3] 迟明杰. 砂土的剪胀性及本构模型的研究[博士学位论文]. 北京: 北京交通大学, 2008.

[4] 张雪东. 土水特征曲线及其在非饱和土力学中应用的基本问题研究[博士学位论文]. 北京: 北京交通大学, 2010.

[5] 黄璐. 基于混合物理论的污染物输运模型研究[博士学位论文]. 北京: 北京交通大学, 2010.

[6] 金旭. 非饱和原状土土-水特征曲线及其本构模型的研究[博士学位论文]. 北京: 北京交通大学, 2010.

[7] 刘艳. 非饱和土的广义有效应力原理及其本构模型研究[博士学位论文]. 北京: 北京交通大学, 2010.

[8] 蔡国庆. 基于多孔介质理论的土体多场耦合模型及其在非饱和土本构建模中的应用[博士学位论文]. 北京: 北京交通大学, 2011.

[9] 张卫华. 基于相变状态并考虑组构变化影响的砂土本构模型的研究[博士学位论文]. 北京: 北京交通大学, 2012.

[10] 王运霞. 基于状态参数的饱和砂土弹塑性本构模型研究[博士学位论文]. 北京: 北京交通大学, 2012.

[11] 李舰. 膨胀性非饱和土的本构模型的研究[博士学位论文]. 北京: 北京交通大学, 2014.

[12] 赵春雷. 饱和砂土基于相变状态的循环本构模型的研究[博士学位论文]. 北京: 北京交通大学, 2015.